KB169615

대단하고 유쾌한 과학 이야기

대단하고 유쾌한 과학 이야기

'원자 사상'에서 상대성 이론까지

브뤼스 베나므랑

김성희 옮김

까치

PRENEZ LE TEMPS D'E-PENSER Tome 1

by Bruce Benamran

역자 김성희(金聖姬)

부산대학교 불어교육과와 동대학원을 졸업했고 현재 번역 에이전시 엔터스코리아에서 출판기획 및 불어 전문 번역가로 활동 중이다. 옮긴 책으로는 『심플하게 산다』, 『우유의 역습』, 『철학자들의 식물도감』, 『인간의 유전자는 어떻게 진화하는가』 등이 있다.

편집, 교정_권은희(權恩喜)

대단하고 유쾌한 과학 이야기 : '원자 사상'에서 상대성 이론까지

저자/브뤼스 베나므랑
역자/김성희
발행처/까치글방
발행인/박종만
주소/서울시 용산구 서빙고로 67, 파크타워 103동 1003호
전화/02 · 735 · 8998, 736 · 7768
팩시밀리/02 · 723 · 4591
홈페이지/www.kachibooks.co.kr
전자우편/kachisa@unitel.co.kr
등록번호/1-528
등록일/1977. 8. 5
초판 1쇄 발행일/2016. 9. 26
3쇄 발행일/2017. 1. 2

값/뒤표지에 쓰여 있음

ISBN 978-89-7291-625-3 03400

이 도서의 국립중앙도서관 출판예정도서목록(CIP)은 서지정보유통지원시스템 홈페이지(http://seoji.nl.go.kr)와 국가자료공동목록시스템(http://www.nl.go.kr/kolisnet)에서 이용하실 수 있습니다. (CIP제어번호 : CIP2016022110)

차례

전자기학

자석과 벼락에 관한 이야기

태양계

모든 곳이 그러하듯 우주에서 유일한 장소

생명

열역학

특수상대성 이론

사실 모든 것이 상대적인 것은 아니다

일반상대성 이론

중력에 대해서 아무것도 몰랐다는 것을 알게 되다

감사의 글

(예의가 바른 사람이라면 감사 인사를 하는 법)

조금은 바보 같았던 청소년 시절의 내가 좀더 많이 알고 싶다는
바람을 가지도록 해준, 비바스 선생님과 고(故) 빌랭 선생님에게
감사의 말을 드린다.

노력을 아끼지 않는 사람한테는 불가능이란 없다는 것을
매일매일 증명하는, 알렉상드르 아스티에에게 감사의 말을 전한다.

나 같은 사람들한테 스포트라이트를 양보해주는
에티엔 클렝에게 감사의 말을 전한다.

리처드 파인먼에게 감사의 말을 드린다.
이유는 굳이 설명할 필요가 있을까!

가엘에게 감사의 말을 전한다.
그가 없었다면 이 책은 존재하지 못했을 것이다.
(그러니까 독자 여러분, 이 책이 마음에 안 들면 가엘을 탓하세요.)

그리고 자로드와 카미유에게 이 책을 바친다.

일러두기

본문에 나오는 프랑스어로 된 용어나 개념어는 영어로 대체했다.

서문

인간은 동물보다 우월하다. 이 말은 이론의 여지가 없는 사실이다. 동물이 컴퓨터를 만들 수 있을까? 로켓은? 원자폭탄은? 당연히 못 만든다. 그러나 사람은, 우리 인간은 만들 수 있다. 물론 나는 못 만들지만.

나는 컴퓨터도 로켓도 원자폭탄도 만들 줄 모른다. 그리고 유감스럽게도 그런 인간은 나 혼자만이 아니다. 나 같은 사람들을 두고 과학계에서는 "멍청이"라는 용어로 지칭하며, 우리는 스스로의 무능함을 어쩔 수 없이 인정해왔다. "그래요, 우리는 컴퓨터와 로켓, 원자폭탄을 만든 위대한 문명에 소속되어 있기는 하지만 그중에서도 머리가 좀 모자란 집단에 속해 있어요. 뒤떨어진 거죠. 우리는 인류라는 종(種)이 날 때부터 알고 있는 것에서 조금만 벗어나면 이해를 못 해요. 네, 이해가 안 돼요, 안 돼! 이런 우리가 인류의 얼굴에 먹칠하는 것에 대해서 사람들이 좀 너그럽게 생각해주면 좋겠어요. 우리가 평균을 깎아 먹고 있다는 걸 우리도 잘 아니까요."

대신 우리는 자신이 뒤떨어진다는 것을 알기 때문에 그만큼 겸손하다. 아무것도 아닌 것처럼 생각될 수 있는 동물의 세계를 대할 때조차 말이다. 기계의 도움 없이 하늘을 날고, 시속 70킬로미터로 달리고, 1초에 500개의 이미지를 식별하고, 자외선을 감지하고, 물속에서 숨을 쉬고, 가느다란 실로 더없이 견고한 집을 짓고, 북극과 남극의 자기력(磁氣力)을 느끼고, 깜깜한 밤에도 앞을 보고, 배경에 따라 몸의 색을 바꾸고, 거의 불사(不死)에 가깝게 오래 살고……. 이런 동물들 앞에서 우리는 우리 자신이 동물보다 열등함을 인정한다(물론 내키지는 않지만 인정할 수밖에 없으니까). 그리고 우리는 동물의 신체적, 감각적 역량에만 주목하는 것이 아니라 몇몇 동물들이 보여주는 특별한 능력도 높이 평가한다. 노래하고, 춤추고, 모방하고, 죽음을 깊은 잠으로 인식하고, 용기를 발휘하고, 사랑 때문에 죽기도 하는……. 여러분은 화려한 깃털과 정교한 짝짓기 의식을 연출하는 것으로 유명한 극락조보다 여러분 자신이 예술적으로 더 낫다고 생각하는가? 아니, 아닐 것이다. 내 이야기를 해보면, 나는 기타로 "감옥의 문"이라는 곡을 연주할라치면 코드를 바꿀 때마다 목을 쭉 빼고 손가락을 쳐다보아야 한다. 우리로서는 어쩔 도리가 없다. 열등한 존재니까. 그렇다, 그런 것이다. 그런 것이 바로 인생이다.

그래서 우리는 이 책이 필요하다. 과학의 대중화는 보통 사람들, 그러니까 컴퓨터와 로켓, 원자폭탄을 만들 줄 아는 능력 면에서 동물보다 뛰어난 사람들에게는 쓸모없겠지만(이 책도 마찬가지겠지만) 우리 같은 사람에게는 꼭 필요하기 때문이다.

그리고 과학의 대중화는 자신이 동물보다 우월하다는 확신 속에 살아온 사람들에게도 필요하다(이 책도 마찬가지이다). 컴퓨터나 로켓, 원자폭탄을 만들기는커녕 이해하지도 못하면서 그것들에 대해서 되는 대로 떠드는 사람들, 아무것도 모르면서 다 아는 것처럼 구는 이들을 두고 하는 말이다. 그들에게도 우리에게도 과학의 대중화는 아주 중요하다. 문제는 그 작업을 누군가가 맡아야 한다는 것인데, 그런 의미에서 이 책의 저자 브뤼스 베나므랑은 적임자가 아닐 수 없다.

이 책을 읽으면 자신도 모르는 사이에 본의 아니게 한심한 집단에 속하게 될 위험이 크게 줄어들 것이다. 생각이라는 것을 하지도 않으면서 단지 인간이라는 이유로 스스로를 우월한 존재라고 여기는 집단 말이다.

알렉상드르 아스티에

서론

호기심 품기 그리고 생각하기

"신발을 벗지 않고 자면 두통으로 잠에서 깰 확률이 높다"는 것을 아는가? 여러분이 모르고 있지 싶어서 물어보는 질문이다. 게다가 방금 말한 내용은 통계적인 사실이다. "신발을 벗지 않고 자는 사람들은 두통으로 잠을 깨는 경우가 많다"는 통계가 실제로 있기 때문이다. 그런데 예리한 독자라면 이 대목에서 별일도 아니라는 듯 이렇게 한마디 던질 것이다. "에이, 같은 이야기가 아니잖아." 그리고 이 말은 겉으로 보이는 것과는 달리 아주 정확한 지적이다.

"신발을 벗지 않고 자는 사람들은 두통으로 잠을 깨는 경우가 많다"는 말은 통계적인 정보인 데에 비해서, "신발을 벗지 않고 자면 두통으로 잠에서 깰 확률이 높다"는 말은 논리적인 단정이다. 첫 번째 문장은 확인에 해당하고, 두 번째 문장은 예측에 해당한다. 이 두 상황을 혼동하는 것은 곧 상관관계(correlation)와 인과관계(causality)를 혼동하는 것이다.

0. 상관관계와 인과관계

세상에서 가장 위험한 장소가 어딘지 아는가? 질문을 정확히 하기 위해서 덧붙이자면, 여기서 말하는 "위험하다"는 "죽을 수도 있음"을 뜻한다. "위험하다"는 말을 너무 좁은 의미로 보는 해석이기는 하지만, 일단 지금은 그렇게 이해하자. 어쨌든 그런 맥락에서 볼 때, 세상에서 가장 위험한 장소는 다름 아닌 침대이다. 통계적으로 사람이 가장 많이 죽는 장소가 침대이기 때문이다.

그런데 그런 사실 때문에 침대를 위험하다고 하는 것은 말하자면 삶을 언젠가는 죽게 마련인 불치병으로 규정짓는 것과 다를 바 없다. 말장난처럼 보일 수도 있겠지만, 바로 그 같은 오류를 지적하는 것이 이 장(章)의 목적이다. 본론으로 들어가기에 앞서, 그래서 책값을 제대로 하기에 앞서 몇 분만 할애해서(아니, 책을 읽고 해석하고 뜯어보는 속도는 사람마다 다를 테니 "몇 페이지만 할애해서"라고 하는 것이 맞겠다) 우리가 말 때문에 얼마나 쉽게 오류를 저지를 수 있는지 알아보는 일도 쓸모없지는 않을 것이다.

실제로 "침대가 위험하다"고 말하는 것은 "침대에 눕는 행동은 위험을 무릎쓰는 일이다"라고 말하는 것과 같다. 그러나 많은 사람들이 침대에서 죽는다고 해서 침대를 문제 삼을 수는 없다. 침대가 죽음이라는 위험의 원인은 아니기 때문이다.

사람들이 침대에서 많이 죽는 주된 이유는 나이가 많거나 병든 사람은 모험을 마다않는 젊고 활동적인 사람에 비해서 침대에 누워 있을 때가 많기 때문이다. 그래서 죽음의 원인은 다른 데 있어도 말 그대로 "죽음을 맞이하는" 상황은 침대라는 장소에서 벌어지는 경우가 많다. 이때 죽는 일과 침대에 누워 있는 일 사이에는 상관관계가 존재한다고 말한다.

여기서 우리는 인과관계의 원칙 자체를 알아둘 필요가 있다. 가령 비가 오면 땅이 젖는 것, 이런 것은 원인이 결과를 유발한 경우에 해당한다. 빗물이 땅에 떨어졌고, 그래서 땅이 젖은 것이다. 뻔하기는 하지만 어쨌든 정확한 사실이다. 하나의 원인은 잇따른 여러 가지 결과들을 유발할 수도 있는데, 이를 두고 연쇄반응(chain reaction)이라고 한다. 비가 와서 땅이 젖었고, 땅이 젖어서 차가 밀렸고, 차가 밀려서 내가 지각했고……. 결국 모든 사태는 비 때문에 벌어진 일이니까, 나한테 뭐라고 해도 소용이 없다는 말씀.

또한 하나의 원인은 몇 가지 별개의 결과를 유발할 수도 있으며, 대개는 이런 경우가 많다. 앞에서 말한 신발과 두통의 예를 가지고 이야기해보자. 어떤 사람이 저녁 술자리에서 고주망태가 되도록 마셨을 때, 그 사람은 신발을 미처 벗지 못하고 잠자리에 들 확률이 높은 동시에 흔히 "숙취"라고 말하는 두통으로 잠을 깰 확률도 높다. 그렇다, 통계적으로 볼 때 우리가 신발을 벗을 정신도 없이 잠들게 만드는 사건은 구토와 자기반성 및 비장한 결심("내가 또 술을 입에 대면 사람이 아니다!")으로 바쁜 아침을 맞이하게 만들기도 한다. 그러나 여기서 두 결과는 서로 원인이 같을 뿐이다. 두 결과만 놓고 보면 상관관계에 있는 것에 지나지 않는다는 것이다.

상관관계와 인과관계를 혼동하는 것은 흔히 저지르는 논리적 오류로, 라틴어 문구를 빌려 말하면 미묘하게 차이가 나는 두 가지 방식으로 표현할 수 있다. 바로 "그것 다음이므로 그것 때문에"*와 "그것과 함께이므로 그것 때문에"** 오류이다.

인터넷에는 공식적인 통계에 기초해서 서로 무관한 사건들 사이에 존재하는 기이한 상관관계를 조사하는 사이트도 있다(www.tylervigen.com). 예를 들면 니콜라스 케이지가 나오는 영화가 개봉하면 익사 사건이 증가하고, 꿀벌이 꿀을 많이 따면 대마초 흡연자의 체포 건수가 감소한다는 식이다. 첫 번째 사례에 대해서는 이유를 쉽게 설명할 수 있다. 니콜라스 케이지는 주로 블록버스터 영화에 출연하는데, 블록버스터 영화는 사람들이 물놀이를 많이 하는 시기, 따라서 익사 사고가 빈번한 여름에 주로 개봉하기 때문에 그런 상관관계가 나타나는 것이다. 그러나 이에 비해서 두 번째 사례는 원인도 결과도 없는 그저 우연의 일치로 보인다.

앞에서 말한 사례들은 아주 단순해서 쉽게 파악된다. 그러나 실재 세계는 그보다 훨씬 더 복잡하기 때문에 사건과 사건이 서로 어떤 관계인지가 잘 드러나지 않는다. 가령 대마초를 피우는 학생은 성적이 나쁜 경우가 많다는 말에서 우리는 어떤 결론을 이끌어낼 수 있을까? 대마초 흡연이 나쁜 성적의 원인일까? 아니면 나쁜 성적이 대마초 흡연의 원인일까? 그것도 아니면 제3의 상황, 예를 들면 가정환경 같은 요인이 기분 좋아지는 담배와 빵점짜리 성적표 둘 다에 원인으로 작용했을까? 어떤 것이 옳다고 정확히 말하기는 어려우며, 그래서 이 경우 일반적으로 사람들은 "악

* post hoc ergo propter hoc.
** cum hoc ergo propter hoc.

순환"이라는 말로 문제를 단순화하는 쪽을 택한다. 순환적인 상황에서는 원인이 그 결과의 결과가 되기 쉽기 때문이다.

모든 난관은 실재(reality)가 우리가 만든 현실에 대한 이론보다 훨씬 더 복잡하다는 데에서 비롯된다. 실재 세계에서는 지극히 사소한 사건도 무수히 많은 원인과 또 그만큼 무수히 많은 결과에 연관되어 있으며, 원인과 결과 사이에 불균형이 존재하기도 한다. 이른바 나비 효과(butterfly effect)가 그런 현상을 두고 하는 말이다. 실재 세계는 이론적 모형으로 만들기에는 너무 복잡하다. 그래서 실재 세계를 이해하려면 우선은 그 실재 세계를 단순화시켜서 중요한 법칙들을 이끌어내고, 그런 다음 우리가 할 수 있는 관찰과 실험에 근거해서 그 법칙들이 유효한지 확인해야 한다. 바로 이것이 과학자가 하는 일이다. 정당하게 보일 수도 있는 몇몇 성급한 분석과 손쉬운 결론이 집단적 무의식에 각인될 때(빈민가에 사는 아이들은 비행 청소년이라거나, 게임을 많이 하면 바보가 된다거나, 운동선수는 머리가 나쁘다거나……) 우리는 한발 뒤로 물러나 거리를 두고 바라보면서 직관적으로 옳은 것과 실제로 옳은 것을 구별해야 한다. 직관은 우리를 끊임없이 속이는 재주를 가졌기 때문이다.

과학자는 자신의 직관 앞에서 보통 사람들과는 다른 방식으로 행동하며, 바로 그 점에서 "맹신자"라고 불리는 이들과 구별된다. 과학자는 자신이 틀렸음을 말해주는 논거들을 피하려고 하지 않는다. 오히려 그 반대로, 자기 견해를 가능한 한 모든 논거와 대조해보려고 최대한 노력한다. 과학자가 자신이 옳다고 증명하는 것은 일반적으로 불가능하다. 자신의 생각이 틀렸음을 증명하려는 온갖 시도가 모두 실패로 돌아가는지 확인하는 것만이 가능하기 때문이다. 그리고 과학의 속성은 우리가 사는 세상의 실재를 설명하는 것이 아니라 실재에 대한 모형(模型, model), 즉 일정한 틀 안에서 실재와 같은 방식으로 돌아가는 모형을 만드는 데에 있다. 어떤 분야의 것이든 과학은 근사치에 지나지 않으며, 실재 세계가 아닌 그 이론적 모형만을 제공한다.

1. 실재와 모형

다음과 같은 실험을 상상해보자. 여러분은 지금 실험실에서 구슬이 경사면 위를 이동하는 방식을 연구하고자 한다. 여러분이 가진 것은 작은 강철 구슬 하나, 그리고 받침돌을 이용해서 지면과 20도 각도가 되도록 세울 매끈하고 널찍한 널빤지 한 장이다. 얼핏 생각하기에 이 실험은 아주 간단할 것 같다. 집에서도 할 수 있을 만큼 충분히. 과연 정말 그럴까?

우선 구슬부터 이야기해보자. 구슬은 동그란 모양에 강철로 만들어진 것처럼 보인다. 그렇다면 고성능 현미경으로 관찰했을 때에도 완전히 둥글게 보일까? 단 1,000분의 몇 밀리미터 차이라고 하더라도 표면에 고르지 않은 부분들이 있지는 않을까? 그리고 강철로 만들어졌다고 해서 정말 순수하게 강철 성분으로만 이루어졌을까? 구슬 내부에 불순물은 전혀 없을까? 원자 몇 개만큼도? 그럼 이번에는 널빤지를 또 따져보자. 널빤지 표면이 완벽하게, 그러니까 분자 수준까지 매끈하다고 할 수 있을까?* 널빤지를 지면과 20도 각도가 되게 세우는 경우, 그 각도가 20.0000000001도는 아니라고 어떻게 보장할 수 있을까? 측량 도구의 정확성이 어느 정도든 간에 더 정확히 측정할 수 없는 한계는 항상 존재한다(이 말이 무슨 뜻인지 알고 싶다면 조립식 가구로 유명한 스웨덴 가구업체에서 파는 종

* 그런데 분자 단계에서 표면이 매끈하고 아니고를 따질 수는 있을까?

이 줄자로 머리카락 한 올의 두께를 재어보라). 마찬가지로, 실험실 바닥도 완벽하게 평평하다고 할 수 있을까? 실험실의 공기는 산소, 질소, 이산화탄소 같은 분자들을 함유하고 있다. 이 공기는 계속해서 움직이며, 실험자의 호흡도 공기의 움직임에 변화를 유발한다. 게다가 구슬과 널빤지를 포함해서 실험실 전체를 비추는 빛도 복사(輻射, radiation)를 통해서 실험실 온도를 높여 공기를 변화시킨다.

이 모든 세부적인 요소들이 실험이나 연구에 아무런 영향도 미치지 않는다고 어떻게 자신할 수 있을까? 자연은 아무리 머리가 뛰어난 사람도, 아무리 어려운 계산을 할 수 있는 기계도 어쩔 수 없을 정도의 복잡성을 가지고 있다. 실재 세계는 우리의 능력 밖에 있으며, 이를 인정하고 받아들이는 것이 바로 우리가 세상을 이해하기 위한 첫걸음이다.

그렇다면 실험이나 연구는 어떤 식으로 해야 할까? 실험의 구성요소들을 최대한 단순화하되, 그 같은 단순화가 실험 결과에 큰 영향을 미치지 않는지도 역시 실험을 통해서 확인해야 한다. 예를 들면 실험실 바닥은 평평하고, 널빤지는 매끈하며, 구슬은 완전히 둥글다고 간주하는 것이다. 실험실 크기가 적당하다면, 그리고 구슬이 충분히 작다면 그 같은 가정은 실험에 영향을 미치지 않는다. 또한 공기도 실험에 개입하지 않는다고 간주해야 한다. "보통" 공기, 다시 말해서 적당한 온도에 압력이 너무 높지도 낮지도 않은 공기라면(이를 두고 온도와 압력이 "표준" 상태에 있다고 말한다), 실제로 실험 진행에 영향을 주지 않는다고 볼 수 있기 때문이다. 끝으로 남은 것은 구슬의 이동을 측정하기 위해서 그 위치를 확인하는 일인데, 여기서 문제는 구슬이 어느 정도 크기가 있어서 위치를 따지기가 쉽지 않다는 것이다. 구슬의 위치를 구슬 앞부분으로 해야 할까, 아니면 구슬의 중심으로 해야 할까? 이때는 구슬의 어느 한 부분을 기준으로 정하되, 구슬이 한 점에 지나지 않는 것으로 간주하면 된다. 수학적으로 0의 크기에 해당한다고 말이다. 자, 단순화가 어떤 것인지 느낌이 오는가?

구슬을 널빤지에 굴려서 그 이동을 시간과 경사도 등에 따라 측정한 다음 뉴턴이 만든 방정식에 넣어보면, 뉴턴의 계산이 실험의 현실을 아주 잘 설명하고 있음을 바로 알 수 있다. 관찰에 의한 값과 계산에 의한 값이 일치한다는 말이다. 그러나 그렇다고 해서 구슬의 이동 메커니즘을 알아냈다고 말할 수 있을까? 말할 수 있을 것이다. 단, 반대 증거가 나오기 전까지만. 실험실 공기를 밀도가 높은 기체로 바꾸고, 몇 밀리미터짜리 구슬을 커다란 구슬로 바꾸고, 매끈한 널빤지를 우툴두툴한 널빤지로 바꾸면 상황은 완전히 달라진다.

과학은 끊임없는 단순화를 거치면서 모형을 만든다. 이 모형은 어디까지나 이론적인 것이며, 어떤 경우에도 실재와 혼동되면 안 된다. 모형은 특별한 조건이 부여된 일정한 틀 안에서 실재 세계를 설명한다. 그래서 모형은 저마다 한계가 있다.

이 책의 목적은 수학을 공통 언어로 하는 여러 가지 과학 모형들을 자세히 설명하는 것이 아니다. 이 책은 과학 수업 같은 것이 아니다. 이 책은 과학자들이 연구의 근거로 삼았고 지금도 삼고 있는 다양한 모형을 최대한 쉽고 간단하게 소개하고, 이를 통해서 실재 세계가 어떻게 돌아가는지에 대한 이해를 돕기 위한 것이다. 그리고 이 책은 실재 세계를 이해하는 데에 일생을 바친 사람들에게 경의를 표하기 위한 것이기도 하다. 때로는 아주 사소한 문제에 평생을 매달렸지만 답을 찾지 못하고 산더미 같은 새로운 질문들만 마주해야 했던, 그러나 그 새로운 질문들에 또 가슴이 뛴 모든 이들에게 말이다.

물질

실재의 본성 자체가 우리의 능력 밖에 있다

실재(實在, reality)를 이해하는 것, 아니 실재를 이해하려고 애쓰는 것은 무엇보다도 우리가 보고 만지고 느끼는 모든 것, 즉 간단히 말해서 우리가 지각하는 모든 것이 무엇으로 이루어져 있는지에 대해서 질문을 던지는 일이다. 이 질문은 세상의 기원까지는 아니더라도 거의 인류의 기원만큼은 오래되었다고 할 수 있다. 가령 사람들은 이미 고대부터 물질(matter)이라는 주제를 놓고 두 가지 사상으로 대립했다. 한쪽은 아리스토텔레스 학파 사람들이었고, 다른 한쪽은 이 학파에 속하지 않는 지식인들이었다.

아리스토텔레스

나의 유튜브 채널 "생각 좀 해봅시다"(http://youtube.com/epenser1)를 모르는 독자를 위해서 여담으로 말하자면, 나는 그 채널을 통해서 아리스토텔레스라는 서양 사상의 거물과 이미 몇 년 전부터 논쟁을 벌여왔다. 물론 아리스토텔레스가 철학자로서 보여준 훌륭한 자질을 문제 삼을 생각은 없으며, 오늘날 논리라고 부르는 수학 분야에 대한 그의 기여도를 무시할 마음도 없다. 그러나 아리스토텔레스는 과학자로서는 매우 무능한 인물이었다. 오늘날에 그가 누리고 있는 명성에 비하면 거의 최악이라고 해도 될 정도이다. 이런 나의 주장에 아리스토텔레스를 변호하려는 사람들도 분명 있을 것이다. 그 시대에는 지금 우리가 알고 있는 것만큼 많은 것들을 알지 못했다는 점과 고대에 살았던 학자를 오늘날의 기준으로 판단하는 것은 경솔한 행동이라는 점을 들어서 말이다. 그런 사람들을 위해서 아리스토텔레스 덕분에 생긴 몰상식한 지식을 일부 여기에 소개하겠다. 지극히 기본적인 상식에 비추어보더라도 정말 말도 안 되는 이 지식들은 중세 말에 가서야 재검토되었다.

- 파리는 다리가 넷이다.
- 여성이 남성보다 치아 숫자가 적은 것은(물론 그렇지 않다) 남성보다 열등하다는 증거이다.
- 염소의 성별은 어미가 새끼를 배는 순간에 불어온 바람의 방향에 따라서 결정된다.
- 음식을 따뜻하게 먹는 식이요법을 쓰면 아들을 낳을 수 있다(따라서 음식을 차갑게 먹으면 딸을 낳을 수 있다는 이야기).
- 남성의 정력은 성기의 크기에 반비례한다.
- 질(膣) 안쪽에 삼나무 기름과 향유, 올리브유를 바르면 피임에 효과가 있다(여성 독자들은 따라하면 안 돼요!)

아리스토텔레스 학파는 다섯 가지 기본 원소(元素, element)를 뜻하는 "5원소" 개념에 오랫동안 집착해왔다. 물질은 모두 공기, 흙, 물, 불로 이루어져 있으며,* 여기에 해당하지 않는 나머지는 에테르(ether)로 이루어져 있다는 내용이다. 물론 완전히 틀린 이론이다. 그러나 아리스토텔레스가 그 이론에서 출발해서 중력과 연소, 자기(磁氣) 같은 물리현상들을 설명한 추론 과정을 따라가보면 흥미로운 구석도 있다(그렇다, 아리스토텔레스는 자기 현상을 알고 있었다. 전혀 이해하지 못했지만 알고는 있었다).

또다른 사상은 데모크리토스를 중심으로 전개되었는데(레우키포스가 먼저였던 것 같지만 이 인물은 성별조차 불분명할 정도로 알려진 바가 거의 없다), 이 사상의 출발점이 된 것은 오늘날에는 답이 분명해 보여도 당시에는 그렇지 않았던 하나의 질문이다. 사과를 둘로 쪼개고, 절반 중 한쪽을 다시 둘로 쪼개고, 또 그 절반 중 한쪽을 둘로 쪼개는 식의 일을 계속할 경우, 더 이상 둘로 쪼갤 수 없는 순간이 결국 오지 않을까 하는 질문이 그것이다. 더 이상 쪼개지지 않는 그 아주 작은 입자가 바로 물질을 이루는 기본 단위가 아니겠는가?

그렇게 탄생한 과학 이론은 이후 혁명과 혁명을 거치면서 발전을 거듭해간다. 그리스어로 "나눌 수 없는"이라는 뜻의 "아토모스(atomos)", 즉 원자(原子, atom)에 대한 이론을 두고 하는 이야기이다.

2. 원자

데모크리토스의 시대에는 사과나 배, 돌멩이, 머리카락이 더 이상 쪼갤 수 없는 미세한 입자로 이루어져 있다는 말을 입 밖으로 꺼내려면 간이 조금

* 플라톤의 『티마이오스(*Timaios*)』에 따르면 4원소를 처음 이야기한 인물은 엠페도클레스이다.

커야 했다(저속한 표현을 쓴 부분에 대해서는 양해를 바란다. 28페이지까지 왔으니까 이제 서로 좀 친해졌다고 생각해서 쓴 것이다). 당시에 원자론은 너무 진보적인 생각이었기 때문이다. 원자론자들은 물질이 다양한 형태의 입자들로 이루어져 있다고 주장했는데, 그중 특히 유명한 것은 갈고리로 서로 결합한다는 갈고리형 원자였다.

데모크리토스는 원자가 우리의 감각으로는 파악하지 못할 정도로 크기가 아주 작으며, 원자와 원자 사이에는 빈 공간이 있다고 보았다. 처음으로 관찰이 아닌 오로지 추론에 근거한 이론을 생각하고 수립한 것이다. 그래서 몇몇 사람들은 그를 못마땅하게 여겼다. 특히 플라톤은 데모크리토스의 책이 후대에 전해지지 않도록 태워 없애고 싶어할 정도로 그를 싫어했고, 데모크리토스의 생각이 정말 맞는지 꾸준히 검토했다. 오늘날 원자의 존재를 진지하게 의심하는 사람이 더 이상 없는 것은 이처럼 원자론자들과 비원자론자들이 20세기 초까지 맹렬히 맞서온 결과이다.

고대 알렉산드리아 도서관이 파괴되었을 때(그 시기는 역사 자료에 따라 50년에서 642년 사이로 추정된다) 서양은 위대한 고대 사상가들이 남긴 발자취의 대부분을 잃었다. 그렇게 잊혀져 있던 기록들은 1453년에 오스만 제국의 콘스탄티노플 점령을 계기로 다시 세상에 나왔는데, 덕분에 유럽은 고대 문헌의 재발견을 통해서 르네상스를 맞이하면서 오랜 중세를 끝냈다. 그러나 중세에는 아리스토텔레스의 사상이 교회와 함께 독점적인 영향력을 행사했고, 그래서 유럽에서 원자론은 데모크리토스 이후 거의 2,000년이 지난 뒤에야 그 위대한 역사를 다시 이어갔다. 종교재판의 마지막 희생자들 중 한 명으로 유명한 16세기의 이탈리아 철학자 조르다노 브루노가 그 행보의 선두에 선 인물이다.

조르다노 브루노는 살면서 종교재판의 화형대로 보내질 만한 짓은 죄

연금술

잠깐! 중세를 두고 원자와 관련해서 할 말이 전혀 없는 시대라고 단순화하기에는 조금 지나친 감이 있다. 당시 연금술사들은 12세기부터 라틴어로 번역된 아랍 서적들을 연구에 활용했는데, 그들이 말하는 연금술은 원자를 직접 언급하는 데까지 이르지는 않았지만, 물질을 어떤 순수 원소에서 다른 원소로(예를 들면 납을 금으로) 바꿀 수 있다는 생각에 근거하고 있었다. 말하자면 "원소 변환"을 이야기한 것이다.

다 했다고 볼 수 있다. 지구를 우주의 중심으로 간주하지 않았고, 태양을 태양계의 중심에 놓는 지동설을 지지했으며(태양을 우주의 중심에 놓지도 않았다), 여기서 한술 더 떠서 우주에 중심이 있다는 생각 자체를 거부했기 때문이다. 그는 우주를 무한한 것으로 가정했다. 그리고 별은 멀리 있어서 작게 보일 뿐 태양과 비슷한 모습을 하고 있으며, 각각의 별 주위로는 생명체가 살 수 있는 행성들이 돌고 있다고 보았다. 이 모든 것이 16세기에는 화형당하기 딱 좋은 발상이었다.

또한 브루노는 모든 물질이 더 이상 나눌 수 없는 기본 단위로 이루어져 있다고 보면서 그 단위를 "모나드"*라고 불렀다. 원자의 기본 개념을 이야기한 것이다. 그런데 그는 신(神)에 대해서도 최소인 동시에 최대의 존재로서 "모든 수(數)의 근원인 모나드"라고 말했다.** 모나드는 모든 기하학의 기본인 수학의 점(點)에 대응되는 물리적 존재였고, 이 같은 원자 혹은 모나드의 개념은 철학은 물론 종교와도 불가분의 관계에 있었다.

17세기는 학자들이 특히 별에 많은 관심을 쏟은 시기인데, 그 무렵 학자

---

* "모나드(monad)"는 그리스어에서 "하나"를 의미하는 "모나스(monas)"에서 온 말이다.

** Giordano Bruno, *Le triple Minimum. De triplici minimo*, trad. B. Levergeois, Fayard, 1995, p.447.

들은 대부분 이미 "입자론자"였다. 예를 들면 갈릴레이와 뉴턴은 물질이 더 이상 나누어지지 않는 미세한 입자로 이루어져 있다는 개념을 원칙으로 간주하고 받아들였다. 그러나 당시 진정한 원자론자라고 할 수 있었던 인물은 프랑스의 에티엔 드 클라브인데, 그는 앙투안 드 비용, 장 비토와 함께 물질에 관한 아리스토텔레스의 주장을 정식으로 공격했다. 1624년 8월 23일, 세 사람은 아리스토텔레스와 파라켈수스, 그리고 소위 "신비술사들"을 반박하는 논문 14편을 8월 24일과 25일에 걸쳐 공개적으로 발표하겠다고 예고했다. 이 예고는 일련의 벽보를 통해서 이루어졌다. 먼저 내붙은 벽보들은 자신들의 주장을 비판하는 자들에게 도전장을 던지는 내용이었고, 나머지 벽보들은 논문 발표 자체에 대한 것이었다.* 그러나 세 문제아는 이들의 논문을 이단적이라고 판단한 소르본 학자들로부터 맹렬한 비난을 받았으며, 파리 대학교는 원자론이나 데카르트주의와 조금이라도 관계된 것이면 모두 비판의 대상으로 삼았다.

원자에 대한 이론이 과학사에 당당하게 입성한 것은 18세기의 일이다. 사실 "그 어떤 것도 완전히 소멸될 수도 새롭게 생성될 수도 없으며 변화만이 가능하다"는 생각은 고대 그리스 클라조메나이의 철학자 아낙사고라스가 2,500년 전에 이미 내놓은 것이었다. 그러나 당시 그 생각은 세상을 바라보는 한 가지 방식, 즉 일부 사상가들(특히 스토아 학파)이 내세우는 철학에 관계된 것일 뿐 그 이상은 아니었다. 그런데 1775년, 프랑스 화학자 앙투안 로랑 드 라부아지에가 다음과 같이 진술한다.

* "La condamnation des thèses d'Antoine de Villon et d'Étienne de Clave contre Aristote, Paracelse et les cabalistes", Didier Kahn, in *Revue d'hitsoire des sciences*, 2002, tome 55 no2, pp.143-198.

[……] 인공적인 반응에서도 자연적인 반응에서도 새롭게 생성되는 것은 없으며, 그러므로 모든 반응에서 물질의 양은 반응 전과 후가 동일하다는 원칙을 세울 수 있다. 물질을 이루는 성분의 질과 양은 언제나 일정하게 유지되며, 상태의 변화만이 있을 뿐이다.*

솔직히 라부아지에는 말재주는 없었던 것 같다. "물질은 소멸되지도 생성되지도 않으며 그저 변화할 뿐이다"라고 했으면 훨씬 더 폼이 났을 텐데 말이다. 아낙사고라스만 해도 더 그럴싸하게 말하지 않았던가. "아무것도 소멸되지도 생성되지도 않는다. 다만 이미 존재하는 것들이 서로 결합했다가 다시 분리될 뿐이다." 그러나 라부아지에의 말이 새로운 것은 그가 자신이 한 말의 의미를 거의 정확히 알고 있었으며, 그 주장의 근거도 명확히 제시할 수 있었기 때문이다. 실제로 라부아지에는 다양한 (주로 기체를 활용한) 변환 실험을 통해서 반응에 개입한 원소들의 전체 질량은 원소들 자체의 상태가 크게 변화해도 바뀌지 않는다는 사실을 증명했다. 이 연구에 힘입어 라부아지에는 "근대 화학의 아버지"라고 불리게 되는데, 그 자세한 내용은 지금 다룰 주제가 아니므로 일단 넘어가기로 하자. 여기서 중요한 것은 18세기 말에 이르러 마침내 사람들이 물질을 이루는 원소들의 성질을 아주 미세한 차원까지 진지하게 검토하기 시작했다는 점이다. 다만 원소 주기율표를 내놓은 유명 스타 드미트리 멘델레예프✌**가 등장하기까지는 어느 색맹 환자의 역할이 더 필요했다.

그 주인공은 영국의 화학자이자 물리학자인 존 돌턴이다. 돌턴은 스물여덟 살이던 1794년, 자신이 색을 남들처럼 지각하지 못하는 시각적 기능

---

* *Traité élémentaire de chimie*, Antoine de Lavoisier, www.lavoisier.cnrs.fr, p.101.
** ✌ 표시는 관련 내용이 뒤에 나온다는 뜻이다.

장애를 가졌음을 알게 된다. 색맹을 일컫는 용어 돌터니즘(daltonism)이 바로 그의 이름에서 비롯되었다. 어쨌든 그 무렵 그는 물질을 이루고 있는 것이 무엇인지에 대해서도 관심이 많았는데, 이때 특히 눈여겨본 것이 라부아지에의 연구였다. 그렇게 해서 1801년에 돌턴은 원자에 대한 이론을 내놓았다. 물질은 원자로 이루어져 있고, 각각의 원소는 저마다 절대적으로 고유한 성질을 지녔으며, 원자들은 서로 결합해서 나무, 물, 공기, 사람의 눈 등과 같은 다양한 조직을 만들 수 있다는 것이 그 내용이다. 돌턴이 말하는 원자는 파괴될 수 없는 것이었고, 그런 의미에서 말 그대로 "불변의" 입자에 해당했다. 예전에도 그러했고 앞으로도 그러할 존재 말이다. 대신 그 원자들은 라부아지에가 말했던 것처럼 서로 마음대로 결합할 수 있었다. 그런데 사실 돌턴이 이 이론을 어떻게 생각해냈는지 아는 사람은 아무도 없으며, 그가 근거라고 제시한 것도 그 자신이 세운 가설밖에 없다. 그럼에도 돌턴의 이론은 상당수의 화학 현상을 설명해준다는 점에서 그럴듯한 측면이 있다. 어떤 이론을 내놓을 때 그런 것은 늘 유리하게 작용하지 않던가. 근거도 없고 쓸모도 없지만, 뭐랄까……아무튼 뭔가 그럴듯한 것 말이다.

우선 돌턴의 원자 이론은 라부아지에의 질량 보존의 법칙(law of mass conservation)을 설명해준다. 원자들이 그 자체는 절대 변하지 않고 서로 결합만 한다면, 당연히 소멸되거나 생성되는 일 없이 변화만 일어나기 때문이다. 또한 돌턴의 이론은 배수 비례의 법칙(law of multiple proportion), 다시 말해서 화학 반응에서 반응물과 생성물 사이의 비는 정수(整數)로 나타난다는 법칙도 설명해준다. 예를 들면 물을 2만큼 끓이면 수소 분자 2만큼과 산소 분자 1만큼이 만들어진다는 것이다.* 1803년에 돌턴은 몇몇 기체

* $2H_2O \rightarrow 2H_2 + O_2$.

에서 확인되는 반응의 차이, 가령 질소는 이산화탄소에 비해서 물에 훨씬 더 적게 녹는 것과 같은 현상을 설명하는 데에도 노력을 기울였고, 그런 차이가 생기는 원인은 기체를 구성하는 여러 성분들 사이의 질량(mass) 차이 때문이라고 보았다.

따라서 돌턴의 연구는 기체를 이루는 원소들의 질량을 계산하려는 시도로 자연스럽게 이어졌다. 그러나 당시로서는 원소 차원의 질량을 측정할 방법이 없었다. 그리고 돌턴이 정말 관심이 있었던 것은 원소들의 질량을 서로 비교하는 일이었고, 그래서 그는 수소의 질량을 1로 놓고 이를 기준으로 원소들의 상대 질량만을 알아보기로 했다. 이후에 원자량(原子量, atomic mass)이라고 불리게 되는 것도 바로 원소들의 상대 질량을 가리킨다. 그러나 돌턴은 산소와 수소 같은 기체가 사실은 분자로(산소는 산소 원자 둘로 이루어진 산소 분자로, 수소는 수소 원자 둘로 이루어진 수소 분자로) 이루어져 있다는 것을 몰랐기 때문에 계산에 오류가 생길 수밖에 없었다.

그런데 1811년, 아메데오 아보가드로가 한 가지 가설을 제시하면서 문제를 바로잡는다. 기체는 종류가 다르더라도 부피와 온도, 압력이 같으면 같은 수의 입자를 가진다고 본 것이다. 따라서 부피가 같은 두 기체의 질량을 비교하면 각 기체를 이루는 입자들의 상대적인 질량을 알 수 있다는 것이다. 아보가드로는 그러한 발견에서 출발하여 몇몇 기체가 낱낱의 원자로 이루어진 것이 아니라 원자들끼리 결합한 입자로 이루어져 있다는 결론에 이르렀다. 분자(分子, molecule) 말이다! 여기서 주목할 점은 이 같은 맥락에서는 원자가 가설에만 머무르며, 상대 질량은 원자의 존재 없이도 측정할 수 있다는 사실이다. 그래서 원자의 존재를 부정하는 일부 학자들은 각 원소에 일정한 물질량을 할당하는 이른바 당량(當量, equivalent)이라는 개념을 들고 나왔는데, 윌리엄 울러스턴이 그 대표적인 인물이다. 울러

스턴은 산소를 기준으로 정해 그 질량을 100으로 놓으면서 질량에 따른 원소 배열을 시도했고, 이로써 러시아가 낳은 위대한 과학자 멘델레예프가 등장할 수 있는 발판을 마련했다.

3. 과학사의 한 페이지 : 드미트리 멘델레예프

드미트리 멘델레예프는 덥수룩한 수염으로 유명한 19세기 러시아 과학자들 중에서(그런 인물은 두세 명 정도이지만) 가장 "공격적인"* 사람으로 통한다. 그는 1834년에 시베리아에서 집안의 막내로 태어났는데, 형제가 11남매였는지 14남매였는지는 확실하지 않다. 어쨌든 1849년에 아버지가 세상을 떠나면서 멘델레예프의 가족은 상트페테르부르크로 이사했다. 그가 열다섯 살이 되던 해였다. 어머니는 멘델레예프가 과학에 소질이 있다는 것을 알고 대학에 보내기 위해서 동분서주했고, 덕분에 그는 1850년에 열여섯의 나이로(그렇다, 고작 열여섯 살에!) 대학에 들어가 화학 공부를 시작했다. 그리고 분광법의 창시자로 일컬어지는 키르히호프와 분젠 같은 사람들의 지도하에 연구 활동을 계속해갔다.

멘델레예프는 1863년에 화학 교수가 되었고, 1869년에는 「원소의 성질과 원자량의 상관관계」라는 제목의 지극히 평범한** 논문을 발표했다. 과학에 결정적인 혁신을 불러온 바로 그 논문이다. 그렇다면 당시 사람들은 원소에 대해서 얼마나 알고 있었을까? 멘델레예프의 논문 내용을 살펴보기에 앞서 잠시 시선을 뒤로 돌려 그 내용을 먼저 알아보기로 하자. 그렇

---

* 무모할 만큼 대담하고 과감하다는 의미에서.

** 처음에는 그렇게 생각한 사람들이 있었다.

분광법(分光法, spectroscopy)

「CSI 과학수사대」라는 미국 드라마에서 섬유 분석 기계를 본 적이 있는가? 섬유를 넣으면 섬유의 분자 성분을 알려주는 기계 말이다. 바로 그것이 분광법이다. 물론 키르히호프와 분젠의 시대의 분광법은 완성도가 많이 낮았지만, 원리는 그때나 지금이나 다를 것이 없다. 어떤 물체에 빛을 비추고, 그 반사되는 빛을 프리즘으로 분해해서 물체의 성분 정보를 이끌어내는 것이다.

다, 이 책은 한 방향으로만 전개되지는 않을 것이다. 앞을 보다가 뒤도 보고, 뒤를 보다가 옆도 보고……말하자면 이 책은 대중 과학서의 "마카레나" 같은 것이라고 할 수 있다.

1817년, 독일 화학자 요한 되베라이너는 이른바 "3조원소(三組元素, triad)" 이론을 내놓았다. 동일한 화학적 속성을 공유하는 원소들을 질량 순서로 줄 세운 뒤 연속적으로 놓이는 원소들을 셋씩 묶어 살펴보면(그래서 "3조") 세 원소들 중에서 가운데에 자리한 원소는 나머지 두 원소의 평균에 해당하는 질량을 가지며, 따라서 연속된 원소들 사이의 질량 차이는 동일하다는 내용이다. 1859년에 프랑스의 장 바티스트 뒤마는 되베라이너의 이론을 확대해서 원소를 넷씩 묶었다. "3조"가 아니라 "4조원소(四組元素, tetrad)" 이론을 내놓았는데, 이 이론에서 뒤마는 동일한 화학적 속성을 공유하는 연속된 두 원소 사이의 질량 차이는 언제나 일정함을 보여주었다. 그렇게 해서 사람들은 원소의 화학적 속성에 주기성(週期性)이 존재한다는 생각을 조심스럽게 하기 시작했다.

1862년, 프랑스의 지질학자 알렉상드르 샹쿠르투아는 땅의 나사*라는 개념을 제시했다. 원소들을 원자량 순서로 원기둥의 표면에 나사의 홈처

* 땅의 나선이라고도 한다.

과학의 서열

사람들이 원하든 원하지 않든 간에 과학에는 일종의 "서열"이 존재하며, 어떤 과학자에게 주어지는 무게감은 바로 그 순서에 따라서 정해진다. 이 서열에서 꼭대기에 자리하는 것은 우주론, 천체물리학, 입자물리학 등처럼 전적으로 이론적인 성격을 띠는 이른바 "하드 사이언스"와 수학이다. 그 아래로 신경과학과 생물학, 화학처럼 생명이나 그밖의 것에 관한 응용과학이 자리하고, 다시 그 아래로 지질학과 기후학 같은 학문이 고상한 과학의 하위 단계로서 자리한다. 가장 낮은 서열에는 역사학, 사회학, 심리학 등의 인문과학이 자리하는데, 인문과학을 과학으로 간주하지 않는 사람도 많다.

물론 이 서열은 편견으로 가득 차 있다. 과학은 모두 과학이니까. 경우에 따라 수학 같은 자연과학과 심리학 같은 비자연과학을 구별할 수는 있지만, 그렇다고 과학에 서열을 매겨도 된다는 말은 결코 아니다. 과학은 관찰, 가설, 이론적 모형, 실험, 증명 등과 같은 연구 방법을 통해서만 서로 분간된다. 과학의 서열과 관련된 그 모든 편견이 없었다면 인류는 어쩌면 더 큰 발전을 이룰 수 있지 않았을까? 마찬가지로, 새로운 발견이라도 여성이 한 것이면 배척과 무시를 당하는 경우가 많다. 이 점에 대해서는 다음에 기회가 되면 이야기하기로 하자.

럼 비스듬하게 배열하면(그래서 나사라는 이름이 붙었다) 화학적 속성이 동일한 원소들이 수직선상에 정렬된다는 것이다. 이로써 샹쿠르투아는 원소들이 주기성을 가지며, 연속된 비슷한 두 원소 사이의 원자량의 차이는 항상 일정하다는 것을 명확히 보여주었다.

땅의 나사는 뒤마의 가설을 확인하는 동시에 좀더 발전시킨 것이었다. 그렇다면 과학계는 그처럼 천재적인 생각을 내놓은 샹쿠르투아를 반기면서 높이 평가했을까? 아니, 그렇지 않다. 샹쿠르투아의 연구에 주목한 사람은 아무도 없었다. 그는 지질학자였기 때문에, 그래서 원소들에 대해서 이야기할 때 지구화학의 용어를 사용했기 때문이다. 지질학자 따위가 돌멩이나 동굴 말고 뭘 안다고? 그러니 원소 문제는 대단하신 분들에게 맡기고 지질학자 양반은 동굴로 돌아가서 하던 연구나 계속하라는 소리였다.

그런데 다행스럽게도 그리 오랜 시간이 지나지 않아서 "과학자라는 이름에 걸맞은" 한 과학자가 샹쿠르투아의 연구를 이어가게 된다. 더구나 이번 인물은 화학자였기 때문에 원소에 대해서 이야기하는 것을 두고 정당성을 운운하는 일도 전혀 없었다. 영국의 화학자 존 뉴랜즈가 그 주인공인데, 그는 1864년에 원소들을 주기적 성질에 따라서 배열한 표와 함께 옥타브 법칙(law of octaves)을 발표했다.

> 음악의 한 옥타브에서 여덟 번째 음이 그 첫 번째 음과 같은 성질을 띠는 것과 마찬가지로, 원소 배열에서 어떤 원소에 이어 여덟 번째에 놓이는 원소는 그 첫 번째 원소와 비슷한 성질을 띤다.

요컨대 뉴랜즈는 멘델레예프보다 먼저 주기율표를 만들었다. 원소들을 그 주기성을 보여주며 정확하게 배열한 최초의 과학자로 이름을 남길 일을 한 것이다. 그렇다면 이번에는 과학계가 이 천재적인 인물을 반기고 높이 평가했을까? 아니, 이번에도 아니다. 뉴랜즈는 동료들로부터 무시와 비웃음을 당하다시피 했다. 그 이유는 한 옥타브에 여덟 음이 있는 것처럼 원소들도 여덟 개 단위로 주기성을 가진다는 그의 설명이 고대 철학자들의 자의적인 이론(가령 구에 내접[內接]하는 정다면체는 소위 "플라톤의 다섯 입체"에 해당하는 다섯 가지가 있으므로 원소도 다섯 가지만 존재한다고 주장하는 식의 이론)과 어딘가 닮았기 때문이다. 게다가 무엇보다도 큰 문제는 옥타브 법칙이 가벼운 원소들, 즉 칼슘까지만 통한다는 것이었다. 그런데 이때, 드디어 멘델레예프가 등장한다.

앞에서 말했듯이 멘델레예프는 1869년에 「원소의 성질과 원자량의 상관관계」라는 논문을 발표했고, 이로써 화학뿐만이 아니라 인류가 물질의 구성에 대해서 알고 있던 지식 자체에 혁신을 불러왔다. 전 세계 화학 수업시간에 주기율표(periodic table)라는 이름으로 소개되는 원소의 주기적 배열에 관한 법칙이 바로 그 논문에 나오기 때문이다. 그렇다면 멘델레예프의 논문이 정말 그렇게 천재적인 것일까? 몇 가지 측면에서는 그렇다고 할 수 있다. 그러나 여기서 무엇보다 중요한 사실은 그 논문이 발표된 당시 사람들은 원자가 존재하는지도 모르고 있었고, 원자가 더 작은 성분들로 구성되어 있다는 것은 원자론자들조차 진지하게 생각한 적이 없었다는 점이다. 그런 시대에 멘델레예프는 20세기 초까지는 증명할 방법도 없었던 가설을 내놓은 것이다.

어쨌든 문제의 논문에서 우리가 멘델레예프의 천재성 덕분에 알게 된 내용은 다음 일곱 가지로 정리할 수 있다.

1. 원소를 원자량(여기서 말하는 원자량은 지금 우리가 아는 원자량과 값은 다르지만 개념은 동일하다) 순서에 따라서 배열하면 그 화학적 속성(원소의 안정성, 발화성, 부식성 등)의 주기성이 드러난다.

2. 세 원소가 비슷한 화학적 속성을 가질 때에는 다음의 두 경우 중 하나에 해당한다. 세 원소의 원자량이 비슷하든지(예를 들면 원자량이 각각 26, 27, 28에 해당하는 철, 코발트, 니켈처럼), 아니면 원자량 사이의 차이가 일정하든지(예를 들면 원자량이 각각 19, 37, 55로서 18씩 차이가 나는 칼륨, 루비듐, 세슘처럼).

3. 주기율표에서 원소의 위치는 그 원자가(原子價)에 대응되며, 원소의 화학적 속성에 관한 정보를 적어도 부분적으로는 제공한다. 이 세 번째 사항은 앞의 두 사항에 따른 결과이기도 하다.

원자가(原子價, valence)

원자가는 원소의 중요한 화학적 속성 중 하나로, 원소의 한 원자가 다른 원자와 결합할 수 있는 최대의 수를 말한다. 예를 들면 수소 원자는 한 번에 하나의 원자하고만 결합할 수 있으므로 수소의 원자가는 1이다. 일가원소(一價元素)라는 말이다. 이에 비해서 산소는 동시에 두 개의 원자와 결합할 수 있으므로 원자가가 2인 이가원소에 해당한다. 또한 다른 원자와 전혀 결합하지 못하는 네온 같은 원소도 있는데, 이런 경우 원자가는 0이 된다.

원자가는 원자에 전자들이 어떤 식으로 배치되어 있는가에 따라서 정해진다. 그러나 멘델레예프의 시대에 사람들은 전자의 존재는 상상도 하지 못했다. 그래서 멘델레예프가 대단한 것이다!

4. 자연에 많이 존재하는 원소들은 원자량이 작다. 그렇다면 멘델레예프는 자신이 만든 표를 보면서 원자량이 작은 원소들이 자연에 실제로 많이 있는지 확인하는 것으로 그쳤을까? 아니, 그렇지 않다. 그는 그 사실에서 출발하면 자연의 법칙을 설명할 수 있으리라고 예측했다. 실제로 항성 핵합성, 다시 말해서 항성 내부에서 원자들이 만들어지는 과정이 바로 그 법칙을 완벽하게 보여준다(136쪽 참조). 원자량이 어느 선을 넘어서면 원자가 점점 더 불안정해지면서 핵분열을 일으켜 원자량이 작은 원자로 분해되는 현상 말이다. 가령 원자량이 118이나 되는 우누녹튬(Ununoctium)의 경우, 존재가 확인된다고 해도 그 수명은 10만 분의 몇 초를 넘기지 못한다. 그런데 예외적으로 리튬은 이 법칙을 벗어난다. 원자량이 아주 작은데도 다른 원소들에 비해서 자연에서는 잘 볼 수 없기 때문인데, 이 현상을 두고 "리튬의 미스터리"라고 한다.

5. 원소의 원자량만 알면 그 화학적 속성을 밝힐 수 있다. 멘델레예프는 자신의 주기율표를 이용하면 원자량밖에 모르는 원소들의 특징도 알 수

있다고 주장할 만큼 자신의 연구에 자신감을 가지고 있었다. 요컨대 새로운 원소를 발견했을 때 그 원자량만 알면 화학적 속성을 바로 규명할 수 있다는 것이다. 물론 봉변을 당하지 않으려면 그래도 일단 신중을 기해야 하겠지만 말이다.

6. 당시 알려진 원자량 중에는 주기율표와 정확히 대응되지 않는 것들이 있었다. 그런데 멘델레예프는 주기율표를 재검토하기보다 그 원소들의 원자량을 수정해야 한다고 결론지었다. "내 표와 맞지 않으면 틀린 겁니다. 당신들이 틀렸다고요! 그러니까 고치세요! 의심스럽다 싶은 것을 정확히 고칠 때는 주저 없이 내 표를 사용하기를 바랍니다." 멘델레예프가 틀렸다면 그의 이름은 러시아 학계에서 수십 년 동안 조롱의 대상이 되었을 것이다. 그러나 다행히도 그의 생각은 옳았다.

7. 끝으로, 멘델레예프가 정말 남다른 천재임을 보여주는 부분은 일부 원소들이 주기를 "건너뛰어" 배열된다는 사실에 주목했다는 점이다. 멘델레예프는 그 사실을 아직 발견되지 않은 원소들이 존재한다는 증거라고 보았다. "내 이론은 아주 정확하니까 이 이론에 맞지 않는 것이 있다면, 그건 당신들이 틀렸거나 몰라서 그런 겁니다." 이번에도 역시 그의 생각은 옳았다. 멘델레예프가 그 존재를 예상하면서 각기 에카알루미늄, 에카붕소, 에카규소라고 명명한 갈륨(1875년), 스칸듐(1879년), 게르마늄(1886년)이 연이어 발견되었기 때문이다. 이로써 멘델레예프가 내놓은 원소의 주기적 배열에 관한 법칙은 과학계에서 인정받는 이론적 모형으로 자리매김하게 된다.

이상으로 보았듯이 멘델레예프의 연구는 아주 천재적이다. 그러나 그가 위대한 러시아 과학자로만 기억되는 것이 아니라 유명 스타 자리에 오른 이유는 무엇일까? 유명 스타라면 누구나 그렇듯이 멘델레예프는 파란만장한 인생을 살았다. 특히 애정 생활 측면에서. 그는 1876년에, 그러니

한발 늦었어, 마이어!

독일 화학자 율리우스 로타르 마이어 역시 원소의 주기적 배열에 관한 법칙을 연구했다. 그렇다고 해서 멘델레예프와 아는 사이였다고 생각할 근거는 전혀 없다. 실제로 마이어의 연구가 담긴 책은 1864년에 처음 출간되었다가 1868년에 재판을 찍으면서 내용이 보완되었는데, 재판이 실제 출간된 것은 멘델레예프의 연구가 발표되고 몇 달이 지난 1870년이었다. 그래서 마이어의 책은 멘델레예프의 발견에 힘을 실어주는 별도의 연구 정도로 간주되었다. 마이어는 당시 알려지지 않은 원소들의 존재를 예측하는 데까지 이르지는 못했지만, 어쨌든 몇 달만 빨랐다면 주기율표는 그의 업적이 되었을지도 모른다.

영국의 화학자 윌리엄 오들링도 비슷한 시기에 주기율표를 연구한 인물이다. 오들링의 주기율표는 멘델레예프의 것만큼이나 완성도가 있었고, 일부 원소들(예를 들면 백금과 수은)은 더 정확한 위치에 자리해 있었다. 그리고 그 역시 표에서 빈자리는 앞으로 발견될 원소들을 위한 것임을 예상했다. 그러나 오들링은 뉴랜즈와 경쟁관계에 있었던 까닭에 옥타브 법칙을 거침없이 비난했고, 이 일로 명성에 오점이 생기면서 그의 연구는 한참 뒤에야 알려지게 되었다. 그래서 무명의 실력자로 머물게 된 것이다. 유감스러운 일이지만 어쩌겠는가, "싫으면 다 싫다"고 하지 않던가.*

까 여섯 살 연상의 아내와 벌써 결혼해서 자식을 셋이나 낳고 살고 있던 중에 다른 여자를 사랑하게 된다. 그것도 아주 친한 친구의 조카이자 자기보다 훨씬 어린 안나 이바노브나 포포바라는 여인을 말이다(그는 마흔둘, 안나는 열여섯 살이었다!). 1881년에 멘델레예프는 그녀에게 청혼했고, 거절당하면 자살하겠다고 엄포를 놓았다. 셰익스피어의 연극에나 나올 법한 낭만적인 일이지 않은가? 물론 연극에서만 낭만적인 일이겠지만…….

* 영어에는 "haters gonna hate"라는 관용적 표현이 있다. 싫어할 사람은 어차피 싫어한다는 말이다. "개는 짖게 되어 있다"라고도 해석된다.

어쨌든 결국 안나는 멘델레예프와(아마도 그의 화려한 수염과) 사랑에 빠져 1882년에 결혼식을 올렸다. 이때 멘델레예프는 첫 번째 부인과 여전히 혼인 상태에 있었는데, 러시아에서 그런 것은 "흔한" 일이었다. 실제로 첫 번째 부인과는 그로부터 한 달 뒤에 이혼했다. 그는 한 달간 중혼 상태가 되더라도 그것은 어디까지나 행정적인 부분일 뿐, 이미 헤어진 관계이므로 괜찮다고 생각한 것이다. 그러나 문제는 당시 러시아에서 큰 영향력을 가지고 있던 동방정교회를 고려하지 못한 데에 있었다. 동방정교회의 규율에 따르면 이혼하고 7년은 계속 기혼자로 간주되었기 때문에 이혼한 뒤 7년이 지나야 재혼이 가능했다. 따라서 멘델레예프는 중혼 문제로 러시아 과학 아카데미로부터 배척을 받았다. 그러나 러시아 황제 알렉산드르 2세는 멘델레예프를 대놓고 높이 평가했는데, 이처럼 황제의 후원을 직접적으로 받는다는 것은 당시에는 이혼만큼 드문 일이었다. 그래서 사람들이 황제에게 멘델레예프를 너무 "풀어주는" 것 같다며 불평하자, 황제는 이렇게 말했다고 한다. "멘델레예프의 아내는 둘인지 모르겠으나 멘델레예프는 세상에 한 명뿐이오." 멋쟁이 황제님이다.

멘델레예프 이후 원자론은 과학사에서 순조로운 행보를 이어갔다. 그러나 새로운 발견과 함께 "원자폭탄"을 맞고 완전히 뒤집히게 되는데(내 유머가 가끔씩 마음에 들지 않더라도 이해해주기를 바란다), 문제의 폭탄을 터뜨린 인물은 뜻밖에도 원자론의 지지자 중 한 명인 조지프 존 톰슨이었다.

4. 전자

전자(電子, electron)의 역사는 전기의 역사와 밀접하게 연관되어 있다. 전자와 전기, 딱 봐도 가깝게 느껴지지 않는가? 고대에 그리스인들은 호박(먹는 호박 말고 보석 호박)을 모피로 문지르면 호박에 작은 물체들이 달라붙는다는 것에 주목했다. 지금이라면 정전기(靜電氣, static electricity)라고 말하겠지만, 당시 사람들은 그 현상을 또다른 "유명한" 전기 현상인 벼락과 연결 지을 생각을 하지 못했다. 그리고 그로부터 한참 뒤인 1600년, 영국의 의사 윌리엄 길버트가 자기 현상에 관심을 가지고 『자석에 관하여(*De Magnete*)』라는 책을 내놓는다. 자기에 대해서는 뒤에서 따로 다룰 텐데, 지금 이 이야기를 꺼낸 이유는 어떤 물체가 마찰 후에 다른 물체를 끌어당기는 성질을 두고 "호박성"을 뜻하는 라틴어 "엘렉트리쿠스(electricus)"라는 명칭을 쓴 사람이 바로 윌리엄 길버트이기 때문이다. "엘렉트리쿠스" 자체는 "호박"을 뜻하는 그리스어 "엘렉트론(electron)"에서 파생한 단어로, 1891년에 조지 스토니는 "전기 원자", 아니 더 정확히는 "전기 입자"(이 명칭도 정확하지는 않지만)에 "엘렉트론(electron)" 즉 "전자"라는 명칭을 붙인다.

그러면 여기서 잠깐, 텔레비전에 대한 여담을 하고 지나가자. 텔레비전이라고 하면 어린 독자들은 두께가 몇 밀리미터에서 몇 센티미터밖에 안 되는 평면 텔레비전밖에 모를 것이다. 그런데 나이가 좀 있는 분들은 알겠지만 예전에는 텔레비전도 컴퓨터 모니터도 그 두께가 거의 화면의 좌우 폭만큼이나 두꺼웠다. 그 같은 두께는 화면을 크게 제작하는 데에도 제약으로 작용했다. 실제로 1980년대에 대각선 1미터짜리 화면(약 40인치)은 그 두께가 40센티미터를 가볍게 넘겼고, 무게는 40킬로그램에 달했다. 그 시절 텔레비전에는 플라스마도 액정도 사용되지 않았기 때문이다. 당시 텔레비전은 브라운관이라고도 불리는 음극선관의 도움으로 작동했는데, 이 음극선관의 시초가 되는 것은 그보다 오래된 발명품인 크룩스관이다.

영국의 화학자이자 물리학자인 윌리엄 크룩스는 기체가 전기를 전하거나 전하지 않는 방식에 관심이 많았고, 그래서 기체를 아주 낮은 압력 상태로 관에 채워 그 관에 전류를 흘리면 어떤 일이 일어나는지 알아보려고 했다. 문제의 실험에는 양끝에 전극을 달고(음극과 양극) 저압 상태의 기체를 채운 유리관이 동원되었다. 실험에서 크룩스는 기체의 압력을 낮추고 전압을 높이면 음극에서 빛 같은 것이 나온다는 점을 알아냈고, 그것을 음극선(陰極線, cathode ray)이라고 명명했다. 여담은 일단 여기까지 하고 다시 본론으로 돌아가자.

조지프 존 톰슨은 영국의 물리학자로, 1906년에 "기체 내의 전기 전도에 관한 이론적, 실험적 연구"로 노벨 물리학상을 수상했다. 자, 방금 한 여담이 괜히 나온 것이 아니라는 사실을 이제 알겠는가? 뭐, 어쨌든. 톰슨은 1876년에 케임브리지 대학교 트리니티 칼리지에 들어갔다. 트리니티 칼리지는 노벨상 공장이라고 일컬어지는 곳으로(지금까지 노벨상 수상자를 32명이나 배출했는데 그중에는 톰슨과 함께 톰슨의 아들도 포함되어 있다. 톰슨의 아들은 아버지가 상을 받고 31년 뒤에 역시 물리학 부문에서 수상했다. 부전자전이다), 프랜시스 베이컨, 조지 바이런, 제임스 본드(조류학자인데 이름이 정말 제임스 본드이다!), 닐스 보어 같은 유명 인사들이 그 학교 복도를 활보하고 다녔다. 그리고 아이작 뉴턴인지 뭔지 하는 사람까지. 온라인 백과사전 위키피디아를 보면 트리니티 칼리지 출신 유명인들을 모아둔 페이지가 있는데, 그 분량이 족히 세 페이지는 된다. 이런, 이야기가 또 옆으로 빠졌다.

자, 다시 조지프 존 톰슨으로 돌아오자. 톰슨은 19세기 말에 음극선에 관한 일련의 실험을 했고, 1897년에 유리관 주위에 전기장을 만들면 음극선을 굴절시킬 수 있음을 발견했다. 음극선이 전기를 띠고 있으며, 따라서 파동이 아니라 "입자"로 이루어져 있다는 실험적 증거를 얻은 것이다(이 문제에 대해서는 52쪽에서 다시 이야기할 것이다). 그래서 톰슨은 여러 다른 기체들로 같은 실험을 반복했고, 그 결과 모든 기체의 원자에서 전하(電荷, electric charge)가 나오는 현상이 일어나고 굴절 현상도 동일하게 나타난다는 결론을 얻었다. 톰슨 자신은 "코퍼슬(corpuscle, 미립자)"이라고 지칭하기는 했지만, 조지 스토니가 예측한 전자의 존재를 실험적으로 증명한 것이다. 이 발견은 한편으로는 원자론자들이 수세기 동안 고집한 주장이 옳았음을 보여주는 동시에, 또다른 한편으로는 원자론자들이 크게 틀렸음을 증명하는 하나의 혁명이었다. 실제로 톰슨의 발견은 당시 원자론자들의 가설과 일치했으며, 따라서 그들이 내놓은 모형과도 일치했다. 단, 원자론자들이 우주를 이루고 있는 원자라는 지극히 작은 입자가 더 이상 쪼개질 수 없다고 생각했다는 점을 제외하면 말이다. 원자라는 명칭 자체가 "나눌 수 없다"는 뜻을 가지고 있지 않은가. 그런데 전자는 원자보다도 작은 입자, 원자를 구성하는 입자였던 것이다.

이 대목에서 정확히 짚고 넘어가야 할 사실이 있다. 원자론자들의 가설과 이론이 물질을 이해하는 데에 도움을 준 것은 맞지만, 그들의 핵심 가설은 틀렸다는 것이다. 요컨대 원자론은 업데이트가 필요한 이론이었다. 원자는 원자론자들의 주장처럼 우주를 구성하는 기본 단위가 아니기 때문이다. 그러나 원자가 기본 단위든 다른 입자들로 이루어진 요소든 간에 이런저런 속성(특히 화학적 속성)을 가진 그 존재 자체를 다시 문제 삼을 필요는 없었고, 따라서 사람들은 기존 이론을 폐기하고 완전히 다른 이론으로 옮겨가기보다는 새로운 사실을 반영하면서 자연스럽게 변화하는 쪽을 택했다. 간단히 말해서 원자가 더 이상 나누어질 수 없는 것이 아니라는 점만 빼면 원자에 대해서 알려진 것은 모두 사실이었고, 그래서 원자라는 명칭을 그대로 두기로 한 것이다. 그런데 원자가 더 이상 "첫 번째 단위"가 아니라 다른 어떤 것들로 이루어진 그 무엇이라면, 그 다른 어떤 것들과 그것들이 원자의 구조를 구성하는 방식에 당연히 의문이 생길 수밖에 없었다. 톰슨이 전자를 발견한 그다음 날 떠올린 것이 바로 그 의문이다.

톰슨은 원자 내부에서 일어나는 일을 알아내기 위해서 간단하면서도 고상한 추론을 이어갔다. 그가 알아낸 바에 따르면 하나의 원자에는 전자가 여러 개 들어 있었다. 그리고 전자는 전기적으로 음성을 띠고, 원자 자체는 전기를 띠지 않았다. 따라서 톰슨은 음의 전하를 띠는 전자들이 양의 전하를 띠는 "수프" 내부를 다소간 자유롭게 돌아다니고 있으며, 그래서 전체적으로는 전기적으로 중성이 된다는 결론을 내렸다. 여기서 톰슨이 전자들을 두고 "다소간" 자유롭게 돌아다니고 있다고 말한 데는 이유가 있다. 음극선에서 전자에 의한 빛이 방출될 수 있다는 것으로 미루어볼 때, 전자들은 원자 내부에 완전히 갇혀 있는 것이 아니라 밖으로 나올 수 있는 것은 분명하지만, 같은 전하를 띠는 다른 전자들과 서로를 밀어내는 동시에 양의 전하를 띠는 "수프"에 끌어당겨지고 있기 때문에 아무렇게나 마음대로 움직일 수는 없으리라고 본 것이다. 따라서 사람들은 톰슨의 원자 모형을 두고 "건포도 푸딩 모형"이라고 불렀다. 원자 안에서 전자가 푸딩 안에 든 건포도처럼 완전히 박힌 것도 아니고 완전히 자유로운 것도 아닌 상태로 있기 때문이다. 개중에는 "자몽 머핀 모형"이라든지 "초코칩 쿠키 모형" 같은 이름을 붙이는 사람들도 있었는데, 결국 같은 맥락이었다. 순수하게 학술적인 용어에서 벗어나면 각자의 문화가 개입하기 마련이니까. 물론 톰슨 자신은 그 연구에 다음과 같은 제목을 붙였다. "원자의 구조에 관하여 : 원주를 따라 일정 간격으로 배열된 미립자들의 안정성과 진동 주기에 대한 연구 및 원자 구조 이론에 대한 그 결과의 응용."*

* "On the Structure of the Atom: an Investigation of the Stability and Periods of Oscillation of

그런데 일본 물리학자 나가오카 한타로는 서로 반대되는 전하들이 동시에 같은 공간에 있을 수 없다고 주장하면서 톰슨의 원자 모형을 완전히 부정했다. 특히 그는 1904년에 전자들이 양의 전하 주위를 토성의 고리와 같은 방식으로 돌고 있는 모형을 내놓았는데(당시에는 별로 주목받지 못했다), 이 모형이 옳다면 원자의 질량은 거의 모두 그 중심에 자리한다는 말이었다.

톰슨이 말한 원자 모형의 변이형이라고 할 만한 것은 몇 가지가 더 있다. 가령 어떤 사람들은 양의 전하가 수프보다는 구름의 형태를 띤다고 보았고, 또 어떤 사람들은 전자가 원자 내부에서 원을 그리고 있다고 생각했다. 그러나 모형의 전반적인 체계는 결국 동일하다고 할 수 있었다. 그런데 이 같은 톰슨 식의 모형은 1909년에 한스 가이거와 어니스트 마르스덴이 어니스트 러더퍼드의 지도하에 진행한 실험으로 완전히 무효화되었다. “러더퍼드 실험” 혹은 “금박 실험”이라고 불리는 그 실험에서 원자의 또다른 주요 구성성분, 즉 원자핵(原子核, atomic nucleus)이 발견되었기 때문이다.

5. 원자핵

어니스트 러더퍼드는 트리니티 칼리지 출신에(또!) 톰슨의 제자로, 1907년에 맨체스터 대학교에서 한스 가이거와 함께 연구하면서 방사성 물질이

a number of Corpuscles arranged at equal intervals around the Circumference of a Circle; with Application of the Results to the Theory of Atomic Structure.” “건포도 푸딩 모형(plum pudding model)”만큼 귀여운 제목이 아닌 것은 분명하다.

내놓는 알파(α) 입자를 검출하는 기계를 개발했다. 그렇다, 바로 가이거 계수기(Geiger counter)이다. 러더퍼드는 방사능에 관심이 많았는데(방사능과 퀴리 부인에 대한 이야기는 다음 기회에 하기로 하자), 알파 입자가 전하(그러니까 전자)를 잃은 헬륨 원자라고 확신하고 있었다. 그리고 그 생각을 1908년에 실험을 통해서 증명했다. 방사성 물질을 분리해서 알파 입자만 수거하는 방식의 실험으로, 여기서 러더퍼드는 알파 입자가 든 장치 주위에서 모은 기체의 스펙트럼을 분석하여 그것이 주로 헬륨에 해당한다는 것을 밝혔다. 알파 입자가 음의 전하, 즉 전자를 되찾아 헬륨 원자로 "바뀐" 것이었다.

러더퍼드는 그해에 "원소의 붕괴와 방사성 물질의 화학에 관한 연구"로 노벨 화학상을 수상하면서 역사에 이름을 올린다. 그는 물론 기뻤지만 노벨 물리학상을 받지 못한 것을 아쉬워했다. "물리학을 제외한 과학은 우표 수집에 불과하다"는 것이 그의 생각이었기 때문이다. 그러게 내가 앞에서 말하지 않았나, 과학에 서열을 매기는 사람들이 있다고…….

1909년에 러더퍼드는 알파 입자의 흐름, 즉 알파선을 아주 얇은 금박(두께가 100만 분의 6미터인, 다시 말해서 1미터에 비하면 올림픽 수영 경기장에 속눈썹 하나가 빠진 것으로 비유할 수 있을 만큼 얇다)에 쏘는 실험을 진행했다. 사실 그는 이전에도 얇은 운모판을 가지고 이미 실험을 한 적이 있었는데, 한스 가이거, 어니스트 마르스덴과 함께 금박을 이용해서 더 정밀한 실험을 해보기로 한 것이다. 톰슨의 원자 모형에 따르면, 알파 입자는 아무 어려움 없이 직선으로 금박을 통과해야 했고, 이를 확인하기 위해서 러더퍼드는 알파 입자가 부딪히면 작은 불꽃을 내는 화학 물질(황화아연)로 된 스크린을 금박 뒤에 세워놓았다. 그런데 실험이 시작되고 몇 분 뒤 러더퍼드는 깜짝 놀라게 된다. 알파선이 금박을 통과해서 스크린에 선명하고 분명한 하나의 흔적을 만드는 것이 아니라, 스크린에 거의 전체적으로 분포된 여러 지점에서 알파 입자들이 큰 각도로 휘어지거나 심지어 뒤로 튕겨나오기까지 했기 때문이다. 입자들이 무엇인가에 부딪혀 진로가 바뀐 것이다. 방금 나는 "깜짝 놀랄 일" 정도로 이야기했지만, 실제로 러더퍼드는 당시 실험 결과를 "15인치나 되는 대포알을 휴지 조각에 대고 쐈는데, 그 대포알이 튕겨나와 대포를 쏜 사람을 명중시킨 꼴"이라고 표현했다.

러더퍼드의 비유는 완벽했다. 알파 입자가 금박을 통과하는 것을 방해할 만한 것은 아무것도 없었고, 따라서 입자들이 그렇게까지 휘어질 이유도 없었는데 그런 현상이 일어난 것이다. 실험이 있고 약 2년 뒤인 1911년, 러더퍼드는 문제의 현상에 대한 해석을 내놓았다. 입자들의 99.99퍼센트는 휘어지지 않았다는 점으로 미루어볼 때, 원자는 대부분 빈 공간으로 이루어져 있다는 결론을 끌어낼 수 있었다. 양의 전하가 "수프"의 형태로 자리한다고 본 톰슨의 원자 모형은 틀렸다는 말이다. 휘어진 입자들은 양의 전하에 떠밀린 것인데, 그 비율이 0.01퍼센트밖에 되지 않는다는 것은 원자에서 양의 전하가 차지하는 자리가 아주 작다는(원자 전체 부피보다 10만 배 작다는) 뜻이었다. 이 사실로부터 러더퍼드는 원자에서 양의 전하 전체와 원자의 질량 대부분은 빈 공간에 둘러싸인 극히 작은 중심의 핵에 모여 있으며, 그 핵 주위를 돌고 있는 전자들이 우리가 "지각할 수 있는" 원자의 크기를 결정한다는 결론을 내렸다. 그렇게 해서 러더퍼드는 7년 전에 나가오카 한타로가 말한 것과 유사한 특징들을 원자에 부여하면서 "러더퍼드 모형", "러더퍼드-페랭 모형", "행성 모형" 등의 이름으로 부르는 새로운 원자 모형을 내놓는다.

행성 모형이라는 별칭이 말해주듯이, 러더퍼드의 원자 모형에서 원자핵

구(球)

구(혹은 공)를 닮았거나 구(혹은 공)의 형태라고 간주되는 것들은 아주 많다. 그런 의미에서 구(혹은 공)의 속성을 정확히 짚고 넘어가는 일도 쓸모없지는 않을 것이다.

자, 머릿속으로 염소 한 마리를 떠올려보자. 뭐라고? 염소? 그렇다, 염소. 잔디밭에 염소 한 마리가 1미터 길이의 줄로 말뚝에 묶여 있다고 생각해보자. 염소는 말뚝에서부터 1미터까지는 아무 방향으로나 움직일 수 있다. 따라서 염소가 줄을 최대한 팽팽하게 잡아당긴 채로 계속 빙글빙글 돈다면, 그래서 염소가 밟고 지나간 자리의 잔디가 모두 닳는다면, 잔디가 닳은 흔적은 원을 그리게 될 것이다. 말뚝을 중심으로 반지름 1미터짜리 원 말이다. 이 원 안에서 염소는 이차원 방향으로만, 즉 좌우와 앞뒤로만 움직일 수 있다. 그런데 만약 염소가 삼차원 방향으로, 다시 말해 위아래로도 움직일 수 있다면 그 원은 구가 되고, 원반 모양에서 공 모양으로 바뀔 것이다. 물론 공식적으로 설명할 때 구는 중심이 되는 어느 한 점으로부터 같은 거리에 있는 모든 점으로 이루어진 "구면"을 말하고(속이 빈 상태), 공은 구의 중심과 구면을 잇는 모든 점으로 이루어진 "구체"를 말한다(속이 찬 상태). 그러나 그런 이론적인 부분까지 가지 않더라도 어쨌든 지금 이 글을 읽으면 원자와 행성, 별, 축구공의 모양을 이해하는 데에 도움이 될 것이다. 참, 축구공은 바람이 꽉 차 있을 때에만 구라는 점에 주의하기를 바란다.

은 태양처럼 가운데 자리하며, 전자들은 그 주위를 행성들처럼 돌고 있다. 이때 전자는 변형되지 않는 구, 아주 작은 구슬로 표현된다. 이 구슬 자체가 무엇으로 이루어져 있는지에 대해서는 일단 문제를 제기하지 않는 것으로 하고 말이다. 그러나 태양 주위 행성들이 거의 비슷한 궤도면을 따라 도는 것과는 달리, 러더퍼드의 모형에서 전자들은 원자핵 주위를 돌 때 같은 선상에서 돌지 않는다. 원자는 납작한 것이 아니라 구에 가까우며, 원자핵으로부터 멀리 떨어져 있는 전자들이 핵 주위를 아주 빠르게 돌면

서 원자의 경계를 이룬다.

요컨대 러더퍼드는 전자들이 텅 빈 공간 한가운데에 있는 원자핵을 중심으로 원을 그리며 돈다고 보았는데, 이 원자 모형은 몇 가지 문제를 제기한다. 우선, 행성이 별 주위를 돌 수 있는 것과 마찬가지로 전자가 원자핵 주위를 돌고 있다고 생각해볼 수는 있을 것이다. 그러나 그런 운동이 존재하려면 전자들은 쿨롱의 법칙(Coulomb's law : 같은 전하끼리는 서로 밀어내고 반대 전하끼리는 서로 끌어당긴다는 법칙) 때문에 계속 빨라져야 한다. 왜냐고? 원자핵 주위를 도는 일은 전자 입장에서는 에너지 소비에 해당한다. 그래서 전자가 빨라지지 않으면 점점 느려지면서 핵과 가까워지다가 핵에 완전히 끌려들어가게 된다. 이 경우 원자는 전자 때문에 불안정한 상태가 되었을 것이고, 지금 우리가 이렇게 원자에 대해서 이야기할 일도 없었을지 모른다(그러니까 나는 원자에 대해서 "쓸 일"이 없었을 것이고, 여러분은 원자에 대해서 "읽을 일"이 없었을 것이다). 따라서 전자들은 빨라져야 한다. 그런데 여기서 또 문제가 발생한다. "전자기학의 일인자" 제임스 클러크 맥스웰에 따르면 가속도운동을 하는 입자는 에너지를 방출한다. 에너지를 잃는다는 뜻이다. 그래서 전자는 이번에도 결국은 점차 느려지다가 핵에 끌려들어가야 하는데, 조금 전에 말했듯이 실제 상황은 그렇지 않다. 한마디로 말해서 러더퍼드의 모형에는 문제가 있다는 것이다. 그러나 러더퍼드는 다른 두 가지 사실을 연속해서 알아냈고, 이로써 새로운 발견을 한 위인들 가운데 당당히 이름을 올렸다.

앞에서 보았듯이 러더퍼드는 알파 입자를 이곳저곳에 쏘는 실험을 자주 했는데, 그 과정에서 그는 알파 입자를 수소에 충돌시키면 전기적으로 양성을 띠는 무엇인가가 나온다는 것을 알게 되었다. 더구나 그 무엇인가는 알파 입자를 질소에 충돌시켰을 때에도 다량 나오는 것으로 확인되었다.

장 페랭

앞에서 내가 러더퍼드의 원자 모형에 대해서 "러더퍼드-페랭 모형"이라고도 부른다고 한 것을 눈여겨보았는가? 그냥 흘려 읽은 독자도 있겠지만 말이다. 어쨌든 별로 알려지지 않은 그 "페랭"이라는 인물에게 경의를 표하는 시간을 잠시 가지기로 하자. 장 페랭, 정확히는 장 바티스트 페랭은 프랑스의 물리학자이자 화학자, 정치가이다. 그는 스물다섯 살이던 1895년에 톰슨과 같은 방식으로, 즉 음극선이 전기장에 의해서 굴절되는 현상을 연구하다가 전자를 발견했는데, 이는 톰슨보다 2년이나 앞선 것이었다(톰슨은 전자를 발견할 당시 마흔한 살이었다). 그렇다면 왜 사람들은 톰슨이 전자를 처음 발견했다고 말하는 것일까? 그 이유는 페랭이 음의 전하를 띠는 문제의 입자에 대해서 자세히 알아보지 않고 그 존재만 증명하는 데에 그쳤기 때문이다. 페랭의 목적은 톰슨과는 달랐다. 그는 음극선이 입자로 이루어졌는지 파동으로 이루어졌는지를 밝히는 문제와 관련해서 과학계에서 벌어지고 있던 논쟁을 해결하려고 했다. 그래서 음전하의 존재를 규명함으로써 음극선이 입자로 이루어져 있음을 증명한 것이다(파동은 전하를 운반하지 못하므로). 톰슨은 이러한 페랭의 연구에 근거해서 전자를 식별하고 그 특징을 밝혀냈다.

이후 1908년, 페랭은 브라운 운동에 관한 아인슈타인의 연구를 실험적으로 확인하면서 원자의 존재를 처음으로 확인했다(브라운 운동과 아인슈타인에 대해서는 뒤에서 이야기할 것이다). 그리고 1919년에는 핵반응이 별의 에너지원이 되는 방식을 아주 정확히 설명하기도 했다. 프랑스 릴의 어느 가난한 집안에서 태어난 소년이 대단한 일을 한 것이다. 실제로 페랭의 외가는 무일푼이나 다름없었고, 그래서 페랭의 어머니는 포병 대위인 페랭의 아버지와 결혼할 때 나폴레옹 3세의 특별 허가를 받아야 될 정도였다. 당시에는 사회적 신분을 가볍게 생각하지 않았기 때문이다.

그래서 러더퍼드는 질소 원자핵 안에 수소 원자핵이 들어 있다는 결론을 내렸다. 그리고 수소가 가장 가벼운 원자핵을 가진 원자라는 점에 착안하여, 수소의 원자핵을 그리스어로 "첫째"를 뜻하는 "프로톤(proton)"이라고

쿨롱의 법칙

51쪽에서 쿨롱의 법칙을 언급했는데, 이 법칙은 원자에 대한 이해와 관련해서 중요한 문제를 제기하므로, 좀더 알아보는 편이 좋을 것 같다(여기서 말하는 "중요한 문제"란 사실은 "아주 어마어마하게 중요한 문제"라고 표현해도 될 만한 것이다). 과학에서 "쿨롱의 법칙"이라고 부르는 것은 두 가지가 존재하는데, 하나는 정전기학에 속하는 법칙이고, 다른 하나는 역학에 속하는 법칙이다. 물론 우리가 이야기하고 있는 쿨롱의 법칙은 정전기학에서의 법칙을 말한다. 이 법칙은 프랑스 물리학자 샤를 오귀스탱 쿨롱의 이름을 딴 것으로, 쿨롱은 문제의 법칙을 1785년에 발표했다. 따라서 러더퍼드의 연구보다 훨씬 먼저 나온 것이다. 그리고 또다른 인물, 조지 스토니도 여기서 언급할 필요가 있다. "전기 입자"의 존재를 예상하고 "전자"라는 명칭을 붙였다는 사람 말이다. 스토니는 전자의 전하를 전하량의 단위로 사용하자는 제안을 내놓기도 했는데, 결국 그 단위로 사용된 것은 "쿨롱"이었다. 어떤 전도체에 1암페어(1A) 세기의 전류가 1초(1s) 동안 흐를 때, 그 전도체의 어느 지점을 지나간 전하량을 1쿨롱(1C)이라고 부르기로 한 것이다. 쿨롱이 전하량의 단위가 된 것은 우연일까? 아니, 나는 그렇게 생각하지 않는다.

아무튼 쿨롱이 한 무엇보다 중요한 발견이자 지금 우리에게 중요한 발견은 바로 쿨롱의 법칙, 즉 양성을 띠거나 음성을 띠는 전하는 자석의 N극과 S극처럼 같은 부호끼리는 서로 밀어내고 반대 부호끼리는 서로 끌어당긴다는 것이다. 쿨롱은 이 법칙을 발견한 것에만 그치지 않고 전하 간의 인력과 척력을 계산할 수 있는 공식도 내놓았다. 기회가 된다면 이 공식이 중력의 법칙을 설명하는 공식과 얼마나 비슷한지(아니면 비슷하지 않은지) 알아보는 것도 좋을 것이다.

부르기로 했다.

사실 이때 러더퍼드는 아주 중요한 두 가지 발견을 동시에 했다. 한편으로는 프로톤, 즉 양의 전하를 띠는 입자로서 원자핵에 존재하는 양성자(陽性子)를 발견하고, 다른 한편으로는 원자핵이 균일한 성질을 띠는 것이 아니라 여러 구성성분들로 이루어져 있음을 알아낸 것이다. 그리고 이 발견은 원자를 어떤 식으로 이해할지에 대한 중요한 문제를 제기한다. 내 생각에는 바로 그런 것이 과학의 큰 장점 중 하나인 것 같다. 새로운 답이 발견될 때마다 또 새로운 문제가 제기되는 것 말이다.

자, 그럼 정리를 해보자. 수소의 원자핵은 양의 전하를 띠는 "양성자"라는 이름의 뭔가로 이루어져 있다. 그리고 수소보다 복잡한 모든 원자는 사실은 수소 원자핵 여러 개(따라서 양성자 여러 개)가 서로 결합해서 만들어진 다소 커다란 "슈퍼 핵"으로 이루어져 있다. 이 대목에서 러더퍼드를 고민하게 만든 문제는 다음과 같다. 양의 전하를 띠는 입자끼리는 서로를 밀어내는 것이 맞는데, 양성자 두 개가 어떻게 서로 결합할 수 있다는 말인가? 그것도 안정적으로! 어쨌든 원자핵 차원에서는 그것이 가능하다는 것 아닌가!

1920년, 러더퍼드는 원자핵의 구조에 관한 어느 강연에서 양성자 하나와 전자 하나가 서로 결합해서 이루어진 하위 구조를 생각하게 되었다. 전체적으로 중성과 강한 침투성을 띠는 이 구조가 양성자들을 서로 간의 정전기적 척력에도 불구하고 원자핵 안에 함께 자리할 수 있게 만든다고 말이다. 따라서 전기적으로 중성을 띠면서 질량은 양성자와 거의 동일하고 크기도 양성자와 아주 비슷한 일종의 복합 입자(composite particle)를 떠올린 것이다(전자는 양성자보다 훨씬 가볍다. 그리고 크기는 양성자에 비해 작을 뿐만 아니라 그 자체로도 정말 작다. 아니, 러더퍼드 시대의 사람들은 아직 몰랐지만 전자는 크기가 아예 없다고 할 수 있다). 요컨대 러더퍼드는 중성이라는 점만 제외하면 양성자와 상당히 비슷한 그 어떤 무엇을 생각했다. 꽤 그럴듯한 생각을 한 것이다. 물론 틀리기는 했지만……. 이후 양자역학(量子力學, quantum mechanics)이라는 완전히 새로운 이론으로 옮겨간 학자들이 밝혀낸 바에 따르면, 전자가 원자핵에 자리해 있는 구조

그럼 보어의 원자 모형은?

내가 여기서 보어의 원자 모형에 대해서 언급하지 않는 것을 의아하게 여기는 사람도 아마 있을 것이다. 실제로 닐스 보어는 러더퍼드의 원자 모형이 나오고 겨우 몇 달 뒤에 확연하게 개선된 원자 모형을 내놓았고, 따라서 이번 장에서 한자리를 차지할 만한 인물이다. 하지만 보어의 모형은 막스 플랑크의 연구를 말하지 않고는 이야기하기 어려우며, 보어의 연구에 대해서 말하려면 보어라는 사람을 먼저 알아보아야 한다. 그러니 지금은 참았다가 다음 기회에 이야기하기로 하자.

는 그 어떤 것과도 닮지 않았다. 특히 러더퍼드의 생각은 하이젠베르크의 불확정성 원리(uncertainty principle : 입자의 위치와 운동량을 동시에 정확하게는 알 수 없다는 원리. 이 원리에 따르면, 핵 주위를 움직이는 전자의 움직임도 정확하게 예측할 수 없다)를 비롯한 다른 유망한 이론들과 양립되지 않는 문제가 있다. 따라서 러더퍼드는 완전히 틀린 것이다. 하지만 그럴듯한 생각을 한 것만은 사실이었다. 그 덕분에 중성자(中性子, neutron)가 발견된 것인지도 모르니까 말이다. 어쨌든 러더퍼드는 할 만큼 한 셈이었고, 바로 이 시점에서 제임스 채드윅이 등장한다.

제임스 채드윅은 러더퍼드의 제자들 가운데 가장 뛰어나다고 꼽을 만한 인물 중 한 명이다(케임브리지 대학교에서 러더퍼드의 지도를 받기는 했지만 트리니티 칼리지 출신은 아니다). 그는 1920년에 러더퍼드가 "질량은 1이고 전하는 0이어서 더 복잡한 원자의 핵 안에서 서로 결합할 수 있는 원자"를 헛되이 찾을 당시 그 지도하에 있었고, 그래서 러더퍼드가 생각한 개념을 새겨듣고 머릿속에 담아놓았다. 그런데 1932년 어느 날, 채드윅은 실험 중 하나를 이해하는 데에 어려움을 느끼게 되었다. 당시는 과학자들이 전자와 양성자, "핵전자"를 가지고 원자 모형을 설명하기 위해서 노력하던 시기였다.

문제의 1932년에 채드윅은 러더퍼드가 그랬듯이 알파 입자로 다양한 실험을 하고 있었다. 참고로 말하면 그보다 앞선 1930년, 독일에서 발터 보테와 허버트 베커는 알파 입자를 리튬과 베릴륨, 붕소에 충돌시키면 이 원소들에서 투과성이 강한 방사선이 나온다는 것을 발견했고, 그 방사선을 감마(γ)선이라고 생각했다(그렇다, 녹색 괴물 헐크를 탄생시킨 그 감마선 말이다). 보통의 감마선에 비해 훨씬 더 강한 것 같다는 차이는 있었지만 말이다. 역시 1930년, 이렌 졸리오 퀴리와 프레데리크 졸리오 부부(퀴리 부인의 딸과 사위이다)도 그 유명한 감마선의 비밀을 알아내려고 애쓰던 중이었다. 그러나 1932년에 채드윅은 실험을 통해서 그 방사선의 에너지를 정확히 측정했고, 문제의 방사선이 감마선이 아니라 질량은 양성자와 같으면서 전하는 0인 입자라는 사실을 밝혀냈다. 그 입자는 러더퍼드가 생각한 개념과 비슷하기는 했으나, 양성자와 전자로 이루어진 복합 입자가 아니라 양성자와 같은 단순 입자였으며(이제 우리는 양성자도 중성자도 단순 입자가 아니라는 것을 알지만 당시에는 아니었다), 전기적으로 중성을 띠고 있었다. 그래서 채드윅은 그 입자에 중성자라는 이름을 붙였고, 이 발견으로 1935년에 노벨 물리학상을 수상했다. 재미있는 이야기를 하나 하자면, 사실 채드윅은 원래 수학자가 되고 싶었지만 대학에 진학할 때 실수로 줄을 잘못 서는 바람에 물리학과에 지원하게 되었다고 한다. 그러나 지원을 잘못 했다는 말을 차마 할 수 없어서 그냥 물리학과에 들어갔고, 그렇게 물리학자가 된 것이다. "소심남"은 제임스 채드윅을 두고 하는 말이 아닐까.

다시 정리해보자. 우선, 원자는 원자핵과 핵 안에 자리한다고 해서 핵자(核子, nucleon)라고 총칭되는 양성자와 중성자, 핵에서부터 멀리 떨어져 그 주위를 "도는" 전자로 이루어져 있다. 원자의 질량은 대부분 원자핵에 모여 있고(중성자의 질량은 양성자의 질량과 같다), 양성자와 전자는 전기적으로 각각 양성과 음성을 띠지만 그 양이 같아서 원자는 전체적으로 중성을 띤다. 원소는 그 핵 안에 든 양성자의 수로 구별되며(가령 수소는 양성자가 1개, 헬륨은 양성자가 2개), 중성자의 수는 변할 수 있지만 그렇다고 원자의 기본 성질이 바뀌지는 않는다. 가령 수소의 원자핵에서 중성자가 하나든 둘이든 수소 원자라는 사실이 달라지지는 않는다는 것이다. 대신 중성자 수가 다르면 일부 속성이 바뀌는데, 이런 경우를 두고 수소의 동위원소(同位元素, isotope)라고 말한다. 자, 이제 원자에 대한 이야기는 끝났으니 한숨 돌려도 좋다. 다음에 살펴볼 내용은 빛에 관한 것이다.

앞에서 나는 원자의 이해와 관련된 여러 발견들에 대해서 빠르게 이야기하고 지나갔지만, 실제로 그 발견들이 일어난 시기에는 알파 입자의 복사 현상을 둘러싸고 혼란스럽고도 오랜 논쟁이 이어졌다. 그리고 이 같은 논쟁의 기원에는 바로 빛의 성질에 대한 논쟁이 자리하고 있다. 빛은 아주 빠르게 이동하는 알갱이로 볼 수 있는 입자의 흐름일까, 아니면 우리가 친구를 수영장에 빠뜨렸을 때 수면 위로 퍼지는 물결 같은 파동일까?

빛

우리는 사실 빛에 대해서 아무것도 모른다

빛의 본성을 알아내려는 시도는 물질의 본성을 이해하려는 시도만큼이나 오래되었다. 고대부터, 그러니까 플라톤과 아리스토텔레스의 시대부터 사람들은 빛의 특성을 이미 많이 알고 있었다. 가령 빛은 균일한 매질(媒質, medium)에서는 직선으로 진행한다는 사실과 수면에 우리 모습이 비치는 이유를 설명해주는 반사의 법칙 같은 것 말이다. 플라톤과 아리스토텔레스의 시대보다 약 100년이 지난 기원전 280년경에 그리스 수학자 유클리드는 『광학(*Optics*)』이라는 책에서 빛의 메커니즘을 설명하면서 빛에 관계된 기하학적 법칙들을 이야기했다.

반사(확산 반사와 거울 반사)와 굴절

거울 속에 비친 자신을 바라본다고 생각해보자. 전등의 불빛을 받으며 거울 앞에 서서 거울 속의 자기 모습을 보는 것이다. 그럼 실제로는 어떤 일이 벌어질까? 우선 빛은 아리스토텔레스의 생각과는 달리 우리 눈에서 나오는 것이 아니라 전등에서 나온다. 빛이 전등에서 나와서 우리 표면에, 그러니까 우리의 피부 표면과 우리가 입은 옷의 표면에 부딪히는 것이다. 우리가 서 있는 장소의 바닥과 가구 등의 표면에도 물론 함께 말이다. 이때 빛의 일부는 우리 피부에 흡수되고, 또다른 일부는 반사된다. 그래서 마치 우리의 피부 자체가 빛을 내는 것처럼 환해지는 것이다. 이처럼 빛이 물체 표면에 부딪혔다가 "튀어오르는" 것을 "반사(reflection)"라고 한다. 반사된 빛의 일부는 거울 표면에 부딪혔다가 다시 거울에서부터 반사되는데, 대신 이번에는 더 "정확한" 방식으로 반사된다. 다시 반사된 빛의 일부가 우리 눈에 들어와서 우리가 보게 되는 것이다. 방금 나는 빛이 거울에서부터 다시 반사되는 것을 두고 더 "정확한" 반사라고 말했는데, 이 말은 빛이 대칭축을 기준으로 반사되었음을 뜻한다. 그래서 빛에 비춰진 물체와 일치하는 모습이 거울에 비춰지는 것이다. 그렇다면 반사는 거울에서도 일어나고 우리 피부에서도 일어나는데 왜 피부는 거울과 같은 일을 하지 않을까? 왜 다른 사람의 피부에는 우리 모습을 비춰볼 수 없을까? 간단히 설명하면, 피부에서 반사되는 빛은 "확산 반사(diffuse reflection)"가 되기 때문이다. 다시 말해서 사방으로 반사되면서 흩어진다는 것이다. 이에 비해서 거울에서 반사되는 빛은 훨씬 일정한 방식으로 반사되는데, 이런 경우를 두고 "거울 반사(specular reflection)"라고 한다.

굴절(屈折, refraction)에 관해서는 설명하기가 좀더 어렵기는 하지만, 누구나 확인할 수 있는 현상인 것은 마찬가지이다. 예를 들면 물이 담긴 컵에 빨대를 넣으면 빨대가 꺾인 것처럼 보이는 현상이 바로 굴절에 해당한다. 여기서 중요한 사실은 빛의 굴절은 "매질"이 바뀔 때, 가령 빛이 진공을 지나다가 공기 중으로 들어갈 때나 공기를 지나다가 물로 들어갈 때에 일어난다는 것이다.

플라톤과 아리스토텔레스, 유클리드가 생각하기에 빛은 시각의 도구에 지나지 않는 것으로, 생명체가 가진 감각에 가까웠다. 우리 눈에서 빛이 나와서 물체를 비추면 우리가 그 물체를 보게 된다고 생각한 것이다. 이러한 이해 방식은 거의 르네상스 시대까지 지속되었는데, 사람들은 빛이 눈에서 나온다고 생각하면서도 어두운 밤에는 왜 볼 수 없는지에 대해서는 의문을 제기하지 않았다.

그래도 2세기에 클라우디오스 프톨레마이오스(우리 태양계가 태양이 아닌 지구를 중심으로 돌아간다는 설을 내놓은 인물)가 빛의 반사와 굴절을 연구하면서 빛의 굴절각이 매질의 밀도에 좌우된다는 사실을 밝힌 점은 주목할 만하다. 이때 프톨레마이오스가 만든 빛의 진행에 관한 수학 공식은 이후 1,500년 가까이 계속 사용되었다.

광학과 빛의 성질에 관한 이해는 르네상스에 들어서야 발전되기 시작한다. 오늘날이라면 서방 세계라고 부를 수 있을 지역, 다시 말해서 중세의 기독교 유럽에 한해서는 말이다. 사실 동양에서는 10세기 말부터 큰 발전이 이루어졌는데, 그 주역은 바그다드에서 활동한 이슬람 학자 이븐 알하이삼이다("서양식" 이름은 알하젠, 본명은 아부 알리 알하산 이븐 알하산 이븐 알하이삼이다. 간단히 "알리"라고 불러도 좋을 것 같은데, 무례하게 비칠 수도 있으니 참기로 하자). 실제로 알하이삼은 1000년경에 7권이 넘는 책으로 구성된 『광학의 서(書)(*Opticae thesaurus*)』를 펴냈다. 게다가 다음 글을 보면 알겠지만, 알하이삼은 그저 그런 평범한 학자가 아니었다.

그렇다면 알하이삼 같은 인물이 왜 교과서에 나오지 않는지 궁금한 독자도 있을 것이다. 거기에는 몇 가지 이유가 있다. 이 이유들 중에는 타당한 것도 있고 그렇지 않은 것도 있지만 말이다. 우선, 동양의 학자들은 서양에 자신의 이름을 바로 알리지 못했다. 왜냐하면 그들의 책은 일단 라틴어로 번역된 다음 서양 학자들에 의해서 연구되었고, 대개는 이 서양 학

태양의 크기와 그밖의 이런저런 것들

여러분도 이미 알고 있겠지만, 태양은 달과 마찬가지로 지평선에 가까워지면 하늘 높이 떠 있을 때보다 크기가 훨씬 더 커진다. 물론 태양의 크기가 실제로 바뀌는 것은 아니다. 그 같은 현상은 천체가 지평선 가까이 있으면 우리의 뇌가 그것을 나무나 산 같은 다른 사물과 비교할 수 있기 때문에 생기는 착시에 지나지 않는다. 그런데 그런 현상이 착시에 불과하다는 것을 처음 말한 사람이 바로 알하이삼이다. 알하이삼은 플라톤, 유클리드, 프톨레마이오스 같은 사람들과는 달리 빛이 눈에서 나오는 것이 아니라고 주장했다. 빛은 태양 같은 광원(光源)에서부터 나와서 물체에 부딪혀 흩어진다는 것이 그의 설명이었다. 그는 우리의 눈이 빛을 지각하는 방식에도 관심이 컸으며, 특히 눈이 사물의 색과 모양을 식별하는 방식에 관심이 많았다. 그래서 사람의 눈은 두 개의 이미지를 포착한 다음 그것을 하나로 합쳐 인식한다는 것을 증명했다(그렇다, "증명"을 했다. 어떤 성찰에 근거한 생각만 내놓은 것이 아니라 관찰과 실험의 결과를 보여주었다는 말이다). 또한 그는 지금은 아주 당연하게 여겨지지만 당시에는 그렇지 않았던 사실, 즉 사람은 자신이 이미 알고 있는 사물만 식별할 수 있고 눈으로 본 것은 눈을 감아도 그 이미지가 눈에 남는다는 점도 지적했다.

따라서 기억 또한 사물의 식별에 관여하며, 사물을 알아보는 일은 단지 판단의 문제가 아니라는 것을 이야기했다. 알하이삼은 암상자라고도 불리는 카메라 옵스큐라(camera obscura : 라틴어로 "어두운 방"이라는 뜻으로, 어두운 방 한쪽 벽에 작은 구멍을 내면 그 반대쪽 벽에 외부의 풍경이 역방향으로 투사되는 원리를 이용한 장치를 말한다)의 개념도 생각해냈는데, 그것은 레오나르도 다 빈치가 바늘구멍 사진기를 생각한 것보다 500년이나 앞선 일이었다. 게다가 알하이삼은 빛의 속도가 무한히 빠르지는 않으며, 밀도가 높은 매질 속에서는 느려진다고 생각했다.

이처럼 다양한 주제에 관심을 기울였던 알하이삼은 운동 중인 물체는 외부에서 힘이 가해지지 않는 한 운동을 멈추지 않는다는 사실도 이야기했다. 갈릴레이와 뉴턴보다 600년도 더 이전에 관성(慣性, inertia)이라는 문제를 생각한 것이다. 그리고 질량 사이에 인력이 작용하는 방식에 대해서 이야기한 점으로 볼 때, 중력가속도의 개념도 알고 있었던 것 같다. 요컨대 알리는, 아니 알하이삼은 대단한 사람이었다. 정말 아주 대단한. "알리 보마예!"*

자들의 책이 후대에 전해졌기 때문이다. 이 책들 사이의 "족보"는 이후 많은 역사학자들(역사학자도 과학자에 속한다)의 연구가 있은 뒤에야 정확히 밝혀졌다. 그리고 동양의 학자들이 오랫동안 제대로 인정받지 못한 두 번째 이유는 그들 대부분이 과학적 신빙성이 떨어지는 시대의 사람이었기 때문이다. 그들의 추론은 설령 그 자체는 타당하더라도 옛날부터 전해지는 잘못된 생각에 근거한 경우가 많았고, 그래서 때로는 정확한 연구를 했음에도 보다 최근의 학자들, 특히 말 그대로 "과학적인" 학자들에게 가려질 수밖에 없었다. 수긍이 가든 가지 않든, 어쨌든 그런 이유로 그 연구들이 묻힌 것이다. 그러나 이제는 상황이 달라졌으며, 특히 알하이삼의 『광학의 서』는 광학 이론이 오늘날까지 발전하는 데에 초석이 된 작품으로 인식되고 있다.

자, 다시 유럽으로 돌아오자. 1609년은 광학과 관련해서 중요한 의미가 있다. 그해에 갈릴레이가 자신의 연구를 위해서 직접 망원경과 렌즈를 제작했기 때문이다(알다시피 갈릴레이의 풀네임은 "갈릴레오 갈릴레이"이다. 참 재미있는 이름인데, 사실 갈렐레이의 이름과 성이 비슷한 것은 당시 장남에게는 성과 비슷한 이름을 붙이는 피사 지방의 풍습 때문이라고 한다).

1609년부터 갈릴레이는 자신이 제작한 망원경으로 하늘을 관측하기 시작했다. 하늘을 보고 과학적인 관측을 하기 위해서 망원경을 사용한 사

* 1974년 자이르 킨샤사에서 무하마드 알리와 조지 포먼이 맞붙는 역사적인 복싱 경기가 열렸을 당시, 알리의 팬들은 "알리 보마예(Ali Bomaye)"라는 구호를 외쳤다. 자이르 말로 "알리, 죽여버려!"라는 뜻이다.

렌즈

렌즈는 일반적으로 한 가지 재료로 된 투명한 부품으로, 빛을 통과시켜 그 방향을 바꿀 목적으로 사용된다. 1280년경 이탈리아 장인들이 망원경을 만들기 위해서 처음 발명한 것 같다. 그러나 19세기 영국의 뛰어난 고고학자 오스텐 헨리 레이어드의 발견에 따르면, 그 기원은 더 오래 전으로 거슬러올라갈 수도 있을 것이다. 지금의 이라크 모술 지방에 해당하는 고대 아시리아 제국의 수도 니네베에서 꼭 렌즈처럼 보이는 4,000년 된 유리가 발견되었기 때문이다.

람은 아마도 갈릴레이가 처음일 것이다. 그전까지 사람들은 망원경을 주로 배에서 먼 곳(그렇게까지 멀지는 않았다)을 관찰할 때 사용했기 때문이다. 아니면 창문에서 이웃집 여자를 훔쳐볼 때 쓰거나……. 어쨌든 광학 분야의 발전은 빛의 작용에 관한 기하학적 이론의 발전을 가져왔으며, 빛의 성질을 둘러싸고 "입자파"와 "파동파"가 서로 대립하게 만들었다. 17세기에 시작된 이 두 학파 사이의 논쟁은 어떤 의미에서는 지금까지도 완전히 끝나지 않았다고 볼 수 있다.

6. 빛은 입자일까, 파동일까?

르네 데카르트는 1596년에 태어난 프랑스의 수학자이자 물리학자이자 철학자이다. "이성을 올바르게 이끌어 학문에서 진리를 구하기 위한" 실질적인 방법론에 해당하는 저서 『방법서설(*Discours de la methode*)』에서 비롯된, 이른바 "데카르트주의"로 특히 유명하다. 데카르트의 주요 철학은 인간이 이성에 의해서만 지식에 접근할 수 있다는 생각에 근거하고 있다. 그러나 그렇다고 해서 세상에 대한 관찰이 지식의 획득에 필요 없다고 본 플라톤이나 아리스토텔레스의 뒤를 잇는 사상은 아니다. 데카르트에 따르면 이성은 지성과 성찰, 추론은 물론이고, 기억과 감각, 관찰로도 이루어진 것이기 때문이다. 그런 점에서 데카르트는 방법론 측면에서 최초의 근대 과학자 중 한 명으로 생각되는 갈릴레이의 후계자에 속할 것이다. 또한 데카르트는 합리론과 “나는 생각한다, 고로 나는 존재한다”라는 말로도 유명한데, 사실 이 문구는 고대부터 알려진 것이었지만, 데카르트가 의심을 자신의 생각을 증명하기 위한 가장 중요한 근거로 삼으면서 그 내용을 보완했다. “나는 의심한다, 고로 나는 생각한다, 고로 나는 존재한다”라는 의미인 것이다. 그런데 데카르트는 광학 분야에 대한 연구로 물리학의 세계에서도 유명한 인물로 꼽힌다.

데카르트는 빛의 작용을 특히 기하학적 관점에서 설명해주는 수학적 법칙을 연구했는데, 이때 빛의 성질에 관해서는 크게 신경 쓰지 않았다(빛이 순식간에 이동하는 성질은 빼고). 그래서 그가 쓴 광학 개론서 『굴절광학(*La Dioptrique*)』의 서문에는 다음과 같은 내용이 나온다.

> 여기서는 빛에 대해서 그것이 어떤 식으로 눈에 들어오고 다양한 물체를 만났을 때 또 어떤 식으로 방향을 바꾸는지를 설명하기 위해서만 이야기할 것이기 때문에, **빛의 진짜 성질이 어떤 것인지는 내가 말할 필요가 없다**. 내 생각에는 빛의 작용방식을 가장 간단하게 이해하도록 도와주는 두세 가지 비교를 통해서 우리가 경험으로 아는 빛의 속성을 설명하고, 그렇게 쉽게 알아차릴 수 없는 다른 속성도 이어서 추론해보는 것으로 충분할 듯하다.*

『굴절광학』에서 데카르트는 네덜란드의 빌레브로르트 스넬이 말한 굴

* *OEuvres de Descartes*, F. G. Levrault, 1824 (Tome V, page 6).

절의 법칙을 다시 설명했다. 여기서 내가 "다시"라는 표현을 쓴 이유는 스넬이 먼저 발견했지만 발표한 적은 없었던 그 법칙을 데카르트가 독자적으로 알아냈기 때문이다. 그래서 프랑스에서는 "스넬-데카르트의 법칙"이라고도 불린다. 그런데 사실 이 법칙에는 앞에서 말한 알하이삼의 경우와 같은 사연이 숨겨져 있다. 스넬-데카르트의 법칙 혹은 스넬의 법칙은 정확히 말하자면, "아부 사드 알-알라 이븐 사흘의 법칙"에 해당한다. 이 법칙을 처음 발견하고 984년에 오목거울과 렌즈에 관한 책에 그 내용을 쓴 사람이 바로 이븐 사흘이기 때문이다. 그렇다, 984년에 말이다.

어쨌든 데카르트가 오늘날 기하학적 광학의 초석으로 인정되는 대단한 광학 개론서를 썼던 것은 사실이며, 빛이 정확히 무엇인지 모른다는 사실을 밝히면서도 자신의 이론 안에서는 빛을 입자의 연속적인 흐름으로 간주해도 된다고 말할 수 있었던 그 능력만큼은 인정할 필요가 있다. 데카르트는 자신이 설명할 내용이 이론적 모형에 불과하고 자신의 결론은 그 모형 안에서만 검증 가능하다는 점을 명시함으로써 과학적 방법론을 정확히 따른 것이다.

아이작 뉴턴도 빛에 대해서 다룰 때 데카르트와 비슷한 태도를 취했다. 뒤에 살펴보겠지만 이 책에서 나는 뉴턴에게 한 장을 통째로 할애했다.* 그것으로도 충분하지는 않겠지만 말이다. 뉴턴이 과학사에서뿐만 아니라 인류 역사에서 가장 위대한 천재 중 한 사람이라는 데에는 이론의 여지가 없다. 물론 그가 내놓은 가설 중의 다수가 (주로 아인슈타인에 의해서) 하나하나 차례로 무효화되거나 보완되기는 했지만, 그의 이론 대부분은 여전히 유효하다는 사실까지 잊어서는 안 된다. 로버트 훅**에게는 미안한 말

---

* 244쪽.

** 뉴턴과 동시대에 활동한 물리학자.

물리학의 틀

뉴턴은 모든 물리법칙은 그것이 광학에 관계된 것이든 역학, 천문학, 심지어 연금술에 관계된 것이든 모두 자연의 법칙이며, 따라서 실재 세계라는 일정한 틀 안에서 적용된다고 보았다. 그리고 실재 세계에 대해서 "공간은 절대적, 고정적이고 시간은 절대적, 연속적"이라고 설명했다. 이 말은 공간은 연극의 무대와 같고, 공간에서 이루어진 측정은 관찰자의 좌표계가 어떠하든 언제나 동일하다는 뜻이다. 1미터는 어떤 상황에서든 1미터라는 말이다. 그리고 1초라는 시간은 관찰자가 어디에 있고 어떤 속도로 움직이든 모든 관찰자에게 같은 식으로 흘러간다는 뜻이기도 하다. 공간과 시간에 대한 이러한 이해는 현재의 지식으로 볼 때는 틀렸지만, 지금까지도 여전히 상식으로 통한다.

이지만 그 시대에 뉴턴은 자신의 동료들보다 200년이나 앞서 있었다. 그리고 환상을 깨뜨려서 미안하지만, 전해지는 이야기와는 달리 뉴턴은 나무에서 떨어지는 사과를 머리에 맞은 일이 없다. 아무튼 다시 본론으로 돌아와서, 뉴턴은 무엇보다 빛에 관심이 많았다. 그는 데카르트와 하위헌스의 뒤를 이어 빛을 광학적으로 연구했는데, 대신 빛의 성질에 관해서는 가설을 내놓는 것에 그쳤다.

그런데 정확히 하는 차원에서 한 가지 사실을 강조하자면, 뉴턴은 원칙상 가설을 "괜히" 세우는 것을 용인하지 않는 사람이었다. 그래서 다음과 같은 글을 쓰기도 했다.

> 현상에서 추론되지 않은 모든 것은 가설이라고 불러야 한다. 그리고 가설은 형이상학적인 것이든 물리학적인 것이든 신비한 성질에 관한 것이든 역학적 성질에 관한 것이든 간에 실험 철학에서는 자리를 가질 수 없다.*

---

* *Principes mathématiques de philosophie naturelle*, Issac Newton, III, 1687.

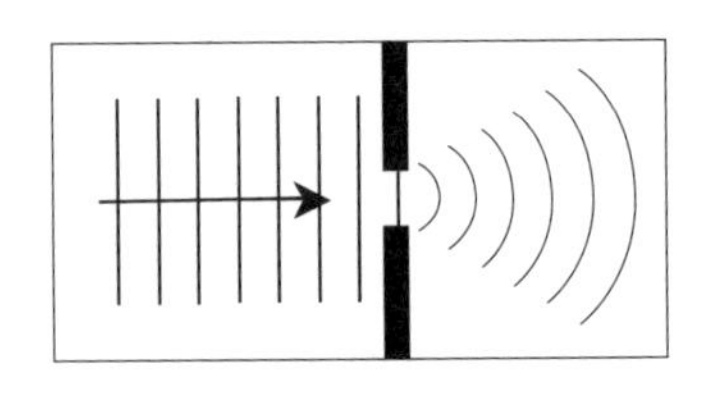

벽의 틈을 지나면서 회절되는 빛

어쨌든 뉴턴은 빛의 본성 자체에 관해서 이야기할 때는 가설로만 제시하고 신중을 기하는 입장을 유지했는데, 그래도 일단은 빛을 균일한 매질에서 직선으로 이동하는 빛 알갱이의 흐름으로 생각했던 것 같다. 자신의 연구가 혼란스러워지지 않는 범위 안에서 빛을 입자의 성질을 가졌다고 간주한 것이다.

당시에 과학자들은 주로 빛의 반사와 굴절에 관심을 기울이면서 빛이 직선으로 진행하거나 거울에 반사되거나 렌즈를 통과하는 방식을 연구하고, 각도를 계산하고, 빛의 경로를 밝히는 일에 몰두했다. 그런데 네덜란드의 수학자이자 천문학자이자 물리학자인 크리스티안 하위헌스는 남들처럼 광학을 연구하되, 빛이 직선으로 이동하는 알갱이로 이루어진 것이 아니라 에테르라는 매질 속에서 물결처럼 전파되는 파동으로 이루어져 있다고 가정했다. 그렇다면 하위헌스는 왜 그런 가정을 내놓았을까? 그 근거는 바로 빛의 회절(回折, diffraction) 현상이다.

빛의 회절은 이탈리아의 프란체스코 마리아 그리말디가 처음 발견한 현상으로, 이 내용이 실린 책은 그가 죽고 2년 뒤인 1665년에야 출간되었다. 그 발견은 비교적 간단한 실험을 근거로 이루어졌는데, 실험 과정은 그리말디가 쓴 『빛과 색, 무지개에 관한 물리학적 지식(*Physicomathesis de lumine, coloribus, et iride, aliisque annexis*)』이라는 책에 아주 명확히 설명되어 있다. 실험에서 그는 우선 암상자에 나 있는 몇 밀리미터짜리 구멍으로 햇빛이 들어가게 했고, 이로써 암상자 내부에서 빛이 원뿔 모양으로 투사되게 만들었다(여기까지는 암상자의 원리에 해당한다). 그런 다음 원뿔 모양의 빛 속에 불투명한 얇은 막대기 하나를 세워 막대기 그림자가 생기도록 만들었는데, 이때 그리말디는 막대기의 그림자가 흐릿한 윤곽을 보일 뿐만 아니라 빛을 입자로 보는 기하학적 광학으로는 설명되지 않는 크기를 보인다는 점에 주목했다. 또한 그리말디는 밝은 부분과 어두운 부분이 띠처럼 번갈아 나타나는 것을 확인하고 그 띠들의 넓이와 간격 등을 체계적으로 측정했고, 어두운 부분에서 다음 어두운 부분으로 옮겨갈 때 띠의 색 자체가 보라색에서 흰색으로, 또 흰색에서 붉은색으로 변하는 것도 관찰했다. 끝으로 그리말디는 막대기를 다양한 형태의 다른 불투명한 물체로 바꾸었을 때와 암상자 입구에 구멍을 하나 더 냈을 때 나타나는 결과를 확인하면서 실험을 마무리 지었다.

그리말디는 기존의 이론들로는 실험에서 확인된 빛의 작용을 설명할 수 없으며, 따라서 새로운 이론, 새로운 모형이 필요하다는 결론을 내렸다. 사실 회절은 유체(流體)의 작용으로 이미 알려진 현상이었다. 예를 들면 강물이 흘러가다가 바위를 만났을 때 물결이 일면서 물이 바위 뒤로 돌아들어가는 것이 바로 회절 현상이다. 그래서 그리말디는 빛이 유체까지는 아니더라도 유체처럼 작용하는 성질이 있으며, 특히 빛에서 확인되는 색의 변화는 빛의 흐름이 "흔들림"에 따른 변화라고 가정했다. 그는 이 이론을 자신의 책에 자세히 설명했는데, 분명히 타당성이 있는 내용이었다.

실제로 간섭(干涉, interference)과 회절은 빛을 파동으로 보지 않으면 설명할 수 없는 현상이었다. 그래서 하위헌스는 1690년에 『빛에 관한 논술(*Traité de la lumière*)』이라는 책에서 빛의 파동설(wave theory)을 주장하기에 이른다. 이후 토머스 영은 1801년 실험을 통해서 파동설을 뒷받침했으며

(이 실험에 대해서는 양자역학을 다룰 때 이야기하는 것이 좋겠다), 오귀스탱 프레넬은 빛을 파동으로 보는 이론만이 빛의 편광(偏光)이나 두 개의 광원이 겹쳐진 자리가 어두워지는 것 같은 일부 현상을 설명할 수 있다고 말했다.

그러나 제임스 클러크 맥스웰의 전자기 방정식이 나오면서부터 빛을 파동으로 보는 개념을 이론적으로 설명할 수 있었다. 1873년에 맥스웰은 전자기 방정식과 함께 빛에 대한 새로운 정의를 내놓았고, 전통적으로 빛의 입자설에 따라서 설명되던 기하학적 광학이 파동설로도 설명될 수 있음을 증명했다. 따라서 그는 파동 모형으로 마음이 기운 것처럼 보였다. 그렇다면 파동파와 입자파 사이에 소란스러운 논쟁은 왜 존재했을까?

이 책에서는 조금 빠르게 내용이 전개되기는 했지만(전자기학이나 양자역학을 먼저 설명하지 않고는 말할 것이 별로 없다 보니 그렇게 되었다), 사실 하위헌스의 가정에서부터 맥스웰의 증명에 이르기까지는 거의 200년의 시간이 걸렸다. 게다가 이 200년이 흐르는 중에 등장한 뉴턴은 분명히 입자설의 편을 들었다. 뉴턴의 이론은 누가 성급하게 반박할 수 있는 그런 것이 아니지 않은가. 아인슈타인이 나타나기 전까지는 말이다!

뉴턴의 입자설은 발표 당시에는 격렬한 비판을 받았지만, 파동설은 나왔을 때부터 폭넓은 지지를 얻었다. 하위헌스 외에도 라이프니츠, 말브랑슈, 페르마, 로베르발 같은 당시 유럽의 과학자들 대다수가 파동설 편에 섰기 때문이다. 그렇더라도 뉴턴은 몇 가지 발견만으로 세상과 세상의 원리를 이해하는 방식을 완전히 혁신시킨 인물이었다. 따라서 사람들은 뉴턴의 말이라면 일단 의심하지 않았다. 게다가 사실 뉴턴에게 따질 일은 아니었다. 엄밀히 말하면 뉴턴은 빛이 입자라고 주장한 적이 없고, 하위헌스의 연구를 반박하지도 않았다. 뉴턴은 그저 자신의 이론을 설명하기 위해

광학 분야에서의 뉴턴

광학 분야에서 뉴턴은 백색광에 무지개 색깔이 모두 들어 있음을 증명했다. 그전까지 사람들은 백색광이 색을 가진 입자를 만나 색을 띠게 된다고 생각했는데, 뉴턴이 프리즘을 이용해서 백색광을 분해했다가 다시 합침으로써 백색광이 사실은 갖가지 색의 빛으로 이루어져 있음을 보여준 것이다. 참, 백색광이라는 주제가 나와서 하는 말인데, 분홍색은 사실 진짜 색이 아니다("핑크 플로이드"에서 "핑크"가 진짜 색을 뜻하는 것이 아닌 것처럼). 이 문제는 뒤에서 자세히 이야기하기로 하자.*

서 빛이 입자의 성질을 가졌다고 가정했고, 그렇게 하면 빛의 작용을 설명하기 위한 간단하면서도 세련되고 이해하기도 쉬운 법칙들을 얻을 수 있음을 확인했을 뿐이다. 또한 뉴턴은 빛의 이동에 대해서는 빛이 무한히 빠르다고 보는 데카르트와 의견을 같이했다. 데카르트 시대에 이미 빛의 속도를 "어림잡아" 측정하는 실험이 이루어졌음에도 말이다. 빛의 속도 문제에 대해서 데카르트는 이렇게 말했다. "햇빛이 우리 눈에 순식간에 전달되는 것이 사실이 아니라면, 내가 철학에 대해서 아는 것이 아무것도 없음을 인정한다." 내가 그 자리에 있었다면 이렇게 말했을 것이다. "인정하시오."

요컨대 빛을 파동으로 보는 이론 안에서 모든 것이 대충 맞아떨어지자 사람들은 파동설 쪽으로 마음이 기울었다. 문제는 뉴턴이었는데, 그래도 거의 100년간은 아무도 뉴턴에게 감히 반론을 제기하지 못했다. 그러나 파동설에 손을 들어준 인물들, 즉 앞에서 말한 토머스 영, 프레넬, 맥스웰이 줄지어 등장하면서 사람들은 빛이 파동이라는 데에 결국 의견이 모아졌다. 단, 베크렐과 헤르츠, 막스 플랑크, 아인슈타인은 빼고.✌ 그렇다, 이 이야기는 아직 끝나지 않았다. 전혀!

* 92쪽 참조.

7. 광전효과의 발견

1839년, 앙투안 세자르 베크렐과 그 아들 알렉상드르 에드몽 베크렐은 실험 중에 놀라운 현상을 발견했다(잠깐, 이 두 사람을 베크렐 집안의 또다른 물리학자 앙투안 앙리 베크렐과 혼동하면 안 된다. 앙리 베크렐은 세자르 베크렐의 손자이자 에드몽 베크렐의 아들로, 방사능을 발견해서 퀴리 부부와 함께 노벨상을 받은 인물이다. 그리고 앙리 베크렐의 아들 또한 물리학자로서 상대성 이론을 연구했다. 정말 대단한 집안이다). 두 개의 전극을 액체에 담갔을 때, 전극에 빛을 비추느냐 비추지 않느냐에 따라서 다른 반응이 나타났기 때문이다. 자세히 설명하면, 가령 전구에 불이 들어오게 하는 전기 회로가 있다고 상상해보자. 이때 회로는 전원이 연결되지 않은 상태로 두고, 회로 한쪽에 전선 대신 전극 두 개를 연결해서 이 전극들을 전기가 통하는 액체에 담가둔다. 그런 다음 전극들에 꽤 강한 빛을 비추면 순간적으로 전류가 흐르면서 전구에 불이 들어오는 것을 볼 수 있다. 전극에 비추던 빛을 끄면 전구도 불이 꺼지고, 더 이상 아무 일도 일어나지 않는다. 그렇다, 베크렐 부자는 광전효과(光電效果, photoelectric effect)를 발견한 것이다.

이 실험에 대한 정확한 이해와 해석은 수년 뒤에(정확히 48년 뒤에) 독일의 물리학자 하인리히 루돌프 헤르츠에 의해서 이루어진다. 헤르츠 파를 발견한 것으로 특히 유명한 인물 말이다. 헤르츠는 거의 평생을 전자기파 연구에 쏟다가 1887년에 광전효과를 발견했다. 금속판에 빛을 비추면 금속판에서 전자가 튀어나오고, 이때 전자가 얼마나 나오는지는 빛의 밝기에 따라서 달라진다는 것을 알아낸 것이다. 이해를 돕기 위해서 간단히 설명하기는 했지만, 어쨌든 그것이 실험의 핵심이다. 사실 헤르츠는 음전기로 충전해둔 아연판에 자외선(따라서 “보이지 않는” 빛)을 비추어 아크 방전(arc discharge : 전극 사이에 강한 전류를 흐르게 했을 때 다수의 전자가 방출되면서 빛과 열을 내는 현상)을 일으켰고, 아연판에 연결된 장치로 방전을 측정하는 방식으로 실험을 진행했다. 그리고 헤르츠의 조수 빌헬름 할박스는 다른 종류의 금속에서도 같은 현상이 일어난다는 것을 알아냈다. 그런데 실험은 훌륭하기는 했지만 광전효과와 직접 관계된 (정확히 노벨상의 가치에 대응되는) 중요한 문제가 하나 있었다. 빛의 강도가 일정 밝기 이상을 넘어갈 때에만 문제의 효과가 발생하고, 그 이하에서는 전혀 발생하지 않았던 것이다. 만약 빛이 정말로 파동 현상이라면 빛의 밝기를 2분의 1로 줄일 경우 광전효과가 약해지기는 하더라도 일단 발생은 하는 것이 맞았다. 그러나 실제로는 효과 자체가 아예 발생하지 않는 것으로 확인되었다. 광전효과가 일어나지 않는 한계선이 존재한다는 것이다. 문제에 대한 답은 아인슈타인이 내놓았는데, 이를 알아보기에 앞서 켈빈과 켈빈이 말한 “두 점의 먹구름”, 막스 플랑크와 흑체에 대한 이야기를 잠시 하고 지나가자.

8. 열에 관한 연구

제1대 켈빈 남작 윌리엄 톰슨(그래서 “켈빈 경”이라고도 부른다), 즉 켈빈은 1824년에 아일랜드에서 태어난 영국의 물리학자이다. 그는 인생 대부분을 열역학(thermodynamics), 다시 말해 열의 교환에 관한 연구에 바쳤다. 그리고 원자론의 열렬한 지지자로서 온도와 열의 관계를 연구하는 데에도 일부 시간을 할애했다. 사실 온도와 열의 관계는 학자들 사이에 이미 잘 알려져 있었지만, 이는 기체에 관해서였을 뿐 나머지 물질의 경우에는 그렇지 않았다. 가령 기욤 아몽통은 1702년에 기체의 온도와 압력 사이의 관계를 이미 증명한 바 있었다. 기체의 압력이 높아지거나 낮아지면 온도가 올라가거나 내려가고, 온도가 올라가거나 내려가면 압력이 높아지거나 낮아진다는 것 말이다. 그러나 켈빈은 기체에서 벗어나 온도를 물질의 열과 직접 연관시켜 연구함으로써 열역학의 선구자 니콜라 레오나르 사디 카르노의 뒤를 잇는다.

우리는 온도와 열이 서로 연관되어 있다는 이유로 두 용어를 자주 혼동한다. 그러나 간단한 몇 가지 실험이면 온도와 열 사이에 존재하는 차이점을 명확히 알 수 있다. 예를 들면 생일 케이크에 촛불처럼 꽂는 폭죽을 떠올려보자(축제 기분을 내기에는 안성맞춤이다). 이미 경험해본 사람도 있겠지만, 이 폭죽에서 나오는 불꽃은 피부에 닿아도 화상을 입히지 않는다. 그 온도가 약 1,000도에 달하는데도 말이다. 이에 비해서 뜨거운 차 한 잔을 다리에 쏟았을 경우 우리는 뜨겁다고 느끼지만, 그 온도는 보통 100도도 되지 않는다. 이 두 경험 사이의 차이는 다음과 같은 사실에 있다. 아주 작은 불꽃은 열을 조금밖에 가지고 있지 않아서 우리 피부에 전달할 수 있는 열 에너지가 거의 없지만, 많은 양의 차는 훨씬 더 많은 열을 전달할 수 있기 때문에 화상을 입히는 것이다. 비슷한 예로, 얼음에 열을 가해도 얼음의 온도는 올라가지 않는다. 얼음에 가해진 열은 얼음을 변화시켜 녹게 만들 뿐이며, 얼음이 녹아 생긴 물의 온도가 올라가는 것이다. 열은 열이고 온도는 온도라는 말이다. 자, 그럼 다시 본론으로 돌아가자.

켈빈은 카르노가 그랬던 것처럼 열과 온도 사이의 관계에 관심이 많았다. 이 관계를 연구하면 기체에만 관계된 물리법칙들에서 벗어나 온도에 대해서 말할 수 있으리라고 예감한 것이다. 그렇게 해서 1848년, 켈빈은

온도와 열

우리는 흔히 "온도"와 "열"을 같은 대상을 가리키는 용어로 사용한다. "무게"와 "질량"을 구별하지 않는 경우가 많은 것과 비슷하다고 할 수 있다. 그런데 정확히는 온도는 원자의 운동을 측정한 값에 해당한다. 원자가 유체(액체나 기체)에서 자유롭게 이동하는 상태든 고체 같은 구조에 들어 있는 상태든 마찬가지이다. 그러므로 온도를 측정한다는 것은 유체 내에서 원자의 이동 속도나 고체 내에서 원자의 진동 속도를 측정하는 일이다. 이에 비해서 열은 물질이 가진 내부 에너지를 가리키며, 물질은 이 에너지를 열 교환의 형태로 방출하거나 교환하거나 회복할 수 있다.

연구 물질의 온도 변화와 열 변화를 결합한 절대온도(absolute temperature)라는 온도 등급을 내놓았다. 절대온도가 "절대적인" 것은 연구 물질의 성질에 좌우되지 않고 기준 물질을 두지도 않기 때문이다(이에 비해서 섭씨 온도는 물의 녹는점 0도와 물의 끓는점 100도를 기준으로 한다). 켈빈의 절대온도에서는 물질이 어떤 열도 에너지도 띠지 않는 온도인 "절대영도"를 영점으로 가정한다. 그런데 중요한 사실을 하나 말하자면, 이 절대영도에는 결코 도달할 수 없다. 그렇지 않다면 하이젠베르크의 불확정성 원리*가 틀린 것이 되는데, 이는 말도 못할 정도로 심각한 사건이다.** 어쨌든 켈빈이 내놓은 온도 등급은 오늘날 "켈빈 온도(Kelvin temperature)"라는 이름으로도 부르고 있으며, 단위도 "켈빈(K)"을 쓴다.

켈빈은 온도에 관한 연구 외에 다른 분야에서도 괜찮은 성과를 거두었

---

* 불확정성 원리는 양자역학의 기본 원리 중 하나로, 현재까지 무효화된 적이 없다. 절대영도는 분자가 완전히 정지한 상태를 의미하는데, 불확정성 원리에 따르면 그 어떤 것도 완전한 정지 상태에 있을 수 없기 때문에 절대영도에 도달하는 것은 불가능하다.

** "광선총을 겹쳐 쏘는 것"만큼 심각한 사건일지도 모른다. 영화 「고스트버스터즈」를 본 사람이라면 이 말이 무슨 뜻인지 알 것이다.

다. 특히 그는 아날로그 역학 계산기를 만들었는데, 밀물과 썰물 시간을 예측하고 지구의 나이를 계산할 수 있는 기계였다. 물론 지구의 나이를 정확히 계산하는 데는 실패했지만, 그 같은 시도를 했다는 노력만큼은 높이 평가할 만하다. 1900년 4월 27일, 켈빈은 영국 왕립연구소 강연에서 물리학과 관련해 밝혀져야 할 것은 모두 밝혀졌다고 이야기했다. 새롭게 밝힐 것은 더 이상 없으며, 이제 남은 일은 측정의 정확도를 높이는 것뿐이라고 말이다. 그러나 그는 연설 끝에 이렇게 덧붙였다.

> 열과 빛을 운동의 형태로 설명하는 명료하고 아름다운 역학 이론에는 현재 두 점의 먹구름이 드리워져 있습니다.

문제의 먹구름 두 점은 빛의 매질인 에테르를 명확히 설명할 수 없다는 것과✌ 자외선 파탄(ultraviolet catastrophe)이라는 용어로도 알려진 흑체복사(黑體輻射, black body radiation)의 문제를 푸는 것이었다. 실제로 그후 첫 번째 먹구름은 상대성 이론을 탄생시키고, 두 번째 먹구름은 양자역학을 탄생시킨다. 따라서 켈빈이 탁월한 직관력이 있었음을 잘 알 수 있다. 적어도 직관력만큼은 대단한 사람이었던 것이다.

9. 흑체에 관한 연구

막스 플랑크는 과학사에서 상당히 비정형적인 인물에 속한다(과학사가 원래 비정형적인 인물들로 가득 차 있다시피 하지만). 간단한 예로, 1890년대에 플랑크는 원자론을 거부하면서 물질이 연속성을 가지고 있다는,

다시 말해 물질을 기본 단위로 나눌 수 없다는 사실이 언젠가는 증명될 것이라고 믿었다. 여기까지는 그렇게 이상하게 볼 일은 아니다. 몇 년 뒤에 원자의 존재가 명확히 밝혀지자 그도 기꺼이 원자론자들에게 동조했다는 점을 염두에 둔다면 말이다. 플랑크를 두고 비정형적이라고 말한 이유는 따로 있다. 원자론을 거부했던 바로 그가 원자론을 이론의 여지가 없는 사실로 만드는 동시에 양자역학의 토대를 마련하고, 빛의 본성에 관한 논쟁에도 종지부를 찍었기 때문이다. 그리고 이 모든 결과를 가져온 것은 흑체에 대한 연구였다.

그렇다면 켈빈이 말한 두 번째 먹구름, 흑체복사의 문제는 다음과 같다. 우리가 어떤 물질을 가열하면 그 물질은 복사를 방출한다. 그래서 이 경우 금속은 붉은색이 되었다가 나중에는 흰색으로 변한다. 그런데 고전역학에서는 흑체가 방출한 에너지를 모두 계산하면 그 값이 무한대가 된다고 예상했다. 그러나 수학에서 "무한대"가 골치 덩어리인 것과 마찬가지로 물리학에서 무한대는 뭔가 잘못되었다는, 아주 잘못되었다는 뜻이다. 더구나 흑체는 실험적으로 만들 수 있다. 사방이 막힌 빈 공간에 미세한 구멍을 내면 되는데(독일의 물리학자 빌헬름 빈은 오븐을 이용했다), 이때 그 구멍으로 들어가는 최소한의 복사는 밖으로는 나오지 않고 공간 내부에서 반사를 반복하다가 흡수되면서 자연적인 열평형 상태에 이른다. 그 같은 공간을 가열했을 때 구멍에서 방출되는 복사를 측정하면 흑체복사를 측정할 수 있다. 그리고 실제로 실험을 해보면 흑체가 에너지를 무한대로 방출하지 않는 것을 알 수 있다. 다행스럽게도!

그런데 사실 문제는 흑체에만 관련된 것이 아니었다. 복사에 관한 고전적인 이론에서는 가열된 물체가 방출하는 복사 에너지의 양은 그 물체의 절대온도에 비례하고 그 복사의 파장에는 반비례한다고 예상했다. 쉽게

흑체(黑體, black body)

흑체에 관해서는 전문적이고 세부적인 부분까지는 들어가지 말고(그런 책들은 있으니까) 간단히 몇 가지만 알아두기로 하자. 우선, 흑체란 자신이 받은 복사를 모두 흡수하는 이상적인(그러므로 이론적인) 물체를 말한다. 따라서 흑체는 어떤 복사도 되돌려 보내지 않는다. 반사하지 않는다는 뜻이다. 말하자면 완벽한 거울과 정반대되는 일을 하는 것이다. 특히 가시광선(可視光線, visible rays)을 반사하지 않기 때문에 완전히 검게 보이며, "흑체"라는 이름도 그래서 붙었다. 그러나 일정 온도에 이르면 복사를 방출하는데, 이 현상을 "흑체복사"라고 한다.

말해서 고전적인 복사 이론에 따르면 벽난로의 불에서 감마선, 그러니까 헐크를 탄생시킨 그 치명적인 감마선이 엄청나게 나온다는 말이다. 물론 헐크는 허구적인 인물이지만 문제의 이론에 그만큼 심각한 오류가 있다는 것이다. 실제로 고전적인 복사 이론은 적외선에서 녹색에 이르는 파장에 대해서는 비교적 잘 들어맞지만 청색에 이르면 무용지물이 되며, 특히 자외선으로 넘어가면 더 나쁜 결과가 나온다. 복사 에너지가 무한대로 증가하는, 그래서 오스트리아의 물리학자 파울 에렌페스트가 이름 붙인 대로 **자외선 파탄** 현상이 일어나는 것이다.

그렇게 과학계가 흑체복사를 놓고 고민하고 있을 때, 막스 플랑크가 하나의 생각을 내놓았다. 플랑크는 그 생각에서 출발해서 문제를 수학적으로 풀면 가열된 물체가 방출하는 복사를 더 정확히 예측할 수 있을 것이라고 보았는데, 이후 모든 연구의 출발점이 되는 생각이자 거의 노벨상의 가치를 가진(얼마 후 아인슈타인에게는 실제로 노벨상을 안겨준) 그 혁신적인 생각은 바로 이런 것이었다. 문제의 물리적 현상을 불연속적인 것이라고 보면 어떨까?

플랑크는 물질과 흑체복사 사이의 에너지 교환을 수량화하는 가설을 세웠다. 교환 가능한 최소한의 에너지 덩어리가 존재하고, 이 에너지 덩어리는 정수 단위로만 교환된다고 본 것이다. 이 에너지 덩어리는 말하자면 에너지의 기본 단위 같은 것이었다. 만약 에너지가 화폐라고 한다면, 기본 단위에 해당하는 에너지 덩어리는 가장 작은 화폐 단위가 된다. 1원짜리 에너지 말이다. 플랑크는 이 기본 에너지 단위를 "에너지 양자(energy quantum)"라고 명명했는데, 여기에서 "양자(量子, quantum)"는 라틴어로 "매우 작은"을 뜻한다. 비록 플랑크 자신은 이 가설을 확신하지 못했지만, 사실 그는 이후 모든 것을 바꾸게 되는 **양자론**(quantum theory)의 출발을 마련한 것이었다.

10. 1905년의 아인슈타인 : 첫 번째 논문

1905년 당시 알베르트 아인슈타인은 베른에 위치한 스위스 연방지식재산권협회, 그러니까 특허청에서 직원으로 일하고 있었다. 아인슈타인은 대학교수가 아니었고, 그래서 학계에서는 그와 한 번씩 만나 밥도 먹고 과학에 대해서 이야기도 나누었던 친구 몇몇을 제외하면 그를 아는 사람이 없었다. 그런데 1905년, 아인슈타인은 느닷없이 논문 4편을 내놓았다. 이 논문들은 하나같이 노벨상을 받을 만한 높은 수준의 것이었으며, 이후 1905년을 "아누스 미라빌리스"*라고 부르게 될 만큼 전 세계에 지대한 영향을 미치게 된다.

첫 번째 논문은 「빛의 생성과 변환에 대한 발견적 견해에 대하여」**라는

* Annus mirabilis, 즉 "기적의 해(Miracle Year)"를 뜻한다.
** *Über einen die Erzeugung und Verwandlung des Lichtes betreffenden heuristischen*

광자(光子, photon)*

광자는 광입자(light particle)를 말한다. 빛을 입자로 본다면 말이다. 어쨌든 광자는 꽤 "독특한" 성질을 가졌다. 입자로도 파동으로도 작용할 수 있을 뿐만 아니라, 전기적으로 중성이면서 크기(입자로서의 크기)도 없고 질량도 없기 때문이다. 그리고 광자는 빛의 속도로 이동한다. 광입자니까 당연한 이야기겠지만, 특이한 점은 오직 빛의 속도로만 이동한다는 것이다. 광자는 속도가 느려지지도 빨라지지도 않으며, 가다가 멈추는 일도 절대 없다.

제목으로, 이 논문에서 아인슈타인은 양자론으로 광전효과를 설명했다. 에너지 양자의 존재를 증명하고, 이로써 광입자, 즉 광자의 존재를 증명하려는 목적이었다. 아인슈타인은 플랑크가 1900년에 내놓은 가설에 근거하여 빛이 더 이상 나누어지지 않는 덩어리, 즉 빛의 속도로 이동하는 양자의 단위로만 방출되거나 흡수될 수 있다고 말했다. 그리고 특히 광전효과와 관련해서 일정한 진동수 이하에서는 빛의 밝기가 강해도 전류가 발생하지 않으며, 일정 진동수가 넘어가면 약한 빛으로도 전류가 발생한다고 지적했다. 광전효과가 나타나는 범위가 있다는 말이다. 아인슈타인은 광입자, 즉 광자가 전자를 때려 원자에서 튀어나오게 하는 것은 맞지만 빛의 밝기는 현상에 관여하지 않으며, 문제의 현상이 일어나는 데는 광자 하나로도 충분하다는 사실로 광전효과의 범위를 설명했다.

아인슈타인의 이론은 실험적으로 관찰되는 효과를 매우 잘 설명하고 있지만, 중대한 단점이 하나 있었다. 모든 전자기 복사(특히 빛)는 연속적이며 무한히 분할될 수 있다고 말하는 맥스웰의 연구를 처음부터 재검토하

Gesichtspunkt, 9 Jun. 1905.

* 아인슈타인은 광양자(光量子, light quantum)라고 했는데, 1926년에 길버트 루이스에 의해서 광자(photon)라고 재명명되었다/역주.

는 것이었기 때문이다. 따라서 과학계는 당장에는 아인슈타인의 생각을 받아들이기가 어려웠다. 아인슈타인이 내놓은 이론의 출발점이었던 플랑크도 그 문제에 대해서 유보 조건을 내걸었고, 프로이센 왕립과학 아카데미에서 다른 물리학자들과 함께 쓴 추천서에서는 다음처럼 말했다.

> 광양자 이론에서 볼 수 있듯이 그는 논리적 추론 도중에 그 목적을 때때로 놓치고 있다. 그러나 너무 엄격한 잣대를 적용해서는 안 된다. 아무리 정밀한 자연과학 분야라고 하더라도 정말 새로운 결과에 도달하려면 위험을 감수해야 하기 때문이다.

그럼에도 결국 아인슈타인은 1921년에 그 논문으로 노벨상을 받았다. 과학계가 아인슈타인에게 완전히 동조하게 된 것은 1923년에 아서 콤프턴의 X선 산란 실험이 있은 뒤의 일이었지만 말이다. 어쨌든 이때부터 빛은 더 이상 파동이 아닌 광자라는 입자로 간주되었다. 그러나 빛을 파동현상으로 보는 전자기학도 여전히 유효했고, 입자설로는 설명하기 힘든 현상을 더 잘 설명하는 경우도 있었다. 마치 어떤 현상을 연구하는가에 따라서 파동 모형과 입자 모형이 교대로 적용되는 것처럼 보일 정도였다. 이러한 문제는 학자들의 고민을 불러왔고, 그 결과 물리학의 완결판, 양자물리학이 탄생했다.

11. 비행기가 야간에 착륙할 때 불을 끄는 이유는?

여러분 중에도 비행기를 탔을 때 경험한 사람이 있겠지만, 비행기는 야간에 착륙할 때면 착륙 10분이나 15분 전에 객실 실내등을 끈다. 왜 그럴까?

이 질문을 주위 사람들에게 해보면 별별 답이 다 나오는데, 개중에는 아주 재미있는 것들도 있다. 가령 어떤 사람은 착륙 시도를 다시 하느라 활주로를 한 번 더 돌아야 할 경우를 대비해서 비행기의 에너지를 절약하기 위해서라는 답을 내놓을 것이다. 이 답은 두 가지 이유로 바로 반박당할 수 있다. 우선, 비행기가 착륙하는 데에 필요한 에너지가 고작 기내의 등 몇 개에 영향을 받는다는 말을 누가 믿겠는가? 그리고 설령 그렇다고 하더라도, 그럼 왜 낮에 착륙할 때는 똑같이 등을 끄지 않는가? 그러면 또 어떤 사람은 조종사가 착륙 활주로를 더 잘 볼 수 있도록 불을 끄는 것이라고 답할 것이다. 밤에 자동차를 운전할 때 실내등을 켜면 빛이 앞 유리창에 반사되어 운전자의 시야를 방해할 수 있기 때문에 켜지 않는 것과 비슷한 이치로 말이다. 그럴듯하기는 한데……정답은 아니다. 비행기 조종실은 비행 내내 불이 꺼져 있으며(방금 말한 대로 앞 유리창에 빛이 반사되는 문제 때문에), 문이 단단히 닫혀 있다. 그래서 전자음악으로 유명한 장 미셸 자르와 스크릴렉스가 조종실 문 뒤에서 음향과 조명으로 쇼를 벌이든 말든 조종사도 조종실도 아무 영향을 받지 않는다.

그럼 혹시 승객들에게 도시의 아름다운 야경을 제대로 보여주려고 기내의 등을 끄는 것일까? 그럴 리가. 그렇다면 마지막으로, 관제탑에서 비행기가 더 잘 보이게 하려는 것이라고 답하는 사람도 있을 것이다. 어떤 답이든 내놓고 싶은 사람의 고뇌가 느껴지는 답이지만, 역시 틀렸다. 관제탑의 관제사들은 비행기가 아니라 모니터를 지켜보기 때문이다. 그리고 비행기 내부가 밝으면 어둠 속에서 더 잘 보이면 잘 보였지 더 안 보이지는 않는다. 따라서 이 마지막 가설은 말도 안 되는 소리이며(그런 답을 할 수도 있지만 말이 안 되는 것은 안 되는 거니까), 과학자라면 그런 가설을 내놓을 수 없다. 사실 비행기가 착륙하기 전에 기내 등을 끄는 이유는 민간 항공기의 경우에 주로 제기되는 문제, 즉 바로 안전 때문이다.

방금 말한 내용을 이해하려면 다른 내용을 먼저 알아볼 필요가 있다. 여러분은 우리 눈이 어떻게 사물을 볼 수 있는지 아는가? 눈이 포착한 것을 뇌가 어떻게 삼차원 이미지로 만드는지에 대한 자세한 내용까지는 들어가지 말고 일단 눈에만 집중해보자. 눈에서 빛이 나온다고 말한 아리스토텔레스의 이야기를 다시 꺼내자는 것이 아니라(눈에서 빛이 나오면 밤이고 낮이고 똑같이 잘 보여야 한다. 따라서 멍청한 생각이었다), 시각적 정보의 기초는 우리 눈으로 들어오는 빛이라는 사실을 염두에 두자는 말이다. 광원에서부터 나온 빛이든 물체에서 반사된 빛이든 간에 눈으로 들어온 빛은 눈 뒤쪽에 위치한 망막에 닿는다. 망막은 빛을 감지하는 두 종류의 세포, 즉 원추세포와 간상세포로 이루어져 있는데, 이름대로 원추세포(圓錐細胞, cone cell)는 원뿔 모양이고 간상세포(桿狀細胞, rod cell)는 막대 모양이다(콘 타입의 아이스크림과 막대 타입의 아이스크림이 떠올랐다면 잠시 웃어도 좋다).

원추세포는 빛이 많을 때, 그러니까 일반적으로 낮에 활발히 작용하며, 빛의 일부 가시 스펙트럼 파장, 즉 우리가 보통 "색"이라고 부르는 것을 감지한다. 사람의 눈에는 대개 세 종류의 원추세포가 있다. 청색을 감지하는 **청추체**(靑錐體), 녹색을 감지하는 **녹추체**(綠錐體), 빨간색을 감지하는 **적추체**(赤錐體)가 그것이다. 원추세포는 색을 띠는 빛이 닿으면 자극을 받게 되고, 그 신경 정보를 전기 신호로 뇌에 전달한다. 그러면 뇌는 그 정보에서 출발하여 이미지를 재구성하는데, 이 부분은 여기서 다룰 내용은 아니므로 넘어가기로 하자. 어쨌든 색맹은 바로 그 원추세포에 기능장애가 있을 때 나타난다. 예를 들면 세 종류의 원추세포 중 하나가 작동하지 못하면 색맹이 되는 것이다. 한편, 간상세포는 빛이 적고 희미할 때 더 활발해진다. 간상세포의 기능은 빛의 밝기 변화를 감지하는 것으로, 형태와 움직임은 분간할 수 있지만 색을 구분하지는 못한다. 어두울 때는 사물이 흑백으로 보이는 이유가 바로 그 때문이다.

망막은 크게 두 구역으로 구분된다. 우선 동공 맞은편에 위치한 **황반**(黃斑)은 보는 이의 시선에 들어온 이미지를 포착하는 부분으로, 그 중앙에는 **중심와**(中心窩)가 있다. 그리고 황반 주변은 모두 주변 시력, 즉 시선의 바깥쪽 범위에 대한 시력을 담당하는 부분이다. 황반과 중심와는 거의 원추세포로만 이루어져 있으며, 황반에서 멀어질수록 간상세포의 수가 늘어난다. 그래서 빛이 밝을 때는 시선에 들어온 것을 세세한 부분까지 완벽히 식별할 수 있는 반면(황반은 동공과 정면으로 마주하고 있다), 어두울 때는 주변 시력이 더 효과적으로 작용해서 시선 바깥에서 빛의 변화를 초래하는 움직임을 작은 것까지도 감지할 수 있게 해준다.

눈의 표면에는 홍채와 동공이 있다. 홍채는 갈색, 초록색, 파란색 같은 눈동자의 색깔을 나타내는 부분이고(실제로 파란색 눈은 존재하지 않는다는 것을 아는가? 이것에 대해서는 뒤에서 이야기할 것이다*), 동공은 홍채 중앙에 위치한 원 모양의 검은 부분을 말한다. 사실 동공은 빈 공간에 해당하는데, 빛의 밝기에 따라서 자동적으로 확대되었다 축소되었다 하면서(반사적인 움직임이다) 빛이 망막에 지나치게 많이 들어오는 것을 막거나 어두울 때는 빛이 눈에 최대한 많이 들어오게 만든다. 그러나 빛이 희미한 경우에는 동공의 작용으로는 충분하지 않을 때가 많으며, 빛이 너무 적으면 뇌가 제어할 수 있는 정보도 적어진다. 그런데 밝은 곳에서 어두운 곳으로, 혹은 어두운 곳에서 밝은 곳으로 갑자기 옮겨가는 상황은 뇌

---

* 90쪽 참조.

의 입장에서는 수영장 물과 물 한 방울의 부피를 동일한 도구로 측정하는 것과 다름이 없다. 물 한 방울은 무시해도 좋을 부피이지만, 수영장의 물은 감당하기 힘들 정도의 부피이다. 따라서 이 경우에는 측정 도구의 단위를 바꾸어야 한다. 물 한 방울의 부피를 잴 때는 밀리리터 단위로, 수영장 물의 부피를 잴 때는 1,000세제곱미터 단위로 말이다.

마찬가지로 우리의 눈도 밝은 곳과 어두운 곳을 오갈 때는 단위를 바꾸어야 한다. 어떻게 바꾸느냐고? 앞에서 이미 말했듯이 동공은 때로는 확대되고 때로는 축소되면서 눈에 들어오는 빛의 양을 최적으로 조절한다. 어두울 때는 빛이 최대한 많이 들어오게 하고, 밝을 때는 적당량만 들어오게 하는 것이다. 너무 많은 양의 빛은 원추세포와 간상세포, 망막에 지나친 자극을 줌으로써 눈을 부시게 만든다. 그리고 망막은 시신경을 제외하면 신경 말단이 없어서 아무 고통도 느끼지 못한다. 그래서 태양을 보호 장비 없이 쳐다보면 안 된다고 하는 것이다. 우리는 느끼지 못하지만 태양 광선으로 인해서 망막이 상할 수 있기 때문이다.

어두운 곳으로 들어가서 동공이 확대될 경우 뇌는 지각 단위를 바꾸기 위한 적응 시간이 필요한데, 이러한 적응 과정을 "망막의 순응"이라고 부른다. 망막이 어둠에 비교적 익숙해지는 데는 10–15분이면 되지만, 최적으로 적응하려면 1시간 가까이 걸린다.

그럼 다시 비행기로 돌아와서, 상상을 해보자. 여러분은 지금 착륙을 앞둔 비행기를 타고 있다. 기내 등은 끄지 않은 상태이다. 객실은 오직 인공적인 빛으로만 둘러싸여 있으며, 그 덕분에 여러분은 낮처럼 환하게 앞을 볼 수 있다. 비행기는 곧 땅에서 수십 미터 높이 지점까지 하강했고, 비행기 창으로 관제탑의 불빛과 공항이 가까이 있음을 알려주는 다른 많은 반짝이는 신호가 보이기 시작한다. 그런데 이때, 갑자기 문제가 발생한다.

정확히 무엇 때문인지는 알 수 없지만 비행기가 크게 흔들린 것이다. 사람들이 비명을 질러대며 소란을 벌이는 가운데, 승객들에게 안전한 위치에서 불시착에 대비하라는 기장의 목소리가 간신히 들린다. 몇 초 후, 비행기가 땅에 충돌한다. 여러분은 안전 벨트에 묶인 채 몸이 앞으로 쏠리면서 머리를 앞좌석에 부딪치고, 척추로 묵직한 통증이 타고 지나가는 것을 느낀다. 고통스럽지만 다행히 살아 있다. 그렇게 아주 긴 몇 초가 흐른 뒤(왜 사고는 슬로비디오로 일어나는 것처럼 느껴질까? 여기에 대해서는 뒤에서 이야기할 것이다*) 비행기가 멈추었다.

그런데 이제 위험에서 벗어났다고 안도하는 찰나, 기내가 연기로 가득 차 있는 것이 보인다. 바닥의 표시를 따라가니 비상구가 나왔고(가장 가까운 비상구였는지는 알 수 없지만), 비상구 문은 열려 있다. 비상탈출용 슬라이드가 펼쳐지고, 승무원은 머리에 심한 상처를 입었음에도 침착한 태도를 유지하면서 승객들에게 신발을 벗고 슬라이드로 뛰어내려 비행기를 빠져나가라고 말한다. 여러분은 신발을 벗어 대충 던져놓고 비상구로 다가갔다. 그러나 뛰어내리려는 순간, 기겁을 하고 멈춰선다. 이럴 수가, 뛰어내릴 수가 없다. 슬라이드가 없지 않은가. 바깥에는 아무것도 없다. 빈 공간과 어둠밖에는.

자, 실제로는 어떤 일이 벌어진 것일까? 여러분은 망막이 어둠에 익숙해지지 않은 채로 낮처럼 밝은 곳에서 밤처럼 어두운 곳으로 갑자기 옮겨간 것이다. 그것도 밤에도 낮처럼 환한 도시로부터 멀리 떨어진 공항 활주로에서 말이다. 그래서 여러분은 머리가 비상구를 통과하는 순간 더 이상 아무것도 분간하지 못한다. 비상탈출용 슬라이드도, 땅도, 다른 승객도, 비행기 날개도 전혀 보이지 않는다. 그래도 슬라이드가 거기 있다는 것은 알

* 307쪽 참조.

고 있으니까 일단 믿고 뛰어내리면 되지 않느냐고 생각할 사람도 있을 것이다. 뭐, 여러분은 그럴 수 있을지도 모른다. 그러나 여러분 다음 승객들도 그럴 수 있을까? 여러분 앞의 승객들은? 공포에 사로잡힌 수백 명의 어린아이와 여성과 남성에게, 대부분의 사람들이 한번도 경험하지 못한 극심한 스트레스에 순간적으로 노출된 그들에게 그 상황을 어떻게 설명해야 할까? 살려고 달아나는 순간에 허공으로 뛰어내리는 것이 정상이라고 어떻게 설명한단 말인가?

민간 항공기에 요구되는 대부분의 규칙은 오직 안전 문제를 이유로 만들어진다. 승객의 안전, 승무원의 안전, 주변 시설의 안전, 비행기의 안전 등등. 야간 비행 시의 안전 규칙에 따르면 이륙하거나 착륙하기 최소한 10분 전에는 기내 등을 끄도록 되어 있는데, 그 목적은 승객들이 어둠에 적응해서 사고가 발생했을 경우 앞을 제대로 보며 비행기 밖으로 빠져나갈 수 있게 하기 위해서이다. 바로 그래서 야간에 착륙하기 10분이나 15분 전에 기내 등을 끄는 것이다. 이 규칙은 엄밀히 말하면 새로운 발견으로 인해서 생긴 것은 아니다. 해적들이 바다를 누비던 시기에 많은 해적들이 눈에 이상이 없는데도 한쪽에 안대를 하고 다녔는데, 그 이유는 어두운 곳에서 빠르게 움직여야 할 상황에 놓이면 안대로 가려서 어둠에 계속 적응시켜둔 눈을 사용하기 위해서였다.

그처럼 눈은 때로는 색과 자세한 형태를 구분하게 해주고 때로는 빛과 움직임을 감지하게 해주는 매우 예민한 조직이다. 실제로 우리의 눈은 그 모든 기능을 언제나 거의 동시에 수행한다. 그리고 우리 뇌가 눈을 통해서 적응할 수 있는 것은 빛의 밝기만이 아니다. 이미 경험한 사람도 있겠지만, 가령 붉은색 선글라스를 쓰더라도 우리는 몇 분이 지나면 뇌의 적응 덕분에 우리가 보는 것을 붉은색으로 지각하지 않는다. 그래서 선글라스를 벗으면 "필터"가 제거되었지만 당장에는 모든 것을 더 "파랗게" 보게 되며, 우리의 시각이 새롭게 지각된 색에 적응하려면 또다시 몇 분이 걸린다. 결국 모든 것은 언제나 지각의 문제에 지나지 않는 것이다. 그렇다면 여기서 질문 한 가지. 여러분은 왜 하늘은 파랗게 보이고, 태양은 노랗게 보이는지 아는가?

12. 왜 하늘은 파랗고, 태양은 노랄까?

이 질문이 뜬금없게 느껴질 수도 있을 것이다. 그러나 우리의 일상과는 어긋나는 것처럼 보일 때가 많은 복잡한 과학 이론을 살펴보려면 먼저 알아두어야 할 것이 있다. 우리의 관찰 자체가 때로는 착각이고, 또 때로는 우리로서는 이해하기 힘든 복잡한 현상들에 현혹된 결과에 지나지 않는다는 것이다. 어쨌거나 하늘은 왜 파랗게 보일까? 그야 물론 하늘이 파란색이니까! 그럼 태양은 왜 노랗게 보일까? 그것도 태양이 노란색이니까 그렇지, 무슨 말이 더 필요한가! 좋다. 그렇다면 하늘은 밤에는 왜 파랗게 보이지 않을까? 밤이니까 그렇다고 답할 사람도 있을 것이다. 하늘을 비추어줄 빛이 충분하지 않아서 검게 보이는 것이라고 말이다. 그럼 하늘의 색이 그렇다고 치면 별은 어떻게 볼 수 있는 것일까? 별이 보이려면 하늘이 투명해야 하지 않을까? 하늘이 밤에 투명하다면 낮에는 왜 투명하지 않을까? 게다가 우리가 "하늘"이라고 말하는 것은 사실 공기에 지나지 않는다. 내가 저 멀리 건물을 바라볼 때 건물과 나 사이에는 바로 그 하늘에 해당하는 공기가 분명히 자리하고 있다. 그러나 파란 것은 아무것도 안 보이지 않는가?

태양은 매순간 우주 공간 사방으로 빛을 내놓는다. 이 빛의 일부는 지구로 향하며, 약 8분 만에 지구에 도달한다. 태양이 내놓는 빛은 백색을 띠는데, 그 빛에는 모든 파장의 가시광선이 섞여 있기 때문이다(다른 것도 섞여 있지만 그것은 여기서 다룰 내용은 아니다). 햇빛이 지구의 대기에 도달하면 그 일부는 빛이 수면이나 거울에 반사되는 것처럼 반사되어 우주 공간으로 되돌아간다. 우주비행사가 우주정거장에서 태양이 지구 표면에 비치는 것을 볼 수 있는 것은 그 덕분이다. 반사되지 않은 나머지 햇빛은 대기로 들어오고, 이 햇빛을 이루고 있는 광자는 대기의 원자나 분자들과 충돌하게 된다. 그리고 바로 이 순간, 빛의 산란이 시작된다. 자동차 헤드라이트 불빛이 안개 입자에 부딪혔을 때와 같은 방식으로 말이다. 지구 대기의 구조상 햇빛을 이루는 빛은 모두 대기의 입자들과 충돌하는데, 이때 파장이 가장 짧은(따라서 진동수가 가장 큰) 빛이 산란이 가장 많이 일어난다. 그 빛이 가시광선 스펙트럼에서는 파란색에 대응되는 것이다.

간단히 말해서 백색의 햇빛이 지구 대기에 의해서 분해되면 파란색 빛은 산란으로 흩어지는 반면, 다른 색들은 방향을 거의 바꾸지 않고 가던 길을 계속 간다. 대기에서 사방으로 흩어진 그 파란색 빛 중에서 일부가 하늘 거의 곳곳으로부터 우리 눈에 도달하고, 그 결과 하늘은 우리에게 파란색인 것처럼 보인다. 그러므로 아주 객관적인 관점에서 보면 우리가 맞는 셈이다. 방금 내가 "객관적"이라는 표현을 쓴 이유는 기계적 해석을 내놓는 광센서를 사용하더라도 센서에 들어온 빛이 파란색이라는 결과가 나올 것이기 때문이다. 우리 눈은 틀린 것이 아니다. 하늘이 파랗게 보이는 것은 말 그대로 착시이며, 이 착시가 우리에게 파란색 빛이 하늘 곳곳에서 나오고 있다고 생각하게 만들 뿐이다. 그리고 이 생각은 어떤 의미에서는 맞는 것이다.

레일리 산란(Rayleigh scattering)과 파란색 눈

햇빛이 대기에 산란되는 방식은 잘 알려진 광학 현상으로, 1871년에 영국의 존 윌리엄 스트럿 레일리가 처음 발견했다("존 윌리엄 스트럿 레일리"가 다 한 사람 이름이다. 두 사람 이름인데 내가 중간에 쉼표를 빼먹거나 한 것은 아니라는 말씀. 참, 생각난 김에 말하자면 레일리도 트리니티 칼리지 출신이다). 문제의 현상을 일으키는 원리는 일부 조류의 파란 깃털과 모르포 나비의 파란 날개, 사람의 파란색 눈에도 동일하게 적용된다. 그렇다, 파란색 눈은 정말로 파란색은 아니다. 다시 말해서 파란색 눈의 홍채 자체가 파란색 색소를 가지고 있는 것은 아니라는 뜻이다. 단지 눈을 비추는 빛이 파랗게 보이도록 홍채 조직에서 반사되기 때문에, 즉 홍채가 빛에서 파란색 성분만(혹은 거의 파란색 성분만) 반사시키기 때문에 파란색 눈으로 보이는 것이다. 신기하지 않은가?

어쨌든 하늘은 그래서 파랗게 보인다. 그럼 태양은 왜 노랗게 보이는 것일까? 이 질문에 답하기 전에 한 가지 사실을 먼저 짚고 넘어가자. 앞에서 말했듯이 태양이 내놓는 빛은 백색을 띤다. 그렇다면 태양도 백색으로 보여야 할 것이다. 백색이 태양에서 나오는 "색"이니까 말이다. 게다가 우주비행사가 우주에서(우주정거장에서든 아니든) 보는 태양은 노란색이 아니라 백색이다. 도대체 어찌된 일일까?

정답은 사실 아주 간단하다. 태양이 노란 것은 하늘이 파랗기 때문이다. 설명 끝. 이제 다음 주제로 넘어가자. 아니, 안 된다고? 설명이 더 필요하다고? 오케이! 앞에서 설명했듯이 백색의 햇빛이 대기로 들어오면, 그 빛 속에 있는 파란색 빛의 상당 부분이 하늘에 흩어지고, 흩어지지 않은 나머지 빛만 지면을 향해 거의 직선으로 계속 나아간다. 우리는 지면에 도달한 빛이 태양에서 나온 것이라고 생각하지만, 사실은 파란색이 빠진 빛을 보고 있을 뿐이다. 그런데 가시 스펙트럼의 색들을 파란색만 빼고 합성하면 노란색이 된다. 그래서 태양이 우리 눈에 노랗게 보이는 것이다. 하늘은 파랗고 태양은 노란 이유가 바로 여기에 있다.

그럼 해질 무렵에는 왜 또 색이 그럴까? 해질 무렵 태양은 주황색을 띠다 못해 붉게 보이고, 하늘은 보라색과 주황색을 띤다. 이 현상은 햇빛이 통과하는 대기의 두께와 상관이 있다. 태양이 하늘 높이 있을 때 햇빛은 지면과 거의 수직으로 대기를 통과하며, 그래서 대기 상층부에서부터 짧은 거리를 지나 지면에 이른다. 그러나 태양이 뜰 때나 질 때, 햇빛은 비스듬한 입사각(入射角) 때문에 지면에 도달하기까지 더 두꺼운 대기를 지나야 한다. 따라서 빛이 더 많이 흩어지면서 하늘에 더 많은 색이 나타나는 한편, 빛에서 파장이 긴 주황색과 붉은색만 우리 눈까지 도달해서 태양이 붉게 보이는 것이다.

그런데 하늘의 색에도 태양의 색에도 분홍색은 포함되어 있지 않는데, 그 이유는 분홍색이라는 색 자체의 문제 때문이다. 사실 분홍색은 존재하지 않는다. 분홍색은 일종의 착각으로, 백색광에서 녹색 성분이 빠졌을 때에 나타난다. 분홍색은 녹색을 뺀 백색이며, 따라서 분홍색 꽃은 풀들의 녹색과 가장 거리가 먼 색을 띰으로써 수분(受粉) 매개 곤충들의 눈에 잘 띌 수 있는 훌륭한 수단을 가졌다고 할 수 있다. 요컨대 분홍색은 색은 색이지만 "가시 스펙트럼 색"이라고 불리는 것, 즉 우리가 보통 "무지개 색"이라고 부르는 색에는 속하지 않는다.

13. 무지개란 무엇일까?

비가 올 때 햇빛은 빗방울을 가로질러 지나가는데, 이때 빗방울을 통과하는 빛은 물에서 굴절을 일으킨다(앞에서 굴절에 대해서 말한 내용을 기억하는가?*). 그런데 백색의 햇빛에는 빛의 가시 스펙트럼에 속하는 모든 색이 섞여 있으며("보이지 않는 색"도 몇 가지 섞여 있지만, 이것은 여기서 다룰 내용은 아니다), 이 백색광이 물에서 굴절을 일으킬 때 그 성분들은 각기 파장에 따라서 조금씩 다른 각도로 굴절된다. 빗방울이 프리즘처럼 작용하는 것이다. 핑크 플로이드의 앨범 "더 다크 사이드 오브 더 문"의 표지를 본 적이 있는가? 그 표지에 그려진 프리즘 이미지와 비슷하다고 보면 된다.

그렇게 분리된 색들은 빗방울을 가로질러 계속 길을 가는데, 다만 빛의 입사각에 따라서 빗방울을 바로 통과하기도 하고 (한 번 더 굴절되면서) 빗방울 안에서 거울 표면에 부딪힌 것처럼 뒤로 반사되기도 한다. 그런데 뒤로 반사되는 경우, 그 색들은 굴절각 때문에 서로 교차되어 위치가 바뀐 상태에서 빗방울 뒤로(즉 처음에 햇빛이 들어온 쪽으로) 빠져나온다. 그리고 물의 구조 때문에 서로 멀어지면서 햇빛과 40도에서 42도에 이르는 각도로 펼쳐지게 된다. 그러면 뉴턴이 구분한 대로 빨-주-노-초-파-남-보의 색이 나타나는 것이다. 사실 이 색들은 지속적으로 변화하고 미묘한 색의 차이도 많이 존재하는데, 어쨌든 그 전체가 가시 스펙트럼에 해당한다.

단색의 빛(한 가지 색에 한 가지 파장을 가진 빛)은 빗방울의 위치에 따라, 그리고 햇빛이 빗방울에 부딪힌 각도에 따라 매순간 빗방울로부터 일정한 방향으로 튀어나간다. 이때 그 빛이 우리 눈에 들어오면 우리는 빗방울에서 색을 띠는 빛이 나오는 것을 볼 수 있다. 가령 빗방울의 위치가 높으면 빗방울 아래쪽에서 나오는 색들을 많이 보고(빨간색까지), 빗방울의

---

* 60쪽 참조.

위치가 낮으면 위쪽에서 나오는 색들을 많이 보게 된다(보라색까지).

그런데 방금 말한 내용은 현상의 수직적인 측면을 이야기한 것이다. 실제로 빛은 빗방울 안에서 사방으로 굴절되며, 이로써 색색의 빛을 띠는 원뿔 모양을 만들어낸다. 그 결과 우리는 정면에서 어떤 색의 빛을 지각하는 데에 필요한 각도와 동일한 각도로 측면에서도 같은 색의 빛을 지각할 수 있다. 아니, 빗방울이 떨어질 수 있는 곳이라면 사실 모든 방향에서 같은 색의 빛을 지각할 수 있다. 달리 말하면, 바깥쪽의 빨간색에서부터 안쪽의 보라색에 이르기까지 색색의 빛을 띠는 완벽하게 둥근 동심원적인 고리들이 만들어지는 현상을 보게 되는 것이다. 물론 빗방울은 지면을 통과할 수 없기 때문에 우리는 하늘에서 그 고리들의 일부만을 보게 된다. 프랑스어로 무지개를 의미하는 단어 "아르캉시엘(arc-en-ciel)"의 원뜻 그대로, "하늘에 걸린 아치"를 말이다.

각도에 따라 빛은 빗방울 안에서 한 번이 아니라 여러 번 반사될 수도 있다. 이 경우 하늘에 여러 개의 무지개가 만들어지는데, 바깥쪽으로 갈수록 빛의 반사 횟수가 많은 것이다. 단, 빛의 일부는 언제나 빠져나가기 때문에 빗방울에 들어간 빛이 모두 반사되는 일은 없다.

따라서 무지개는 하늘의 파란색이나 태양의 노란색처럼 우리 눈에 보이기는 하지만 어떤 실체를 가진 것은 아니다. 무지개는 아주 인상적인 객관적 착각일 뿐이다. 우리가 지각할 수 있고 적절한 기계를 이용하여 감지할 수도 있지만, 실제로는 거기에 존재하지 않기 때문이다. 우리를 그런 식으로 속일 수 있는 감각은 시각만이 아닌데, 이 문제에 대해서 알아보려면 흥미로운 사실 하나를 먼저 짚고 넘어갈 필요가 있다. 여러분은 사람이 몇 가지 감각을 가지고 있는지 아는가?

14. 사람의 감각은 모두 몇 가지일까?

사람이 몇 가지 감각을 가졌느냐는 질문에 대부분의 사람들은 기계적으로 "다섯 가지!"라는 답밖에 떠올리지 못한다. 그런 사람들을 보면 나는 마음속으로 이렇게 되새긴다. "아리스토텔레스의 몰상식을 더는 퍼뜨려서는 안 된다." 그렇다, 우리는 모두 초등학교에서 사람이 다섯 가지 감각, 즉 오감(五感)을 가졌다고 배웠다. 넷도 여섯도 아닌 딱 다섯. 여러분을 위해서 읊어보자면, 시각, 청각, 촉각, 후각, 미각이 그것이다. 그렇다면 우리의 감각을 총망라한 이 목록은 누가 내놓았을까? 바로 아리스토텔레스이다. 그럼 아리스토텔레스는 어떻게 그 목록에 이르렀을까? 바로 이 대목이 흥미롭다(물론 아리스토텔레스 같은 대단한 철학자가 얼마나 틀린 적이 많은지 밝혀내는 일을 나처럼 흥미롭게 느끼는 사람이라면).

아리스토텔레스는 "알려진 다섯 가지 감각 이외의 감각은 있을 수 없다"고 보았다. 그리고 바로 이것이 우리에게 다섯 감각밖에 없음을 증명하기 위해서 아리스토텔레스가 내세운 증거였다. 풀어서 설명하면, 우리는 다섯 감각 말고 다른 감각은 가진 것이 없기 때문에 다섯 감각밖에 없다는 말이다. 자, 지금 여러분은 내가 풀어서 설명하는 것이 아니라 여러분을 놀리고 있다는 생각이 들 것이다. 나도 잘 안다. 그런데 실제로 아리스토텔레스는 『영혼론(*De Anima*)』에서 촉각에 대해서 다음과 같은 증명을 내놓았다. 판단은 여러분의 몫이다.

> 촉각이 적용되는 모든 물체, 즉 우리가 촉감을 통해서 실재하는 것으로 감지할 수 있는 실재하는 물체의 모든 변화는 우리에게 실제적으로 지각될 수 있지만, 만약 우리에게 촉감이 약간 부족하면 감지할 수 있는 수단도 필연

적으로 약간 부족해진다. 그런데 **우리가 그 자체를 직접 만짐으로써 감지하는 모든 사물은 우리가 소유한 그대로의 촉각을 통해서 감지될 수 있다.** 그리고 우리가 중간 매체를 통해서만 감지하고 그 자체는 만질 수 없는 사물인 경우에는 기본 원소들, 즉 공기와 물을 통해서 감지된다.*

요약하자면 다음과 같다. 만질 수 있는 사물인데 우리가 그것을 만질 수 없다면 우리한테 그것을 만질 수 있는 감각이 부족하기 때문이다. 그러나 우리는 만질 수 있는 사물은 모두 만질 수 있다. 따라서 촉각에는 아무것도 부족한 것이 없다. 이상, 끝.

완벽한 설명이다!

그럼 감각은 왜 다섯 가지일까? 왜 네 가지나 여섯 가지는 아닐까? 이번에도 역시 『영혼론』에 그 설명이 나오는데, 다섯 감각은 바로 다섯 기본 원소와 연관이 있다(위 인용문의 끝부분 참조). 자세히 말하면, 기본 원소가 다섯 가지이므로 감각도 다섯이어야 하는 것이다. 여기서 말하는 다섯 가지 기본 원소, 즉 "5원소"는 플라톤과 아리스토텔레스로부터 비롯된 것으로, 물질의 네 가지 기본 원소에 해당하는 공기, 흙, 물, 불과 이 넷에 해당하지 않는 모든 것을 포함하는 제5원소 에테르를 말한다. 참, 개인적으로 나는 릴루를 좋아한다. 뤽 베송 감독의 영화 「제5원소」에서 "제5원소"로 나온 인물 말이다.

어쨌든, 아리스토텔레스는 기본 원소가 다섯 가지이므로, 우리가 가진 감각도 다섯 가지라고 보았다. 그럼 기본 원소는 왜 또 네 가지나 여섯 가지가 아니라 다섯 가지일까? 플라톤은 다섯 가지 기본 원소의 존재를 구에 내접하는 정다면체가 다섯 가지밖에 없다는 사실에 직접 연관시켰다.

* *Traité de l'âme*, Livre troisième, partie 2, chapitre 1. Trad. Barthélemy-Saint-Hilaire, 1846.

다면체는 다각형으로 둘러싸인 기하학적 입체 도형을 말한다. 가령 큐브 같은 정육면체가 다면체에 속하고, DVD 플레이어나 책 같은 직육면체도 다면체에 속한다. 다면체를 이루는 면과 모서리가 모두 동일하면 정다면체가 되는데, 존재하는 다섯 가지 정다면체를 **플라톤의 입체**라고 부른다(플라톤이 발견한 것은 아니지만). 면의 개수 순으로 말하면 정사면체, 정육면체, 정팔면체, 정십이면체, 정이십면체가 그것이다. 이 명칭들이 너무 막연하게 느껴질 것 같아서 친근한 예를 하나 들면, 정이십면체의 꼭짓점들을 깎아내면 축구공이 된다.

정리를 해보면, 십면체는 구에 꼭 맞게 들어가지 않기 때문에 사람이 다섯 가지 감각을 가지게 되었다는 것이다. 그리고 초등학교에서는 계속해서 사람은 오감(五感)을 가졌다고 가르치고 있다. 사람의 감각을 다섯 가지로 보는 이론은 그런 말이 나온 이후 2,500년 동안 사실로 간주되어야 했다. 혹시 이후에라도 어떤 과학적 발견을 통해서 뺄 것은 빼고 더할 것은 더한 결과가 그 다섯 가지일까? 아니, 그렇지 않다. 사실 사람이 몇 가지 감각을 가졌는지 밝히려면, 먼저 감각이 무엇인지에 대한 의견 일치부터 이루어져야 한다. 그렇지 않으면 유머 감각도 감각이라고 말하는 사람들이 있을 테니까(그럴듯한 소리이지만 틀린 말이다). 그렇다면 감각이란 도대체 무엇일까?

믿기 힘들겠지만 감각의 정의에 관해서는 아직도 의견이 엇갈리고 있다. 대신 합의 정도는 존재하는데, 일단 이 내용부터 시작하기로 하자. 감각은 세 가지 요소가 함께 작용하는 삼중주 같은 것이라고 할 수 있다. 우선 맨 먼저 작용하는 것은 감각세포 혹은 감각수용체로, 외부 자극에 반응할 수 있는 일련의 조직이 여기에 해당된다(이 사항에 관해서 특히 의견이 분분하다). 수용체가 그 자극을 포착하면 뇌로 전달되는 신경충격이 발생하는데, 우리가 느낌(sensation)이라고 부르는 것이 바로 이 신경충격이다. 그리고 마지막으로 뇌가 그 신경충격을 해석하면 우리는 지각(perception)을 얻게 된다. 여기까지가 과학자들이 감각에 관해서 합의한 대강의 내용이다.

시각을 예로 들어보자. 원추세포와 간상세포는 눈에 들어오는 빛의 밝기와 색을 포착하는 감각수용체이다. 포착된 정보는 시신경을 통해서 전기적 성질의 신경충격으로 변환되면서 느낌을 유발하고, 그러면 뇌는 양쪽 눈에서 발생한 정보들을 모아서 삼차원 이미지로 재구성한다. 본다는 것은 바로 그렇게 이루어진다. 청각과 촉각, 미각, 후각도 같은 식으로 설명할 수 있다. 이 감각들 역시 감각인 것은 명백하니까. 그렇다면 인체의 기관에서 다른 감각은 더 찾을 수 없는지 한번 살펴보자(인체에 대해서는 다음 기회에 더 자세히 알아보고 지금은 감각에만 집중하기로 하자).

귀의 가장 안쪽 내이(內耳)에는 소리를 듣게 해주는 메커니즘 외에 전정기관(前庭器官, vestibule)이라고 부르는 작은 조직이 있다. 그리고 이 전정기관에는 고리 모양의 작은 관 3개가 서로 수직으로, 그러니까 수학에서 "직교좌표(直角座標)"라고 부르는 형태로 자리해 있다. 이 세 고리관에는 속림프(endolymph)라고 부르는 림프액이 들어 있고, 고리관의 내벽에는 섬모세포, 다시 말해서 가는 털을 가진 세포들이 존재한다. 자, 그럼 이 조직들에서 어떤 일이 벌어지는지 알아보자. 우리가 이동하거나 혹은 단순히 고개를 돌렸을 때, 고리관 안에서 자유롭게 움직이는 림프액은 우리의 움직임 때문에 한쪽으로 쏠리게 된다. 가속도운동이니 관성이니 하는 용어로 설명되는 현상인데, 쉽게 말해서 수평을 맞출 때 사용하는 수준기(水準器)에서 볼 수 있는 것과 비슷한 일이 일어난다고 생각하면 된다. 어쨌든 림프액이 움직이면 고리관 내벽의 섬모세포들의 털에 가해지는 압력에 변화가 생긴다. 그런데 문제의 고리관들은 삼차원 구조일 뿐만 아니라 두개골 양쪽에 위치해 있고, 덕분에 뇌는 섬모세포들이 지각한 정보(즉 느낌)를 전송받았을 때, 주변을 기준으로 한 우리 머리의 위치와 움직임을 아주 예민하게 해석할 수 있다. 한마디로 말해서, 우리의 균형 상태에 대한 지각을 해석하는 것이다. 이러한 감각을 전문용어로 **평형감각**이라고 부른다. 여러분도 이미 경험해보았겠지만, 우리는 옆으로 누워 90도로 기울어진 상태에서 주변을 보더라도 어디가 위이고 아래인지 정확히 안다. 그러나 카메라를 90도 돌려서 영상을 촬영한 경우, 우리는 어디가 위이고 아래인지 알아보기는 해도 고개를 기울이지 않으면 그 영상을 정상적으로 볼 수 없다. 첫 번째 경우에는 우리의 뇌가 바닥이 어디 있는지 알려주지만, 두 번째 경우에는 시각의 작용만 있기 때문이다. 두 번째 경우 우리가 옆으로 누운 영상을 있는 그대로 지각하고 있으면 뇌가 "아니, 바닥은 저기야"라고 말해주는 것이다. 우리가 배 안의 선실에 있는 경우도 마찬가지이다. 이때 우리의 시각은 가구 같은 것을 보고 방 안에 있다고 말해주지만, 평형감각은 우리가 수면에서의 배의 움직임 때문에 흔들리고 있다고 알려준다. 따라서 우리 뇌는 서로 모순되는 두 가지 정보를 받게 되는데, 뇌는 그런 모순을 좋아하지 않는다. 그래서 우리 뇌는 이런저런 방법으로 모순된 정보를 마침내 처리하거나, 아니면 (순화시켜 말하면) 아까 먹은 것이 어떻게 되었는지 눈으로 확인하기로 결정한다. 뱃멀미를 하는 사람에게 갑판으로 나가서 먼 곳을 바라보라고 하는 이유가 바로 그 때문이다. 갑판에 있으면 배가 흔들리는 것을 볼 수 있고, 그 결과 서로 다른 지각을 다시 일치시킬 수 있는 것이다. 따라서 평형감각, 즉 균형을 느끼는 감각은 사람이 가진 하나의 감각인데, 여섯 번째 감각으로 생각할 수 있다. 아리스토텔레스에게는 미안하지만 말이다. 그리고 이것이 끝이 아니다.

사람의 감각 중에는 열을 느끼는 감각과 통증을 느끼는 감각도 존재한다. 이 감각들은 대개는 촉각에 속하는 것으로 간주되며, 그래서 내가 이 감각들에 대해서 말하면, 매번 사람들은 결국 촉각이지 다른 감각은 아니지 않느냐고 지적한다. 이런 말부터 먼저 하는 이유는 여러분이 그 감각들을 주저 없이 촉각의 일종으로 분류하기 전에 일단 충분히 생각하는 시간을 가지기를 바라기 때문이다. 그 두 감각이 작용하는 방식에는 복잡할 것이 전혀 없다. **온도감각**, 즉 열에 대한 감각은 대부분의 포유류에서 두 가지 형태로 존재하는 감각수용체에 좌우된다. 뜨거운 것의 열을 감지하는 수용체와 차가운 것의 "열의 부족"을 감지하는 수용체가 그것이다. 인체 내부의 온도를 감지하는 수용체는 일단 두고 외부의 열에 대한 수용체에 관해서만 말하면, 바닐로이드나 멜라스타틴 같은 TRP* 계열의 단백질을 들 수 있다. 일부 동물은 적외선을 감지해서 열을 말 그대로 "볼" 수 있는 수용체를 가지고 있지만, 사람은 그렇지 않다. 사람의 TRP 단백질은 온도의 변화로 활성화되기 때문이다. 이러한 수용체의 상당수는 피부에 있는데, 사람들이 열을 촉각으로 감지한다고 생각하는 이유도 그 때문으로 볼 수 있을 것이다. 그러나 TRP 단백질 중의 하나는 피부가 아닌 다른 곳에 존재하며, 이 사례 때문에 온도감각은 촉각과 결정적으로 구분된다. TRPM8이 바로 문제의 단백질이다.

한편, 통증에 대한 감각은 통각 수용체로 감지된다. 통각 수용체의 역할은 아주 중요하다. 이 수용체가 없으면 가령 손을 뜨거운 금속판에 올려놓는 것 같은 위험한 상황을 즉각 알아차릴 수 없기 때문이다. 개중에는 선천적으로 통증에 무감각한 선천성 무통각증을 가진 사람들도 있다.

---

* Transient Receptor Potential. 일시적 수용체 전위(一時的 受容體 電位란 수용체에 자극이 가해졌을 때 발생하는 전기적 반응을 말한다).

왜 박하를 먹으면 시원해질까?

일시적 수용체 전위 멜라스타틴 8, 혹은 간단히 TRPM8 단백질은 차가움을 감지하는 수용체로서 혀에 있다. 1,100개가 넘는 아미노산으로 이루어진 이 단백질은 15-28도 온도에서 활성화되며, 칼슘에 대한 통로로도 작용한다. 다시 말해서 칼슘 이온을 만났을 때에도 활성화된다는 뜻이다. 그런데 주목할 사실은 박하의 주성분인 멘톨이 칼슘 이온을 활성화한다는 것이다. 따라서 TRPM8 단백질이 멘톨과 닿으면 뇌에 감각 정보가 전달되는데, 이때 뇌는 이 수용체를 활성화시킨 것의 성질을 정확히 규명하지 못하고 간단히 신경충격으로 해석하는 데에 그친다. "시원하다"고 말이다. 박하를 먹으면 시원해지는 이유가 바로 이 때문이다. 자, 이제 여러분도 온도를 느끼는 감각이 촉각의 문제가 아님을 인정하리라고 본다.

이것은 대개 유전적인 문제로, 이 증상을 가진 사람은 몸 전체가 통증에는 완전히 무감각해도 촉각을 느끼는 데에는 아무 이상이 없다. 통증을 느끼는 감각은 촉각과는 무관하다는 뜻이다.

통증을 느끼지 못하는 사람들의 삶은 언뜻 생각하기에는 매력적으로 비춰질 수도 있겠지만, 실제로는 전혀 그렇지 않다. 그들의 평균 수명은 보통 사람보다 훨씬 더 짧다. 모르고 지나갔을 수도 있는 외상성 손상과 그에 따른 심각한 결과를 포함해서 여러 가지 위험에 계속 노출된 채 살아가기 때문이다. 팔이 부러졌는데도 느끼지 못한다고, 그래서 팔을 치료하기는커녕 평소처럼 계속 쓰면서 지낸다고 상상해보라. 불이 켜진 전기렌지에 손이 닿았는데 손을 쳐다볼 생각도 않다가 잠시 후에 살이 타는 끔찍한 냄새를 맡고서야 그 사실을 알아차린다고 말이다.

손가락을 빠는 것과 깨무는 것을 구별하지 못하는 아기가 무사히 유년기를 넘기는 것은 말도 못할 만큼 어려운 일일 것이다. 통각은 사람의 생존에 절대적으로 필요한 감각이다. 따라서 단지 통각 수용체가 우리 피부

왜 매운 고추를 먹으면 열이 날까?

TRP 계열 단백질 중에는 열뿐만 아니라 통증도 감지하는 것이 있다. 일시적 수용체 전위 바닐로이드 1, 혹은 간단히 TRPV1 단백질이 그 예에 해당하는데, 이 단백질은 온도가 44도보다 높거나 pH가 낮을 때(다시 말해서 산[酸]을 만났을 때) 활성화된다. 산을 만지면 "뜨거운" 이유가 바로 그 때문이다. 물론 산과 열은 같은 일을 하지 않지만 뇌가 같은 해석을 내놓는 것이다. 게다가 TRPV1 단백질은 고추의 매운 맛을 내는 성분인 캡사이신을 만났을 때도 활성화되며, 그래서 매운 고추를 먹으면 열이 난다.

에 있다는 이유로 이 중요한 감각을 촉각의 하위 감각으로 분류하는 것은 정말 유감스러운 일이 아닐 수 없다. 아니, 통각 수용체는 피부에만 있는 것은 아니다. 여러분은 이미 치통을 겪어보지 않았는가? 두통은? 복통은? 근육통은? 꼭 선택해야 한다면 통각과 온도감각을 촉각으로 분류하기보다 그 두 감각을 묶어서 생각하는 편이 더 옳을 것이다(내가 지금 한데 묶어서 설명하고 있는 것처럼). 왜냐하면 가령 불에 데었을 때의 느낌은 열과 고통에 대한 느낌을 동시에 받는 것이기 때문이다.

통각과 온도감각을 각기 별개의 감각으로 구분한다면(그렇게 하는 것이 맞다), 사람의 감각은 이제 모두 여덟 가지가 된다. 친애하는 아리스토텔레스 선생, 왜 감각을 원소 하나당 두 개씩 생각해내지 못하셨습니까? 특히 선생께서 열에 대한 감각에 관해서 의문을 품으셨던 것으로 볼 때 통각과 온도감각은 쉽게 찾으실 수 있었을 텐데 말입니다.

여기서 다시 질문. 여러분은 여러분의 발이 어디 있는지 눈으로 보지 않고도 알 수 있는가? 물론 "내 다리 끝에 있다"는 식의 답을 기대하는 것이 아니라 주변 공간을 기준으로 그 위치를 파악할 수 있는지 묻는 것이다. 더 정확히 말해, 여러분은 눈을 감고도 여러분 한쪽 발 위치를 손가락으로 가리킬 수 있는가? 자, 그럼 실험을 한번 해보자(이 실험은 아무도 안 보는 곳에서 하는 것이 좋다. 그렇지 않으면 자기 발과 싸우는 사람처럼 보일 수도 있으니까). 어둠 속에서 자기 발(혹은 다른 아무 신체 부위)의 위치를 알아내는 일을 혼자서는 할 수 없다고 가정해보는 것이다. 한번도 생각해본 적이 없는 일이겠지만, 단지 촉각만으로는 가방에서 무엇인가를 찾을 수 없고 눈으로 계속 보지 않으면 내 팔다리가 어디 있는지 알 수 없다고 상상해보자는 것이다. 자기 몸의 위치를 지각하는 감각을 **고유감각** 혹은 **운동감각**이라고 하는데, 이 감각이 없을 때 벌어지는 일을 생각해보면 그것이 분명히 하나의 감각임을 인정할 수밖에 없다.

신경 말단에서 중추에 이르는 경로가 차단되는 **구심로**(求心路) **차단**은 아주 드물기는 하지만(현재까지 세계적으로 4건이 보고되었다) 매우 끔찍한 장애이다. 이 장애를 가진 사람은 사지에 감각이 전혀 없다. 구심성(求心性) 신경 경로, 즉 운동을 책임지는 원심성(遠心性) 신경 경로와는 대조적으로 감각을 책임지는 신경 경로에 따른 정보를 얻지 못하기 때문이다. 자기 몸을 움직일 수도 있고 사용할 수도 있지만 감각은 없는 것이다. 그런 사람은 특히 고유감각을 완전히 잃은 상태이며, 이 감각의 부재에 대처할 수 있는 방법은 시각을 이용하는 것뿐이다.

예를 들면 우리는 누가 커피를 가져다주었을 때 눈으로 커피 잔의 위치만 파악하면 손으로 잔을 잡을 수 있다. 그 순간에 손과 커피 잔을 모두 볼 필요는 없다는 뜻이다. 우리 뇌는 손이 커피 잔을 향해 움직이는 매순간 우리 손의 위치를 추산한다. 이 추산은 순식간으로 보일 만큼 빠르게 이루어지지만, 그 짧은 순간에도 손이 보내는 신경 정보와 뇌의 작업은 분명히 존재한다. 그런데 구심로 차단 장애를 가진 사람은 우리처럼 하지 못한다. 손에서 한순간이라도 눈을 떼면 손이 어디 있는지 알지 못하는 것이다. 그리고 손을 보느라 커피 잔을 보지 못하면 손이 커피 잔으로 제대로 가고 있는지 아닌지를 알 수 없다. 요컨대 어떤 동작을 하든 시각의 도움이 필요하다. 걷기, 앉기, 서기, 이 닦기, 음식을 입에 넣기, 머리 빗기, 옷 입기 같은 모든 동작에 말이다. 그래서 그런 사람은 어둠 속에서는 자신의 팔다리가 정확히 무엇을 하고 있는지 알 도리가 없다.

고유감각에서는 감각 전달을 위한 구심성 신경 경로 전체가 중요한 역할을 한다. 또한 압력에 대한 수용체(촉각)부터 열, 통증, 균형 등에 대한 수용체까지 우리 몸에 존재하는 모든 감각수용체가 고유감각에 관여한다고 할 수 있다. 이렇듯 고유감각은 우리 일상이 "돌아가는" 데에 가장 중요한 감각 중 하나이지만, 그 가치를 가장 제대로 인정받지 못하는 감각 중 하나이기도 하다. 그런 의미에서 우리는 고유감각을 사람이 가진 아홉 번째 감각으로 놓기로 하자.

그렇다면 다른 감각은 더 없을까? 일부 학자들에 따르면 이상 말한 아홉 가지 말고도 더 있다. 허기를 느끼는 감각, 시간의 흐름을 느끼는 감각, 전기장이나 자기장을 느끼는 감각, 초음파를 느끼는 감각 등등. 어떤 학자들은 사람이 최소 21가지 감각을 가졌다고 말한다. 그러나 이 문제에 관한 합의는 아직 존재하지 않는다. 그리고 이 "추가적인" 감각들의 대부분은 수용체가 무엇이고 어떻게 활성화되는지, 즉 간단히 말해 감각으로서 어떻게 작동되는지 정확히 밝혀지지 않은 상태이다. 따라서 내가 이 책에서 그 감각들을 언급하는 것은 일종의 경의를 표하기 위한 것이다. 올림픽 경기에서 4위에 그치는 바람에 시상대에 오르지 못해 아쉬워하는 선수에게 경의를 표하는 것처럼 말이다. 그러나 새로운 발견이 있기 전까지는 사람의 감각을 우리가 살펴본 9가지 정도로만 보는 것이 좋다. 다른 감각들은 아직은 가설에 불과하기 때문이다.

따라서 사람이 가진 감각 9가지(최소 9가지)는 다음과 같다. 시각, 청각, 촉각, 후각, 미각, 평형감각, 온도감각, 통각, 고유감각. 그런데 앞에서 내가 우리를 속일 수 있는 감각은 시각만이 아니라고 한 말을 기억하는가?* 이제 감각에 대해서 더 많이 알게 되었으니 촉각을 가지고 그 문제를 이야기해보자. 여러분은 여러분이 생각하는 것과는 달리 살면서 그 무엇과도 접촉한 적이 없고 앞으로도 결코 접촉할 일이 없다는 것을 아는가?

15. 우리는 살면서 그 무엇과도 접촉한 적이 없다

이 책을 읽는 지금 여러분은 어딘가에 위치하고 있을 것이다. 의자에 앉아 있거나, 소파에 기대 있거나, 침대에 엎드려 있거나, 풀밭에 누워 있거나……. 이때 여러분은 어디에 어떤 자세로 있든 무엇인가와 접촉해 있는 상태이다. 예를 들면 여러분이 의자에 앉아 있다면 여러분의 몸은 의자와 접촉해 있다고 말할 수 있다. 혹은 최소한 여러분이 입고 있는 옷과 접촉해 있다고 할 수 있을 것이다. 그렇다면 정말로 접촉이 있는 것일까? 물체와 물체의 접촉을 두 물체 사이에 그 어떤 빈 공간도 없는 상태로 정의한다면, 그리고 접촉 상황을 원자 차원까지 따진다면, 그래도 정말 접촉이 있다고 할 수 있을까? 이 질문에 대한 답은 래퍼 MC 해머가 이미 시원하게 내놓은 적이 있다. "유 캔트 터치 디스!"**

그러니까 답은 "아니오," 즉 여러분의 몸과 의자 사이의 접촉은 불가능

---

* 93쪽 참조.

** "U can't touch this." 1990년에 발매된 앨범 "Please Hammer, Don't Hurt 'Em"에 수록된 노래.

원자 차원에서도 접촉이 있을 수 없을까? 정말로?

양자역학적인 관점에서 보면 이 문제는 사실 조금 더 복잡하다. 실제로 원자 차원에서는 전자를 "작은 구슬"로 간주할 수 없으며, 그래서 전자 사이의 접촉을 거시적인 차원에서처럼 명확히 규명할 수가 없다. 가령 우리가 양손을 마주 붙였을 때 그 사이로 종이가 지나갈 수 없다면 양손은 접촉해 있다고 말할 수 있을 것이다. 그러나 원자 차원에서는 그런 것이 아무 의미가 없다. 게다가 전자는 원자핵 주위로 끊임없이 움직이기 때문에 두 원자가 "나란히" 있을 때, 전자들의 이동은 때로는 원자들 사이에 인력을 만들 수도 있다(한쪽 원자에서 전자의 위치가 다른 원자 쪽에 양전하의 변화를 가져오거나 할 때). 양자역학의 차원에서 접촉은 두 원자 사이에 인력과 척력이 균형을 이루는 거리로 정의할 수 있지만, 이는 우리가 거시적 차원에서 접촉이라고 부르는 것과는 결코 비슷하다고 볼 수 없다. 양자역학에 대해서 알아보면 알게 되겠지만, 거시적 차원에서 말하는 접촉은 양자역학적 차원에서는 금지되어 있다.

하다는 것이다. 앞에서 이야기했듯이 원자는 그 외곽에 전자들이 자리하고 있다. 원자를 작은 구슬이라고 본다면, 전자들이 구슬의 바깥층을 이루고 있을 것이다. 그리고 이 전자들은 전기적으로 음성을 띠고 있다. 그래서 가령 여러분의 피부가 의자와 가까워지면 피부의 맨 바깥층을 이루는 원자 및 분자들과 의자의 맨 바깥층을 이루는 원자 및 분자들은 그 전자들을 시작으로 서로 가까워지게 된다. 그리고 일정 거리를 지나 전자들이 충분히 가까워지면 전자들의 전하가 상호작용을 시작한다. 앞에서 말한 쿨롱의 법칙 때문에 전자들끼리 서로 밀어내는 것이다. 그러므로 물질은 접촉을 허용할 수가 없다. 원자핵 분열이라는 극단적인 경우는 예외이기는 하지만, 정확히 말하면 원자핵 분열의 경우에는 접촉의 조건 자체가 성립하지 않는다.

그렇다면 물체끼리 접촉할 수 없는데 어떤 물체로 다른 물체를 뚫는 일은 어떻게 가능하냐고 묻는 사람이 있을 것이다. 예를 들면 연필로 종이를 뚫는 경우처럼 말이다. 그러나 이 경우에도 접촉은 일어나지 않는다. 연필의 전자들이 종이의 전자들을 밀어내는 순간에 우리가 연필의 원자들을 앞으로 나아가게 했고, 그렇게 해서 종이의 원자들이 다소간 일정한 방식으로 서로 떨어지게 만든 것이기 때문이다.

이러한 현상의 밑바탕에는 우리가 이 책에서 이미 접한 것이자 현실에서도 끊임없이 접하고 있는 상호작용이 자리해 있다. 여기서 "끊임없이"라는 표현을 쓴 이유는 우리가 살아가는 매초 매순간 그 상호작용이 존재하기 때문인데, 전자기적 상호작용이 바로 그 주인공이다.

전자기학

자석과 벼락에 관한 이야기

16. 자기 현상

중국을 시작으로 그리스에 이르기까지, 고대부터 사람들은 쇠를 끌어당기거나 밀어내는 마법의 힘을 가진 신비한 돌에 주목해왔다. 짙은 검은색에 때때로 반짝이는 그 돌은 신기한 힘을 쇠에 전해줄 수도 있었다. 그 돌이 쇠에 "마법"을 걸면 그 쇠로도 다른 쇠를 끌어당기거나 밀어낼 수 있었기 때문이다. 문제의 돌은 처음에는 "쇠를 끌어당기는 돌"이라고 불렀고, 나중에는 "마그네타이트(자철석)"로 부르게 되었다(이때부터 자석을 뜻하게 된 그리스어 "마그네스[magnes]" 자체는 현재 그리스 테살리아 지방에 위치한 마그네시아라는 도시의 이름에서 파생되었다). 또한 1000년경에 중국인들은 자기를 띠는 쇠바늘을 이용하면 방향을 알 수 있다는 사실을 처음으로 알아냈다. 그 쇠바늘이 늘 같은 방향을 가리킨다는 것을 발견했기 때문이다. 유럽에 나침반이 처음 등장한 것은 그로부터 200년이 더 지난 뒤의 일이며(중국에서 전해진 것이 아니라 자체적으로), 프랑스 학자 피에르 드 마리쿠르가 자석의 속성과 작용을 연구하기 시작한 것은 다시 또 여러 해가 지난 뒤의 일이다.

마리쿠르는 자석에 관한 훌륭한 개론서를 썼다. 이 책은 원래 『순례자 피에르 드 마리쿠르가 군인 시제루스 드 푸코쿠르에게 보내는 자석에 관한 서한』*이라는 수수한 제목이 달려 있지만, 간단히 『자석에 관하여』라는 제목으로 더 많이 알려져 있다(윌리엄 길버트가 애런 돌링과 함께 출간한 『자석에 관하여』와 혼동하면 안 된다. 이 책의 원제는 『자석, 자성체, 거대한 자석 지구에 관하여』**이다). 어쨌든 그 책에서 마리쿠르는 자기의 법칙들을 매우 체계적으로 설명했고, ✌ 자석을 이용해서 영구운동을 만들 수 있는지에 대한 가능성도 연구했다. 사실을 말하면 자석으로 영구운동을 만드는 것은 불가능하다. 이 문제와 관련하여 허황된 말들이 인터넷에 많이 돌아서 하는 말이다. 특히 니콜라 테슬라가 그런 발명을 했다는 이야기가 많은데, 테슬라가 들으면 무덤에서 일어날 소리이다.

물론 마리쿠르가 자기 현상의 관점에서 영구운동을 만들어보려고 했던

---

* *Epistola Petri Peregrini de Maricourt ad Sygerum de Foucaucourt, militem, de magnete*, 1269.

** *De magnete, magneticisque corporibus, et de Magno Magnete Tellure*, 1600.

영구운동(永久運動, perpetual motion)

뉴턴은 영구운동을 만드는 일이 이론적으로 가능하다고 했지만, 흔히 그렇듯이 이 문제에서도 이론과 실재 사이에 간극이 존재한다. 영구운동, 즉 어떤 힘의 도움도 없이 절대 멈추지 않는 운동을 만드는 일은 현실적으로는 불가능하기 때문이다. 역사적으로 많은 학자들이 영구운동을 만들려고 시도했는데(물론 실패로 돌아갔다), 자석에서 답을 찾으려는 시도가 아주 터무니없는 생각은 아니었다. 실제로 마리쿠르의 시대에 사람들은 자석이 쇠구슬을 움직이는 현상이 힘의 작용 없이 이루어지는 운동과 비슷하다고 보았다. 어쨌든 자석이 쇠구슬을 밀어낼 때 사람이 자석에 힘을 가할 필요는 없으니까 말이다. 가령 레일에 쇠구슬 하나가 올려져 있고, 레일 양끝에는 그 구슬을 밀어내는 자석이 있다고 상상해보자. 이때 쇠구슬은 양쪽 자석에 의해서 번갈아 계속 밀리게 될 것이다. 영구운동과 아주 비슷한 현상이 일어나는 것처럼 보일 수 있다는 것이다. 그러나 이 경우에도 영구운동은 일어날 수 없으며, 여기에는 몇 가지 이유가 있다. 우선, 구슬은 레일에서 마찰을 일으킨다. 따라서 양끝을 오갈 때마다 그 속도가 느려지다가 양쪽 자석의 힘이 균형을 이루는 지점에서 멈추게 된다. 그리고 자석도 영원한 것이 아니다. 수백 년이 지나면 자성(磁性)을 잃게 되며, 특히 온도가 높은 환경에서는 그 시기가 더 앞당겨진다.

따라서 자기 자동차 엔진 같은 것은 존재하지 않는다. 자동차 회사와 석유 회사가 "자동차와 석유를 계속 팔아먹기 위해서 우리에게 숨기고 있는 것"이 아니다.

것을 비난할 수는 없다. 그러나 이제 우리는 열역학의 법칙 덕분에 그런 일이 절대적으로 불가능함을 잘 안다.

마리쿠르는 자기의 기본 법칙들을 논리적인 순서에 따라 소개했다. 그는 항상 지구의 남극과 북극을 가리키는 나침반에서부터 출발하여, 나침반 바늘의 양끝으로 자석의 양극을 설명했다. 또한 나침반이 두 개일 때, 같은 극을 가리키는 바늘 끝끼리는 서로 밀어내고 다른 극을 가리키는 바늘 끝끼리는 서로 끌어당긴다는 점을 밝혔고, 나침반 바늘의 S극은 지구에서 N극의 성질을 띠는 남극을 가리키고 나침반 바늘의 N극은 그 반대 방향을 가리키는 이유가 바로 그 때문이라는 결론을 이끌어냈다. 그리고 자석의 양극은 분리할 수 없다는 점도 지적했다. 가령 자석을 부러뜨려 양극을 분리해도 분리된 조각의 양끝이 또 양극이 되기 때문이다.

사실 마리쿠르는 지구 자체가 자기를 띤다고 생각한 것이 아니라 천공(天空)에서 자성이 나온다고 보는 쪽이었다. 그래서 그는 나침반을 개조해서 공처럼 생긴 자석을 만들었다. 물에 띄우면 자유롭게 움직이되 양극이 정해져 있어서 지구의 자전을 따라 돌아가게 되는, 따라서 그 N극과 S극을 이은 선이 천구상의 자오선과 나란히 가는 자석이었다. 마리쿠르가 영구운동을 만들었다고 생각한 것이 바로 그 자석 때문인데, 이 경우는 시계 형태의 영구운동에 해당한다. 물론 그 자석은 영구운동을 하지 못했지만 말이다. 그러나 그 연구를 통해서 마리쿠르는 기존의 나침반을 개선하여 훨씬 더 정확한 항해용 나침반을 내놓았고, 이 나침반은 수십 년 뒤(정확히 230년 뒤) 크리스토퍼 콜럼버스가 일본이 아니라 카리브 해안에 도착할 수 있도록 방향을 잡아주었다(실제로 콜럼버스는 일본에 들렀다가 인도로 가려고 했다. 그렇다, 그는 아메리카 대륙을 찾아나섰던 것이 아니었다). 어쨌든 마리쿠르는 자석에 관한 많은 것을 알고 있었지만, 자석의 원리에 대해서는 언급하지 않았다.

17. 영구자석

이제 보면 알겠지만 자석의 원리는 그렇게 복잡하지 않다. 너무 깊게 들어가지 않는다면 말이다. 그리고 우리도 지금 당장은 너무 깊게 들어가지 않을 것이다. 여기서는 전자가 어떤 측면에서 작은 자석처럼 작용하며, 양성자도 전자보다 훨씬 약하기는 하지만 역시 작은 자석처럼 작용한다는 원칙에서부터 출발하기로 하자(더 자세한 내용은 2권에서 양자역학을 다룰 때 이야기할 것이다).

실제로 자기 현상은 양자역학적 차원의 현상을 거시적 차원에서도 경험할 수 있는 드문 경우에 해당하면서도 보편적이기까지 하다는 점에서 특이할 만하다. 어느 요구르트 제품의 광고 멘트를 빌리면, "안에서 일어나는 일이 밖에서도 보이는" 셈이다. 어쨌든 자기의 관점에서 보면 전자는 N극과 S극을 가진 작은 자석과도 같은데, 전자가 가지는 자석 효과는 원자의 구조에 따라(정확히는 원자 내 전자의 개수와 배치에 따라) 상쇄될 수도 있고 되지 않을 수도 있다.

각각의 전자는 그 주위로 "자기적 힘", 즉 자기장(磁氣場)을 만든다. 자기장은 자석의 영향력이 작용하는 공간으로, 전자의 경우 그 자기장은 전자와 아주 가깝게 형성된다. 그리고 일부 원자의 경우 전자 각각의 방향이 어떤 조합을 이루면 "원자 자석"이라고 불리는 것이 만들어질 수 있다. 다시 말해서 작은 자석이기는 한데 이번에는 전자가 아닌 원자가 단위가 되는 것이다. 따라서 이 경우에는 원자 주위로 작은 자기장이 만들어지며, 바로 이것이 자기 현상의 첫 번째 단계이다.

그런데 쇠든 자철석이든 원자가 큰 집단을 이룰 때에는 여러 가지 경우가 나타날 수 있다. 원자들이 완전히 임의적인 방식으로 자기적 방향을 잡을 수도 있고, 혹은 반대로 모든 원자가 완벽히 같은 방향을 취할 수도 있으며, 또 전체가 아닌 부분적으로만 같은 방향을 향할 수도 있기 때문이다. 마지막 경우에는 암석의 차원에서는 자기장이 상쇄된다. 그렇다면 원자보다 큰 차원에서 원자들이 방향을 잡는 방식을 결정하는 것은 무엇일까? 원자들은 에너지를 가능한 한 적게 써서 안정적인 배열을 이루는 방식으로 움직인다. 자연은 말도 못하게 게으르기 때문이다.

첫 번째 경우, 즉 원자들이 자기적으로 온갖 방향을 향하는 경우에 이 원자들로 이루어진 거시적 물질은 자기장을 거의 만들지 않는다. 자기를 띠지 않는다는 것이다. 그리고 두 번째 경우, 즉 원자들이 모두 같은 방향을 취하는 경우에 이 원자들은 더 큰 차원에서는 자석 여러 개를 서로 N극과 S극이 맞붙도록 배열해둔 것처럼 작용한다. 그 결과 물질은 자기를 띠는데, 자철석이 바로 그 예이다. 끝으로 세 번째 경우, 즉 원자들이 부분적으로만 같은 방향을 취하는 경우에 이 원자들로 이루어진 물질은 자기를 띠지 않는다. 앞에서 말했듯이 자기장이 만들어지지 않기 때문이다.

고대인들이 자기 현상을 마법이라고 생각한 이유는 자석이 쇠와 같은 물질을 끌어당기거나 밀어낼 수 있을 뿐만 아니라 쇠까지도 그런 힘을 가지게 만들기 때문이었다. 실제로 자성(磁性)이 충분히 강한 자철석을 쇠에 가져가면 쇠를 이루는 원자들이 자철석 때문에 방향을 바꾸게 된다. 다시 말해서, 자철석이 그 영향권에 놓인 모든 원자들을 자기적으로 같은 방향을 취하게 만든다는 것이다. 이 경우 쇠는 위에서 말한 두 번째 경우에 놓이고, 그 결과 자기를 띤다. 따라서 우리는 양자역학적인 현상, 즉 우리의 지각 능력 밖에 있는 미시적인 현상을 거시적인 차원에서 보게 되는 것이다. 참, 앞에서 내가 전자를 작은 자석으로 소개할 때 그 이유를 설명하지 않았다는 것은 나도 잘 알고 있다. 이 문제를 이야기하려면 양자역학으로 들어가야 하는데, 지금은 때가 아니므로 일단 그냥 넘어가기로 하자.* ✌

아, 한 가지 더. 이번 장 제목이 왜 그냥 자석이 아니라 영구자석인지 궁

* 양자역학에 대해서는 나중에, 그러니까 제2권에서 이야기할 것이다.

금한 사람이 있을 것이다. 제목을 그렇게 붙인 이유는 자석에는 두 가지 유형, 즉 어떤 상황에서도 자석인 것(그래서 영구자석)과 전기가 흐를 때만 자석이 되는 것이 있기 때문이다. 첫 번째 유형은 우리가 아는 보통의 자석이고, 두 번째 유형은 전자석(電磁石)이다. 가만, 전기라고? 그렇다면 자기와 전기가 어떤 관계가 있다는 말인데?

18. 자기와 전기의 관계는?

전기의 역사에 대해서 살펴보기 전에 전기란 무엇인지부터 잠깐 설명하기로 하자. 왜 그렇게 하냐고? 왜냐하면 이 책은 내가 쓰는 책이니까. 그리고 전기의 역사에 대해서는 앞에서 이미 조금 언급했다. 잘 기억해보시길. 그래, 호박 어쩌고 했던 그 부분 말이다.

전기가 무엇인지에 대한 설명은 전자와 양성자에 대해서 앞에서 말했던 내용, 즉 이 입자들이 전하(電荷, electric charge)를 띤다는 사실에서부터 시작하겠다. 전하로써 전기를 정의하겠다는 것이다(자기 현상을 설명할 때와 마찬가지로 전자와 양성자가 전하를 띠는 원인은 양자역학을 다룰 때 이야기할 것이므로 일단은 넘어가자). 앞에서 전하가 반대 부호끼리는 서로 끌어당기고 같은 부호끼리는 서로 밀어낸다고 말한 것을 기억하는가? 전기는 전하를 띠는 입자들이 그처럼 서로 끌어당기거나 밀어내는 움직임에 따른 결과이다. 그리고 전도체(電導體)는 원자의 전자들이 어느 한 원자에서 다른 원자로 이동할 수 있는 구조의 물체를 말한다.

"전도성 사슬," 즉 전도체를 이루는 원자들이 사슬처럼 연결된 구조를 상상해보자. 사슬이 시작되는 부분에 전자를 하나 더할 경우, 전자가 너무 많아진* 첫 번째 원자는 자신이 가진 전자 중 하나를 옆에 있는 원자에게 넘긴다(꼭 새로 들어온 전자를 넘기지는 않는다). 그러면 이번에는 옆에 있던 원자가 전자가 많아져서 전자 하나를 다시 옆의 원자에게 넘기고, 이 원자도 또 전자가 많아져서……계속 그런 식으로 진행된다. 조금 멀리서 보면 사슬 안에서 전자 하나가 원자에서 다음 원자로 이동하는 것처럼 보일 것이다. 전자가 사슬 끝에 이르면 어떻게 될까? 사슬이 전도체가 아닌 물체, 즉 "절연체(絕緣體)"와 닿을 경우에 사슬의 마지막 원자는 여분의 전자를 버리지 못한다. 하지만 사슬이 전도체에 가까워지자마자 전자는 그것을 받을 수 있는 첫 번째 원자로 바로 옮겨진다. 그렇다면 역으로, 사슬의 첫 번째 원자에서 전자 하나를 제거할 경우에는 어떻게 될까? 이때는 전자가 부족해진 원자가 옆에 있는 원자한테서 전자 하나를 가져오는 방식의 일이 계속 진행된다. 따라서 전도성 사슬 안에서 전하의 이동은 어느 한 방향으로만 이루어짐을 알 수 있다.

전도성 사슬 안에서 이동하는 전자들의 흐름은 파이프 안을 흐르는 물과 조금은 비슷하다. 그렇다면 전자들의 흐름과 전기로 전구를 켤 수 있다는 사실은 어떤 관계가 있을까? 우리는 몇 가지 현상을 바탕으로 전기를 사용하는데, 그중 가장 일반적인 방법은 이동에 대한 저항을 이용하는 것이다. 예를 들면 백열전구(아주 높은 온도까지 가열되는 필라멘트를 이용한 전구. 흔히 알려진 바와는 달리 백열전구를 처음 발명한 사람은 에디슨이 아니다)에서 필라멘트는 전기 회로에 속한다. 다시 말해서 필라멘트 안에서 전자들이 이동할 수 있다는 것이다. 그런데 필라멘트에 사용되는 물질은 전도체이기는 하지만 보통의 전선에 비하면 전도성이 크게 떨어진다. 그래서 전자들은 필라멘트 안을 지나가는 데에 "애를 먹게" 되고,

* 원자는 항상 일정한 수의 전자를 가지기 때문이다.

필라멘트의 구성 원자들과도 자꾸 부딪힌다. 물론 실제로 전자들이 원자에 부딪힌다는 말은 아니다. 전자들이 필라멘트의 원자들을 약간 흔들리게, 즉 진동하게 만들고, 그 결과 (진동하는 물질은 열을 방출하므로) 필라멘트가 가열되는 것이다. 필라멘트는 충분히 가열되면 빛을 내기 시작하는데(백열전구에서 "백열"은 물체가 빛을 낼 정도로 온도가 몹시 높은 상태를 뜻한다), 이때 전구에 들어 있는 특별한 기체는 그 빛을 부분적으로 퍼지게 하는 동시에 필라멘트가 타는 것을 막아준다.

이탈리아의 물리학자 알레산드로 볼타는 전기에 관심이 많았다. 특히 그는 호박을 모피로 문지르거나 유리를 비단으로 문질러서 정전기*를 발생시키는 기계에 많은 관심을 기울였고, 1775년에는 스웨덴 물리학자 요한 카를 빌케가 1762년에 발명한 것보다 개선된 정전기 발생기를 내놓기도 했다. 또한 볼타는 1781년에 "동물 전기"라고 불리는 현상을 발견한 이탈리아 물리학자 루이지 갈바니의 연구에도 관심을 기울였다. 당시 갈바니는 개구리 다리에 서로 다른 금속판 두 개를 연결했을 때 개구리 다리가 수축을 일으키는 이유가 동물이 가진 전기 때문이라고 보았다. 그러나 볼타가 보기에 그 수축은 어디까지나 전류가 흐른다는 증거에 불과했다. 그래서 볼타는 개구리 다리 대신 염도가 높은 물(소금물)에 적신 헝겊을 이용해서 같은 실험을 했고, 그 결과 전기는 두 금속 사이의 전하 교환으로 발생한다는 사실을 확인했다.

볼타는 여러 금속들을 가지고 실험을 반복한 끝에 금속들 사이의 전압은 금속의 성질에만 좌우되며, 헝겊 양쪽에 같은 금속을 연결하면 아무 일도 일어나지 않음을 알아냈다. 그렇게 해서 1800년, 아연과 은을 이용했을 때 가장 좋은 결과가 나온다는 점에 착안해서 문제의 원리를 발전시킨 장치를

---

* 다음 장 참조.

개발했다. 아연판과 은판을 소금물에 적신 판지와 함께 번갈아 겹겹이 쌓아올린 장치로, 원기둥처럼 생긴 장치의 양끝에서는 안정된 전압이 나타났다. 이 장치가 바로 건전지의 조상격인 볼타 전지이다. 그래서 오늘날 전압의 단위를 볼타에게 경의를 표하는 의미에서 볼트(volt)라고 쓰게 되었다.

볼타 전지가 나오고 몇 주일 후, 영국의 화학자 윌리엄 니컬슨과 앤서니 칼라일은 전지를 만들기 위해서 볼타의 실험을 따라하던 중에 놀라운 사실을 발견했다. 장치의 양끝에 달린 금속(요즘에는 전극이라고 부르는 것)을 물에 담그자 그 주위에서 기포가 발생한 것이다. 당시 화학자들이 가진 지식에 비추어볼 때 문제의 현상은 기체가 분명했다. 그래서 두 사람은 장치에서 발생한 기체들의 성분을 조사했는데, 그 결과 한쪽 전극(양극, 즉 전지에서 전류가 흘러나가는 쪽)에서는 산소가 발생하고 다른 쪽 전극(음극)에서는 수소가 발생했음이 확인되었다. 전기에 의해서 물 분자가 "쪼개진" 것이다. 바로 이것이 물의 전기분해로, 이 현상은 전기 에너지를 화학 에너지로 바꿀 수 있다는 증거이기도 했다.

19. 정전기

정전기(靜電氣, static electricity)는 역사적으로 처음 발견된 전기인데, 전도체 안에서 전하의 움직임이 없을 때를 두고 정전기라고 말한다. 호박을 문질렀을 때 발생하는 것이 정전기이다. 호박을 모피로 문지르면 호박이 모피의 원자에서 전자들을 가져와서 전기가 발생하는 것이다. 우리가 맨발로 카펫을 걸어다닐 때에도 마찬가지이다. 우리 발이 카펫 표면에서 전자를 가져오고, 그 결과 우리 몸은 전기를 띠게 된다. 그러나 카펫은 절연체

벼락

적란운(소나기구름)은 구름의 상부와 하부의 온도 차이가 매우 크다. 그 결과 구름 내부에서 질량의 이동이 크게 일어나는데, 이러한 이동을 대류(對流)라고 한다. 그런데 적란운에서 온도가 낮은 곳에는 우박과 싸락눈(아주 작은 얼음 알갱이)이 공기 중에 떠다니는 먼지와 함께 들어 있다. 대류가 일어나면 이 입자들은 서로 부딪히게 되고, 이로써 마찰대전(摩擦帶電) 효과를 유발한다(호박과 모피의 경우처럼 절연체와 전도체를 마찰시켰을 때 일어나는 현상을 마찰대전이라고 한다). 따라서 적란운에는 전기를 띠는 물질들이 모여 있다고 볼 수 있다. 그리고 적란운은 구조상 분극(分極) 현상이 빨리 일어나기 때문에 양전하의 90퍼센트는 상부에, 음전하의 90퍼센트는 하부에 모인다(나머지 10퍼센트는 그 반대). 구름 주위로 커다란 전기장이 형성되는 것이다(전기장에 대해서는 다시 이야기할 것이다).

이때 적란운 주위 공기는 다른 절연 매질과 마찬가지로 **절연내력**(絕緣耐力, dielectric strength)을 가진다. 즉 전기장을 허용하는 한계가 있고, 그 선을 넘어가면 아크 방전이 발생하면서 전기가 흐르게 된다는 뜻이다. 구름에 전기가 충분히 많이 쌓여 주위 공기의 절연내력을 넘어설 경우, 구름은 지면을 향해 공기 중으로 방전을 한다. 이 방전은 주변 공기 중의 분자들에서 전자를 가져오는데, 그 결과 양의 전기를 띠는 일종의 통로가 만들어진다. 그러면 구름에 있던 전하의 아주 적은 일부가 그 통로를 따라 초속 200킬로미터의 속도로 지나가게 되고, 끝에 이르면 같은 현상이 또 일어나면서 공기의 부분적 성질(압력, 기류, 온도)과 전하가 지나가는 데 필요한 에너지에 따라(에너지를 적게 쓰는 길을 선택하면서) 여기저기에 가지를 치듯이 길이 만들어진다.

한편, 폭풍우가 불 때 지면 가까이에는 양의 전하가 쌓이면서 같은 현상이 일어난다. 대신 이번에는 아래에서 위로 통로를 내면서 말이다. 그리고 그 두 통로, 즉 하나는 아래로 향하고 또 하나는 위로 향하는 두 통로가 서로 만나면 여러 갈래의 길에서 완전 방전이 일어나면서 아크 방전이 나타나는데, 이것이 바로 벼락이다. 이때 전하의 이동 속도는 초속 10만 킬로미터에 이를 수도 있다. 벼락이 지나가는 통로는 길게는 25킬로미터에 이르지만, 대신 지름은 3센티미터에 불과하다.

벼락을 부르는 방전은 플라스마(plasma)도 만드는데, 이 플라스마가 흩어질 때 발생하는 빛과 공기의 갑작스러운 팽창이 각각 번개와 천둥에 해당한다.

이기 때문에 우리 몸은 그 전자를 카펫으로 돌려보낼 수 없다. 그렇게 누적된 전기는 우리 몸에서 대기하고 있다가 우리가 전도체를 만질 때, 가령 금속으로 된 문손잡이나 다른 사람을 만졌을 때 "방전된다." 이때 전자들은 가장 짧은 길을 찾아 우리 몸에서 문손잡이로 옮겨가려고 하는데, 그래서 일부는 공중을 가로질러가다가 작은 불꽃을 유발하기도 한다. 벼락도 결국 같은 현상의 표현일 뿐이다. 물론 현상이 나타나는 규모는 훨씬 더 크지만 말이다.

샤를 오귀스탱 쿨롱은 전기를 띠는 금속성 구슬 두 개가 얼마만큼의 세기로 서로 끌어당기거나 밀어내는지 정확히 측정할 수 있는 꽤 기발한 기계를 개발했다. **쿨롱의 비틀림 저울**이라고 부르는 것으로, 이 기계 덕분에 쿨롱은 전하가 어떤 식으로 상호작용을 하는지 밝히게 되었고, 그 유명한 쿨롱의 법칙을 내놓을 수 있었다. 전하가 같은 부호끼리는 서로 밀어내고 다른 부호끼리는 서로 끌어당긴다는 것을 설명하기 위해서 이 책에서 계속 말해온 법칙 말이다.

앞에서 이미 여러 번 말했지만, 어떤 입자가 전기를 띠면 역시 전기를 띠는 다른 입자와 부호가 같은지 다른지에 따라서 서로 밀어내거나 끌어당기는 상호작용을 한다. 이 상호작용은 입자들이 거리를 두고 떨어져 있어도 나타나는데, 이는 전하가 일종의 영향권을 가진다는 뜻이다. 정전기든 일반적인 전기를 말하는 동전기(動電氣)든 간에 전기가 있으면 그 주위로 전기의 영향을 받는 공간이 생기며, 바로 이 공간을 **전기장**이라고 부른다. 이때 전기장의 입자들이 정지 상태에 있으면 정전기장, 입자들이 움직이고 있으면 동전기장이 된다.

20. 전기장

사람들은 전기장(電氣場, electric field)의 존재를 정전기만큼 오래 전부터 알고 있었다. 실제로 호박이 전기를 띠면 작은 물체를 끌어당길 수 있다는 사실이 마법처럼 보인 이유는 그 힘이 물체와 접촉하지 않고 거리를 두고 있을 때에도 작용한다는 점 때문이었다.

18세기까지 많은 학자들이 자기와 전기, 혹은 그 둘 다를 연구했다. 가령 윌리엄 길버트는 『자석에 관하여』에서 정전기 현상을 말하기 위해서 일렉트릭(electrick)이라는 용어를 처음 제안했다. 그러나 전기와 자기 사이에 존재하는 관계를 최초로 증명한 사람은 한스 크리스티안 외르스테드이다. 그 증명이 가능했던 것은 1820년에 이루어진 전기장에 관한 아주 간단한 실험 덕분으로, 외르스테드의 실험이라고 부르는 이 실험은 이제는 누구나 과학 시간에 한 번쯤 들어보았을 만큼 아주 유명한 실험이 되었다. 사실 외르스테드가 그 실험을 처음 한 것은 아니다. 이미 18년 전에 어느 이탈리아 학자가 실행했는데, 무관심 속에 묻히고 말았다.

어쨌든 1820년 4월에 외르스테드는 전선 하나를 준비해서 전류가 흐를 수 있게 장치했고, 그 전선 가까이에 나침반을 가져다놓았다(전선에 닿지 않게). 나침반은 전선에 전류가 흐르지 않을 때에는 정상적으로 남과 북을 가리켰다. 그런데 전선에 전류를 흐르게 하자, 나침반의 바늘은 다른 방향을 가리켰다. 그리고 그 방향은 전류가 흐를 때마다 매번 동일했다. 그래서 외르스테드는 전기 회로를 기준으로 나침반의 위치를 옮겨 다시 실험했는데, 그러자 나침반 바늘은 이번에는 다른 방향을 가리켰다. 대신 그 위치에서 나침반이 가리키는 방향은 실험을 반복할 때마다 역시 동일하게 나타났다. 그러나 이때 외르스테드는 자기와 전기 사이에 단순한 간섭 말고 어떤 관계가 있다고는 생각하지 못했다. 게다가 전하는 이야기에 따르면, 실험 당시 조수가 느끼기에 외르스테드는 나침반 바늘이 돌아간 이유가 뭔가 정확하게 작동되지 않은 증거라고 생각해서 당황한 것처럼 보였다고 한다. 그래서 발견은 준비된 자만이 할 수 있다고들 말하는 것이다.

그래도 외르스테드는 그 실험 결과를 몇 주일 뒤인 7월에 라틴어로 쓴 「전류가 자침에 미치는 영향에 관한 실험(*Experimenta circa effectum conflictus electrici in acum magneticam*)」이라는 논문을 통해서 발표했다. 그리고 로마뇨시의 연구에 대한 지식이 전자기의 발견에 일조했음을 직접 밝혔다. 실제로 외르스테드의 실험이 있기 18년 전인 1802년, 법학자이자 철학자이자 물리학자인 잔 도메니코 로마뇨시는 이탈리아에서 정확히 똑같은 실험을 통해서 전기의 자기 작용을 발견했다. 그는 실험 결과를 지역 신문에 발표하기까지 했지만 주목을 끌지 못했다. 그리고 프랑스 과학 아카데미에도 그 내용을 보냈지만(당시 그가 살고 있던 트렌토가 나폴레옹이 통치하는 프랑스의 점령하에 있었기 때문에) 소득이 없었다. 프랑스 과학 아카데미가 아마도 로마뇨시의 직업이 법학자라는 이유로 그 실험 결과를 무시했던 모양이다. 물리학자들이 보기에 법학자는 지질학자보다 훨씬 더 하찮지 않은가? 그렇지 않습니까, 샹쿠르투아 선생?*

사실 전기장이 무엇인지 어느 정도 이해하려면, 그리고 전기력이 무엇을 뜻하는지 제대로 이해하려면 어떤 다른 설명보다도 역사상 가장 위대

* 35-37쪽 참조/역주

한 물리학자 중 한 명이자 20세기(혹은 전 세기를 통틀어) 과학의 대중화에 가장 큰 공을 세운 인물의 말을 들어보는 것이 좋다. 그 주인공은 바로 리처드 필립스 파인먼이다.

> 중력과 유사한 힘이 있다고 해보자. [……] 대신 힘의 세기는 중력보다 약 10억 배의 10억 배의 10억 배의 10억 배는 더 강하다.* 그리고 다른 차이점도 하나 더 있다. 그 힘에는 우리가 각각 양성과 음성이라고 부를 수 있는 두 종류의 "물질"이 존재한다. 이 물질들은 같은 종류끼리는 서로 밀어내고 다른 종류끼리는 서로 끌어당긴다. [……] 그런 힘이 존재하는데, 그것이 바로 전기력이다. [……] 그러나 균형이 아주 완벽해서 여러분이 다른 누군가의 가까이에 있어도 여러분은 아무 힘을 느끼지 못한다. [……] 아주 작은 불균형이라도 생기면 여러분은 그것을 알아차리게 된다. 여러분이 누군가와 팔 하나 거리에 있고 여러분과 그 누군가가 각기 양성자보다 전자를 100퍼센트 더 많이 가지고 있다면 믿을 수 없을 만큼 큰 척력이 작용하게 될 것이다. 그 힘의 크기는 어느 정도일까? 엠파이어스테이트 빌딩을 들어올릴 정도? 아니, 그보다도 더 크다! 에베레스트 산을 들어올릴 정도? 아니, 그보다도 더 크다! 그때 작용하는 척력(斥力, repulsive force)은 지구 전체와 맞먹는 "무게"를 충분히 들어올릴 수 있을 만큼 크다!**

지금 우리가 어떤 힘에 대해서 이야기하고 있는지 잘 말해주는 설명이다. 그리고 전기와 자기 사이의 관계도 잘 보여준다. 요컨대 전기와 자기는 사실 자연에 존재하는 동일한 상호작용의 양면에 지나지 않는다. 전자

---

* 과장이 아니다.

** *The Feynman Lectures on Physics, Electromagnetism*, vol. 1, Richard Feynman, 1964.

기적 상호작용 말이다.

21. 앙페르, 가우스, 패러데이, 맥스웰

앙드레 마리 앙페르는 프랑스의 수학자, 물리학자, 화학자, 철학자이다. 그는 외르스테드의 1820년 실험을 자세히 연구한 뒤, 이 연구와 외르스테드 이전에 나온 여러 연구들로부터 출발해서 동전기 혹은 전기역학에 관한 완벽한 이론과 자기 현상에 관한 많은 연구를 내놓았다.

특히 앙페르는 전류의 흐름과 방향을 많이 연구했다. 전류가 존재할 때는 어느 한 방향으로 이동하는 음의 전하와 그 반대 방향으로 이동하는 양의 전하가 똑같이 문제되기 때문에 전류의 방향은 전적으로 약속으로 정해지는 것임을 가르쳐준 인물이 바로 앙페르이다. 그런 업적을 기리기 위해서 전류의 기본 속성인 전류 세기의 측정 단위를 그의 이름을 따서 "암페어(A)"로 정하게 된 것이다. 앙페르는 이른바 "앙페르의 오른손 실험"을 통해서 외르스테드의 실험 결과를 일반화하기도 했다. 사실 이 실험은 실험이라기보다 법칙에 더 가깝다. 전류의 방향과 자기장의 방향, 전체적인 운동의 방향 중에서 두 개만 알면 나머지 하나를 밝힐 수 있게 해주는 법칙에 관한 것이기 때문이다. 그런데 당시 학자들은 전기와 자기가 서로 관계가 있다는 사실은 이미 많이 알고 있었지만, 그 두 가지가 결국 같은 현상이라는 생각은 하지 못했다. 전기가 자기에 영향을 미치고, 자기는 또 전기에 영향을 미친다는 정도로 알고 있었던 것이다.

자기가 전기에 영향을 미치는 것은 맞는 말이다. 실제로 앙페르는 자석을 구리 코일 주변에서 움직이면 코일에 전류가 흐르게 된다는 사실을 확인했다. 전자기 유도 현상을 발견한 것이다. 그러나 그는 현상을 더 깊이 연구하지는 않았다. 왜냐하면 앙페르는 자기의 성질 자체에 관심이 많았기 때문이다. 그는 자기란 동전기의 미시적 형태에 지나지 않는다고 확신했고, 전류가 자석을 분자적 차원에서 가로질러간다고 생각했다. 전기를 띠는 수많은 미시적 입자들이 자석 안에서 이동하는 것이라고 말이다. 그러나 이러한 생각은 전자가 발견될 때까지 60년 넘게 인정받지 못했다.

앙페르는 앙페르의 정리(theorem of Ampère)라고 부르는 아래의 정리도 내놓았다.

> 진공에서 전류의 분포에 의해서 닫힌 회로를 따라 거의 정지 상태로나 영구적인 상태로 생성되는 자기장의 크기는 방향이 지정된 회로 안에서 진공의 투자율(透磁率)에 의해서 면적이 정해지는 일정 면적을 지나는 전류의 대수합(代數合)과 같다.

이 문장에 이 책에서 처음 등장하는 난해한 표현들이 많다는 사실은 일단 넘어가기로 하자. 어쨌든 앙페르의 정리는, 쉽게 말하면 전류에 의해서 만들어지는 자기장과 그 전류의 관계를 수학적으로 기술한 것이다. 긴 문장 뒤에 수학 방정식을 숨기고 있는 이 정리는 전자기학의 네 기둥 가운데 첫 번째 기둥에 해당한다. 그 네 기둥이 같은 건물을 떠받치고 있다는 사실을 처음에는 아무도 몰랐지만…….

카를 프리드리히 가우스는 독일의 천문학자이자 물리학자인 동시에 전 시대를 통틀어 가장 위대한 수학자 중 한 명으로 꼽히는 인물로, 그 역시 전기와 자기에 관심이 많았다(그 시대에는 과학계 전체가 전기와 자기에 관심을 가졌다). 1831년에 가우스는 빌헬름 베버와 함께 자기에 관한 새로운 지식을 알아냈고, 이로써 “키르히호프의 법칙(Kirchhoff's law)”이라는 전기 법칙의 기초를 마련했다.

이외에도 가우스는 자기와 전기에 관해서 많은 것을 알아냈다. 아주 중요한 것들을 말이다. 특히 그는 전기에 관한 법칙을 통해서 전자기학의 네 기둥 가운데 하나를 세우게 된다.

전기에 관한 가우스의 법칙은 사실 쿨롱의 법칙을 조금 다르게 표현한 것이다. 주의 차원에서 덧붙이면, 쿨롱의 법칙은 두 전하가 같은 부호끼리는 서로 밀어내고 반대 부호끼리는 서로 끌어당긴다는 사실만을 말하는 법칙이 아니다. 이 법칙에서는 그 전하들이 어떤 식으로 서로를 밀어내고 끌어당기는지도 설명하고 있으며, 그 인력과 척력을 계산할 수 있는 수학 공식도 제시한다. 가우스의 법칙에서는 바로 이 쿨롱의 법칙을 끌어낼 수 있고, 또 그 역(逆)도 가능하다. 유일한 차이점은 가우스의 법칙은 시간에 따라 변화하는 전기장에 적용된다는 것인데, 따라서 쿨롱의 법칙을 일반화한 것이라고 볼 수 있다.

가우스가 말한 내용은 다음과 같다(가우스가 한 말 그대로를 보고 싶은 독자에게는 미안하지만, 나는 사람들이 이 책을 즐겁게 읽기를 바라기 때문에 최대한 쉽고 간단하게 설명할 수밖에 없다). 전기장에서 어떤 면에 작용하는 전기력을 하천에 비유하여 전류의 “유량(流量)”이라고 한다면, 구면(球面)의 중심에 위치한 전하에 의해서 발생하여 그 구면을 통과하는 전류의 유량은 중심의 전하가 가진 전기량에 비례한다. 달리 말해서, 전하의 크기가 클수록 전류의 유량도 많아진다는 것이다. 이 법칙은 반대 부호를 가진 전하를 포함해서 전하들이 모여 있는 집합체에는 일반적으로 적용할 수 있다. 전하의 집합체에 중심축이나 대칭 중심이 없는 경우에는 계산이 크게 복잡해질 수 있지만 보통의 경우, 예를 들면 아주 길고 가느다란 원기둥에 비교할 수 있는 직선형 전선 같은 경우에는 적절한 수학적 도구만 사용하면 비교적 쉽게 계산이 나온다. 또한 가우스의 법칙은 양의 전하에서 음의 전하로 향하는 전기장이 기하학적으로 어떤 형태를 이루는지도 설명하고 있다.

가우스 다음에 알아볼 인물은 톰슨이다. 윌리엄 톰슨, 즉 앞에서 말한 켈빈 경 말이다. 그는 자기장과 전기장은 다르다고 보았다. 전기장은 한 가지 전하만으로 생성될 수 있지만 자기장은 그런 식으로 존재할 수 없다는 점 때문이었다. 극이 하나밖에 없는 자석은 존재할 수 없으니까 말이다. 자석은 언제나 양극을 가지며, 이 양극은 분리할 수가 없다. 앞에서 말했듯이 자석을 부러뜨려도 분리된 조각에서 또 양극이 생기기 때문이다. 그리고 자기장에서 역선(力線)은 언제나 한 쪽 극에서 다른 쪽 극을 향한다. 역선이 무한히 멀어질 수 있는 전기장과는 기본적으로 다른 것이다. 한 가지 전하에 의해서 형성되는 전기장을 성게에 비유하여 성게의 심장을 전하, 성게의 가시를 전기장의 역선으로 설명하기도 하는데, 자기의 경우에는 그런 형태가 적용되지 않는다.

끝으로, 전자기학에 최후의 일격은 아니지만 이후 최후의 일격을 가능하게 해주는 펀치를 날린 사람은 영국의 물리학자이자 화학자인 마이클 패러데이이다(사실 당시의 호칭대로 하자면 패러데이를 포함하여 앞에서 말한 과학자들 모두 "전기 기사"라고 칭하는 것이 맞다. 그러나 이제는 시대가 바뀌었기 때문에, 그리고 여러분이 패러데이나 가우스를 엉덩이 골이 보이도록 엎드려 가구 밑을 기어다니며 콘센트를 수리하는 모습으로 떠올리는 것을 바라지 않기 때문에 그렇게 부르지 않는 것이다). 패러데이는 전기에서 "슈퍼 사이어인"* 같은 인물이다. 왜냐하면 패러데이가 전자기 유

* 일본 만화 『드래곤볼』(도리야마 아키라, 1984)에 나오는 용어. 베지터 행성의 뛰어난 전

도 현상을 발견하면서 모든 것이 바뀌었기 때문이다. 잠깐, 지금 여러분이 무슨 말을 하려는지 안다. 내가 바로 몇 페이지 앞에서는 앙페르가 전자기 유도 현상을 발견했다고 하지 않았느냐고 말하고 싶을 것이다. 맞다, 맞는 말이다. 하지만 그 부분에서 나는 앙페르가 그 발견을 토대로 아무것도 하지 않았다는 점도 말했다. 그는 단지 현상을 확인했을 뿐, 다른 연구들에 바빠서 더 깊이 연구하지는 않았다. 그런데 패러데이는 문제의 현상을 파고들었다. 그래서 자기장의 변화가 어떤 식으로 전기장을 유도하는지 알아냈고, 그 방식을 방정식을 통해서 수학적으로도 나타낼 수 있었던 것이다.

전자기 유도 현상을 확인하는 방법은 꽤 간단하다. 우선 코일(전선을 스프링 모양으로 감아놓은 것)을 준비한 다음, 코일 안에 막대자석을 하나 넣어둔다. 이 상태에서 코일을 전구에 연결하면 아무 일도 일어나지 않는다. 그런데 막대자석을 코일 안에서 움직이면 상황이 달라진다. "빛이 있으라!"의 기적이 일어나는 것이다. 방금 말했듯이 전자기 유도 현상은 이처럼 간단한 방법으로 확인할 수 있다. 그러나 사실 처음부터 이 방법이 적용된 것은 아니다.

패러데이는 수은 용액이 담긴 용기 가운데에 영구자석을 고정시킨 뒤, 수은 용액 위로 전선을 매달아 그 끝이 용액에 담기게 배치했다. 그런 다음 전선에 전류를 흘리자 전선은 자석 주위를 돌기 시작했다. 전기 에너지를 일정한 원운동으로 바꾸는 전동기가 발명된 것이다. 1821년에 있었던 일이다. 그리고 다시 10년이 지난 1831년 8월 29일, 패러데이는 전자기 유도 현상을 발견한다. 이전 실험에서 전류는 전기에 의한 것이었지만, 이날 실험에서 전류는 자석의 움직임에서 발생한 것이었다. 자기장에서 일어난

사들을 일컫는 말이다.

로런츠 힘(Lorentz force)(혹은 아브라함-로런츠 힘)

패러데이의 발견이 있고 몇 년 후, 네덜란드의 물리학자 헨드릭 안톤 로런츠는 흥미로운 질문을 하나 던졌다. 전류가 전선에 흐르고 이 전선이 자석 주위를 도는 경우, 전하들은 전도체 안에서 운동 상태에 있다. 따라서 이때 우리는 전선을 돌게 만드는 힘이 어디에서 오는지 알 수 있다. 그러나 자석이 움직이고 코일에는 전류가 전혀 흐르지 않는 경우에 전하들은 정지 상태에 있다. 그렇다면 이 전하들을 움직이게 만드는 힘은 무엇일까?

로런츠는 연구를 통해서 전하가 전자기장에서 받는 힘의 특징을 규명했는데, 그것이 바로 로런츠 힘 혹은 아브라함-로런츠 힘이다. 그런데 이 힘은 몇 가지 문제를 제기했고, 그 답은 이후 물리학에서 가장 흥미로운 분야에서 발견되었다.

실제로 로런츠 힘을 계산하는 방정식은 현실에서 관찰되는 결과와 완전히 일치하지만, 물체의 크기가 일정 수준에 미치지 못할 경우에는 전혀 통하지 않는 것처럼 보인다. 그 크기 이하에서는 고전적인 전자기 방정식이 더 이상 유효하지 않기 때문이다. 가령 전하를 띠지만 크기는 너무 작은 물체가 있다고 하자. 고전적인 방정식에 따르면, 이 물체는 자신이 만드는 전기장과의 상호작용에 의해서 양적으로 무한한 에너지를 만들어야 한다. 그러나 이는 실제로는 불가능하다. 게다가 그 물체는 힘을 받기도 전에 가속화되는데, 이 역시 인과법칙에 완전히 위배된다.

이러한 사실은 고전역학을 연구하는 물리학자들에게 문젯거리가 되었다. 이들의 관점에서 전자(당시에 알려진 유일한 전하 입자)는 점 입자, 다시 말해서 말 그대로 점과 같은 것이었기 때문이다. 그래서 그들은 전자를 점에서 구슬 크기로 바꾸어 그 반지름을 규정해야 했다. 그것이 바로 **고전전자 반지름**이다. 이 반지름보다 작은 경우에 고전적인 전자기학은 더 이상 현실 세계를 설명하지 못하며, 이 문제를 해결하려면 양자역학이 필요하다.

기계적 운동이 전류로 바뀌었다는 뜻이다. 자석을 움직였는데 전기가 만들어진 것이다!

그렇게 해서 패러데이는 전자기학의 세 번째 기둥을 내놓았다. 그러나 전자기학이라는 건물은 여전히 안정된 상태가 아니었다. 다른 사람들보다 더 넓은 시각으로 문제를 바라본 전자기학의 대가, 제임스 클러크 맥스웰이 아직 등장하지 않았기 때문이다.

22. 맥스웰의 네 가지 방정식

제임스 클러크 맥스웰은 영국 스코틀랜드의 물리학자이자 수학자이자 전기 공학자(당시 호칭대로라면 전기 기사. 그래, 그 엉덩이 골 얘기 말이다)였는데, 역시 트리니티 칼리지 출신이다. 역사적으로 중요한 물리학자들을 세기별로 한 명씩 뽑아서 목록으로 만들 경우, 20세기를 대표하는 물리학자가 아인슈타인이라면 19세기를 대표하는 물리학자는 맥스웰이라고 할 수 있을 것이다. 맥스웰은 전기와 자기, 전자기 유도 현상을 연구하던 중에 이전에는 아무도 깨닫지 못한 무엇인가를 알아차렸다. 그것은 바로 그 관계였다. 그가 보기에 그 현상들 사이에는 사슬의 중간 고리 같은 무엇인가가 빠져 있는 것 같았기 때문이다. 맥스웰은 인생에서 많은 시간을 바쳐 그 관계를 찾아내서 전기와 자기를 통합했고, 전자기 이론을 더없이 간단하고 우아한 버전으로 단순화시켰다. 단 4개의 방정식으로 말이다. 사실 원래 8개였던 맥스웰의 방정식을 4개로 정리한 인물은 영국의 물리학자 올리버 헤비사이드이지만, 방정식을 만든 당사자가 맥스웰이라는 데에는 이견의 여지가 없다.

전자기학과 관련해서 지금까지 이야기한 내용들이 조금 혼란스러워 보일 수 있다는 것은 나도 잘 안다. 그런데 이 혼란스러운 전개는 해당 주제를 둘러싼 당시 과학계의 분위기를 그대로 반영한 것이다. 모든 것이 멀게

흔들리는 진자

그네를 상상해보자. 그네를 탈 때 우리는 도약하기 위해서 일단은 뒤로 물러선다. 그런데 이때 실제로 우리가 한 일은 뒤로 간 것이 아니라 위로 올라간 것에 해당한다. 그네의 의자가 정지해 있을 때보다 높은 위치에 있기 때문이다. 그래서 우리가 땅에서 발을 떼면 그네 의자는 중력 때문에 다시 아래로 내려간다. 우리가 잡고 있는 동안에는 우리 때문에 내려가지 않는 것이다. 이때 그네에는 중력에 의한 위치 에너지가 누적되는데, 이 에너지는 어떻게든 방출되려고 한다. 우리가 발을 뗐을 때 그네가 운동을 시작하는 것은 바로 그 위치 에너지가 운동 에너지로 바뀌기 때문이다. 그네는 정지 상태에서의 수직축을 일단 지난 뒤에도 도약력 때문에 운동을 계속하지만 속도는 느려지며, 대신 그네의 의자는 정지 상태와 비교하여 다시 위치가 높아진다. 이번에는 운동 에너지가 중력에 의한 위치 에너지로 바뀌는 것이다. 그래서 그네는 가장 높은 곳에서 일단 멈추었다가 그 위치 에너지에 의해서 반대 방향으로 운동을 또 시작할 수 있다.

이러한 진자운동(우리가 그네의 운동에 영향을 주는 특별한 행동을 하지 않는 이상 그네는 진자와 같은 방식으로 움직인다)은 앞뒤로 왔다 갔다 하는 진동운동에 해당한다. 공기의 마찰이 없고 열 형태로 이루어지는 에너지 손실도 없을 경우 이 운동은 영원히 계속되지만, 이는 현실적으로는 불가능한 일이다.

든 가깝게든 전기와 자기를 중심으로 돌아가는 가운데, 사람들은 이 두 현상이 연관되어 있음을 분명히 느끼고 있었다. 그러나 그 둘을 이어주는 것의 성질은 정확히 이해하지 못하고 있었는데, 이때 맥스웰이 등장한 것이었다.

맥스웰은 우선 앙페르의 방정식을 보완해서 맥스웰-앙페르 방정식을 내놓았다. 앙페르는 전류가 자기장을 만든다는 사실을 밝히고 그 둘의 관계를 방정식으로 나타냈는데, 맥스웰은 전기장의 변화도 자기장을 만든다는 내용을 추가하면서 그 방정식을 완성했다. 아무것도 아닌 것처럼 보일 수도 있겠지만 사실은 그렇지 않다. 맥스웰이 추가한 조건 덕분에 정지 상태에서 시간에 따라 변화하는 상태로 옮겨갔기 때문이다.

여기에 패러데이 방정식, 즉 자석의 움직임이 전기장을 만든다는 것을 보여주는 방정식을 더하면 전기장과 자기장은 서로 쌍을 이루며, 따라서 어느 한쪽의 변화는 다른 한쪽의 세기에 비례함을 알 수 있다. 두 방정식, 즉 맥스웰-앙페르 방정식과 패러데이 방정식이 한 쌍을 이룬다는 사실에 미루어볼 때, 전기장과 자기장은 어떤 면에서는 흔들리는 진자처럼 작동한다고 말할 수 있을 것이다.

따라서 맥스웰-앙페르 방정식과 패러데이 방정식에 따르면, 전자기파의 자기적 요소는 전기적 요소로 바뀔 수 있고, 전기적 요소는 또 자기적 요소로 바뀔 수 있다.

뭐라고? 전자기파? 그것은 여기서 왜 나오는데?

자 자, 곧 이야기할 것이다.

일단은 맥스웰이 통합한 다른 두 방정식, 즉 가우스 방정식과 톰슨 방정식부터 살펴보자. 가우스 방정식은 전기장이 하나 이상의 전하 주위로 형성되는 방식을 보여주는 것이고, 톰슨 방정식은 자기장이 자석 주위로 형성되는 방식을 보여주는 것이다.

사실 맥스웰은 처음에는 20여 개의 방정식을 만들었다. 그러나 이 방정식들과 몇 년 씨름한 끝에 몇 가지는 다른 방정식으로부터 자연적으로 추론되고, 또 몇 가지는 다른 방정식을 새롭게 표현한 것에 지나지 않음을 증명했다. 그렇게 해서 맥스웰은 전기와 자기에 대한 자신의 이론에 우아함을 더해* **전자기학**(電磁氣學, electromagnetism)이라고 부르는 통합 이론을 내놓았다. 그리고 앞에서 이미 말했듯이, 맥스웰이 8개로 줄인 것을 올리

* 맥스웰의 방정식을 읽을 줄 아는 사람이라면, 그 식들이 얼마나 우아한지 이해할 것이다!

버 헤비사이드가 현재 알려진 4개의 방정식으로 정리하기는 했지만, 그 방정식들에 대한 소유권은 전적으로 맥스웰에게 있다. 사람들이 인과관계가 있다고 생각한 전기와 자기 현상을 통합해서 이 두 현상이 사실은 동일한 한 가지 현상에 지나지 않음을 밝히는 데에 성공한 사람은 맥스웰이기 때문이다. 게다가 맥스웰은 여기서 한걸음 더 나아간다.

잠깐, 그래서 전자기파 이야기는 왜 했냐고? 그 이유는 전자기파가 (적어도 거시적 차원에서는) 바로 전기장과 자기장의 변화로 정의되기 때문이다. 전자기파는 말하자면 전자기장의 표면에 생기는 물결 같은 것이다.* 그리고 맥스웰의 방정식으로 추론할 수 있는 바에 따르면, 전자기파는 전자기장만 있으면 전파될 수 있다. 음파처럼 전파되기 위한 매질이 따로 필요 없고, 따라서 진공에서도 전파될 수 있다. 이 사실은 이후 특수상대성이론의 구상에 중요한 역할을 한다. 또한 맥스웰은 전자기파의 전파 속도를 실험적으로 측정했고, 그 답을 대략 초속 310,740킬로미터라고 내놓았다. 그리고 1864년에는 빛도 전자기파의 일종에 지나지 않는다는 견해를 밝혔다.

> 이 결과들의 일치는 빛과 자기라는 두 현상이 같은 성질을 가졌으며, 빛이 전자기학의 법칙을 따라 공간에서 전파되는 전자기적 교란이라는 사실을 보여주는 듯하다.**

이로써 맥스웰은 전자기학과 광학을 통합했고, 중력과 관계가 없는 모든 거시적 차원의 물리학적 상호작용을 설명했다.

---

* 물결 같은 것이 아니라 진짜 물결 모양이다.

** *A Dynamical Theory of the Electromagnetic Field*, 1864.

네 가지 상호작용

우주에는 물리학의 법칙을 기술하는 데에 근간이 되는 네 가지 기본 상호작용이 존재한다. 중력 상호작용, 전자기적 상호작용, 약한 상호작용, 강한 상호작용이 그 네 가지이다. 우선 중력 상호작용은 직관적으로 생각할 수 있는 것과는 달리 넷 중에 가장 약하며, 질량을 가진 물체들이 어떤 식으로 서로 끌어당기는지를 설명한다. 두 번째, 전자기적 상호작용에 대해서는 계속 이야기를 해왔으므로 따로 설명하지 않겠다. 약한 상호작용은 방사능이 어떻게 작용하는지를 보여주는 것이고, 강한 상호작용은 양의 전기를 띠는 양성자들이 어떻게 원자핵 안에서 나란히 자리할 수 있는지를 설명하는 것이다.

거시적 차원에서 전자기적 상호작용은 전기 에너지나 자기 에너지를 다음과 같은 에너지들로 변환시킬 수 있다.

- 운동 에너지 : 전동기를 통해서 운동을 만들어내는 것.
- 열 에너지 : 전기를 저항성 전도체에 통과시켜서 열을 발생시키는 것.
- 화학 에너지 : 전기로 물을 산소와 수소로 분해하는 것.

전자기학 덕분에 사람들은 나침반이 지구의 자기장, 즉 자기권에 어떤 식으로 영향을 받는지 훨씬 더 쉽게 이해할 수 있게 되었다. 지구의 자기권은 태양의 끊임없는 복사 현상으로부터 지구를 보호하는 실질적인 방패이기도 하다.✌

태양계

모든 곳이 그러하듯 우주에서 유일한 장소

"태양계"를 영어로는 "솔라 시스템(solar system)"이라고 한다. 여기서 "시스템"은 "계(系)"를 뜻하는 명사로, 공통된 방식으로 작동하는 가운데 서로 관계를 맺고 있다고 간주되는 요소들의 집합을 가리킨다. "신경계(nervous system)" 같은 용어에서도 볼 수 있다. 그리고 "솔라"는 "태양의"를 뜻하는 형용사로, "태양 복사(solar radiation)", "태양 에너지(solar energy)" 같은 용어에 쓰인다.

요컨대 태양계는 태양과 태양의 중력에 영향을 받는 모든 물체들의 집합을 가리킨다. 여기서 말하는 물체들에는 행성, 행성의 위성, 소행성, 혜성, 이 천체들 사이에서 거의 곳곳에 존재하는 각종 기체, 먼지, 파편 등이 포함된다. 이 모두의 중심에 자리하는 것은 물론 태양이다.

23. 태양

고대에 철학자들은 하늘을 보다가 천공에 떠 있는 수많은 빛이 특별한 움직임을 보인다는 사실을 깨달았다. 단시간을 기준으로 했을 때에는 움직이지 않는 것처럼 보이지만, 밤이 되면 해가 뜨는 동쪽에서 해가 지는 서쪽으로 일정 거리를 이동했기 때문이다. 그러나 몇몇 빛은 그 같은 운행을 하지 않았다. 태양, 달, 그리고 다른 빛들과 잘 구별되지 않는 5개의 작은 빛이 그것이다. 그 5개의 빛은 떠돌아다니는 것처럼 보였고, 그래서 그리스인들은 그 천체들을 "행성(行星)"*이라고 명명했다. 사람들이 이러한 생각에서 벗어나 우주적 질서가 존재한다고 인식하게 된 것은 그로부터 수세기가 지난 뒤의 일이다. 이때도 달과 태양, 목성을 특별한 범주에 놓으려는 목적 때문이기는 했지만 말이다. 어쨌든 이제 우리는 태양이 행성이 아니라 별, 즉 항성(恒星, fixed star)이라는 것을 안다. 그렇다면 항성이란 정확히 무엇일까?

항성은 기체가 고밀도로 뭉쳐져 정역학적 평형을 이루면서 그 중심에서는 열핵융합(熱核融合, thermonuclear fusion)으로 원소들이 결합되고 있는 불투명한 가스 덩어리를 말한다. 설명 끝.

* 행성(planet)의 어원인 그리스어 "planetes"는 "떠돌이"를 뜻한다.

정역학적(靜力學的) 평형

유체정역학(流體靜力學, fluid statics)은 유체역학(流體力學, fluid mechanics)의 한 분야로, 정지 상태에 있는 유체(기체나 액체)를 연구하는 학문이다. 유체정역학적 평형 혹은 간단히 정역학적 평형은 압력 경사도(pressure gradient), 즉 유체의 두 지점 사이의 압력차에 의한 힘과 중력이 평형을 이루는 상태를 말한다. 예를 들면 지구에서 대기는 지면에 가까울수록 압력이 높아지는데, 이러한 압력 경사도가 중력이 지구의 대기를 압축시키는 것을 막아준다. 또 반대로 중력은 지구의 대기가 우주 공간으로 흩어지는 것을 막아주면서 두 힘이 균형을 이루는 것이다.

그런데 우주에서는 위나 아래, 옆 같은 것이 없기 때문에 중력은 모든 방향으로 동일하게 작용한다. 그래서 천체가 정역학적 평형 상태에 있을 때 그 천체의 중력은 천체를 공 모양이 되게 만든다. 공 모양은 어떤 각도에서 관찰하든 동일한 형태를 띠기 때문이다.

좀더 자세하게 설명해달라고? 우선, 항성을 "덩어리"라고 한 부분부터 살펴보자. 조금 이상한 표현이기는 해도 그렇게 말한 것은 실제로 항성이 하나의 덩어리로 존재하기 때문이다. 두 개의 항성이 함께 자리해서 서로 물질을 교환할 때에도 두 항성은 각기 서로 구분되는 별개의 항성으로 존재한다. 그 다음, "고밀도로 뭉쳐져" 있다고 한 부분. 이 말은 항성은 그 경계가 뚜렷하며, 그런 점에서 기체가 거대한 구름처럼 흩어져 있는 성운(星雲, nebula) 같은 것과는 대조된다는 뜻이다. 그 다음, "불투명한"이라고 한 부분. 이렇게 말한 것은 어떤 전자기 복사도 항성을 통과해서 지나갈 수 없고 적외선, 자외선, 마이크로파 등 어떤 전자기파로도 항성을 가로질러 볼 수 없기 때문이다. 그리고 "정역학적 평형을 이루면서"라고 한 부분. 여기에 대해서는 곧 따로 설명하겠지만 일단 그 의미만 말하면, 질량이 충분히 커서 자체 중력으로 그 형태(항성의 경우에는 공 모양)를 유

지할 수 있는 동시에 다른 힘이 중력과 균형을 이루어 스스로 붕괴되지 않는 상태라는 뜻이다. 끝으로 "열핵융합"이라고 한 부분. 이 말은 항성의 내부 압력이 워낙 높아서 내부에 자리한 입자들이 그 압력 때문에 말 그대로 서로 달라붙어 원자들을 만들어낸다는 것이다.

태양은 간단히 말하자면 다른 항성들과 다를 바 없는 평범한 항성이다. 항성 중에는 태양보다 작은 것도 있고 큰 것도 있지만, 항성의 평균 질량은 태양의 질량과 아주 비슷하다. 태양의 질량은 너무 커서 그 숫자가 현실적으로 와닿지 않을 테니까 그냥 두고, 여기서는 태양의 지름이 지구 지름의 100배가 넘는다는 정도만 알아두기로 하자(정확히는 109배).

태양의 표면 온도는 5,778K*(약 5,500°C)에 이르는 것 같다. 그러나 1,500만 도(이쯤 되면 단위가 절대온도든 섭씨온도든 별 차이가 없다)에 달하는 중심부에 비하면 표면은 얼음처럼 차가운 수준이다. 여기서 말하는 태양의 중심부란 전체 지름의 약 4분의 1에 해당하는 부분을 가리킨다. 중심부의 온도가 그처럼 높은 이유는 태양 자체의 중력에 따른 어마어마한 압력 때문이며, 항성 핵합성이 일어날 수 있는 것도 그 같은 압력 덕분이다.

24. 항성 핵합성

나는 항성 핵합성(stellar nucleosynthesis)이라는 용어를 좋아한다. 뭔가 서사시적인 분위기를 풍기기 때문인데, 쉽게 말하면 "원자핵 공장" 정도로 표현할 수 있다. 말 그대로 항성 내부에서 원자핵이 합성되는 과정을 말한

* 여기서 "K"는 "켈빈"을 뜻한다. 켈빈 경을 기억하는가? 그 켈빈이 도입한 절대온도 단위 말이다. 절대온도는 섭씨온도와 273.15도의 차이가 난다.

다. 그런데 이번 장에서 우리는 멘델레예프가 굉장한 직관의 소유자임을 확인할 수 있다. 그가 지적한 내용, 즉 리튬과 베릴륨, 붕소라는 세 가지 예외를 제외하면 가벼운 원소일수록 우주에 많이 존재한다는 사실이 이 주제와 관련되기 때문이다. 그리고 내가 앞에서 멘델레예프에 대해서 설명할 때 짧은 삽입 글(35쪽)을 통해서 설명한 분광법도 이 주제와 관련이 있다.

분광법이 나오기 전까지 사람들은 원자가 어떻게 만들어지고 또 원자가 어디에서 기원하는지에 관해서 잘 몰랐다. 그래서 분광법이 등장하자 천체물리학자들은 분광기를 이용하여 태양의 화학적 성분을 이미 알려져 있는 것, 즉 지구나 운석의 성분과 비교해서 밝혀내는 연구에 들어갔다. 분석에 따르면 태양은 주로 수소(92.1퍼센트)와 헬륨(7.8퍼센트)으로 이루어져 있으며, 이외에 산소, 탄소, 질소, 네온, 철, 규소, 마그네슘과 기타 미량의 원소들을 가지고 있다(양이 많은 것에서 적은 것의 순서로). 그렇다, 태양은 자연에 풍부한 가벼운 원소들로만 이루어져 있는 것이다. 그렇다면 그 이유는 무엇일까?

조지 가모프는 러시아 출신의 미국 천문학자이자 물리학자로(1933년 벨기에에서 열린 국제 물리학학회 솔베이 회의를 통해서 구소련을 떠나 미국으로 망명했다. 지금 여기서 중요한 이야기는 아니지만, 당시 가모프는 아내를 비서인 척 학회에 데려가 같이 망명했다고 한다), 우주에 존재하는 모든 물질이 빅뱅(big bang)의 순간에 생겼다는 생각을 1942년에 처음 내놓은 인물이다. 빅뱅에 대해서는 기회가 되면 다시 이야기하겠지만, 일단 여러분도 빅뱅이 무엇인지 조금은 알고 있을 것이다. 138억 년 전에 지금 우리가 아는 대로의 우주를 탄생시킨 대폭발 사건 말이다. 가모프는 바로 그 빅뱅 이론을 구상하는 역할을 했는데, 당시 그는 우주의 여러 원소들이 빅뱅 이후 베타 붕괴(β-decay)로 인해서 중성자들이 결집하면서 만들어졌다는 주장을 내놓았다. 베타 붕괴란 중성자가 양성자와 전자로 분해되는 방사성 붕괴의 한 종류로, 약한 상호작용에 의한 현상이다. 그런데 이 주장에는 문제가 있다. 원자들이 그런 식으로 만들어졌다면 빅뱅 이후 우주가 식어간 속도로 볼 때 리튬보다 복잡한 원자는 만들어질 수 없기 때문이다.

역시 1933년에 미국으로 망명한 독일 출신의 물리학자이자 천체물리학자인 한스 베테는 가모프가 문제의 주장을 내놓은 것과 거의 비슷한 시기인 1939년에 「항성에서의 에너지 생성(Energy Production in Stars)」이라는 제목의 논문을 발표했다. 항성의 수소가 어떻게 헬륨으로 변환될 수 있는지를 분석한 내용이었다.

베테가 설명한 바에 따르면, 맨 처음 항성에는 수소 덩어리가 존재한다. 아주 큰 수소 덩어리 말이다. 이 수소 덩어리는 자체 질량 때문에 중력의 작용으로 수축하게 되는데, 수축을 하면 수소의 압력이 높아지고 이와 더불어 온도도 올라간다. 그리고 온도가 1,000만 도를 넘기면 수소의 원자핵은 이른바 쿨롱 장벽을 뛰어넘기에 충분한 에너지를 가지게 된다. 여러분도 기억하고 있겠지만, 쿨롱의 법칙에 따라 두 전하는 같은 부호끼리는 서로 밀어낸다. 이 척력은 어느 정도의 에너지를 가지는데, 이 에너지보다 큰 힘을 가하면 같은 부호의 전하들도 서로 달라붙게 만들 수 있다. 항성에서 정확히 그런 일이 벌어지는 것이다. 그래서 양성자 두 개가 서로 달라붙을 경우, 변환 과정을 거쳐 원자핵에 양성자와 중성자가 각각 두 개씩 있는 헬륨이 최종적으로 만들어진다. 이 같은 융합 반응은 엄청난 양의 에너지를 항성 내부에서부터 외부로 방출하는데, 그 에너지에 따른 힘이 중력과 균형을 이루게 된다. 그 결과 항성은 최초로 평형 상태에 이르면서 항성이라는 이름에 걸맞은 모습을 가지게 되는 것이다.

요컨대 항성은 수소를 헬륨으로 변환시켜 엄청난 에너지를 만들고, 사방의 공간으로 그 에너지를 복사하면서 평형 상태를 유지한다. 태양이 현재 바로 그런 상태이다. 그럼 맨 처음에 수소는 어디에서 생겼느냐고? 그 수소는 빅뱅 때 만들어졌다.

그런데 항성이 가지고 있는 수소는 오랜 시간이 지나면(항성의 질량에 따라 수백만 년에서 수천억 년, 태양의 경우는 약 120억 년) 부족해지기 시작하며, 따라서 헬륨으로 융합되는 반응도 중력과의 균형을 계속 유지할 만큼 충분히 일어나지 못한다. 그러면 항성에서는 중력이 다시 우세해진다. 이때 항성이 충분히 크면(태양 질량의 3분의 1 이상이면) 항성은 다시 수축하는데, 그 결과 항성 내부에 있는 헬륨은 압력이 높아지면서 온도도 올라간다. 그리고 온도가 약 1억 도에 이르면 이번에는 헬륨이 융합 반응을 일으키기에 충분한 에너지를 가지게 되면서 더 무거운 원자에 이르는 변환 과정에 들어간다. 탄소와 산소가 만들어지는 것이다. 이 융합에서 생긴 에너지는 또 한 번 중력과 균형을 이루고, 그래서 항성은 두 번째 평형 상태에 놓인다. 태양은 그 같은 두 번째 평형이 항성으로서 얻을 수 있는 마지막 평형이 될 것으로 보인다. 태양은 그 이후의 과정이 일어날 수 있을 만큼 크지 않기 때문이다.

헬륨이 더 이상 충분하지 않아서 평형 상태를 유지하기 위한 에너지를 충분히 만들지 못하면 항성은 다시 자체 질량으로 인해서 수축하고, 이로써 그 내부에 있는 탄소와 산소를 압축하여 온도를 약 10억 도까지 올리게 된다. 10억 도에 이르면 탄소가 융합 반응으로 네온, 나트륨, 마그네슘을 만들며, 이 과정을 통해서 항성은 다시 평형 상태에 들어간다. 질량이 태양의 25배 되는 항성의 경우 이 평형 상태는 200년 정도 지속된다. 그 다음 차례는 네온으로, 네온은 12억 도에서 융합하여 마그네슘과 산소 외에도 비스무트와 폴로늄, 납에 이르는 무거운 원자들을 소량 만들어낸다. 이 과정에 따른 네 번째 평형 상태는 이전보다 짧게 지속되는데, 가령 태양 질량의 25배에 해당하는 항성의 경우 그 시간은 약 1년이다. 항성 내부 온도가 20억 도에 이르면 산소가 융합해서 규소와 인, 황을 만들고, 이 변환 과정에서는 엄청난 에너지 외에 양성자와 중성자, 그리고 염소나 칼륨, 아르곤, 칼슘 등 다른 원소들의 생성을 가능하게 하는 입자들이 생긴다. 질량이 태양의 25배인 항성의 경우 이 단계가 지속되는 시간은 약 5개월이다. 그러고 나면 항성의 종말이 다가온다. 평형 상태가 일단 깨지면 항성은 다시 수축하고, 온도가 30억 도에 이르면서 마지막 융합 반응, 즉 규소의 융합이 시작된다. 그렇게 해서 항성의 일생에서 마지막에 해당하는 몇 시간 동안 철에 이르는 모든 원소가 만들어진다.

철은 모든 원소들 중에서 가장 안정적인 원소로, 융합 반응을 일으키지 않는다. 다른 어떤 원소로도 "어떻게 해볼"* 도리가 없다. 따라서 융합에 쓸 연료가 더는 남지 않게 된 항성은 철로 이루어진 중심부로 빠르게 붕괴하는 내향성 폭발을 일으킨다. 중력의 압력이 항성의 모든 물질을 원자핵 하나만큼의 밀도에 이르도록 수축시키는 것이다. 내향성 폭발 중인 항성에는 아무것도 접근할 수 없으며, 아무리 작은 입자라도 그 중심부에 닿는 즉시 도로 튀어나온다.

폭발이 일어나면 항성을 중심에서부터 바깥으로 쓸고 지나가는 충격파가 발생하는데, 항성의 표면층에 남아 있는 물질들은 그 충격파가 지나가는 도중에 잠깐 융합 반응을 일으킨다. 바로 그 짧은 시간 동안 양성자와 중성자들이 빠르게 결합하면서 철보다 무거운 모든 원소들이 합성되는 것이다. 또한 폭발에 따른 수많은 충돌은 엄청난 에너지를 방출하면서 새

* 표현이 적절하지 않았다면, 양해하기 바란다.

로운 충격파를 유발하며, 항성을 초신성(超新星, supernova)으로 바꾸어놓는다. 수십억 년에 걸쳐 만들어진 항성의 물질이 이제 사방의 우주 공간으로 흩어진다. 그런데 폭발이 일어나고 남은 천체의 중심부는 밀도가 매우 높아서 전자들이 그 가까이를 지나가면 중심핵으로 빨려 들어가 그 안에 있는 양성자를 중성자로 바꾸어놓게 된다. 이 변환 과정으로 천체는 양극에서 매우 특이한 전파를 내놓는 중성자 별(neutron star) 혹은 펄서(pulsar)가 되는데, 중심부가 수천 킬로미터에 불과한 이 천체는 아주 빠르고 규칙적인 자전을 한다. 1초에 수천 번까지!

이 책과 이 책을 읽고 있는 여러분, 그리고 여러분이 숨 쉬고 있는 공기를 이루고 있는 모든 것, 탄소와 산소, 철, 납, 마그네슘, 칼슘, 우라늄, 황, 코발트 등등으로 이루어진 모든 것은 항성들이 죽어가며 남긴 유산에 해당한다. 우리는 모두 별의 먼지에 지나지 않는 것이다.

25. 태양계의 형성

요컨대 우주에는 다량의 수소가 존재하며, 항성이 폭발하고 남은 잔해에 해당하는 그밖의 다른 무거운 원소들도 같이 존재한다. 이들 모두는 파편과 기체, 먼지로 이루어진 구름 같은 모습으로 우주를 표류하는데, 그 구름이 충분히 커지고 밀도도 높아지면 수소 분자가 만들어진다. 그런 구름을 두고 분자운(分子雲, molecular cloud)이라고 부른다. 현재 우리가 가진 지식에 따르면, 약 45억 년 전 우리 은하에는 분자운 하나가 평화롭게 표류하고 있었다. 그 분자운은 크기가 7,000AU에서 2만AU 정도였고 (AU[astronomical unit], 즉 "천문단위[天文單位]"는 태양계 내 천체 사이의 거리를 나타내는 단위로, 1AU는 태양과 지구와의 평균 거리에 해당한다. 정확히는 지구가 태양에서 가장 멀어지는 지점과 가장 가까워지는 지점 사이의 거리의 절반, 즉 1억4,900만 킬로미터이다*), 태양보다 약간 더 큰 질량을 가지고 있었다. 바로 이 분자운이 우리 태양계의 출발점이다.

문제의 분자운은 충분히 크고 조밀하여 자체 중력에 의해서 서서히 붕괴하기 시작했다. 어딘가에서 질량이 아주 조금 더 중심부로 향해 간 것이 그 시작이었다. 게다가 이 분자운을 구성하는 입자들은 모두가 조금은 자기 마음대로 사방으로 움직였지만, 분자운 전체는 그 모든 움직임의 평균에 해당하는 움직임을 가지고 있었다. 전체적으로 돌아가는 움직임, 말하자면 "자전"을 하고 있었던 셈이다. 이 사실이 중요한 이유는 역학 법칙에 비추어볼 때 우주 공간에서 이루어지는 그 같은 회전운동은 외부에서 그것을 변형시키는 힘이 작용하지 않는 이상 멈출 이유가 없기 때문이다. 이른바 각운동량 보존법칙(law of conservation of angular momentum)**에 따른 현상이다. 그래서 태양계가 평평한 형태를 가지게 된 것이다.

분자운은 자전을 계속하는 가운데 질량을 중심부로 모으면서 마침내 강착원반(降着圓盤, accretion disk)이라고 부르는 것을 만들기에 이른다. 분자운이 붕괴할수록 자전 속도가 빨라져서 둥글납작한 피자 같은 구조를 이루게 된 것이다. 예전 레코드판처럼 생긴 이 강착원반은 중심으로 갈수록 밀도가 높아졌고, 밀도에 따라 높아지는 압력에 의해서 온도 역시 중심으로 갈수록 올라갔다. 그리하여 원반의 중심부에는 고밀도의 뜨거운 물질이 자리하게 된다. 그러나 열핵융합 반응은 아직 시작되지 않은 상태였다. 이때가 태양이 곧 탄생하려는 순간으로, 분자운이 붕괴를 시작하고

---

* 미터 단위로 더 정확히 나타내면 약 149,597,870,700미터.

** 209쪽 뉴턴 역학 참조.

약 10만 년이 지난 시점이다. 탄생을 앞둔 태양은 이후 약 5,000만 년 동안 자체 중력으로 원반의 기체와 먼지 같은 물질을 계속 빨아들였고, 내부 압력이 높아지자 수소를 융합해서 헬륨을 만들 수 있는 단계에 이르렀다. 그렇게 해서 태양은 첫 번째 정역학적 평형 상태에 들어갔다. 실질적인 태양이 탄생한 것이다.

이때부터 그 평형 상태가 지속되는 내내(현재까지도 지속되고 있다) 태양 주변의 물질은 태양 주위를 더 평온하게 돌 수 있게 되었다. 그런데 물질이 도는 가운데 각종 먼지와 기체 사이에서는 충돌이 일어났고, 이 물질들은 서로 결집되었다가 해체되고 다시 결집되기를 반복했다. 그리고 그 와중에 원반의 몇몇 지점에서는 물질들의 덩어리가 생겼다. 이 덩어리들은 운 좋게 다른 덩어리와 충돌하여 해체되는 일을 피하면서 점점 더 커져갔고, 나중에는 너무 커져서 돌멩이 하나와 부딪히는 일로는 해체되지 않을 정도가 되었다. 아니, 돌멩이와 충돌할 경우 그 물질 덩어리는 해체되기는커녕 중력으로 돌멩이를 붙잡게 되었다. 덩어리가 더 커지는 것이다. 이 현상을 "강착(降着, accretion)"이라고 하는데, 바로 이러한 과정을 통해서 태양 주위로 여러 행성들이 생겨나기 시작했다. 처음에는 행성이라기보다는 커다란 암석이거나 잘해봤자 미행성(微行星)*에 지나지 않았지만 말이다.

여기서 중요한 사실은, 태양 가까운 곳에서는 온도가 몹시 높아서 기체가 응축해서 고체 형태를 유지하기가 어렵다는 것이다. 그래서 4AU(태양과 지구 사이 거리의 4배) 정도의 가까운 거리에서는 매우 높은 온도에서 기화하는 철이나 알루미늄 같은 성분만이 행성의 형성에 관여한 반면(게다가 이 성분들은 우주에 적게 존재하기 때문에 그 행성들은 크기가 커지는 데에 제한을 받았다), 4AU보다 먼 거리에서는 기체들이 행성을 만드는 데

* planetesimal. 행성의 씨앗이 되는 아주 작은 천체.

니스 모형(Nice model)

니스 모형은 강착원반이 사라지자, 거대 행성들이 태양으로부터 멀어지게 되었다고 보는 이론으로, 프랑스 니스에 위치한 코트다쥐르 천문대에서 제기되어 그런 명칭이 붙게 되었다. 여기서는 궤도공명(공전하는 두 천체의 공전 주기가 서로 정수비를 이룰 때 서로에게 규칙적이고 주기적으로 중력적 영향을 미치는 현상)과 그밖의 수학적으로 복잡한 이야기까지는 하지 말고, 니스 모형을 적용하면 이전의 태양계 모형들로는 해결이 되지 않는 많은 현상들을 설명할 수 있다는 점만 알아두기로 하자. 후기 운석 대충돌, 오르트 구름과 카이퍼 대의 형성, 목성과 해왕성에 있는 트로이 소행성군의 존재 등이 그 예에 해당한다(오르트 구름과 카이퍼 대에 대해서는 뒤에서 따로 다룰 것이다).

에 참여했다. 그 가상의 경계선이 암석형 행성(수성, 금성, 지구, 화성)과 기체형 행성(목성, 토성, 천왕성, 해왕성)을 나누는 기준으로 작용한 것이다.

그런데 당시 만들어진 행성들 중에는 "기한이 정해진" 것들이 있었다. 한때 행성으로 생각되었다가 이제는 그 목록에서 퇴출된 명왕성 이야기를 하는 것이 아니라, 태양 주위에서 암석형 행성들이 만들어질 당시 원래 그 수는 50개에서 100개 사이였기 때문이다. 그러나 1억 년의 시간이 흐르는 동안 일부 행성들 사이에서 충돌이 일어났고, 그 파편들은 더 큰 행성들에 달라붙어 그 크기를 키워주거나 자체적으로 결합해서 위성이 되었다. 우리 지구의 위성, 즉 달도 아마 그런 식으로 탄생한 것으로 보인다. 한편, 기체형 행성의 경우는 이야기가 조금 다르다. 과학자들은 천왕성과 해왕성이 행성의 형성에 필요한 기체가 거의 없는 그 먼 곳에서 어떻게 만들어질 수 있었는지 아직 정확하게 설명하지 못하고 있다. 그래서 두 행성이 처음에는 현재 위치보다 태양에 더 가까운 곳에서 만들어졌다가 나중에 지금의 궤도로 이동했다고 보는 쪽을 선호한다. 행성 이주(planetary migration) 이론, 혹은 니스 모형이라고 불리는 이론이다.

26. 수성

수성(水星, Mercury)은 태양에서 가장 가까운 행성이며, 따라서 태양의 활동에 따른 영향도 가장 많이 받고 있다. 부피와 질량은 지구의 약 5퍼센트이고, 전체 표면적은 7,500만 제곱킬로미터로서 아시아와 아프리카 대륙을 합한 정도이다. 그리고 수성에는 대기가 없거나 거의 없다. 수성 표면에서는 아주 작은 기체 입자도 태양풍에 바로 날아가버리기 때문이다. 실제로 수성의 대기층은 너무 엷어서 대기의 분자들이 서로 충돌할 일은 거의 없으며, 대기압도 거의 만들지 못한다. 수성의 대기압은 지구 해수면 대기압의 약 2,000억 분의 1밖에 되지 않는다.

수성은 지구에서 맨눈으로 볼 수 있을 정도로 충분히 가깝고 크지만, 항상 태양을 따라다니면서 돌기 때문에 태양의 빛에 가려 실제로는 잘 보이지 않는다. 수성 전문가들은 수성이라는 행성에 대해서 할 말이 아주 많을 것이다. 수성의 모양, 수성의 지질 구조, 수성의 위치 등등. 그러나 여기서 나는 수성의 궤도와 관련된 몇 가지 내용만 이야기하려고 한다. 왜냐하면 그 내용이 1910년대에 아인슈타인이라는 사람에게는 아주 중요한 의미를 가졌기 때문이다.

수성의 근일점(近日點, perihelion), 즉 궤도상에서 태양과 가장 가까워지는 지점은 수성이 궤도를 돌 때마다 달라진다. 달리 말해서 수성이 궤도상에서 근일점을 지날 때마다 이 근일점의 위치가 조금씩 변화하는데, 이것을 수성의 근일점 이동이라고 한다. 수성의 근일점 이동은 22만5,000년을 주

궤도에 관하여

천체의 궤도는 대부분의 사람들이 알고 있는 것이지만, 좀더 살펴보는 일도 쓸모없지는 않을 것이다. 그 특징 몇 가지를 나열하는 것에 지나지 않더라도 말이다. 고전적으로("고전역학에서는"이라는 뜻이다. 고전역학에 대해서는 뒤에서 설명할 것이다) 궤도란 우주에서 어떤 천체가 자기보다 질량이 큰 천체 주위를 돌면서 닫힌 형태의 주기적인 곡선운동을 할 때 그리는 길을 가리킨다. 예를 들면 달은 지구를 중심으로 궤도를 돌고, 지구는 태양을 중심으로 궤도를 돈다.

여기서 말하는 닫힌 형태의 곡선은 타원을 말하는데, 궤도의 중심이 되는 큰 천체(이 천체는 사실 두 천체의 질량 중심에 해당한다. 태양 주위를 도는 천체들의 경우에 그 질량 중심은 태양이다)는 바로 그 타원의 초점 중 하나에 위치한다(타원을 "평면 위의 두 정점에서 거리의 합이 일정한 점들의 집합으로 만들어지는 곡선"으로 정의할 때 그 두 정점[定點]을 타원의 초점이라고 한다). 이때 천체가 궤도상에서 그 초점과 가장 멀어지는 지점을 **원점**(遠點)이라고 부르는데, 이 원점을 지구가 중심인 궤도에서는 원지점, 태양이 중심인 궤도에서는 원일점이라고 각각 부른다. 거의 모든 천체에 대해서 같은 식의 용어가 존재한다고 보면 될 것이다(목성에 대해서는 원목점, 달에 대해서는 원월점 등). 반대로 천체가 궤도상에서 그 초점과 가장 가까워지는 지점은 **근점**(近點)이라고 부르며, 중심이 되는 천체가 무엇인지에 따라 역시 근지점, 근일점, 근월점 등의 용어가 존재한다.

기로 나타나는 현상으로(22만5,000년 동안은 궤도에 변화가 없다는 뜻이다), 19세기에 학자들은 이 현상을 관측하기는 했지만 설명하지는 못했다. 뉴턴 역학, 즉 고전역학에서는 천체가 아주 정확하게 운동한다는 설명을 200년 가까이 고수해왔고, 따라서 수성의 그 같은 움직임을 설명할 방법이 없었던 것이다.

그러나 수성의 근일점 이동은 워낙 미세한 현상인 까닭에 학자들을 잠 못 들게 할 만한 것은 아니었다. 실제로 수성의 궤도 변화는 100년에 약

각도(角度, arc degree), 각분(角分, arc minute), 각초(角秒, arc second)
지구에서부터 상대적인 거리를 정의할 때는 각도를 사용한다. 삼각법에 따른 것인데, 여러분 중에는 "삼각법(三角法, trigonametry)"이라는 글자만 봐도 현기증이 날 사람이 많을 것이므로 더 깊게 들어가지는 않겠다. 여기서 우리는 원 전체가 360도로 이루어져 있다는 것만 알면 된다. 원의 4분의 1인 직각은 90도, 원의 절반인 평각은 180도 등.
시간에서 1시간이 60분으로 나누어지는 것처럼 각도에서 1도는 60개의 하위 단위로 나누어지는데, 이 하위 단위를 각분이라고 부른다. 1각분은 다시 60개 하위 단위로 나누어지며, 각초라고 한다. 각분은 작은따옴표(')로, 각초는 큰따옴표(")로 표시된다. 따라서 1각초는 1도의 60분의 1의 60분의 1로, 0.000277도에 해당한다. 그리고 시간에서 3,600초가 1시간인 것처럼, 1각초 3,600개가 모여서 1도가 된다.

42각초씩 나타나는데, 그 변화를 알아본다는 것은 말하자면 이 책을 1킬로미터 떨어진 곳에서 읽는 것과 비슷하다. 그리고 설령 여러분이 1킬로미터 거리에서 이 책을 읽을 수 있는 시력을 가졌다고 하더라도, 수성이 책의 윗부분에서 아랫부분까지 옮겨가는 것을 보는 데에 100년이 걸린다. 정말 조금씩 이동한다는 뜻이다.

실제로 수성의 근일점 이동은 대수롭지 않은 현상이며, 따라서 달이나 목성 등의 이동을 정확히 측정하는 데에 방해가 되지 않는다. 그러나 정확히 하려면, 혹은 단지 수성의 이동을 연구하고자 한다면 문제가 되는 것이 사실이다.

프랑스의 천문학자 위르뱅 르 베리에는 태양을 중심으로 한 수성의 운동을 고전적인 방식으로 계산하되, 당시 알려진 모든 태양계 행성의 영향을 고려하는 방식으로 수성의 신비를 밝혀보려고 했다. 목성 같은 거대 행성들의 영향이 수성의 궤도 변화를 충분히 가져올 수 있으리라고 생각했기 때문이다. 연구 결과는 1859년 9월에 나왔는데, 유감스럽게도 관측 사실과는 일치하지 않았다(1882년에 미국의 천문학자 사이먼 뉴컴은 태양이 자전의 영향으로 양극 부분은 약간 납작하고 적도 부분은 약간 불룩하다는 사실을 고려해서 그 결과를 좀더 다듬었으나 별 효과가 없었다). 그래서 1860년에 르 베리에는 십수년 전에 해왕성이 발견된 것에 착안하여 새로운 접근을 시도했다. 해왕성은 1846년에 발견되었는데, 이 발견은 지적 활동이 빚어낸 산물이었다. 천문학자들이 천왕성의 궤도에 원인을 알 수 없는 교란이 생기는 것을 보고 천왕성보다 먼 곳에 아직 알려지지 않은 행성이 존재할 것이라는 생각을 해냈기 때문이다(자세한 이야기는 194쪽 해왕성 부분에서 하자).

따라서 르 베리에는 태양과 수성 사이에 있을 미지의 행성을 찾기 시작했고, 그 행성에 "벌컨(Vulcan)"이라는 이름까지 미리 붙였다. 천문학자들은 문제의 행성이 있을 법한 곳을 정확히 알아내기 위한 수많은 계산 끝에 그 지점으로 망원경을 맞추었다. 그러나 그들은 아무것도 찾지 못했다. 벌컨은 존재하지 않았다. 수성의 근일점이 시간에 따라 전진하는 현상은 이후 아인슈타인과 그가 내놓은 일반상대성 이론이 등장하고 나서야 비로소 해명되었다.

27. 과학사의 한 페이지 : 기욤 르 장티

태양에서 두 번째로 가까운 태양계 행성은 금성(金星, Venus)이다. 참, 태양계 이야기를 하던 중에 등장한 기욤 르 장티라는 제목이 이상하게 보이리라는 것은 나도 안다. 하지만 걱정 마시라, 다 계획이 있으니까.

금성은 특이한 행성이다. 새벽이나 해질녘에 맨눈으로 쉽게 알아볼 수 있는 금성은 "샛별" 또는 "목동의 별"이라고도 불리며, 태양과 달 다음으로 하늘에서 가장 밝게 빛나는 천체이다. 영어로 "Venus," 즉 로마 신화의 미(美)의 여신을 가리키는 이름을 가지게 된 것도 아마 그 밝기* 때문일 것이다. 그렇게 빛나는 이유가 사실은 이산화탄소와 황산으로 이루어진 두꺼운 구름층 때문임을 알고 나면 환상이 깨지기는 하지만 말이다. 어쨌든 금성을 특이하다고 말한 데에는 몇 가지 이유가 있다. 우선, 금성은 천왕성과 더불어 역행 자전을 한다. 다시 말해서 태양 주위를 도는 방향과 반대 방향으로 자전한다는 뜻이다. 그리고 금성은 태양계의 행성들 중에서 유일하게 하루(자전을 한 바퀴 하는 데에 걸리는 시간)가 1년(태양 주위를 한 바퀴 도는 데에 걸리는 시간)보다 길다. 크기는 지구와 비슷한데(지구의 95퍼센트) 자전 속도가 느리기 때문에 자전에 따른 변형을 거의 겪지 않았으며, 그래서 태양계에서 가장 동그란 구의 형태이다. 게다가 금성의 표면은 비교적 "젊어" 보이는데(형성된 지 수억 년밖에 되지 않았다), 그 이유는 한 번씩 화산 활동이 활발하게 일어나 표면을 주기적으로 새롭게 만들어주기 때문인 것 같다. 대신 그 화산들은 용암을 뿜지 않는 것처럼 보이는데, 그런 점에서 태양계에서 유일한 성질을 띠는 금성의 화산 활동은 아직은 완전하게 설명되지 못하고 있다. 끝으로, 금성의 궤도는 거의 원에 가깝다.**

금성은 방금 말했듯이 지구와 크기가 비슷하다. 그러나 대기층은 지구보다 거의 100배 두꺼운데, 이는 암석형 행성들 중 가장 두꺼운 대기층에 해당한다. 게다가 금성의 대기는 자체적인 움직임을 가지고 있으며, 금성

* 여기서 "밝기"는 알베도(albedo), 즉 금성이 빛을 반사하는 정도를 말한다.
** 다른 행성들의 궤도는 중심이 한쪽으로 치우친 타원 형태이다.

시차(視差, parallax)

시차란 관찰자가 어떤 물체를 보는 각도가 이동에 따라서 변화하는 것을 말한다. 여기서 "이동"은 관찰자의 이동일 수도 있고 물체의 이동일 수도 있다.

예를 들면 달리는 기차 안에서 창밖을 보고 있다고 상상해보자. 이때 창밖으로 지나가는 풍경은 가까운 것일수록 빨리 지나가고 먼 것일수록 천천히 지나가는 것처럼 보이는데, 그 이유는 관찰자와 가까운 물체가 멀리 떨어진 물체보다 큰 시차를 가지기 때문이다. 밤에 차를 타고 달리면 달이 우리를 따라오는 것처럼 보이는 것도 마찬가지 현상이다. 뒤로 지나가는 것처럼 보이는 다른 풍경들과는 달리 달은 워낙 멀리 있어서 볼 때마다 같은 자리에 있는 것처럼 보이고, 따라서 우리를 따라오는 것 같은 느낌을 주게 된다.

천문학자들은 이러한 현상을 이용해서 두 천체 사이의 거리를 측정한다. 망원경 같은 관측 도구로 두 천체가 하늘에서 이동하는 정도를 비교하여 둘 사이의 거리를 가늠하는 것이다. 금성이 많은 사람들의 관심을 끈 것도 바로 이 같은 연구 활동과 관계가 있다.

의 자전과는 반대 방향으로 금성 전체를 약 100시간에 한 바퀴 돌 수 있는 속도로 돈다. 이 같은 대기의 이동으로 발생하는 바람은 지면을 기준으로 최고 시속 360킬로미터에 이른다. 그리고 대기 성분의 96퍼센트가 이산화탄소로 이루어져 있는데(이산화탄소가 대기 중에 거의 액체 형태로 존재하는 수준의 밀도이다), 이로 인한 강한 온실효과 때문에 금성의 표면 온도는 태양에 두 배 더 가까이 있어도 대기가 거의 없는 수성보다 높은 460도에 육박한다. 말 그대로 "불지옥 행성"이다.

금성은 태양과 달 다음으로 쉽게 확인할 수 있는 천체인 만큼 천문학의 역사에서도 당연히 많은 관심을 받아왔다. 특히 금성은 1769년에 태양과 지구 사이의 거리를 정확히 측정할 수 있게 해주었는데, 이때 학자들이 사용한 방법은 스코틀랜드의 천문학자이자 수학자인 제임스 그레고리가 그 106년 전인 1663년에 설명한 시차(視差)라는 원리에 근거한 것이었다.

금성이 보여주는 주기적 현상 가운데는 금성 일면통과(金星 日面通過, Transit of Venus)라고 불리는 아주 근사한 현상이 존재한다. 금성이 지구와 태양 사이에 정확히 위치함으로써, 지구에서 볼 때 금성이 태양을 부분적으로 가린 것처럼 보이는 현상이다(금성의 겉보기 크기가 태양보다 30배 넘게 작기 때문에 부분적으로 가릴 수밖에 없다). 태양을 눈부심 없이 볼 수 있도록 제작된 망원경을 사용하면 작고 검은 원반이 태양 표면을 가로질러 지나가는 것을 볼 수 있는데, 바로 그 원반이 말 그대로 역광을 받고 있는 금성이다. 금성 일면통과를 세계 여러 곳에서 관측한 결과에 시차법을 적용하면, 지구와 태양 사이의 거리를 정확히 알 수 있다.

금성 일면통과 현상을 이용해서 지구와 태양의 거리를 측정하는 매뉴얼은 에드먼드 핼리가 내놓았다. 그의 이름을 딴 핼리 혜성으로 유명한 영국의 천문학자 말이다(핼리는 핼리 혜성을 발견한 것이 아니라 그 주기를 파악했다. 이 혜성이 그가 죽고 16년 뒤에 그의 예측대로 다시 나타나자 그에게 경의를 표하기 위해서 핼리라고 명명한 것이다). 그러나 그 매뉴얼에 따른 실제 관측은 핼리가 사망하고 20년 뒤에 러시아의 뛰어난 물리학자이자 천문학자이자 화학자이자 역사학자이자 시인인(더 있지만 여기까지만 하겠다) 미하일 로모노소프 덕분에 이루어질 수 있었다. 로모노소프의 기획하에 100명의 천문학자들이 거의 전 세계 곳곳으로 흩어져 다음번 금성 일면통과를 공동으로 관측하기로 한 것이다.

선택된 100명의 천문학자 중에는 매우 유망한 프랑스 천문학자도 한 명 포함되어 있었다. 기욤 르 장티라는 인물이다. 그러나 우리끼리는 특별히 더 간단하면서도 친근하게 '기욤'이라고 부르기로 하자. 이제부터 그가 겪은 아주 특별한 운명에 대해 이야기할 것이기 때문이다. 실제로 기욤은 천문학계의 피에르 리샤르이자 과학계의 자크 빌르라고 할 수 있으며 (혹시 모르는 독자를 위해서 덧붙이자면, 이 두 사람은 코미디 영화로 이름을 알린 프랑스 배우들이다. 기욤이 겪은 일들이 한 편의 코미디 영화 같아서 하는 말이다), 불운한 사람들이 써내려온 슬프고도 오랜 역사에서 가장 불운한 사람들 중 한 사람이라고 해도 과언이 아닐 것이다. 게다가 기욤은 "땡!"*이라는 한마디로 표현할 수 있는 순간들을 줄지어 겪었다. 그가 쌓은 업(業) 때문에 여러 전생을 살면서 저지른 모든 죄의 대가를 단 몇 년 안에 다 치르기라도 하듯이 말이다. 업이란 것은 뭣 같은 거니까.**

기욤은 문제의 관측을 인도 퐁디셰리에서 하기로 정했다. 퐁디셰리는 당시 프랑스 동인도 회사의 본거지로, 따라서 일종의 프랑스 땅이라고 할 수 있었다. 그런데 그때는 수에즈 운하가 아직 개통되기 전이었기 때문에 인도 동쪽 끝에 있는 퐁디셰리에 가려면 배를 타고 아프리카 대륙을 완전히 돌아서 가야 했다. 기욤은 1761년 6월로 예측된 금성 일면통과를 관측할 생각이었고, 그래서 1760년 3월에 길을 나섰다. 16개월 정도면 목적지까지 가기에 충분히 넉넉한 시간이었다. 출발하기 전에 기욤은 아내에게 아마 "얼른 다녀오겠소", "편지하겠소" 같은 인사를 했을 것이다. 파리를 떠나는 그를 어떤 운명이 기다리고 있는지 까맣게 모른 채 말이다. 어쨌든 넉 달 뒤인 7월, 기욤은 지금의 모리셔스에 해당하는 섬(당시에는 프랑스 섬이라고 불렸다)에 도착했다. 이때까지는 모든 것이 순조로웠고, 모든 일이 예정대로 진행되었다. 기욤은 모리셔스에서 1761년 3월까지 머무르

* "땡! 실패!"라고 할 때의 그 "땡!" 말이다.
** "Karma is a bitch." 2005년 방영된 미국 드라마 「안투라지」의 "구렁텅이" 편에 나오는 대사이다.

면서 다음 항해를 준비했고, 관측 계획도 미리 세웠다. 금성의 일면통과를 어떤 방법으로 관측하고, 어떤 것을 측정하고, 그 측정은 또 어떤 식으로 하고 등등. 그리고 아내와 프랑스 왕립과학 아카데미 앞으로 편지도 한 통씩 보냈다. 그러나 편지를 실은 배가 폭풍우를 만났는지 아니면 해적이나 또다른 무엇을 만났는지는 알 수 없지만, 그 편지들 중 어느 것도 수신인에게 도착하지 못했다.—땡!

1761년 3월, 기욤은 퐁디셰리로 가는 고속 군함 실피드 호에 몸을 실었다. 그런데 실피드 호의 여정이 막바지에 이르렀을 때, 배에 있던 사람들은 예기치 못한 소식을 전해 듣게 되었다. 프랑스와 영국이 맞선 이른바 7년 전쟁이 퐁디셰리까지 번졌고, 몇 개월의 전투 끝에 1월 15일자로 도시가 함락되었다는 것이다. 프랑스인, 특히 국왕의 명령으로 파견되는 프랑스인에게 퐁디셰리는 더 이상 안전한 장소가 아니었으며, 그것은 천문학자라도 마찬가지였다. 그리하여 실피드 호는 여정을 마무리하지 못하고 뱃머리를 돌렸다.—땡!

기욤은 전속력으로 모리셔스로 돌아가서 그곳에서라도 관측을 진행할 수 있기를 기대했다. 아예 못하는 것보다는 나으니까 말이다. 금성이 태양 원반을 통과하던 1761년 6월 6일, 날씨는 아주 맑았다. 관측을 하기에는 더없이 이상적인 날이었다. 그러나 실피드 호는 여전히 바다 한가운데 있었다. 기욤은 배 위에서라도 최대한 정확히 관측하려고 노력했지만, 파도와 배의 움직임 때문에 어떻게 해볼 도리가 없었다. 16개월이 넘는 여정이 끝났을 때 기욤은 사실을 인정해야 했다. 자신의 임무가 완전히 실패로 돌아갔다는 것을 말이다.—땡!

주기에 관해서 잠깐 이야기하면, 금성 일면통과는 약 150년마다 두 번씩 일어나는 아주 드문 현상이다. 대신 언제나 "짝"을 이루어 나타나기 때문에 일단 한 번 일어나면 8년 뒤에 한 번 더 일어나며, 그 다음에는 100년이나 많게는 130년 넘게 기다려야 다시 관측할 수 있다. 1761년 6월 6일에 일어난 일면통과는 8년 간격으로 일어나는 두 번 중 첫 번째였고, 두 번째는 1769년 6월 3일로 예측되었다. 그 다음은 1874년 12월 9일까지 기다려야 하고 말이다. 그래서 기욤은 집으로 돌아가지 않고 다음번 일면통과를 기다리기로 했다. 그리고 다시 아내와 과학 아카데미에 자신의 여정이 8년 정도 더 길어질 것이라는 내용의 편지를 보냈다. 그러나 여러분도 이제 짐작하고 있겠지만, 이번에도 그 편지들은 제대로 도착하지 못했다.—땡!

모리셔스에서 기욤은 한동안은 마다가스카르 해안을 연구하면서 당시의 지도보다 더 정확한 지도를 만드는 일로 시간을 보냈다. 그런데 몇 달 뒤 그는 관측 장소를 마닐라로 옮기기로 마음을 바꾸었다. 참고로 현재 필리핀의 수도인 마닐라는 16세기에 콘키스타도르("정복자"를 뜻하는 스페인 말로 15-17세기에 아메리카 대륙을 침입한 스페인 사람들을 가리킨다/역주)에 의해서 세워진 도시로, 당시에는 완전히 스페인 땅이었다. 기욤이 마닐라에 도착했을 때 스페인과 프랑스는 한편으로는 7년 전쟁에 따른 동맹관계에 있었지만, 다른 한편으로는 유럽이나 아메리카 대륙을 둘러싼 경쟁적인 성격의 이해관계 때문에 긴장과 불신을 조성하고 있었다. 그래서 마닐라에 있던 스페인 정부는 기욤을 경계했다. 기욤은 프랑스 왕립과학 아카데미에서 보낸, 따라서 프랑스 국왕 루이 15세의 명령에 따라 보내진 사람이었기 때문이다. 기욤은 스파이로 의심을 받았고, 최대한 빨리 떠나라는 압력이 넌지시 가해지는 바람에 마닐라에서 나올 수밖에 없었다.—땡!

그러는 사이에 시간은 벌써 1768년에 이르렀다. 7년 전쟁이 끝나면서 프랑스는 퐁디셰리에 대한 소유권을 되찾았고, 기욤은 안심하고 퐁디셰리로 들어갈 수 있었다. 그를 악착스럽게 따라다니던 불운도 이제는 사라진 것처럼 보였다. 기욤은 다음번 금성 일면통과의 관측을 준비할 수 있게 되었음을 알리기 위해서 또 한 번 아내와 과학 아카데미 앞으로 편지를 썼다. 물론 이 편지들도 수신인에게 도착하지 않았고 말이다.—땡!

기욤은 이번만큼은 절대로 실패하고 싶지 않았고(앞에서 말했듯이 다음 금성 일면통과는 1874년에, 그러니까 기욤이 죽고 한참 뒤에 있을 테니까), 그래서 퐁디셰리에 실질적인 관측소를 짓기로 결정한다. 어느 건물 지붕에 망원경 하나 세워놓고 관측할 수는 없는 일이었다. 기욤은 완벽한 관측을 수행함으로써 프랑스 과학 아카데미와 국왕을 영광스럽게 하는 동시에, 과학계가 태양과 지구 사이의 거리를 더 정확히 밝힐 수 있게 하고 싶었다.

기욤은 어느 성채가 있던 자리에 관측소를 지은 뒤, 관측 위도와 경도를 정확히 측정하는 것으로 시작하여 모든 준비를 끝냈다. 금성 일면통과는 1769년 6월 3일에 약 6시간 반 동안 지속될 예정이었다. 그해 5월은 한 달 내내 날씨가 유난히 좋았고, 6월 3일에 앞서 예행연습으로 해본 관측들은 모두 아주 만족스러웠다. 지역 명사들은 기욤의 성공을 예상하며 벌써부터 축하 인사를 건넸다. 그런데 6월 3일, 금성 일면통과가 시작되자 퐁디셰리 하늘에 구름 한 점이 나타났다. 구름은 태양을 가리고 서더니 일면통과가 끝나고 30분이 지날 때까지 꼼짝하지 않았다. 이후 하늘은 보기 드물 정도로 다시 맑아졌지만, 일면통과는 이미 끝난 뒤였다.—땡! 결국 기욤은 그 어떤 관측도 하지 못했다. 게다가 바로 그 시간에 마닐라는 일면통과가 진행되는 내내 말도 못하게 날씨가 좋았다.—땡!

과학사로 볼 만한 이야기는 여기까지라고 할 수 있다. 그리고 금성과 관련된 이야기도 정말 여기에서 끝이 난다. 그러나 심술궂은 운명은 기욤을 향해 여전히 미소를 짓고 있었다. 굶주린 사자가 한쪽 다리를 다친 통통한 얼룩말 한 마리를 발견했을 때 지을 법한 미소를…….

기욤은 그토록 많은 실패를 겪고 나자 속이 상한 나머지 우울증에 빠져버렸다. 아내를 보지 못한 지도 벌써 9년이 지났다. 관측에 실패하고 몇 달 뒤에 기욤은 프랑스로 돌아가기로 마음먹었지만 지독한 이질에 걸리는 바람에 바로 출발할 수가 없었다.—땡! 죽을 고비를 넘긴 끝에 기욤은 1770년 3월에 퐁디셰리를 떠나 일단 모리셔스로 향했다. 그런데 모리셔스에서 또 이질이 그를 붙잡았고—땡! 그래서 다시 7개월을 그곳에서 꼼짝없이 머물러야 했다. 기욤은 모리셔스가 지긋지긋했다. 머릿속에는 어서 파리로 돌아가고 싶은 생각뿐이었다. 그리고 마침내 파리로 출발했지만, 이번에는 그가 탄 배가 출발하고 겨우 2주일 만에 폭풍우를 만나 다시 모리셔스로 돌아와야 했다.—땡! 그는 다시 한참을 참고 기다리다가 1771년 3월에 그곳을 지나던 스페인 배에 겨우 올라타고 유럽으로 향했다. 스페인 카디스에서 내린 그는 1771년 10월에 드디어 파리에 도착했다. 집을 나선 지 11년도 더 지나서 말이다.

그러나 파리에서 기욤은 끔찍한 현실을 마주하게 된다. 그는 몇 년 전에 사망한 것으로 신고되어 있었고—땡! 아내는 재혼한 상태였으며—땡! 과학 아카데미에서 그가 있던 자리는 공석이 되면서 다른 사람에게 넘어갔고—땡! 상속인들이 그의 유산을 나눠가질 준비를 하고 있었기 때문이다.—땡! 4연속 콤보 성공!

기욤은 자신의 대리인에게 남은 돈이라도 돌려달라고 요구했지만 대리인이 돈을 도둑맞는 바람에 그마저도 되찾을 수 없었다.—땡! 그래서 기욤은 상속인들을 상대로 소송을 걸어 유산을 돌려받으려고 했으나 패소하고 말았다.—땡! 그런데 이 사건에는 땡! 말고도 중요한 사실이 담겨 있다. 기욤이 그 소송을 할 수 있었다는 것은 죽은 사람이 아님을 인정받았다는 뜻이기 때문이다. 결국 기욤은 국왕의 직접적인 중재로 과학 아카데미에서 자리를 되찾았고, 많은 비용을 들여 복잡한 법적 절차를 밟은 끝에 상속인들에게서 재산도 돌려받았다.

이후 기욤은 어느 부잣집 딸과 열렬한 사랑에 빠져 결혼했고, 사랑스러운 딸도 한 명 낳아서 1792년에 세상을 떠날 때까지 행복하게 살았다. 그리고 귀족 출신이었음에도 프랑스 대혁명에 따른 고통은 전혀 겪지 않았다.

기욤 르 장티의 생애에 대한 이 믿을 수 없는 이야기는 과학자였지만 그처럼 아무것도 발견하지 못한 모든 이들에게 경의를 표하는 글이기도 하다. 과학사에는 누구나 아는 인물들이 존재한다. 아인슈타인, 퀴리 부인, 뉴턴, 갈릴레이, 코페르니쿠스 등등. 사람들은 이들의 업적까지는 모르더라도 이름만큼은 다 안다. 그러나 아인슈타인 같은 인물이 한 명 나오기까지는 이 세계를 이해하기 위한 연구와 조사에 평생을 바친 수백 수천 명의 과학자들이 존재했다. 그러므로 때때로 그들을 생각해보는 시간을 가지는 일도 의미가 있을 것이다. 겉으로는 아무 성과가 없었던 것처럼 보여도 위대한 발견의 밑거름이 된 그 모든 연구에 몰두한 과학자들 말이다.

28. 태양계의 골디락스 행성, 지구

지구(地球, earth)에 관한 정보를 딱 한 가지만 골라야 한다면, 그 대양이나 대기, 온도, 위성에 대해서 말하기에 앞서 지구가 우리의 지식에 비춰볼 때 태양계에서 생명체가 살고 있는 유일한 행성이라는 점을 말해야 할 것이다. 적어도 우리가 아는 대로의 생명체라면 말이다. 그런데 여기서 여러분이 특히 주의해야 할 점이 있다. 방금 말한 내용에서 중요한 표현은 "우리의 지식"과 "우리가 아는 대로의"라는 부분이다. 바로 이 같은 조건하에서는 태양계에 액체 상태의 물을 필요로 하는 탄소 기반 생명체 외에 다른 생명체는 존재하지 않는다고 주장할 수도 있고, 태양 표면에는 어떤 생명체도 존재하지 않는다고 주장할 수도 있기 때문이다. 물론 실제로도 지구가 아닌 다른 곳에는 생명체가 존재하기 힘들어 보인다. 그러나 존재하기 힘들다는 것이 정말로 존재하지 않는다는 증거가 될 수는 없다. 그리고 바위를 생명체로 생각하는 문명들도 있다는 점에 비춰볼 때, 생명체를 어떻게 정의하느냐에 따라서 생명체가 우주 공간 자체를 포함한 우주 곳곳에 존재한다는 생각도 받아들이지 못할 이유는 없을 것이다.

자, 지금 여러분이 어떤 말을 하고 싶은지 나도 안다. "빌어먹을, 난데없이 뭔 소리를 하는 거야!" 혹은 교육의 힘을 빌려 조금 더 순화된 용어를 쓸 수도 있을 것이다. "도대체 무슨 이야기를 하고 있는 거지?" 맞다, 지금 나는 장 제목은 "태양계의 골디락스 행성, 지구"라고 붙여놓고 우주에 살아 있는 바위가 득실댄다는 이야기를 하고 있다. 그러나 내가 지금 무슨 말을 하고 있는지는 나도 알고 있으니까 염려 마시라. 내가 저런 식으로 이야기를 시작한 이유는 지구에서 가장 중요한 것이 바로 "우리"라는 점을 강조하고 싶었기 때문이다. 인류로서의 우리 말고 생명체로서의 우리 말이다. 인류는 물론이고 포유류를 비롯한 모든 동물, 식물, 박테리아, 버섯, 지렁이……그리고 모기까지도! 그렇다, 방금 나는 "모기까지도"라고 말했다. 누구에게나 짜증을 유발하는 이 모기라는 곤충이 지구에 인류가 존재한 이래 거의 단독으로 인간 사망률의 절반을 책임진 것은 알지만,* 그럼에도 생명체로서의 "우리"에는 서슴없이 포함시킬 수 있다.

어쨌든 그래서 일단은 "우리가 아는 대로의" 생명체에 집중하면서 지구

* 미국과학진흥회의 연구에 따르면, 인류 역사상 인간 사망의 약 50퍼센트가 모기로 옮겨지는 말라리아 때문에 발생했다.

에 그런 생명체가 존재할 수 있게 한 것이 무엇인지 알아보자는 것이다. 지구상의 생명체는 주로 유기화합물을 기반으로 하며, 유기화합물은 다시 질소, 산소, 수소, 탄소를 기반으로 이루어져 있다. 따라서 지구상에 생명체가 존재하기까지는 이 원소들의 존재가 필요했다. 물론 이것이 전부는 아니다. 지구에 생명체가 출현하게 해준 여러 화학 반응이 일어나는 데는 너무 강하지도 약하지도 않은 열원(熱源)이 필요했다. 간단히 말해서 열이 필요했다는 것이다. 그리고 또 생명체가 출현하기에 좋은 환경, 즉 물이 필요했다. 너무 차갑지도 뜨겁지도 않은, 다시 말해서 얼음 상태도 아니고 수증기 상태도 아닌 액체 상태의 물 말이다. 너무 자세히 들어가지 않는다면 지구에 생명체가 출현하게 된 배경은 『골디락스와 세 마리 곰』이라는 동화에 비교할 수 있다. 숲에서 길을 잃은 골디락스(Goldilocks)라는 소녀가 곰 세 마리가 뜨거운 수프가 식을 동안 산책을 나간 집에 들어가서 세 개의 의자 중에 너무 크지도 작지도 않은 "딱 적당한 크기"의 의자에 앉아, 세 그릇의 수프 중에 너무 뜨겁지도 차갑지도 않은 "딱 적당한 온도"의 수프를 먹고, 세 개의 침대 중에 너무 딱딱하지도 물렁하지도 않은 "딱 적당한 탄력"의 침대에 누워 잠을 잤다는 이야기 말이다. 생명체의 출현은 말하자면 골디락스가 수많은 장소들 가운데 "딱 적당한 환경"을 고른 것과 같으며, 그런 환경이 없었다면 우리가 아는 대로의 생명체는 지구상에 존재하지 못했을 것이다.

29. 지구는 둥글다

그렇다, 지구는 둥글다. 이 문제에 관해서는 내가 여러분에게 더 알려줄 것은 없다. 그러나 그 사실에 대한 인류의 지식과 관련해서는 따로 알려줄 만한 내용이 있다. 대부분의 사람들은 인류가 비교적 최근까지 지구를 평평하다고 믿은 것으로 생각하지만, 사실은 전혀 그렇지 않다. 인류는 고대부터 이미 지구가 둥글다는 확신을 가지고 있었다. 게다가 2세기에 로마인들이 고대 그리스 조각상을 본떠 만든 대리석상으로서 "천공(天空)을 짊어진" 거인 아틀라스를 묘사한 현존하는 가장 오래된 조각상 "파르네세 아틀라스"를 보면 거인은 평평한 판이 아닌 공 모양의 물체를 어깨에 지고 있다. 물론 그 물체는 천공이지만, 그 둥근 천공의 중심에 지구가 자리해 있다.

그 옛날 사람들은 지구가 둥글다는 것을 어떻게 알았을까? 처음에는 그저 추측이었을 뿐이다. 지구가 윗부분이 불룩하게 나온 쟁반처럼 생겼을지도 모른다고 생각한 것이다. 그렇다면 당시의 관찰로는 지구의 윤곽을 절대 볼 수가 없었는데, 지구가 둥글다는 생각을 어떻게 하게 된 것일까? 지구가 공 모양이라는 생각을 피타고라스가 최초로 했다고 보는 경우가 많지만, 지구가 구형이며 우주 공간에 따로 떨어져 있다는 사실을 사람들에게 처음 가르친 인물은 피타고라스와 동시대에 살았던 파르메니데스이다. 특히 파르메니데스는 지구가 구형임에도 안정적으로 서 있는 것에 대해서 "어느 한쪽으로 기울어질 이유가 없기 때문"이라고 설명했다.* 같은 시기, 즉 기원전 5세기에 아낙사고라스는 달이 모양이 바뀌는 원반이 아니라 구라고 단언했으며, 일식과 월식 현상에 대해서도 아주 정확한 이론을 내놓았다. 앞에서도 잠깐 보았듯이** 아낙사고라스는 세상에 대해서 뛰어난 직관을 가진 부류였다고 할 수 있을 것이다. 그 다음 등장하는 인

---

* 당시로서는 아주 놀라운 관찰이다.

** 30쪽에 참조.

물은 아리스토텔레스인데, 그도 이번만큼은 빛나는 통찰력을 발휘했다.

아리스토텔레스는 월식이 일어날 때 달에 비친 지구의 그림자가 둥근 모양이라는 사실로부터 지구가 둥글다는 결론을 이끌어냈다. 확실히 이 추론만큼은 높게 평가해야 할 부분이다. 게다가 어떻게 했는지는 알 수 없지만(정말 아무도 모른다) 지구 둘레가 40만 스타디온,* 즉 6만3,000킬로미터가 조금 넘는다는 결론도 함께 이끌어냈다. 물론 완전히 틀린 수치이지만 노력은 가상하다고 할 수 있다. 지구가 둥글다는, 혹은 적어도 지표면이 굽은 형태라는 주된 증거들 중 하나는 항구 도시 알렉산드리아에서 나왔다. 배가 항구를 떠나 멀어지면 배의 몸체부터 시작해서 돛대 윗부분까지 차차 사라지는 것처럼 보였는데, 이는 먼 곳에서는 해수면이 수평선보다 낮다는 표시였기 때문이다. 그리고 바로 이 알렉산드리아에서 책을 다루는 일을 하던 에라토스테네스라는 사람은(어느 동네 책방을 말하는 것이 아니라 거대한 알렉산드리아 도서관의 관장이었다) 지구 둘레를 측정하기 위한 더 정확한 방법을 내놓았다. 이때 그가 자신의 머리 외에 사용한 것은 고작 막대기 하나와 낙타 한 마리가 전부였다.

30. 과학사의 한 페이지 : 에라토스테네스

에라토스테네스는 기원전 230년부터 193년까지 알렉산드리아 도서관장을 지냈다. 알렉산드리아 도서관은 고대 최대 규모의 도서관으로, 전성기인 카이사르 시대에는 70만 권이 넘는 장서를 보유하고 있었다. 철학과 음악,

---

* station : 고대 그리스에서 사용된 길이 단위. 1스타디온은 올림피아 경기장의 길이로, 약 158미터에 해당한다.

기하학, 천문학, 시, 희곡 등에 관해서 문서로 남겨진 것이라면 뭐든지, 아니 거의 뭐든지 구할 수 있는 장소가 바로 알렉산드리아 도서관이었다.

앞에서 말했듯이 에라토스테네스의 시대에 대부분의 학자들은 지구가 둥글다는 가설을 인정했다. 플라톤과 아리스토텔레스를 비롯해서 많은 사람들이 그 가설을 기정사실로 생각할 정도였다. 그러나 지구가 정말 둥근지는 아무도 알 수 없는 일이었고, 따라서 어디까지나 가설로만 남아 있었다. 기하학에 정통했던 에라토스테네스는 그런 상황 속에서 지구 둘레를 정확히 측정하기로 마음먹는데, 그가 이런 도전에 나서게 된 이유는 당시로서는 천재적이라고 볼 수 있는 직관 덕분이었다. 그는 태양이 충분히 멀리 떨어져 있어서 햇빛이 지구에 평행하게 들어오는 것으로 간주할 수 있다고 생각했다. 별것 아닌 이야기 같겠지만(그리고 지구 둘레와는 상관없는 것처럼 보이겠지만), 에라토스테네스가 지구 둘레를 측정하는 방법을 찾도록 해준 것이 바로 이 직관이다.

이 이야기에는 시에네*라는 도시가 등장한다. 에라토스테네스는 알렉산드리아**에서 지내기는 했지만 시에네에 대해서도 잘 알고 있었다. 시에네에는 우물이 하나 있었는데, 하지(6월 21일)에 태양이 가장 하늘 높이 뜰 때 그 우물 바닥에는 어떤 그림자도 생기지 않았다. 이 사실로부터 에라토스테네스는 태양이 바로 그 순간에 우물 바닥과 정확히 수직을 이룬다는 결론을 끌어냈다. 그리고 같은 순간 태양은 알렉산드리아에는 도시 전체에 그림자를 만들었는데, 이는 태양이 알렉산드리아에서는 어느 곳과도 수직을 이루지 않는다는 증거였다. 그래서 에라토스테네스는 자신의 기발한 직관(즉 햇빛이 지구에 평행하게 내리쬔다는 가정)에서부터 출발하여,

---

* 시에네는 현재의 아스완에 해당하는 고대 이집트 도시이다.

** 알렉산드리아는 현재의 알렉산드리아이다.

그노몬(gnomon)

그노몬은 완벽하게 곧은 형태의 막대기로, 길이가 일정하게 정해져 있다. 어떤 길이를 측정할 때, 그리고 같은 길이의 그노몬을 사용하는 사람끼리 그 측정값을 전달할 때에 쓰인다.

하지에 태양이 가장 높이 뜨는 시각에 알렉산드리아 지면에다 그노몬을 수직으로 세워놓고 관찰하기로 했다.

에라토스테네스는 친구인지 제자인지에게(어쨌든 누군가에게) 문제의 시각에 알렉산드리아 지면에 생기는 그노몬의 그림자 길이를 기록해달라고 부탁했다. 그리고 그 기록을 확인한 뒤, 다음과 같은 추론에 들어갔다. 햇빛은 평행하므로 햇빛이 시에네의 우물 바닥에 그림자를 만들지 않았다는 것은 우물 바닥과 수직을 이루었다는 뜻이고, 따라서 지표면에 수직으로 들어왔다는 뜻이다. 추측컨대 지구는 둥근 모양이며, 그러므로 지표면에 수직으로 들어온 햇빛을 계속 연장하면 그 끝은 지구의 중심을 향한다. 이에 비해서 알렉산드리아 지면의 그노몬을 비춘 햇빛은 그림자를 만들었으므로 지표면에 수직으로 들어온 것이 아니다. 그러나 그노몬 자체는 지표면에 수직으로 세워져 있기 때문에 그노몬을 연장한 직선은 지구의 중심을 가리킨다. 따라서 엇각이 서로 합동이 되는 상황이 만들어진다. 그노몬과 그노몬의 끝을 비추는 햇빛이 이루는 각도는 우물 바닥을 비추는 햇빛과 그노몬을 연장한 직선이 이루는 각도와 크기가 동일하다는 뜻이다.

에라토스테네스는 그 각도를 몇 번 반복하면 원 전체 각도인 360도가 되는지 계산한 다음, 시에네와 알렉산드리아 사이의 거리에 그 횟수를 곱했다. 그러면 간단히 지구의 전체 둘레에 해당하는 값이 나오는 것이다.

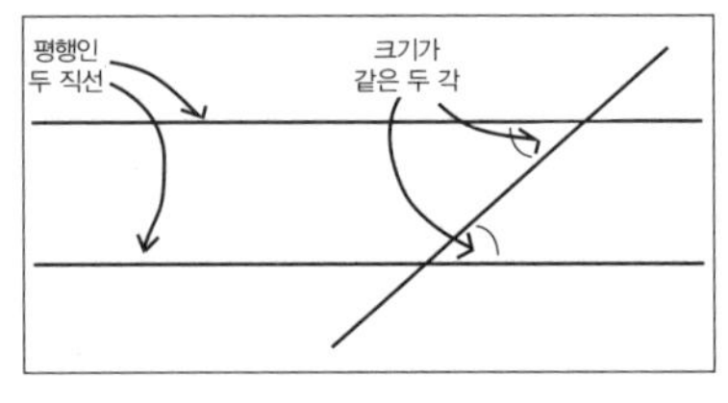

서로 합동인 엇각

QED![*]

물론 이 증명 과정이 쉽기만 했던 것은 아니다. 시에네와 알렉산드리아가 꽤 멀리 있어서 거리 재는 일을 직업으로 하는 베마티스트라는 이집트 측량사들의 도움을 받아야 했기 때문이다. 베마티스트들은 에라토스테네스가 의뢰한 대로 일을 했고, 시에네와 알렉산드리아 사이의 거리를 5,000스타디온, 즉 약 790킬로미터로 추산했다.

에라토스테네스는 그노몬에 대응되는 선분과 이 선분에 수직이 되는 그노몬의 그림자에 대응되는 선분을 평평한 바닥에 옮겨 그려 그노몬에 대한 태양의 입사각(入射角)을 확인했고, 원을 한 바퀴 돌려면 그 각을 정확히 50번 반복하면 된다는 것을 알아냈다. 태양의 입사각이 7.2도로 나왔기 때문에(당시에는 "도"라는 단위를 사용하지 않았지만) 50을 곱하면 360도가 된다.

그렇게 해서 에라토스테네스는 지구 둘레가 5,000스타디온의 50배에 해당하는 25만 스타디온, 즉 약 3만9,500킬로미터라는 결론을 내놓는다.

사실 오늘날 우리가 아는 지구는 완전한 공 모양이 아니다. 자전의 영향으로 양극 쪽으로는 약간 납작하게 들어가 있고 적도 쪽으로는 약간 불룩하게 나온 형태이기 때문이다. 그래서 적도를 기준으로 잰 지구 둘레와 양극을 지나는 지구 둘레인 자오선 길이는 서로 값이 다르다. 그런데

* "Quod Erat Demonstrandum." "이상이 내가 증명하려는 내용이었음"을 뜻하는 라틴어 표현.

베마티스트(Bematist)

베마티스트는 낙타를 타고 일정 거리를 이동하면서 낙타의 걸음수(한 걸음이 1베마)를 헤아려 그 거리를 추산하는 고대 그리스의 측량사를 말한다. 그렇다, 낙타의 걸음수를 하나하나 세어 거리를 가늠했다는 말이다. 실제로 낙타는 아주 일정한 보폭으로 걷는 것처럼 보이기 때문이다. 수백 킬로미터에 걸쳐 낙타의 걸음수를 세는 것이 직업이라니, 뭐 어쨌든 독창적이라는 점은 인정한다.

시에네와 알렉산드리아를 잇는 선은 적도보다 자오선에 더 가깝다. 그리고 현대적인 측량 도구로 측정해보면 자오선의 평균 길이, 즉 양극을 지나는 지구의 둘레는 4만7킬로미터로 나온다. 따라서 에라토스테네스는 약 1.3퍼센트의 오차율로 지구 둘레를 맞춘 것인데, 이는 당시로서는 정말 대단한 일을 한 것이다.

물론 에라토스테네스의 성과를 평가하는 데에는 신중을 기할 필요가 있다. 왜냐하면 그가 내놓은 지구 둘레는 최종 결과에 유리하게 작용했을 수도 있는 것을 포함한 수많은 어림셈에서 나온 것이기 때문이다. 자, 확인을 해보자. 하지에 태양이 하늘의 정점에 위치하는 정확한 순간을 알아내는 일은 상대적으로 쉽다. 매순간 그노몬의 그림자를 재서 그림자가 가장 짧을 때의 값을 취하면 되기 때문이다. 그런데 여기서 그림자의 길이를 재는 일이 첫 번째 어림셈에 해당한다. 그리고 그림자의 각도를 재는 것이 두 번째 어림셈이고, 이 각도를 몇 번 반복해야 360도가 되는지 알아내는 일은 세 번째 어림셈이 된다. 일직선으로 가지도 않는 낙타를 타고 시에네와 알렉산드리아의 거리를 알아내는 것은 당연히 어림셈이다. 그것도 가장 심각한 어림셈 말이다. 그렇다고 해도 에라토스테네스의 연구가 대단한 것은 어쨌든 사실이며, 따라서 그 내용이 시대를 가로질러 전해져 내려오는 것도 놀랄 일은 아니다. 참, 시대를 가로지른다는 말을 하고 보니 갑자기 한 가지 질문이 생각났다. 물론 진짜 지금 생각났다는 말은 아니다. 맥락을 매끄럽게 이어가기 위해서, 그리고 여러분과 실시간으로 대화하고 있는 것 같은 느낌을 주고 싶어서 해본 말이다. 실제로 이 질문은 오래 전에 준비한 것임을 알아주기를 바란다. 아, 지금 내가 안 해도 될 소리로 맥락을 끊은 것이라면 미안하다. 그냥 안 읽은 것으로……. 어쨌든 그래서 질문은, 우리가 그 모양과 크기를 알고 있고 대기 성분과 표면의 70퍼센트 이상이 액체 상태의 물로 덮여 있다는 사실로 말할 수 있는 이 지구는 시대를 얼마나 가로질러왔을까? 다시 말해서 지구의 나이는 얼마나 되었을까?

31. 지구의 나이

지구의 나이는 45억4,000만 년이며, 이 값의 오차범위는 1퍼센트 정도이다. 끝! 이번 장은 정말 이렇게 끝낼 수도 있을 것이다. 그러나 여러분도 알다시피 대부분의 경우에 중요한 것은 답보다는 풀이 과정이며, 특히 20세기 미국의 지구화학자 클레어 캐머런 패터슨에게 지구의 나이를 파악하는 일은 치열한 전투와도 같은 여정이었다. 그렇다, 실제로 지구의 나이는 1955년에야 비교적 정확히 규명되었고, 2012년에 좀더 정확한 수치가 밝혀졌다. 이 답을 구하기가 쉽지 않았던 이유는 판구조론(板構造論, plate tectonics : 지구 표면이 여러 개의 판으로 이루어져 있고 이 판들의 움직임으로 화산 활동과 지진 등이 일어난다는 이론)으로 설명되는 현상 때문이다. 자, 이야기가 조금 빨리 전개된 것 같으니 일단 처음부터 다시 시작하기로 하자.

아리스토텔레스는 지구가 계속해서 존재해왔다고 생각했다. 그의 관점에서 지구는 모든 것의 중심이었고, 따라서 모든 것의 중심인 지구가 늘 존재해왔다고 생각하는 것은 그렇게 말이 안 될 일도 아니었다. 게다가 신화와 종교 중에는 세상의 탄생이 거의 순간적으로 이루어졌다고 이야기하는 것도 있으며, 그래서 구약성서를 곧이곧대로 해석해야 할 역사 문헌이라고 믿는 사람들은 지구가 기원전 4000년 무렵에 탄생했다고 보아야 한다는 계산을 내놓기도 했다. 실제로 학자들 중에는 성서에 근거해서 천지창조의 정확한 시점을 파악하려고 한 사람이 많았다. 구약성서의 처음 수천 년이 연대학적으로 아주 상세히 기록되어 있는 것은 사실이다. 세상은 7일 만에 창조되었고, 아담은 130세에 셋째 아들 셋을 낳았고, 셋은 105세에 에노스를 낳았고, 에노스는 다시 언제 누구를 낳았고 등등. 따라서 노아는 천지창조가 이루어지고 1,056년이 지난 시점에 태어났다는 계산이 쉽게 나온다. 대홍수는 노아가 태어나고 600년 뒤에 일어났으며, 아브라함은 대홍수가 일어나고 292년 뒤에 태어났다. 그러므로 아브라함이 태어난 해는 지구 나이가 1948년이 되는 시점이다. 연대가 덜 분명한 시대도 일부 있지만, 어쨌든 이런 식으로 따라가다 보면 기원전 586년에 네부카드네자르 2세(성서에는 "느부갓네살"이라는 이름으로 나온다)가 최초의 예루살렘 성전을 파괴한 사건을 통해서 역사학자들이 아는 대로의 역사와 맞물리게 된다.

17세기까지는 성서의 사실성에 이의를 제기할 생각을 품지 않는 것이 당연했다. 설령 과학자라고 하더라도 말이다. 그리고 아주 유명한 인물들을 포함해서 많은 과학자들이 성서를 자신이 가진 천문학이나 물리학 지식과 일치시키려고 노력했다(이런 사람들은 오늘날에도 여전히 많다). 대홍수의 연대를 추정하거나, 동방박사들의 별을 찾거나, 홍해가 갈라진 사건을 과학적으로 설명하거나……. 그렇게 해서 요하네스 케플러는 지구의 탄생 시기가 기원전 3993년이라고 보았고, 뉴턴은 기원전 3998년이라고 보았다. 이러한 사고방식은 데카르트의 시대에 가서야 변화를 맞게 되었다. 지금이라면 당연한 것도 당시에는 미친 소리로 취급될 만한 생각, 즉 물리학의 법칙은 보편적일 뿐만 아니라 시간적으로도 변함이 없다는 생각이 등장한 것이다. 현재 유효한 법칙은 과거에도 유효했고 미래에도 유효할 것이라는 뜻이다. 데카르트는 신이 지구를 만든 것은 물론 맞지만, 그 후에는 지구가 시간과 함께 가령 침식과 같은 물리학의 법칙을 따르게 되었다고 보았다. 파스칼이 데카르트를 두고 자기가 필요할 때에만 신을 찾는다며 비난한 이유가 그 때문이다.*

그때부터 시작하여 17세기에서 18세기로 넘어가는 시기에는 지구의 나이를 밝히기 위한 이론들이 여럿 전개되었다. 예를 들면 수십 년의 연구 끝에 학자들은 암석이나 흙이 아주 느린 속도로 쌓이면서 생긴 지층을 분석해서 지층들 사이의 시간적 전후관계나 동시성을 밝힐 수 있게 되었다. 나무의 나이테를 연구하면 그 나무의 일생을 대강 파악할 수 있는 것과 비슷한 원리이다. 그런데 나무의 경우에는 각각의 나이테에 대해서 생활사와 기간을 알 수 있지만, 암석으로 이루어진 지층이 얼마나 오래된 것인지 알아내기는 당시로서는 아주 어려운 일이었다. 분명한 것은 지층이 수천 년 만에 만들어질 수 있는 것이 아니라 수십만 년 내지 수백만 년에 걸쳐 만들어진다는 사실 정도였다.

한편, 당시 이집트 프랑스 대사를 지낸 브누아 드 마예는 지구가 처음에는 온통 바다로 덮여 있었지만 점차 물이 빠지면서 땅이 드러나게 되었

* "그는 그 다음에는 더 이상 신이 필요 없었다." Blaise Pascal, *Pensées*, 194 (p.1137 in *La Pléiade*).

다는 가정에서 출발했다. 그리고 바닷물이 빠지는 속도를 추산하기 위한 노력 끝에 지구의 나이가 20억 년이라는 결론을 얻었다. 그러나 이 결과를 발표하면 여전히 강한 권력을 가지고 있던 교회와 골치 아픈 일이 생길 수도 있었다. 그래서 그는 그 연구가 자신이 사망한 뒤 교회의 감시가 없는 네덜란드에서만 출간되도록, 그것도 "텔리아메드(Telliamed)"라는 가명으로 출간되도록 조치했다. 그런데 이 가명은 사실 "드 마예(de Maillet)"를 거꾸로 쓴 것에 지나지 않는다. 따라서 드 마예는 지구의 역사를 연구하는 일에 비해서 암호를 만드는 쪽으로는 재주가 없었던 것 같다. 어쨌든 드 마예의 연구는 이후 조르주 루이 르클레르 뷔퐁에게 영감을 주었고, 뷔퐁은 알프스 산맥의 지층과 해저에서의 퇴적 속도(한 층의 지층이 만들어지는 속도)를 함께 연구함으로써 지구가 7만5,000년 정도 되었을 것이라는 결론에 이르렀다. 일부 자료에 따르면 뷔퐁은 지구의 나이가 30억 년까지도 될 수 있다는 생각을 했지만, 이런 이야기를 공개적으로 하는 것은 "신중히" 삼갔다고 한다.*

요컨대 학자들은 지층과 화석에 관한 연구로 지층이나 화석들 사이의 상대적 전후관계를 밝힐 수는 있었지만, 지구의 절대적 나이는 알아낼 수 없었다. 이후에 해수의 염도 변화나 지구와 달 사이의 거리 변화에 대한 연구 같은 다른 프로젝트들도 연구를 진척시키는 데에 도움을 주기는 했으나, 전반적인 상황은 마찬가지였다. 실제로 지구의 나이가 보다 정확하게 밝혀진 것은 1950년대에 클레어 캐머런 패터슨이 등장하면서부터이다. 패터슨은 분자분광학을 공부한 미국의 지구화학자이다. 그는 제2차 세계대전 때 지금은 유명해도 당시에는 비밀이었던 맨해튼 프로젝트**에서 아내

---

* *Histoire de l'âge de la Terre*, article d'Hubert Krivine, publication du CNRS.

** 맨해튼 프로젝트는 미국이 제2차 세계대전 중에 최초의 원자폭탄 제조를 목표로 비밀리

와 함께 일하면서 질량 분광학(質量分光學, mass spectroscopy), 즉 어떤 물질에 들어 있는 원소들의 동위원소 조성을 밝힐 수 있게 해주는 분야를 처음 접하게 된다. 전쟁이 끝난 뒤 패터슨은 미국의 지구화학자이자 핵화학자인 해리슨 브라운의 지도하에 박사학위를 위한 연구를 계속했는데, 이때 브라운이 패터슨에게 연구해보라고 권한 주제가 바로 지구 연대 측정법이었다. 더도 덜도 아닌, 지구의 나이를 밝히는 데에 필요한 그 방법 말이다.

이 연구에서 패터슨에게 주어진 주된 문제는 지구의 암석층이 판구조론에 따른 지각 변동과 화산 활동으로 인해서 계속 재구성되어왔다는 점이다. 따라서 아주 오래된 암석의 연대를 알려진 방법들을 통해서 밝혀낸다고 하더라도 그 암석이 지구의 기원으로 거슬러간다고 장담할 수는 없었다. 그러나 방사능에 대한 연구로 얻은 지식을 이용하면 분광법을 통해서 운석의 동위원소 조성, 다시 말해서 운석에 들어 있는 특정 원소에 대해서 그 동위원소들의 비율을 알아내는 일이 가능했다. 그래서 패터슨은 운석에 든 납의 동위원소 조성에 대한 연구에 들어갔다. 운석은 태양계가 탄생하는 과정에서 만들어진 것으로 볼 수 있기 때문이다. 그렇게 해서 1955년, 패터슨은 지구와 운석이 동시대 물질로서, 45억5,000만 년 전에 동일한 물질적 기원으로부터 만들어졌음을 밝혀냈다.

지금 내가 패터슨의 발견을 이렇게 간단히 설명한 것은 그 대단한 연구에 대한 일종의 모욕일 수도 있을 것이다. 실제로 그가 분광학적 분석으로 필요한 정보를 확보하고 지구의 나이에 대한 결론을 얻기까지는 2년이나 걸렸으니까 말이다. 그런데 정말 충분히 경의를 표하지 않으면 안 되는 업적은 사실 따로 있다. 패터슨이 지구에 존재하는 납의 동위원소 조

에 진행한 프로젝트이다. 목표를 이루었다는 점에서는 성공적인 프로젝트였던 셈이다.

성을 자세히 연구하는 과정에서 지구의 표층과 대기의 납 농도가 산업 환경의 비약적인 발전과 더불어 크게 높아졌음을 깨달았기 때문이다. 이후 패터슨은 대중에게 납의 위험성을 알리는 일에 인생을 바쳤고, 특히 1965년에는 「납으로 오염된 인류의 자연 환경(Contaminated and Natural Lead Environments of Man)」이라는 제목의 논문에서 그 같은 납 농도가 먹이사슬을 통해서 심각한 피해를 불러오게 됨을 지적했다. 그는 산업 현장에서 납을 퇴출시키기 위한 노력도 기울였다. 특히 문제가 된 것은 휘발유에 들어가는 납이었는데, 그래서 패터슨은 휘발유에 첨가물을 넣는 일을 전문으로 하는 에틸 사(社)의 압력단체와 대립하게 된다(음모론을 좋아하는 사람들을 위해서 덧붙이자면, 여기서 말하는 압력단체는 아주 전형적인 압력단체를 뜻한다. 어떤 이유를 위해서, 그러니까 이 경우에는 휘발유 첨가제 분야의 경제를 위해서 활동하는 단체 말이다). 에틸 사는 자체적으로 전문가를 고용해서 휘발유에 든 납이 위험을 유발할 수도 있다는 증거는 어디에도 없음을 증명하려고 했다. 그러나 패터슨은 1,500년 이상 된 인류의 뼈를 연구해서 그 납 농도를 현재 인류의 뼈와 비교했고, 인류의 체내 납 농도가 1,500년 동안 1,000배나 증가했음을 밝혔다. 따라서 그 위험성은 분명한 사실이었다. 더구나 납의 독성은 고대부터 알려진 문제가 아닌가.

패터슨은 오랫동안 싸움을 이어갔고, 1971년에는 납에 의한 대기 오염에 관한 한 세계 최고의 전문가 중의 한 명임에도 불구하고, 해당 문제를 연구하는 자리에서 제외되는 부당한 일을 당하기도 했다. 그러나 1973년에 패터슨은 마침내 자신의 뜻을 이루었다. 미국 환경보호국이 휘발유에 첨가되는 납의 비율을 60퍼센트 줄이는 것으로 시작해서 1986년까지 완전히 제거하라고 권고했기 때문이다. 패터슨은 1978년에는 미국 국립연구

회의의 전문 패널이 되었고, 페인트와 니스, 통조림 용기, 급수 시설 등에 납의 사용을 금지하기 위한 활동을 계속 펼쳐나갔다. 당시 그가 내놓은 권고 사항들은 현재는 거의 모두 실행에 옮겨졌다.

32. 화성

화성(火星, Mars)은 (실제로는 오렌지색에 더 가깝지만) **붉은 행성**이라고도 불리는 천체로, 지구와 유사한 점이 많다는 이유로 관측이 시작된 이래 많은 관심의 대상이 되어왔다(알고 보면 짙은 구름층 아래 숨겨진 금성의 모습이 지구와 훨씬 많이 닮았지만 그냥 넘어가자). 그런데 사실 화성을 특히 유명한 행성으로 만든 것은 그 지질 구조나 대기, 빙원(氷原) 같은 것이 아니다. 사람들이 화성과 관련해서 가장 흥미롭게 생각하는 요소는 바로 화성인의 존재이기 때문이다. 자, 그런 의미에서 이제 여러분에게 정부가 150년도 넘게 숨겨온 진실을 알려줄 테니 마음의 준비를 하시기를. 그 진실은 바로 화성에 문명이 존재한다는 것이다! 아니, 농담이다. 재미없었다면 용서하시라.

화성을 망원경으로 처음 관측한 사람은 1610년의 갈릴레이였는데, 이후 천문학자들은 수세기에 걸친 관측 끝에 화성에서 알베도 지형에 해당하는 지역들을 꽤 정확히 파악했다.

19세기에 들어 천문학자들은 화성에서 밝은 곳과 그렇지 않은 곳에 대해서 상당히 정확하게 이해하게 되었고, 화성에 액체 상태의 물로 이루어진 바다가 존재할 것이라고 상상하기 시작했다. 그리고 어떤 오류로 인해서 화성의 대기에 물이 존재한다는 분광학적 증거를 찾았다고 생각하게

알베도 지형(albedo feature)

알베도는 어떤 표면이 빛을 반사하는 정도를 수치로 나타낸 것으로, 반사율이라고도 한다. 빛을 전혀 반사하지 않는 표면은 알베도가 0이고, 모든 빛을 반사하는 완벽한 거울은 알베도가 1이다. 물론 알베도 0과 1은 이상적인 값으로, 그런 알베도를 가진 물체는 우주 어디에도 없다. 알베도는 간단히 말하면 물체의 밝기를 가리키며, 따라서 알베도 지형은 주변 지역과는 대조적인 밝기를 가진 곳을 말한다. 천체의 표면을 우주지질학적으로 연구할 때, 가장 알아보기 쉬운 곳이 바로 알베도 지형이다. 달의 "바다", 즉 달 표면에서 어두운 점처럼 보이는 부분이 알베도 지형의 대표적인 예라고 할 수 있다.

되는데, 이때부터 화성 생명체의 가설은 점점 살이 붙으면서 대중의 관심까지 끌게 된다. 명왕성의 발견에 일조한(명왕성은 이제 더 이상 행성으로 간주되지 않는다. 이 문제에 대해서는 뒤에서 이야기할 것이다) 퍼시벌 로웰은 화성에서 인공적인 운하가 관측되었다는 사실에 근거해서 화성에 문명이 존재하는 것이 분명하다고 생각했다. 이탈리아의 천문학자 조반니 스키아파렐리가 1877년에 처음 관측한 화성의 운하는 이후 단순한 착시에 지나지 않는 것으로 밝혀지기는 했지만 말이다.

그러나 인간은 보고 싶은 것만 보는 존재가 아니던가. 1976년 7월 25일, 그 한 달도 더 전부터 화성 주위를 돌고 있던 우주탐사선 바이킹 1호는 화성 북반구에 위치한 시도니아 평원 위를 날면서 찍은 사진으로 과학계와 대중을 깜짝 놀라게 만들었다. 사진 속에 사람의 얼굴이 있었기 때문이다. 누가 봐도 얼굴이 분명한 그 형상은 길이가 2킬로미터가 넘고 높이는 400미터나 되는 바위에 새겨져 있었다. 인공적인 것일 수밖에 없는 구조물이었다. 그러나 몇 년 뒤, 해당 지역을 보다 자세히 찍은 사진들은 문제의 얼굴이 울퉁불퉁한 지형에서 나타나는 빛과 그림자의 작용에 지나지

파레이돌리아(Pareidolia)

파레이돌리아는 일단은 착시라고 할 수 있다. 그러나 눈보다는 뇌를 속이는 착시이다. 흐릿하거나 모호한 이미지를 얼굴이나 사람, 생명체 같은 분명하고 명확한 형태로 해석하는 것이다. 가령 구름을 보면서 토끼를 떠올리는 것이 파레이돌리아에 해당한다. 인간의 뇌는 수백 수천 년의 세대를 거치는 동안 아주 작은 위험도 감지할 수 있도록 진화하면서 자신을 위한 방어 수단을 스스로 만들어왔다. 그 방어 수단 가운데 하나가 바로 어떤 상황에서 잠재적인 위험이 될 수 있는 것, 즉 살아 있는 동물 같은 것을 빠르게 알아보는 능력이다. 마찬가지로, 얼굴 표정을 빨리 알아보는 것도 공격적인 행동, 즉 위험을 구별할 수 있는 방어 수단에 속한다. 그래서 우리 뇌는 자신이 알지 못하는 지각을 만나면 이미 알고 있는 지각과 비교하려는 반응을 먼저 보인다(뇌에서 형태의 지각과 관계된 부위는 측두엽이다. 그러나 파레이돌리아 현상이 정확히 어떤 과정에 따라 일어나는지는 아직 완전히 밝혀지지 않았다). 우리가 콜론과 괄호를 웃는 얼굴이라고 생각하는 것이 그 메커니즘 때문이다. :) 빛에 부분적으로 잠긴 어느 행성의 바위를 얼굴 같다고 생각하게 되는 것 역시 바로 그 메커니즘 탓이다.

않으며, 빛을 정확히 받으면 전혀 얼굴처럼 보이지 않음을 분명하게 확인시켜주었다. 그렇다면 사람들은 왜 그 사진에서 얼굴을 본 것일까? 정말로 인간은 보고 싶은 것만 보는 존재라서? 어떤 의미에서는 그렇다고 할 수 있을 것이다. 우리가 분명히 알고는 있지만 그 메커니즘은 아직 잘 이해하지 못하고 있는 현상, 즉 파레이돌리아 탓에 벌어진 일이기 때문이다.

그래서 화성에는 생명체가 없다고? 없을 가능성이 아주 높다. 화성은 오늘날 태양계에서 지구 다음으로 가장 많이 연구된 행성이다. 화성 표면의 수백 수천 제곱킬로미터를 궤도선이나 탐사 로봇으로 연구했지만, 현재 화성에 생명체가 살고 있다고 생각하게 할 만한 증거는 나오지 않았다. 전혀, 혹은 거의 전혀.

표지분자(標識分子) 방출(Labeled release)

표지분자 방출 실험은 토양 샘플을 채취해서 박테리아 생장에 유리한 환경(물과 영양분이 많다)에 놓고 증식이 일어나는지 지켜보는 실험이다. 화성 토양에 대한 실험에서는 이산화탄소의 발생이 증가하는 현상이 확인되었는데, 이를 호흡의 결과로 해석할 수는 있지만 유기분자는 전혀 발견되지 않았다.
현재 과학계에서는 당시 이산화탄소의 발생을 비생물학적 과정에 따른 현상이라고 보는 쪽으로 의견이 모아졌으나, 다양한 해석의 가능성은 아직 남아 있다.

1965년, 매리너 4호가 처음으로 화성 탐사에 성공하면서 얻은 관측 사실들은 화성에는 생명체가 살 수 없다는 결정적인 증거로 보인다. 화성은 바다도 강도 물도 없는, 완전히 메마른 행성이기 때문이다. 게다가 화성은 자기권(磁氣圈)이 없어서(자기장이 전혀 형성되지 않는다는 뜻이다) 우주선(宇宙線 : 우주에서 천체로 쏟아지는 높은 에너지의 미립자 및 방사선)과 태양풍에 무방비 상태에 있다. 그리고 화성의 대기는 그 기압이 지구의 약 170분의 1밖에 되지 않을 정도로 밀도가 낮아서 물이 액체 상태로 존재할 수가 없다. 따라서 현재 우리가 가진 생명체에 대한 지식에 비추어볼 때, 만약 화성에 생명체가 존재한다면 박테리아나 단세포 생물의 형태로밖에 존재할 수 없을 것이다. 바로 그런 생명체를 찾는 것이 1970년대 바이킹 계획의 목표였는데, 바이킹 호를 통해서 이루어진 실험 가운데 **표지분자(標識分子) 방출** 실험에서만 긍정적이라고 볼 수 있는 결과가 나왔다.

수성과 금성, 지구, 화성 다음에는 거대한 기체형 행성들이 자리한다. 그런데 이 행성들로 넘어가기에 앞서 화성과 목성 사이에 해당하는 공간도 주목할 만하다. 그곳에서 새로운 행성이 하나도 아닌 4개나 발견된 적이 있기 때문이다. 그러나 사람들이 오랫동안 행성이라고 생각한 그 천체들은 사실 행성이 아니었고, 4개만 있는 것도 아니었다. 넷보다 많이, 훨씬 많이 있기 때문이다!

33. 건너뛴 행성

1766년, 독일의 천문학자 요한 다니엘 티티우스는 태양계 행성들 사이에서 신기한 수학적 사실을 발견했다. 행성과 태양의 거리가 비교적 단순한 수학 법칙을 따르고 있는 것으로 확인되었기 때문이다. 실제로 행성과 태양 사이의 거리를 지구와 태양의 평균 거리인 천문단위(AU)로 표시할 경우, n번째 행성의 평균 거리는 $0.4 + (0.3 \times 2^{n-1})$이라는 공식으로 나타낼 수 있다. 수성의 평균 거리를 0.4AU로 놓으면 다른 행성들의 평균 거리는 다음과 같다.

- 금성(n = 1) : 0.4 + 0.3 = 0.7AU
- 지구(n = 2) : 0.4 + (0.3 × 2) = 1AU
- 화성(n = 3) : 0.4 + (0.3 × 2 × 2) = 1.6AU
- 목성(n = 5) : 0.4 + (0.3 × 2 × 2 × 2 × 2) = 5.2AU
- 토성(n = 6) : 0.4 + (0.3 × 2 × 2 × 2 × 2 × 2) = 10AU
- 등등.*

정확히 하자면, 1724년에 독일 철학자 크리스티안 볼프는 티티우스보다

---

* 단위를 10분의 1AU로 잡으면 더 간단하게 표현할 수 있다. 이 경우 $3 \times 2^{n-1}$의 공식에 따라 0, 3, 6, 12, 24, 48, 96……의 수열이 나오고, 각 숫자에 4를 더하면 4, 7, 10, 16, 28, 52, 100……이라는 수열이 나온다.

먼저 이 수열에 주목했다. 그러나 그는 수열을 공식으로 나타내지는 않았으며, 그 역시 1702년에 이 수열의 존재를 처음 언급한 스코틀랜드의 수학자 데이비드 그레고리를 인용한 것에 지나지 않는다. 실제로 이 수열을 법칙으로 정리한 사람은 1772년에 『밤하늘의 별에 관한 지식(*Anleitung zur Kenntnis des gestirnten Himmels*)』이라는 책에 그 공식을 소개한 독일 천문학자 요한 엘레르트 보데이다. 이 법칙이 **티티우스-보데의 법칙**(Titius-Bode's law)으로 알려진 이유도 그 때문이다. 이 법칙은 한 가지 문제를 제기했다.

여러분 중에도 관찰력이 좋은 사람은 아마 눈치를 챘겠지만, 그 문제는 바로 행성들의 평균 거리를 보여주는 수열에서 숫자가 3(화성)에서 5(목성)로 바로 건너뛴다는 것이다. 화성과 목성 사이에는 알려진 행성이 없으니까 말이다. 그런데 1781년, 독일 출신의 영국 천문학자이자 작곡가인(정말 작곡가였다) 윌리엄 허셜이 새로운 행성, 즉 천왕성을 발견했다. 그리고 이 발견은 대사건이었다! 천왕성은 평균 거리 19.2AU에 자리해 있는데, 이 지점은 티티우스-보데의 법칙이 숫자 7에 대해서 예측한 위치와 아주 가깝기 때문이다. 그래서 보데는 화성과 목성 사이에도 행성이 존재할 것이라는 확신을 가지게 되었고, 이제 발견하는 일만 남았다고 생각했다. 그리고 그 건너뛴 행성의 평균 거리를 공식에 따라 계산해서 태양으로부터 약 2.8AU 떨어진 지점에 있는 것이 분명하다는 결론을 내린다.

1800년, 프란츠 크사퍼 폰 차흐의 주도하에 독일의 릴리엔탈에 모인 천문학자들은 그 미지의 행성을 함께 추적해서 찾아내기로 합의했다. 어디를 찾아야 하는지는 알고 있었기 때문에 하늘을 유심히 살피기만 하면 되는 일이었다. 그러나 행성은 발견되지 않았다. 그런데 1801년, 시칠리아의 팔레르모 천문대장이었던 이탈리아의 천문학자 주세페 피아치가 그 일을 해냈다. 당시 그는 니콜라 루이 드 라카유가 작성한 항성 목록의 84번째 항성을 관측하기 위해서 하늘을 살펴보고 있었는데, 그 항성의 위치에서 여타 항성들과는 다르게 운행하는 천체를 발견한 것이다. 피아치는 문제의 천체를 1월 1일부터 2월 11일까지 24회에 걸쳐 관측하면서 혜성일 것이라는 가설은 일찌감치 배제했다. 그래서 혜성을 발견했다고 발표하면서도 다음과 같은 말을 덧붙였다.

> 그 움직임이 느리고 일정했기 때문에 혜성보다 더 대단한 무엇인가일지도 모른다는 생각이 여러 차례 들었다.*

피아치는 그 천체를 세레스(Ceres)라고 명명했다. 로마 신화에서 그리스 신화의 데메테르에 해당하는 농업의 여신이자, 시칠리아의 수호여신이기도 한 케레스의 이름을 딴 것이다.

그러나 다른 천문학자들은 세레스의 존재를 확인할 수 없었다. 세레스가 궤도에서 태양광에 가려지는 위치에 놓이는 바람에 관측이 불가능해졌기 때문이다. 그리고 몇 달 뒤에는 관측이 가능해지기는 했지만, 시간이 많이 지나는 통에 정확한 위치를 알아내기가 어려웠다. 크기가 작아서 피아치도 우연히 발견한 것이었으니까 말이다. 그런데 카를 프리드리히 가우스(전자기학에 대한 내용에서 나온 그 인물**)는 이 문제에 수학적인 관점으로 접근할 수 있다고 생각했다. 이미 관측된 사실들에서 출발하여 세레스의 궤도를 계산할 수 있다고 생각한 것이다. 그래서 열심히 연구한 끝에 어떤 천체의 궤도를 오직 세 가지 관측 결과에 근거해서 알아내는 방법을 고안했다. 따라서 사람들은 정말 있는지 없는지도 모르는 천체를 맞

* *Gauss and the discovery of Ceres*, E. G. Forbes, *Journal for the history of astronomy*, vol. 2.
** 123쪽 참조.

는지 안 맞는지도 모르는 계산에 따라(아무리 가우스라고는 하지만) 찾아야 하는 상황에 놓인 셈이었다. 어쨌든 가우스는 세레스의 위치를 예측해서 그 결과를 폰 차흐에게 전했고, 1801년 12월 31일 폰 차흐는 하인리히 올베르스와 함께 가우스가 예측한 바로 그 지점에서 세레스를 찾아내면서 가우스의 방법과 세레스의 존재를 동시에 확증했다. 세레스가 처음 발견되고 꼭 1년 만의 일이었다.

그때부터 세레스는 행성으로, 그것도 그 유명한 "건너뛴 행성"으로 간주되면서 천문학 교과서에 입성했다. 따라서 학생들은 태양계가 태양에서 가까운 순서대로 다음처럼 이루어져 있다고 배우게 되었다. 수성, 금성, 지구, 화성, 세레스, 목성, 토성, 천왕성.

34. 팔라스, 유노, 베스타 그리고 행성들의 오케스트라

세레스의 존재가 확증되고 몇 달 뒤인 1802년 3월 28일, 하인리히 올베르스는 세레스를 다시 관측하려고 했다. 그런데 그 순간 마침 다른 천체가 그 앞을 지나갔다. 새로운 행성이 발견된 것이다. 천문학자들은 이번에는 회의적인 반응을 보였다. 화성과 목성 사이에 행성이 존재하는 논리는 이해가 되지만, 둘이나 있는 것은 조금 이상했기 때문이다. 게다가 팔라스(Pallas)라는 이름의 그 천체는 1779년에 이미 발견된 적이 있었다. 당시 팔라스를 관측한 사람은 혜성 사냥꾼으로 통하던 프랑스의 천문학자 샤를 메시에인데, 그는 그것을 항성으로 간주하고 단순한 관측으로만 그쳤다. 자신이 찾는 혜성은 일단 아니었기 때문에 더는 신경 쓰지 않고 넘어간 것이었다. 어쨌든 팔라스는 올베르스의 관측으로 행성의 지위를 얻었고, 태양계의 구성은 이렇게 바뀌었다. 수성, 금성, 지구, 화성, 팔라스, 세레스, 목성, 토성, 천왕성.

1804년 9월 1일, 독일의 천문학자 카를 루트비히 하딩은 화성과 목성 사이에서 또다시 새로운 행성을 발견하고 유노(Juno)라고 명명했다. 그러자 모두들 이쯤 되면 너무 많은 것이 아닌가 생각하기 시작했다. 그러나 어쨌든 유노의 등장으로 태양계의 구성은 다시 이렇게 바뀌었다. 수성, 금성, 지구, 화성, 유노, 팔라스, 세레스, 목성, 토성, 천왕성. 그리고 1807년 3월 29일에는 올베르스가 유노와 멀지 않은 곳에서 네 번째 행성을 발견하여 베스타(Vesta)라고 명명했고, 학생들은 태양계가 다음처럼 구성되었다고 배워야 했다. 수성, 금성, 지구, 화성, 베스타, 유노, 팔라스, 세레스, 목성, 토성, 천왕성. 행성이 11개가 된 것이다. 나중에 발견된 4개의 행성은 작고 가볍기는 해도 행성은 행성이었다. 문제될 것은 전혀 없었다. 아스트라이아(Astraea)가 발견되기 전까지는.

1845년, 우체국에서 일하던 아마추어 천문학자 카를 루트비히 헨케(그렇다, 유노를 발견한 하딩과 이름이 같다. 당시 독일에서는 카를 루트비히라는 이름이 유행한 모양이다)는 다른 전문적인 천문학자들이 그랬던 것처럼 베스타를 관측하기 위해서 하늘을 바라보고 있었다. 그런데 이때 그가 발견한 것은 베스타가 아닌 새로운 천체, 아스트라이아였다.

새로운 천체의 목록은 계속 추가되었다. 1847년에 헤베(Hebe), 이리스(Iris), 플로라(Flora)가 발견되었고, 1848년에는 메티스(Metis), 1849년에는 히기에이아(Hygeia)가 또 발견되었기 때문이다. 과학계는 더 이상 두고 볼 수만은 없었다. 이제는 결단을 내려야 할 때였다. 화성과 목성 사이에는 생각보다 훨씬 더 많은 천체들이 있는 것이 분명했고, 따라서 그 천체들이 무엇이고 어디에서 왔는지 밝히는 동시에 그 자격도 명확하게 규정할 필요가 있었다. 참고로, 해왕성도 그 천체들과 비슷한 시기인 1846년에 발견되었다. 그러나 여기서 그 사실을 언급하지 않은 이유는 이번 장의 주제와는 관련이 없기 때문이다.

더구나 화성과 목성 사이에서 발견된 처음 4개의 "행성들"은 "건너뛴 행성"으로서 그려야 할 궤도에 정확히 있지도 않았다. 그것도 모자라 또 새로운 돌덩어리(표현이 조금 그렇기는 하지만 지금으로서는 달리 적당한 단어가 없다)가 10여 개나 발견되기 시작한 것이었다. 윌리엄 허셜은 문제의 천체들을 "소행성(小行星, asteroid)"으로 부르자는 제안을 1802년에 이미 내놓은 바 있었다. 그 천체들이 관측상 별을 닮았기 때문이다(소행성을 뜻하는 "asteroid"라는 단어는 "별처럼 생긴"이라는 뜻의 그리스어에서 나왔다). 그렇게 해서 1850년부터 "소행성대(asteroid belt)"라는 개념이 등장했는데, 화성과 목성 사이에 1억8,000만 킬로미터에 걸친 그 띠 모양의 구역에서는 그후 수십 년간 계속해서 많은 소행성들이 발견되었다. 그 결과 베스타와 유노, 팔라스, 세레스는 알려진 가장 큰 소행성들이기는 했지만 행성으로서의 지위를 결국 잃었다. 명왕성에 관해서 이야기할 때 보겠지만, 행성의 자격에 대한 문제는 2006년에 다시 제기된다.

새로운 소행성의 발견은 오늘날에는 사건 축에도 못 든다. 실제로 1995년부터 2005년 사이에는 거의 매일 10여 개씩 새로 발견되었으며, 현재 집계된 소행성의 수(발견된 수가 아니라 집계된 수라고 말하는 이유는 크기가 너무 작아서 집계에 포함되지 못한 것들도 있기 때문이다)는 2015년 기준으로 58만 개가 넘는다. 소행성대에 존재하는 소행성은 수백만 개는 될 것이다.

소행성대의 형성에 관해서는 아직 불확실한 점들이 남아 있지만, 크게 두 가지 가설이 존재한다. 하나는 과학자들이 말하는 가설이고, 다른 하

소행성대는 장애물 코스?

「스타워즈」 같은 영화에서 그려지는 모습과는 달리 소행성대는 제다이 기사들이 장애물을 피해 조심해서 건너야 하는 그런 구역이 아니다. 소행성대 안에서 소행성들은 보통 서로 수십만에서 수백만 킬로미터는 떨어져 있기 때문이다. 우리 기준에서 보면 거의 아무것도 없는 공간이다.

나는 일부 사람들이 말하는 행성 가설이다. 우선, 과학자들은 소행성대가 태양계와 동시에 만들어졌다고 본다. 먼지와 암석들이 큰 무리를 지어 궤도를 돌고 있었는데(암석형 행성들이 만들어질 때처럼), 거대한 목성의 존재와 그 중력의 영향 때문에 행성을 이루려는 물질들이 서로 충돌하거나 목성에 끌려가면서 정상적인 행성이 만들어지지 못했다는 것이다. 지름이 1,000킬로미터 정도 되는 세레스는 당시 원시행성 단계까지는 갔을 가능성이 크다. 암석을 더 모을 수 있었다면 온전한 행성이 되어 그 유명한 건너뛴 행성의 자리를 차지할 수 있었을 것이다. 이에 반해서 두 번째 가설, 즉 행성 가설에서는 건너뛴 행성에 해당하는 행성이 존재했는데 목성의 영향으로 충돌을 하고 물질도 빼앗기면서 파괴되었다고 생각한다. 소행성대는 그 행성의 잔재로 이루어졌다는 것이다.

그런데 두 번째 가설에는 문제가 있다. 소행성대의 총질량은 제대로 형성된 하나의 행성에 대응시키기에는 너무 작기 때문이다. 물론 이 문제에 대해서는 처음에 소행성대를 이룬 물질의 상당 부분이 태양풍이나 목성의 중력의 영향으로 그 구역을 벗어났기 때문으로 설명할 수는 있다. 그러나 내가 말하는 진짜 문제는 그 가설을 지지하는 사람들이 말 그대로 뜬금없는 몇 가지 주장을 내놓았다는 점이다. 우선 그들은 소행성대의 기원이 된 그 행성에 생명체가, 그것도 지적인 생명체가 존재했다고 주장한다. 핵

에너지를 다룰 줄 알아서 자신들이 사는 땅을 원자폭탄으로 파괴할 수 있을 만큼 충분히 지적인 생명체가 말이다. 게다가 그들은 그 행성이 니비루(Nibiru)라는 행성을 파괴했거나 먼 곳으로 밀어냈을 것이라고 본다. 명왕성 너머에서 궤도를 돌면서 3,600년에 한 번씩 지구와 가까워진다는 미지의 행성, 그 유명한 행성 X가 니비루라는 것이다(행성 X에 대해서는 명왕성을 다룰 때에 이야기할 것이다). 지구와 가까워졌을 때, 그 행성에 존재하는 생명체가 지구로 옮겨와 인류의 조상이 되었다거나 전설의 아틀란티스 대륙 내지는 뮤 대륙에 살았다는…….*

이 가설은 인터넷에 꽤 많이 퍼져 있는데, 그 내용을 소개할 때는 Comic Sans MS라는 활자체를 쓰는 것이 관례이다. 알다시피 이 활자체는 진지한 역사를 이야기할 만한 활자체와는 거리가 멀기 때문이다.**

어쨌든 소행성대 너머에는 거대한 기체형 행성들이 자리하고 있는데, 그 중에서 가장 큰 행성은 바로 목성이다.

35. 목성

지름이 지구의 11배가 넘는 목성(木星, Jupiter)은 태양계에서 가장 큰 행성이다. 크기도 최대, 질량도 최고이다. 게다가 태양계의 다른 행성들을 모두 합친 것보다도 부피가 더 크고 질량도 더 크다(질량은 약 2배 반). 목

* 그들의 주장에서 특히 재미있는 부분은 니비루 행성을 발견한 사람이 아무도 없다는 사실 자체가 그 행성이 존재하는 증거라고 이야기한다는 점이다.

** Comic Sans MS 활자체는 아름답지도 않고 진지하지도 않은 글꼴로 여겨지고 있으며, 그래서 이 글꼴의 퇴출을 목표로 하는 인터넷 사이트와 사용 금지운동, 다양한 규칙들이 존재한다.

성의 질량이 워낙 큰 까닭에 태양과 목성의 질량중심, 즉 목성의 궤도에서 중심이 되는 점은 태양이 아니라 태양에서 약간 벗어나 있다. 달리 말해 목성의 질량 때문에 태양도 목성과의 질량중심을 기준으로 궤도를 그리고 있다는 것이다. 이처럼 목성은 자기보다 지름이 10배가 넘고 질량은 1,000배가 넘는 태양의 움직임에 영향을 미치고 있으며, 이로써 태양계 전체에 영향을 주고 있다.

목성의 사진을 본 적이 있는 사람에게 목성을 그려보라고 하면 누구든 불그스름한 줄무늬와 함께 거대한 눈동자처럼 생긴 점 하나를 그려넣는다. 그 점이 바로 그 유명한 "목성의 눈"이다. 사실 목성의 점은 태양계에서 가장 크고 가장 오래 지속되어온 폭풍(정확히는 고기압성 폭풍)으로, 그 크기가 지구보다도 훨씬 크다. 그곳에서는 시속 700킬로미터의 바람이 불고 있는데, 프랑스로 귀화한 이탈리아 천문학자 조반니 도메니코 카시니가 1665년에 처음 발견했다.

목성 자체가 처음 발견된 시기는 관용적 표현대로 "아득한 옛날 옛적"이다. 고대부터 바빌론 사람들과 중국 사람들은 목성을 알고 있었고, 이집트와 그리스 사람들도 마찬가지였다. 그도 그럴 것이 목성은 맨눈으로도 볼 수 있기 때문이다. 천공과 함께 움직이지 않으면서 맨눈에도 보이는 일곱 천체(태양, 달, 수성, 금성, 화성, 목성, 토성) 중 하나인 것이다. 목성이 천체망원경으로 처음 관측된 것은 1610년으로, 관측의 주인공은 갈릴레이였다. 갈릴레이는 목성의 위성도 4개 발견했는데(그래서 이 위성들을 "갈릴레이 위성"이라고 부른다), 어떤 천체가 지구가 아닌 다른 천체 주위를 돌 수도 있음을 처음으로 보여준 바로 이 관측 때문에 지구가 우주의 중심이 아니라 태양 주위를 돌고 있다는 확신을 가지게 되었다.

목성은 토성에 비하면 명함도 못 내밀 수준이기는 하지만, 고리를 가지고 있다. 목성의 고리는 1979년에 보이저 1호가 처음 관찰했으며, 2007년에는 뉴허라이즌스 호가 명왕성으로 가던 길에 그 사진을 찍는 데에 성공했다. 목성은 성분만 보면 태양과 같은 일반적인 항성을 연상시킨다. 다량의 수소(75퍼센트)와 그보다는 적은 헬륨(24퍼센트), 그리고 그보다 훨씬 적은 더 무거운 원소들(1퍼센트)로 이루어져 있기 때문이다. 그러나 목성은 자체 중력으로 열핵융합 과정을 일으킬 수 있을 만큼의 질량은 되지 않는다. 항성이 "될 뻔하다가" 행성으로 남은 것이다. 목성에 관한 최근 연구 중에는 아주 흥미로운 것도 있다. 고도가 높은 곳에서 강한 폭풍우가 빈번하게 발생하면 메탄 분자가 깨지면서 탄소 원자가 비처럼 떨어지게 되고, 이 탄소 원자들이 떨어지는 동안 점점 더 큰 압력을 받으면 흑연 단계를 거쳐 다이아몬드 결정을 이룰 수도 있다는 내용이다. 다이아몬드가 말 그대로 비처럼 떨어지는 것이다. 이 다이아몬드 결정은 고도가 충분히 낮은 곳까지 내려오면 강한 압력과 이로 인한 열을 받으면서 녹게 되는데, 해당 연구는 이 값비싼 비가 토성에도 내릴 수 있다고 말한다.

그런데 목성에서 가장 흥미로운 점은 따로 있다. 이 행성이 그 위성들과 함께 "목성계"라는 별도의 계를 이루고 있다는 사실이 바로 그것이다.

36. 목성계

갈릴레이 위성, 즉 갈릴레이가 목성 주위에서 발견한 4개의 위성은 이오(Io), 가니메데(Ganymede), 칼리스토(Callisto), 유로파(Europa)이다. 이오는 목성에 가장 가까이 위치한 위성으로, 목성 주위를 한 바퀴 도는 데에 40시간밖에 걸리지 않는다. 크기는 달 정도이지만(달보다 5퍼센트 더 크고 20

기조력(起潮力, tidal force)

달이 지구에 미치는 중력은 지구의 땅만 끌어당기는 것이 아니라 바다도 끌어당긴다. 그 결과 바닷물이 움직이면서 수위에 변화가 생기는데, 이때 수위가 변화하는 리듬은 지구의 자전과 달의 공전에 달려 있다. 더 일반적으로 말하면 질량을 가진 모든 천체는 중력적 인력을 행사함으로써 바다에 조류(밀물과 썰물의 흐름)를 유발할 수 있으며, 그 힘이 용해된 상태의 마그마에 작용하면 다소 강한 화산 활동이 일어난다. 목성의 위성들, 특히 이오에서 발생하는 화산 활동이 바로 그런 경우이다.

퍼센트 더 무겁다), 태양계에서 태양 다음으로 가장 활동적인 천체이다. 목성과 목성의 중력장에 아주 근접해 있는데다가 목성 주위를 도는 속도가 빨라서 기조력에 따른 활발한 화산 활동이 일어나고 있기 때문이다.

이오의 화산 활동은 태양계에서 가장 활발한 수준으로, 400개가 넘는 활화산이 지면에서부터 500킬로미터 높이까지 황 화합물을 뿜어낸다. 그 황 화합물이 지면을 덮는 바람에 이오는 오렌지빛 황색을 띠는데, 이오의 표면이 젊어 보이는 이유도 지속적인 화산 활동에서 찾을 수 있다. 화산이 내뿜는 물질이 표면을 계속 새롭게 덮고 있어서 젊게 보이는 것이라고 말이다. 혹은 이오 자체가 생성된 지 그리 오래되지 않은 위성일 것이라는 가설도 타당성이 있다.

가니메데는 갈릴레이가 두 번째로 발견한 목성의 위성으로, 발견된 날짜는 이오와 같은 1610년 1월 7일이다. 태양계의 위성들 중에서 유일하게 자기권(磁氣圈)을 가지고 있는데, 목성의 자기권에 묻혀 나타나기는 해도 가니메데가 자체적으로 만드는 자기장인 것만은 분명하다. 가니메데가 자기권을 가지는 이유는 행성 분화 과정을 완전히 거친 천체로서, 그 중심에 액체 상태의 핵이 있고, 철 성분이 풍부한 이 핵에서 대류 운동이 지

행성 분화(行星分化, planetary differentiation)

행성(혹은 다른 어떤 천체)이 만들어질 때 행성의 구성성분들 중에서 밀도가 높은 것은 내부 깊숙이 중심으로 가라앉는 반면, 밀도가 낮은 것은 표면으로 떠오른다. 행성이 식으면 그 같은 내부 구조가 그대로 유지되면서 핵, 맨틀, 지각이 중심에서부터 바깥쪽으로 차례차례 자리하게 되는데, 이러한 구조가 뚜렷한 행성에 대해서 "분화되었다"고 말한다. 암석으로 이루어진 천체의 경우 중심부가 녹아 분화가 일어나려면 상대적으로 높은 온도(1,000도 정도)가 필요하지만, 얼음으로 이루어진 천체의 경우에는 물이 녹는 온도면 충분하다.

속적으로 일어나고 있기 때문이다. 핵의 대류 운동이 자기장을 만드는 것이다.

칼리스토 역시 갈릴레이에 의해서 1610년 1월에 발견되었다. 중국 천문학자 감덕(甘德)이 기원전 362년에 이 위성을 처음 발견했을 가능성도 있는데, 만약 이것이 사실이라면 대단한 일이라고 할 수 있을 것이다. 어쨌든 칼리스토는 갈릴레이 위성들 중 목성에서 가장 멀리 떨어져 있으며, 따라서 목성의 기조력을 적게 받아서 부분적으로만 분화되었을 수도 있다. 목성 탐사선 갈릴레오 호가 알려준 바에 따르면, 칼리스토는 규산염 핵을 가진 것으로 보이며, 암석과 얼음으로 된 지표면 아래 100킬로미터 깊이에는 액체 상태의 물로 이루어진 바다가 있을 가능성도 존재한다. 여기서 말하는 "액체 상태의 물"은 가볍게 생각할 것이 아니다. 만약 칼리스토에 그런 바다가 존재한다면, 지름이 지구의 3분의 1 정도에 불과한 이 천체에 지구의 물을 모두 합한 것보다 더 많은 물이 있다는 뜻이기 때문이다. 게다가 "액체 상태의 물"이 존재한다는 것은 그 물에 "우리가 아는 대로의" 생명체가 존재할 수 있다는 뜻이기도 하다. 문제는 그 바다가 지하 100킬로미터 깊이에 있고, 그래서 아직은 우리가 그곳을 탐사할 수 없다는 것

스페이스 오디세이

SF소설의 베스트셀러 작가 아서 클라크는 SF문학의 역사에 한 획을 긋는 작품을 4부작 형식으로 썼는데, 특히 제1부는 스탠리 큐브릭 감독에 의해서 영화로 각색되면서 기념비적인 SF영화로 남게 되었다(소설의 집필과 영화 시나리오 집필이 동시에 진행되었다는 점에서 차별화된 작업이었다). 「2001 스페이스 오디세이」가 바로 그 작품이다. 목성의 위성 유로파는 소설의 제2부와 제3, 4부에서 중요한 역할을 하며, 제2부 「2010 오디세이 2」를 마무리 짓는 유명한 경고 메시지에도 등장한다. "이 세계는 모두 너희의 것이다. 단 유로파는 예외다. 유로파에는 발을 들이지 말라(All these worlds are yours—except Europa. Attempt no landings there)."

이다. 어쨌든 현재 칼리스토는 인류가 목성계를 탐사하기 위한 기지를 건설하기에 가장 적합한 장소로 파악되고 있다. 칼리스토의 표면은 이오와는 달리 크레이터(crater)로 뒤덮여 있는데, 이는 이 위성이 지각 변동 활동을 겪지 않았을 뿐만 아니라 아주 오래된 것임을 말해준다. 태양계 자체가 형성된 시기, 즉 45억 년 전에 생긴 것일 수도 있다.

끝으로(내가 마지막 내용을 이야기할 때 이 표현을 고수하는 이유는 개인적으로 좋아하는 표현이기 때문이다), 유로파는 여러 가지 측면에서 특이한 위성이다. 우선, 유로파는 얼음으로 뒤덮인 표면 덕분에 태양계에서 가장 매끄러운 위성으로 꼽힌다. 그 표면에서는 액체 상태의 물이 간헐천처럼 분출되는 현상이 탐지되었는데, 따라서 지하 90킬로미터 깊이에 거대한 바다가 있는 것으로 추측된다. 만약 여러분이 태양계에서 "우리가 아는 대로의" 생명체가 발견될 가능성이 가장 높은 천체를 두고 내기를 한다면 유로파에 걸기를 바란다. 나사(NASA)에서도 수년 내에 유로파에 탐사선을 보내서 진상을 최대한 명백하게 파악하려는 계획을 세우고 있다.

목성의 위성은 갈릴레이 위성들 외에 63개가 더 있는 것으로 집계되었다.[*] 따라서 목성계는 목성과 목성의 고리, 67개 위성으로 구성된다. 태양계 안에 또 하나의 작은 태양계가 자리해 있는 셈이다.

37. 토성

토성(土星, Saturn)은 고리 때문에 한눈에 알아볼 수 있는 천체로, 태양계에서 두 번째로 큰 행성이다. 질량은 지구의 95배인데, 부피는 지구의 900배에 달한다. 토성은 맨눈으로도 볼 수 있는 행성인 까닭에 선사시대부터 그 존재가 알려져 있었다. 토성의 고리를 처음 발견한 사람은 갈릴레이인데, 그 시기는 1610년이다. 그가 망원경의 원리를 개선한 이후 관측에 열을 올리면서 관측할 수 있는 모든 것을 관측하고 기록하며 시간을 보내던 시기 말이다. 그러나 갈릴레이는 토성의 고리가 무엇인지 정확히 파악하지 못했고, 그래서 토성이 귀[耳]처럼 생긴 것을 가지고 있다고 기록했다. 더구나 그가 처음 발견했을 당시 토성의 고리는 그 수평면을 지구 쪽으로 드러내고 있었기 때문이다. 그런데 토성의 고리는 폭은 넓어도 두께는 아주 얇다(맨눈에 보이는 고리도 수십 킬로미터 정도이다). 따라서 갈릴레이가 관측한 기간 동안 토성의 고리는 어느 순간 사라졌다가 몇 달 뒤에 다시 나타난 것처럼 보였다. 자신이 본 것이 무엇인지 전혀 몰랐던 갈릴레이로서는 귀신에 홀린 기분이었을 것이다.

토성은 자전 속도가 빨라서 폭이 길이보다 10퍼센트 더 크다("폭"과 "길이"라는 표현을 공간에 적용할 수 있다면 말이다). 간단히 말해서 양극을 세로축으로 잡았을 때, 위아래로 납작하게 눌린 모양이라는 뜻이다. 토성

* 2014년을 기준으로 한 숫자로, 이후 새롭게 탐지된 위성이 있을 수도 있다.

의 표면에서는 시속 1,800킬로미터에 이르는 바람이 불고 있다. 그래서 토성에 비하면 목성은 차라리 평화로운 땅으로 느껴질 정도이다. 한편, 토성의 북극은 두 가지 점에서 주목을 받고 있다. 첫 번째는 극 소용돌이라고 불리는 지속적인 폭풍이 발생하고 있다는 것인데, 특히 토성의 극 소용돌이는 뜨거운 성질을 가졌다는 점에서 태양계에서는 전대미문의 현상에 해당한다. 그리고 두 번째는 토성의 북극에 육각형 형태의 회전하는 추상적 "구조물"이 존재하는 것처럼 보인다는 점이다(여기서 "추상적"이라는 단어는 어떤 뚜렷한 형태가 확인되지 않는다는 뜻에서 쓴 것이다). 이 구조물이 어떻게 만들어지는지는 아직 알 수 없지만, 극지방에서 회전하고 있는 기체 덩어리가 그것을 회전시키고 있는 것은 아니라는 점만은 일단 말할 수 있다. 아마도 정체된 상태의 파동 내지는 바람과 평형을 이루는 방식으로 퍼지고 있어서 정체된 듯한 느낌을 주는 파동이 빚어내는 착시인 것 같다.

토성과 관련해서 마지막으로 이야기할 내용은 별로 중요하지는 않지만 잘못 해석될 때가 많아서 짚고 넘어가려는 사항이다. 토성의 평균 밀도가 액체 상태의 물보다 낮다는 것인데, 이를 두고 토성이 물에 뜬다는 말로 요약하는 경우가 많다. 그런데 이 문제와 관련해서는 두 가지를 정확히 해둘 필요가 있다. 우선 첫째, 여기서 말하는 밀도는 어디까지나 평균 밀도이다. 그래서 토성의 표면 밀도는 물보다 낮아도 깊은 곳의 밀도는 물보다 훨씬 더 높다. 둘째, 토성을 지구의 바다에 띄우는 일은 불가능하다. 이 경우 토성의 엄청난 중력으로 지구가 완전히 붕괴되기 때문이다(앞에서 말했듯이 토성은 지구보다 질량이 95배나 크니까). 그러므로 토성의 평균 밀도가 물보다 낮다는 말은 다음처럼 이해하는 것이 좋다. 충분히 거대한 액체 상태의 바다가 있다면, 그리고 그 수면에 토성을 가져다놓아도 바다가 토성의 중력에 빨려들어가지 않는다면, 그때는 토성이 물에 뜨는 것을 볼 수 있다고 말이다. 따라서 어디까지나 머릿속에서 가능한 일이다.

위의 내용이 토성에 관한 마지막 사항이라고는 했지만, 그 위성들에 관해서 조금만 더 설명하고 끝내기로 하자. 토성의 위성은 관측 사실을 기준으로 하면 65개인데, 그중 존재가 공식적으로 확인된 것은 53개이다. 대부분은 지름이 10킬로미터에서 50킬로미터에 불과하다. 그러나 7개의 위성, 즉 타이탄(Titan), 미마스(Mimas), 테티스(Tethys), 엔셀라두스(Enceladus), 디오네(Dione), 히페리온(Hyperion), 포이베(Phoebe)는 크기가 꽤 크며, 특히 이중 셋은 따로 언급할 가치가 있다. 두 위성은 과학적인 관점에서 흥미롭기 때문이고, 나머지 한 위성은 조금 엉뚱한 내용이기는 하지만 내 관점에서 흥미롭기 때문이다.*

38. 미마스, 엔셀라두스, 타이탄

미마스부터 시작하기로 하자. 1789년 윌리엄 허셜이 발견한 미마스는 지름이 400킬로미터 정도 되는 위성으로, 주로 얼음과 약간의 암석으로 이루어져 있다. 미마스에서 주목할 만한 부분은 거대한(위성 자체의 크기에 비해서 거대한) 크레이터가 있다는 점이다. 물론 이 크레이터는 크레이터의 전형적인 특징들을 보여준다. 모양이 둥글고, 경계가 되는 가장자리는 약 5킬로미터 높이로 솟아 있으며, 중앙에는 센트럴 피크라고 불리는 언덕이 가장자리보다 조금 더 높은 약 6킬로미터 높이로 형성되어 있다. 따라서 어떻게 보면 크레이터는 아주 잔잔한 수면에 물 한 방울을 떨어뜨렸

* 내가 쓰는 책이니까!

을 때 순간적으로 연출되는 모습과 매우 비슷하다고 할 수 있을 것이다. 그런데 내가 미마스를 두고 흥미롭다고 한 이유는 사실 따로 있다. 영화 「스타워즈」*에 나오는 행성 모양의 전투용 위성 데스 스타(Death Star)가 미마스와 놀라울 정도로 닮았기 때문이다. 자, 여기까지가 내가 미마스에 대해서 말하려고 했던 전부이다.

엔셀라두스는 진지한 쪽으로 아주 흥미롭다. 타이탄과 더불어 가장 큰 호기심을 자아내는 토성의 위성이기 때문이다. 엔셀라두스의 크기는 지름이 500킬로미터 정도에 불과한 수수한 수준이지만, 그 내부에서는 원인을 알 수 없는 활동이 활발히 일어나고 있다. 말하자면 토성의 위성으로서 엔셀라두스는 목성의 위성으로서 유로파가 가지는 의미를 지녔다고 할 수 있을 것이다. 어쩌면 그 이상의 의미가 있을 수도 있고. 엔셀라두스의 얼음 표면 아래에는 액체 상태의 바다가 존재하는 것으로 확인되었으며, 간헐천의 존재와 간헐천을 통해서 분사되는 물질에 비추어볼 때 위성 내부에는 열을 동반하는 활동과 더불어 유기분자가 존재할 가능성도 있다. 따라서 "열 + 액체 상태의 물 + 유기분자 = 우리가 아는 대로의 생명체에 필요한 성분"이라는 공식이 통할 가능성이 어쩌면 유로파보다 높을 수도 있다. 게다가 엔셀라두스의 표면에는 얼음 외에 눈이 100미터 정도 쌓인 곳도 있는 것 같은데, 이는 이 위성에 적어도 1억 년 전부터 눈이 내리고 있다는 증거이자, 간헐천을 만드는 열원도 적어도 그만큼 오래 전부터 활동해왔다는 증거라고 할 수 있다. 또한 엔셀라두스는 "깨끗한" 얼음으로 덮인 표면 때문에 태양계에서 태양 다음으로 가장 밝은 천체이기도 하다(정확히는 알베도가 가장 높은 천체이다). 크기가 워낙 작아서 지구에서

---

* 굳이 말할 필요가 있을까 싶기는 하지만, "스타워즈(star wars)"는 "별들의 전쟁"이라는 뜻이다.

는 밝게 보이지 않지만 말이다. 끝으로, 엔셀라두스에는 대기도 존재한다. 엷은 대기가 주로 극지방에 국한되어 존재하는데, 그래도 대기인 것은 사실이며, 성분은 대부분 수증기로 이루어져 있다.

이에 비해서 타이탄은 대기 차원에서 전혀 다른 특징을 보여준다. 1655년에 하위헌스가 발견한 타이탄은 토성의 위성들 중 가장 먼저 관측되었으며, 태양계의 위성들 가운데 가니메데에 이어 두 번째로 크다. 수성보다도 조금 더 크고, 물 절반에 암석 절반으로 이루어져 있다. 타이탄에서 주목할 부분은 태양계 위성들 중 유일하게 짙은 농도의 실질적인 대기를 가졌다는 점이다. 타이탄의 대기는 200킬로미터에서 800킬로미터에 이르는 고도까지 두껍게 형성되어 있으며(지구 대기의 두께는 대체적으로 약 100킬로미터이다), 너무 불투명해서 타이탄의 지면을 정확히 연구할 수 없을 정도이다. 지면의 대기는 지구 대기의 1.5배 정도의 밀도를 보이며, 성분의 98퍼센트 이상이 질소이다(태양계에서 질소를 주성분으로 하는 천체는 타이탄과 지구 둘뿐이다). 2005년에 토성 탐사선 카시니 호는 착륙선 하위헌스 호를 타이탄에 내려 보냈고, 하위헌스 호는 타이탄의 지면에 무사히 착륙해서 그곳 환경을 사진으로 담았다. 타이탄의 환경은 메탄을 물로 바꾸기만 하면 지구의 환경과 그렇게 다르지 않다. 타이탄의 지면에서는 메탄이 비로 내리거나 바람으로 불고 있는 것 같으며, 얼음 화산(지구에서 볼 수 있는 것과 같은 화산이지만 물이나 암모니아, 메탄을 뿜어내는 화산)의 활동은 타이탄에 상당한 양의 물이 존재함을 말해준다.

태양계의 행성과 위성들에 대해서 밝혀져야 할 모든 것이 밝혀졌다고 말하기에는 물론 아직 매우 멀었으며, 특히 “우리가 아는 대로의” 생명체는 더 샅샅이 찾아보아야 한다. 그리고 지금 이 책에서 알아볼 내용도 아직 더 남아 있다.

39. 천왕성과 해왕성

천왕성(天王星, Uranus)은 육안으로는 보이지 않다가 발견된 첫 번째 행성이다. 따라서 천왕성의 발견은 태양계의 크기를 단번에 크게 확장시킨 사건이었다. 천왕성이 발견될 당시 목성과 토성의 위성들은 이미 발견된 후였고, 사람들이 새로운 행성이라고 생각하게 되는 소행성들은 아직 발견되기 전이었다. 그런데 훨씬 먼 곳에서 천왕성이 발견된 것이다. 천왕성은 우리를 둘러싼 우주, 특히 태양계에 대한 인류의 관점을 바꾸어놓았다. 이 같은 천왕성을 해왕성과 한 장으로 묶어 다루는 것은 두 행성의 발견에 얽힌 역사가 서로 불가분의 관계에 있기 때문이다.

천왕성은 1781년 윌리엄 허셜이 발견했지만(기억하는지 모르겠는데 177쪽에서 이미 말했다), 관측 자체는 18세기 전에도 꾸준히 이루어져왔다. 당시 천문학자들은 천왕성을 항성이라고 생각했는데, (적어도 지구에서 보기에는) 밝기가 약하고 아주 느리게 움직이고 있어서 행성이라고 생각하기가 어려웠기 때문이다. 예를 들면 영국의 천문학자 존 플램스티드는 1690년에 여러 차례 천왕성을 관측했으나, 항성으로 분류하면서 "황소자리 34번"이라는 이름을 붙였다. 그리고 프랑스 천문학자 피에르 샤를 르모니에는 1750-1760년대에 주기적으로 천왕성을 관측했는데, 그것은 행성의 움직임을 파악하기에는 너무 짧은 시간이었다. 그러나 허셜이 천왕성을 발견하면서(천왕성을 찾다가 발견한 것은 아니지만) 마침내 그 정확한 실체를 알게 된 것이다. 어떤 발견을 알아보려면 준비가 되어 있어야 한다는 말이 그래서 있는 것이다. 천문학의 꽃은 일단 겉으로 보기에는 "세렌디피티"*이기 때문이다.

* serendipity. "뜻밖의 우연한 발견"을 뜻하는 용어.

이중성(二重星, double star)

이중성 혹은 "이중성계"는 두 항성이 아주 가까이 자리해 있어서 서로에게 중력의 영향을 미치고 있을 때 그 전체를 가리키는 말이다. 항성들이 이중성계를 이루는 것은 우주에서는 아주 흔한 일이다. 항성이 3개 모인 삼중성계도 존재하며, 사중성계, 오중성계, 심지어 육중성계도 존재한다. 쌍둥이자리가 바로 육중성계이다.

허셜이 찾고 있던 것은 이중성으로, 당시 그는 이중성을 찾기 위해서 하늘 곳곳을 뒤지고 있었다.

허셜은 항성들의 시차(視差, parallax)*를 측정하기 위해서 망원경의 렌즈를 바꿔가면서, 즉 배율을 바꿔가면서 관측하고 있었다. 그런데 관측 중에 작은 점 같은 것이 토성 뒤에서 나타난 것이다. 그래서 허셜은 그 점이 무엇인지 확인하기 위해서 망원경의 렌즈를 여러 번 바꾸었다. 이때 항성들은 워낙 멀리 있어서 렌즈를 바꾸어도 여전히 같은 크기로 보였지만, 문제의 점은 배율을 높일 때마다 조금씩 커졌다. 가까이 있다는 증거였다. 그렇다면 그 점은 항성일 수가 없었다. 그래서 허셜은 관측 일지에 "성운 내지는 혜성으로 보이는 이상한 천체"를 발견했다고 기록했고, 과학계에는 새로운 혜성을 발견한 것 같다고 알렸다.

그런데 허셜이 그 천체의 성질에 대해서 신중을 기하는 동안 일부 천문학자들은 그것이 행성일 것이라는 생각을 내놓았다. 요한 엘레르트 보데도 그중 한 명으로, 그는 만약 그 천체가 행성이 맞다면, 자신이 세운 그 유명한 법칙**이 말하는 지점에 정확히 위치해 있을 것이라고 생각했다. 그리고 러시아의 천문학자 안데르스 요한 렉셀의 의견 역시 행성 쪽이었다.

---

* 150쪽 참조.
** 177쪽 참조.

혜성이라면 그 천체에 대해서 자신이 계산한 것만큼 먼 근일점을 가질 수 없다고 생각했기 때문이다. 천문학자들은 논쟁에 종지부를 찍기 위해서 그 천체를 일단 혜성으로 생각하고 자신들이 아는 방법에 따라 궤도를 계산했다. 그러나 아무런 수확도 없었다. 계산과 관측이 서로 맞지 않았기 때문이다. 샤를 메시에(기억하는가? 혜성 전문가 말이다)는 관측상 그 천체가 자신이 잘 아는 혜성보다는 목성 같은 원반형 천체를 더 닮았다고 생각했다. 그래서 렉셀은 문제의 천체를 행성으로 보는 원칙에서 출발해서 궤도를 계산해보기로 했고, 계산 끝에 놀라운 결과를 확인했다. 계산과 관측이 딱 맞아떨어진 것이다! 결국 과학계는 서둘러 그 천체를 새로운 행성으로 공식 인정했다. 그리고 그로부터 한참 뒤인 1977년 3월 10일(여담으로 말하자면 이 날은 내가 태어난 지 9일째 되는 날이다), 천왕성이 고리를 가졌다는 사실도 밝혀졌다.

잠시 천왕성의 이름에 얽힌 사연을 훑어보고 지나가자(그냥 넘어가면 뭐라고 할 사람들이 있지 싶어서 하는 이야기이다). 윌리엄 허셜은 천왕성을 발견한 이후 영국의 왕 조지 3세로부터 연금을 받게 된다. 대신 왕궁이 있는 윈저로 와서 지내면서 왕실 사람들이 허셜의 망원경으로 하늘을 관측할 수 있게 해주어야 한다는 조건이었고, 허셜은 그 조건을 기꺼이 받아들였다. 상황이 그렇다 보니 허셜은 조지 3세가 새로운 행성의 이름을 지으라고 했을 때도 "조지의 별(Georgium Sidus)"이나 "조지의 행성(Georgian Planet)"이라고 붙이기를 원했다. 그러나 영국을 제외한 나라에서는 그 이름에 미지근한 반응을 보였다. 그래서 스웨덴 천문학자 에리크 프로스페린은 "넵투누스"라는 이름을 제안했고, 보데는 그리스 신화에 나오는 하늘의 신의 라틴어명 "우라노스"를 제안했다. 보데가 생각하기에 우라노스라는 이름은 안성맞춤이었다. 토성에 대응되는 사투르누스는 목성에 대응되는 유피테르의 아버지이고, 우라노스는 사투르누스의 아버지이기 때문이다. 그렇게 해서 1850년, 우라노스(즉 천왕성)라는 이름이 그 행성의 공식 이름이 되었다. 영어 발음 "유러너스"가 자칫 잘못하면 "your anus"로 들릴 수 있다는 점이 유감스럽기는 했지만,* 어쩔 수 없었다는 후문이다.

그런데 천왕성을 연구하는 과정에서 한 가지 문제가 제기되었다. 그리고 문제가 있다는 것은 과학에서는 대개 그렇듯 발견될 것이 아직 더 남아 있다는 뜻이었다. 그 문제는 바로 천왕성이 궤도상에서 아무렇게나 움직이는 것처럼 보인다는 사실이었다. 특히 천왕성은 자전축이 완전히 누운 상태로, 행성의 자전축을 정의하는 양극이 거의 공전 궤도상에 위치한다. 비유를 하자면 대부분의 행성은 공전 궤도면 위에서 팽이처럼 돌고 있는데, 천왕성은 바퀴처럼 옆으로 굴러가고 있는 것이다.

한편, 해왕성(海王星, Neptune)은 1612년에 갈릴레이가 목성을 관측하던 중에 처음 발견했다. 그러나 당시 갈릴레이는 해왕성을 항성으로 생각했기 때문에 발견한 것으로만 그쳤다. 그리고 이후 1796년에 제롬 드 랄랑드와 존 허셜도 해왕성을 발견했지만, 어떤 결론을 내놓지는 않았다(존 허셜은 윌리엄 허셜의 아들이다. 피는 못 속인다는 말이 맞나 보다). 사실 행성으로서의 해왕성의 발견은 천문학자들이 거둔 성과가 아니다. 과학계는 1788년부터 천왕성의 궤도를 놓고 고민에 빠져 있었고, 예측과 관측 사이의 간격은 시간이 지날수록 더 벌어지고 있었다. 몇몇 천문학자들은 그 현상을 토성과 목성의 중력에 따른 영향으로 설명하려고 했지만 이 같은 시도는 모두 실패로 돌아갔다. 프랑스 천문학자 알렉시 부바르 역시

* "your anus"는 "당신의 항문"이라는 뜻이다. 그러니까 악센트에 신경을 쓰지 않으면, "목성 다음에는 토성과 당신의 항문이 있다" 내지는 "당신의 항문은 지구에서 30억 킬로미터 떨어져 있다"는 식으로 들릴 수 있다는 것이다. "Uranus"라는 단어를 외울 때, 이 점을 활용하는 사람들도 있지만 말이다.

천왕성의 위치를 예측하는 표를 만들었다가 실패했다. 그래서 그는 그 실패의 이유가 천왕성 너머의 알려지지 않은 행성이 미치는 영향 때문일지도 모른다는 생각을 하게 되었다.

영국의 존 쿠치 애덤스와 프랑스의 위르뱅 르 베리에는 수학자의 입장에서 그 미지의 행성의 특성을 계산하고 그것이 있을 만한 위치를 찾아내려고 시도했다. 그리고 계산상에 여러 가지 오류가 있기는 했지만, 각자 나름대로 그 위치를 내놓았다. 르 베리에는 계산 결과를 1846년 9월 23일에 친구인 독일의 천문학자 요한 고트프리트 갈레에게 알려주었고, 갈레는 친구가 말한 방향으로 망원경을 맞추었다. 그리하여 몇 시간 뒤, 갈레는 마침내 해왕성을 찾게 되었다. 르 베리에가 예측한 곳과 거의 일치하는 지점에서 말이다. 따라서 태양계의 여덟 번째 행성은 종이 위에서 수학자에 의해서 발견된 셈인데, 이는 천문학사에서 처음 있는 일이었다. 그런데 천문학자들은 해왕성에 대한 연구를 시작하자마자, 천왕성과 상당히 비슷한 이 행성 역시 궤도상에서 아무렇게나 움직이는 것처럼 보인다는 점을 깨달았다. 이를 두고 해왕성의 "섭동(攝動, perturbation)"이라고 말하는데, 천왕성에 비해 정도가 약하기는 했지만 어쨌든 문제가 있는 것은 사실이었다.

해왕성의 섭동은 천문학자들 사이에 "핫한"* 이슈였다. 아직 발견되지 않은 새로운 행성이 있는 것이 분명했기 때문이다. 특히 행성을 발견하는 쪽에서는 조금 뒤처져 있던 미국의 천문학자들은 이 문제에 적극적으로 달려들었는데, 그 행렬의 선두에 있던 사람이 퍼시벌 로웰이었다.

* 재미있게 표현해보고 싶어서 해본 소리이다.

40. 명왕성, 행성의 지위를 상실하다

퍼시벌 로웰은 화성에서 인공적인 운하처럼 보이는 구조물이 관측되었다는 사실에 근거해서 화성인의 존재를 입증하려고 했던 인물인데,* 해왕성의 궤도가 교란되는 현상에도 관심을 가지고 그 문제를 풀어보려고 했다. 그는 그 섭동 현상의 이유가 천왕성의 경우와 같을 것이라고 추측했다. 해왕성 너머에 아직 알려지지 않은 행성이 있음이 분명하다고 본 것이다. 그래서 그 미지의 행성을 행성 X라고 명명하고 오랫동안 찾았지만, 그 행성은 발견되지 않았다. 그럴 수밖에 없었다. 그런 행성은 존재하지 않기 때문이다.** 어쨌든 로웰은 행성 X의 존재를 믿었고, 그래서 1916년 세상을 떠날 때, 자신의 연구를 승계할 사람에게 상당한 유산을 남겼다.

로웰의 동생 애벗 로런스 로웰은 그 돈으로 1만 달러에 달하는 13인치 망원경을 제작했다. 망원경의 조종은 클라이드 윌리엄 톰보라는 미국 천문학자가 맡았는데, 톰보는 그 망원경으로 엄청나게 많은 사진들을 찍었다. 그리고 노력 끝에 1930년 2월 15일, 사진에서 다른 항성들과는 다른 움직임을 보이는 점 하나를 마침내 찾아낸다. 드디어 미국인이 새로운 행성을 발견한 것이다.

그러나 이 행성은 해왕성의 궤도 섭동의 원인으로 보기에는 너무 작고 가벼웠다. 그래서 톰보는 그것이 새롭게 발견된 행성은 맞지만 행성 X는 아니라고 결론지었고, 로마 신화의 저승의 신 이름을 따서 "플루토(Pluto, 즉 명왕성[冥王星])"라고 부르기로 했다(디즈니 사는 명왕성의 발견을 기리

---

* 173쪽 참조.

** 앞에서 말했듯이(183쪽 참조) 어떤 사람들은 행성 X가 아직 발견되지 않았다는 사실 자체가 그 행성이 존재하는 증거이며, 니비루 행성이 바로 그 행성이라고 주장하고 있다.

기 위해서 미키마우스의 애견 이름을 "로버"에서 "플루토"로 바꿨다). 이후 톰보는 행성 X를 찾는 연구를 계속했지만, 찾지 못했다. 이미 말했듯이 그런 행성은 존재하지 않기 때문이다.

그런데 20세기 동안 우주에서는 거리와 질량, 크기 등에서 명왕성과 상당히 유사한 천체가 1,000개도 넘게 발견되었다. 그래서 천문학자들 사이에는 의혹이 싹트기 시작했다. 처음에는 막연한 의혹("이거 문제 있는 거 아냐?")이, 그 다음에는 좀더 노골적인 의혹("세레스랑 팔라스 패거리 때 이런 일이 벌써 있었잖아?")이, 그리고 마지막에는 전면적인 의혹이……. 그냥 두고 볼 상황이 아니었다. 행성 하나를 추가했다가 그 수가 자꾸만 늘어나서 결국 하나도 못 건지게 되는 일을 또다시 겪을 수는 없었다. 그러나 천문학자들은 먼저 움직이는 사람이 지는 게임이라도 하듯이 서로 눈치만 보고 있었고, 그러는 동안 학교에서 학생들은 태양계가 다음 9개의 행성들로 이루어져 있다고 배웠다. 수성, 금성, 지구, 화성, 목성, 토성, 천왕성, 해왕성, 명왕성. 처음 4개는 암석형 행성, 그 다음 4개는 기체형 행성, 그리고 그 다음에 다시 암석형 행성이 있는 것이다. 거대한 4개의 행성보다 더 먼 곳에 아시아 대륙보다 크기가 작은 행성이 있다는 말이다.

명왕성은 그 주위에서 마케마케(Makemake), 오르쿠스(Orcus), 세드나(Sedna) 같은 천체들이 무더기로 발견되었음에도 불구하고 꿋꿋하게 행성으로 간주되었다. 게다가 천체들의 지위를 공식적으로 정할 수 있는 유일한 기관인 국제천문연맹은 이 문제에 큰 관심이 없었고, 명왕성의 지위를 딱 잘라 말할 필요성도 느끼지 못했다. 명왕성이 이제껏 미국인이 발견한 유일한 행성인 까닭에 정치적 성격이 큰 문제이기도 했기 때문이다.

그러나 2003년, 더 이상은 손바닥으로 하늘을 가릴 수 없었다. 해왕성 너머에서 새롭게 발견된 에리스(Eris)라는 천체가 명왕성보다 더 크다는 것이 확인되었기 때문이다. 많이 크지는 않아도 어쨌든 더 크다는 것은 분명해 보였다(뉴허라이즌스 호의 관측에 의한 현재의 지식에 따르면, 더 크지는 않고 명왕성과 거의 같은 크기이다). 따라서 명왕성이 행성이라면 에리스도 행성이어야 했다. 국제천문연맹이 이제는 나서야 했다. 더는 선택의 여지가 없었다. 그래서 국제천문연맹은 이참에 일련의 태양계 천체들에 대해서 그 지위를 명확하게 정의하기로 결정했다.

그러는 사이에 나사는 2006년 1월 19일에 뉴허라이즌스 호를 명왕성 방향으로 발사했다. 지구로부터 가장 멀리 있고 가장 "미국적인" 태양계의 마지막 행성을 최초로 탐사하게 될 우주 탐사선이었다. 뉴허라이즌스 호는 2007년에 목성 근처를 지나도록 되어 있었고, 이때 목성의 중력을 추진력으로 삼아 명왕성으로 빠르게 날아가서 2015년 7월에 도착할 예정이었다. 그러나 뉴허라이즌스 호가 발사되고 몇 달 뒤, 국제천문연맹은 2006년 8월 프라하에서 열릴 다음 총회 때 행성의 공식적 정의를 표결하겠다고 발표했다.

그렇게 해서 2006년 8월 24일, 국제천문연맹은 행성의 정의로 세 가지 조건을 제안했다. 나는 일부 표현을 달리했지만, 어떤 천체가 다음 세 조건을 만족시킬 때에만 행성으로 생각하자는 것이다.*

- 정역학적 평형에 도달해서 열핵융합 반응을 일으키지 않는다.
- 태양 주위의 궤도를 돈다.
- 궤도 주변을 지배한다.

우선 정역학적 평형에 대해서는 135쪽에서 이미 설명했다. 다시 설명하

* 행성의 "필요충분조건"이다. 즉 세 조건을 모두 만족시킬 때에만 행성이라는 뜻이다.

면, 질량이 충분히 커서 자체 중력으로 밀집된 구의 형태를 유지해야 한다는 뜻이다. 핵에서 열핵융합 반응이 일어나지 않는 것도 중요한데, 만약 이 반응이 일어나면 그 천체는 행성이 아니라 항성이 된다. 그리고 두 번째, 태양 주위를 돌아야 한다는 조건은 문제가 조금 있다. 달과 같은 위성을 행성으로 간주하는 일을 피하게 해주기는 하지만, 외계행성*의 지위에 대한 문제를 제기하기 때문이다. 따라서 "어떤 항성 주위로 궤도를 돈다"고 말하는 것이 더 적절하다고 생각할 수 있을 것이다. 끝으로 세 번째, 궤도 주변을 "지배한다"는 말은 자신의 궤도상에 있는 암석이나 얼음, 먼지 따위를 자체 중력으로 흡수할 수 있어야 한다는 뜻이다.

명왕성은 바로 세 번째 조건에서 문제가 된다. 주변을 지배하는 것과는 거리가 멀기 때문이다. 실제로 명왕성의 궤도 주변에는 수십만 개의 천체가 존재한다. 물론 명왕성이 그중에서 가장 크기는 하지만, "주변을 지배한다"고 말하기에는 무리가 있다. 따라서 2006년 8월 24일 국제천문연맹은 표결로 행성의 정의를 채택하는 동시에 명왕성에 대해서 행성의 지위를 박탈했고, 이로써 명왕성은 세레스를 비롯한 여러 소행성들과 더불어 공식적으로는 **왜소행성**(dwarf planet)으로 분류되었다. 미국 천문학자들이 수많은 방법을 동원해서 명왕성을 다시 행성으로 분류하려고 애썼지만, 허사였다. 상황이 또 언제, 어떻게 바뀔지 모르니까 그냥 계속 행성으로 부르자는 주장까지 했지만 말이다.

국제천문연맹이 제시한 정의가 객관적으로 옳은지를 따지는 일과는 무관하게, 정치색이 짙었던 당시 표결방식에 대해서는 문제를 제기할 만하다. 2006년에 국제천문연맹 회원은 약 9,000명이었는데, 그중 프라하 총회에 참석한 사람은 2,700명에 불과했기 때문이다. 게다가 문제의 표결은 열

* 태양계 밖에서 태양이 아닌 다른 항성 주위를 도는 행성.

흘간 열린 총회의 마지막 날에 시행되었다. 그래서 많은 사람들이 자기 나라로 이미 돌아가고 없었고, 표결이 진행되는 순간 회의장에 자리한 인원은 겨우 1,000명 정도였다. 그들 중 일부는 행성의 지위를 정하는 중요한 표결을 그렇게 적은 사람들만 모아놓고 진행하는 것에 동의할 수 없었기 때문에 기권을 결정했다. 표결에 필요한 정족수를 채우지 못해 투표 결과가 무효 처리되기를 기대한 것이다. 그러나 424명이 투표했고, 표결이 성립하는 데에는 그 숫자로 충분했다. 행성의 정의를 정하고 명왕성의 지위를 행성에서 왜소행성으로 변경하는 일이 전체 투표권자의 5퍼센트도 되지 않는 인원의 표결로 결정된 것이다. 따라서 그 정당성에 이의를 제기하는 사람들의 마음도 이해할 수는 있다.

그렇지만 진짜 문제는 앞에서 말했듯이 명왕성 같은 천체가 하나가 아니라는 데에 있다. 해왕성 너머에 있는 천체들에 대해서 이야기하고 태양계를 돌아보는 이 여정을 마무리하려면 그 같은 기준을 적용할 수밖에 없다.

41. 카이퍼 대와 오르트 구름

현재 합의된 바에 따르면 태양으로부터 30-55AU 떨어진 곳*에 위치한 일련의 천체들을 에지워스-카이퍼 대(Edgeworth-Kuiper belt) 내지는 카이퍼 대(Kuiper belt)라고 부르기로 되어 있다. 태양계에 포함되는 이 띠 모양의 구역은 앞에서 설명한 소행성대와 비슷하지만, 그보다 크기는 20배 크고 질량은 20-200배 더 크다. 3개의 왜소행성, 즉 명왕성과 마케마케, 하우메아(Haumea)가 카이퍼 대에 위치한다(에리스는 더 멀리 있다). 그런데 소행성

* 즉 태양으로부터 45억-82억 킬로미터 떨어진 곳.

혜성(彗星, comet)

혜성은 항성 주위를 도는(태양계의 경우 태양 주위를 도는) 작은 천체로, 얼음과 먼지로 이루어져 있다. 궤도의 중심이 한쪽으로 많이 치우친 경우(다시 말해서 궤도가 아주 길쭉한 타원을 그리는 경우) 혜성은 때때로 태양에 아주 가깝게 접근한다. 그러면 혜성의 구성물질 중 일부가 태양풍에 날아가면서 핵 주위에 **코마**(coma)라고 불리는 일종의 대기가 형성되고, 태양풍 방향에는 먼지와 얼음으로 이루어진 가늘고 기다란 **꼬리**가 만들어진다. 혜성은 주로 얼음으로 이루어져 있기 때문에 알베도가 높으며, 따라서 때로는 낮에도 맨눈으로 볼 수 있을 만큼 밝게 빛난다.
태양계에서 혜성들은 주로 카이퍼 대와 오르트 구름에서 생긴다. 그 구역에 있던 어떤 천체가 자기보다 질량이 훨씬 더 큰 천체에 부딪히거나 너무 가까이 다가가면 안정된 궤도를 벗어나 태양계의 중심으로 내던져지는 것이다.

대의 천체들이 주로 암석인 반면, 카이퍼 대의 천체들은 주로 얼음으로 되어 있다. 천문학적인 의미에서의 얼음, 즉 물이나 암모니아, 메탄으로 된 얼음 말이다. 카이퍼 대에는 그 같은 천체들이 100킬로미터가 넘는 폭에 걸쳐 7만 개 이상 있는데, 태양계 혜성들의 저장고 중 한 곳이 바로 카이퍼 대인 것으로 보인다.

카이퍼 대 너머, 그러니까 카이퍼 대보다 1,000배 더 먼 곳에는 아마도 오르트 구름(Oort cloud)이 자리해 있을 것으로 생각된다(여기서 "아마도"라는 표현을 쓴 것은 아직은 가설로 남아 있기 때문이다). 가설에 따르면 오르트 구름은 태양으로부터 2만–10만AU 떨어진* 구역에 수십억 개의 천체들이 흩어져 있으며, 따라서 태양계 혜성들의 가장 큰 저장고가 그곳일

* 즉 태양으로부터 3조–15조 킬로미터 떨어진 곳. 바깥쪽 경계를 기준으로 하면 태양에서 1.5광년 떨어진 곳에 해당한다.

것으로 추측된다. 그리고 오르트 구름이라는 이 가상의 구는 태양의 중력의 영향이 미치는 구역의 최종 경계이기도 하다. 그 너머는 어떤 기준에서든 더 이상 태양계가 아니라는 뜻이다.

방금 보았듯이 명왕성을 넘어가면 거리를 따지는 단위가 단번에 커진다. 명왕성이 아무리 태양계에서 가장 먼 "행성"이라고 하더라도 오르트 구름은 그보다 1,000배나 멀리 있기 때문이다. 이 정도의 거리는 비유를 통하지 않고는 가늠하기도 어렵다. 따라서 그에 관한 내용을 짧게라도 따로 알아보고 지나가는 편이 좋을 듯하다. 그런데 그 천문학적인 거리에 현기증을 느끼기에 앞서 먼저 알아둘 것이 있다. 태양계가 우리 기준으로는 아무리 커 보여도 우주 차원에서는 지극히 작다는 사실이다. 우주에서 태양계는 지구의 바다에 떨어진 물 한 방울이 아니라 태양계에 떨어진 물 한 방울에 비교할 수 있을 만큼 작고 보잘것없는 존재이다.

42. 태양계의 규모

태양계의 규모를 이야기하는 일이 까다로운 이유는 지나치게 큰 두 가지 수치, 즉 지나치게 먼 거리와 지나치게 큰 크기가 동시에 등장하기 때문이다. 그래서 비유를 들어 설명하더라도 두 가지를 함께 이야기하면 느낌이 잘 와닿지 않는 경향이 있다. 가령 머릿속으로 에펠 탑에 대한 멜론 한 개의 크기를 떠올리는 동시에 오스트레일리아 대륙에 대한 콩 한 알의 크기를 떠올려야 하기 때문이다. 따라서 나는 거리와 크기라는 두 차원을 따로 분리해서 이야기할 생각이다.

크기와 관련해서는 태양과 행성들, 그리고 우리에게 가장 친숙한 위성인 달에 대해서만 알아보자. 방금 말한 천체들 가운데 가장 큰 것은 태양이고 그 다음은 목성인데, 태양의 지름이 100미터라면 목성의 지름은 10미터 정도 된다. 태양이 축구장 하나 크기라면 목성은 페널티킥을 차는 지점만큼도 안 된다는 말이다. 목성 다음으로 큰 것은 토성으로, 역시 태양의 지름이 100미터라면, 토성의 지름은 8.3미터로 축구장 가운데 그려진 센터서클에 넉넉하게 들어가는 정도이다. 물론 토성의 고리를 빼고 따졌을 때 그렇다는 말이고, 고리까지 포함하면 목성 크기에 맞먹는다. 그 다음 천왕성은 축구장에 세워진 3.6미터 소형차에 비유할 수 있고, 해왕성은 범퍼가 떨어져서 3.5미터밖에 안 되는 소형차에 비유할 수 있다. 여기까지가 태양계에서 "한 덩치 한다"는 소리를 듣는 천체들의 상황이다.

그 다음 순서는 지구인데, 지구의 크기는 폭이 90센티미터인 소파 정도로 볼 수 있다. 지구와 크기가 비슷한 금성은 86센티미터 소파만 하고, 금성 다음으로 큰 화성은 50센티미터 식기세척기만 하다. 그리고 수성은 축구장에 놓인 35센티미터 노트북만 하고, 끝으로 달은 25센티미터 태블릿 컴퓨터만 하다. 자, 지금 이 비유를 보면서 여러분은 태양계가 그렇게 크지 않다고 느낄 수도 있을 것이다. 그럴 수 있다. 그러나 그것은 어디까지나 내가 거리는 빼고 말했기 때문이다. 같은 기준, 즉 태양의 지름을 100미터로 놓는 기준에서 말하면, 태양과 해왕성 사이의 거리는 파리와 런던 사이의 거리와 비슷하다. 그리고 역시 같은 기준에서 말하면 오르트 구름은 거의 달만큼 떨어져 있다.

그럼 이번에는 태양계 천체들의 크기는 잊고 거리에 대해서만 이야기해보자. 대신 오르트 구름은 별도로 취급하는 것이 좋다. 오르트 구름은 나머지 천체들과 태양 사이의 거리보다 1,000배 더 먼 곳에 있고, 따라서 같은 차원에서 논할 수준이 아니기 때문이다. 태양계 천체들 사이의 거리를 이야기할 때는 지구와 달 사이의 거리를 기준으로 잡는 것이 적당하다. 우리가 머릿속으로 어느 정도 가늠할 수 있고, 또 인간이 이미 수차례 오간 거리니까.

어쨌든 지구와 달 사이의 거리는 약 35만 킬로미터인데, 이 거리를 1미터로 놓고 시작해보자. 이 1미터의 한 쪽 끝에 놓인 파란 구슬은 지구, 다른 쪽 끝에 놓인 회색 구슬은 달이다. 그러면 태양은 지구에서부터 500미터 떨어진 곳에 위치한다고 볼 수 있다(이 기준에서 태양의 크기를 이야기하면 태양의 지름은 9미터 남짓이 된다). 행성들 간의 거리를 이와 같은 방식으로 따지되 태양을 출발점으로 잡으면, 수성은 태양에서 190미터 떨어진 곳에 자리한다. 수성에서 170미터 더 나아가면, 그러니까 태양에서부터는 360미터를 가면 금성이 나온다. 태양에서 500미터 떨어진 곳에는 지구가 있고, 거기서 260미터를 더 가면 화성에 도착한다. 태양에서 1킬로미터, 즉 지구에서부터 500미터를 가면 소행성들이 나타나기 시작하는데, 이 소행성대를 벗어나려면 태양과 화성 사이의 거리와 비슷한 750미터를 더 가야 한다.

목성은 태양에서 2,600미터 떨어진 곳에 있는데, 크기를 지금 이야기하는 기준으로 말하면 목성은 90센티미터, 목성의 점은 10센티미터 정도 된다. 그리고 목성에서 2,150미터 더 가면 토성과 토성의 고리를 만날 수 있다. 태양에서부터 따지면 토성은 4,750미터 떨어진 곳에 있는데, 그만큼을 다시 더 가고 또 조금 더 가야 태양에서 9,600미터 떨어진 천왕성이 나온다. 그리고 5,000미터 정도 더 가서 태양에서 1만5,000미터 떨어진 곳에 다다르면 해왕성을 만나는 것과 거의 동시에 카이퍼 대에 들어선다. 태양이 에펠탑 발치에 있다고 치면 이제 베르사유 궁전까지 온 셈이다. 여기서 다시 1만2,500미터를 가야 마침내 카이퍼 대를 벗어날 수 있다. 그리고 2만5,000킬로미터를 더 가면(단위가 미터가 아니라 킬로미터인 것에 주의해야 한

다) 오르트 구름이 나오는데, 말하자면 프랑스에서 오스트레일리아 대륙의 중앙까지 가되 서쪽으로 돌아서 가는 것과 비슷할 것이다. 지구상에는 최단 거리로 2만5,000킬로미터 떨어진 두 지점은 존재하지 않기 때문이다.

이상이 우리가 살고 있는 태양계의 규모이다. 태양계와 가장 가까운 이웃 항성은 센타우루스 자리 프록시마인데, 가깝다고는 해도 태양과 오르트 구름 사이 거리의 6배가 넘는 곳에 있다. 지구와 달 사이의 거리를 1미터로 놓으면, 지구와 달 사이의 실제 거리의 거의 절반만큼 떨어져 있는 셈이다. 그러나 그 거리 사이에서도 물질 교환이 불가능한 것은 아니기 때문에 센타우루스 자리 프록시마는 태양계의 단순한 이웃 이상일 수도 있을 것이다. 그리고 센타우루스 자리 프록시마는 우리 은하에 존재하는 수천억 개의 항성 가운데 하나에 지나지 않는다. 또 우리 은하는 우주의 수많은 은하 가운데 하나에 지나지 않는……이런, 주제에서 너무 벗어났다. 현기증이 날 만큼 드넓은 우주에 대해서 이야기하기에는 아직은 조금 이르다.

태양계를 둘러보는 여정을 마친 지금, 이제는 그 모든 것이 어떻게 그런 모습으로 있는지 알아볼 차례가 되었다. 요컨대 행성들은 어떤 이유로 항성 주위를 돌게 되었을까? 어째서 그 모든 체계가 붕괴되지 않고 그대로 유지되는 것일까? 이제 곧 보겠지만, 한때 사람들은 그 같은 질문에 믿을 수 없을 만큼 단순한 답들을 내놓았다. 그 현상의 복잡성에 비하면 말이다. 그러나 그 단순한 답들이 정답은 아니었어도 종종 정답에 충분히 가까이 다가갔다는 점에서 쓸모가 있으며, 천체들이 서로를 기준으로 어떻게 움직이는지에 대해서 더 복잡하지만,* 더 정확한 이해를 얻기 위해서는 알아보고 지나가야 할 부분이다. 천체의 운동을 설명하는 과학 분야는 역학인데, 이제 우리가 살펴볼 내용은 그중에서도 고전역학에 해당한다.

---

* 그렇다, 아주 복잡하다! 그렇지만 차근차근 설명할 테니 겁먹지 마시길.

고전역학

뉴턴의 사과는 지어낸 이야기

우선 두 가지 사항부터 분명히 하고 시작하자. 첫째, 고전역학(古典力學, classical mechanics)이 **고전**이라고 규정된 것은 상대성 이론이 나온 뒤의 일이다. 처음 확립될 당시 고전역학은 단순히 **역학 법칙**이라고 불렀다. 그리고 둘째, 역학은 고전적인 것이든 아니든 물체의 운동을 설명하는 과학 분야이다. 여기서 말하는 물체는 자동차, 돌멩이, 행성, 여러분, 여러분의 머리카락 등, 모든 사물을 포함한다. 따라서 이제부터 설명할 역학은 영어에서 역학을 뜻하는 "mechanics"라는 단어의 또다른 의미인 "기계학", 즉 자동차 같은 기계의 작동을 연구하는 학문과는 별로 상관이 없다. 두 학문의 기원은 같지만, 그리고 초기 역학은 물체의 운동을 이해하는 일만큼 운동을 변환하는 기계를 만드는 일에도 관심이 많았지만 말이다. 참, 끝으로 하나만 더 짚고 넘어가자. 고전역학은 **뉴턴 역학**(Newtonian mechanics)이라고 부르는 경우가 많다. 엄밀히 말해서 고전역학과 뉴턴 역학은 같은 것이 아니지만, 그만큼 고전역학에서 뉴턴이 차지하는 비중이 크기 때문이다. 그런데 아이작 뉴턴에 대해서 말하기 전에 먼저 알아볼 인물이 있다. 그 주인공은 이번에도 아리스토텔레스이다.

43. 삶, 우주 그리고 모든 것에 대한 궁극적인 질문

더글러스 애덤스의 소설 『은하수를 여행하는 히치하이커를 위한 안내서(*The Hitchhiker's Guide to the Galaxy*)』를 보면 초지능적이고 범차원적인 존재를 찾는 사람들이 나온다. 이들은 삶, 우주, 그리고 모든 것에 대한 궁극적인 질문의 답을 계산하기 위해서 전 우주에서 두 번째로 똑똑한 컴퓨터 깊은 생각(Deep Thought)을 만들었는데, 깊은 생각이 750만 년의 계산 끝에 마침내 내놓은 답은 "42"라는 숫자였다.

> "42! 750만 년을 작업한 결과가 겨우 그거야?" 룬퀄이 소리쳤다. "저는 아주 철저히 검토했습니다." 컴퓨터가 말했다. "그리고 그 답은 분명히 정확한 답입니다. 솔직히 말씀드리면, 제 생각에 문제는 여러분이 질문을 제대로 파악

하지 못한 데 있는 것 같습니다."*

44. 아리스토텔레스와 임페투스

인간은 천체들의 운동이 규칙성을 띤다는 사실을 고대 훨씬 이전부터 이미 알고 있었으며,** 그 같은 움직임의 이면에는 우주의 질서를 책임지는 기계 같은 것이 존재하리라고 생각했다. 그러나 인류가 천체들을 움직이도록 만드는 것에 본격적으로 관심을 기울인 것은 고대의 일이다. 특히 아리스토텔레스는 매사에 관심이 많았던 인물답게 자연에 존재하는 운동들의 성질을 검토하면서 운동의 유형을 두 가지로 구분했다. 자연적 운동과 인위적 운동, 혹은 그의 표현대로라면 자연스러운 운동과 부자연스러운 운동이 그것이다.

아리스토텔레스에 따르면 자연스러운 운동이란 어떤 물체가 그것이 본디 속했던 자연 환경으로 향하는 운동이다. 앞에서 말했듯이 아리스토텔레스는 물질이 공기, 흙, 물, 불이라는 네 가지 기본 원소로 이루어져 있으며, 비물질적인 것은 모두 에테르로 이루어져 있다고 보았다. 그래서 돌멩이를 손에서 놓으면 흙이라는 환경으로 돌아가는 운동을 하는 반면, 불꽃은 공기라는 환경으로 돌아가는 운동을 한다는 것이다. 5원소론은 말도 안 되는 이론이기는 하지만, 아리스토텔레스가 단순한 관찰 사실을 그 이론으로 설명하려고 애쓴 점만큼은 칭송할 만하다.

---

* *The Hitchhiker's Guide to the Galaxy*, Tome 1. 그리고 더글러스 애덤스, 물고기는 고마웠어요(책 제4권의 제목 "안녕히, 그리고 물고기는 고마웠어요"가 생각나서 해보는 말이다).

** 고고학자들은 스코틀랜드에서 1만 년이나 된 달력을 발견했다.

그 다음, 부자연스러운 운동이란 말 그대로 자연스럽지 않은 운동을 말한다. 예를 들면 돌멩이를 던지면 돌멩이는 자기 스스로는 취할 수 없는 방향으로 날아가는데, 이런 것이 바로 부자연스러운 운동이다. 아리스토텔레스는 어떤 힘이 작용할 때에만 부자연스러운 운동이 발생할 수 있다고 보았다. 그가 보기에 가만히 놓아둔 돌멩이가 저절로 이런저런 방향으로 날아가는 일은 직관적으로도 경험적으로도 불가능했기 때문이다. 따라서 그는 외부에서 힘이 가해지지 않는 한 돌멩이는 있던 자리에 계속 있거나 자연스러운 운동을 하게 된다고 설명했다. 이 대목에서 아리스토텔레스를 칭송할 만한 부분은(내가 아리스토텔레스에 대해서 칭송하는 일은 이번이 마지막이다) 그가 내놓은 설명 자체가 문제를 제기하는 역할을 해주었다는 것이다. 가령 돌멩이를 공중에 던졌다고 해보자. 이때 돌멩이는 우리 손을 벗어나는 순간부터 어떤 힘도 받지 않는다. 따라서 아리스토텔레스의 설명대로라면 그 돌멩이는 부자연스러운 운동을 즉시 멈추고 땅에 떨어지는 자연스러운 운동을 해야 한다. 그러나 실제로 돌멩이는 얼마간 더 날아가다가 땅에 떨어지지 않는가? 아리스토텔레스는 물체의 운동에 대한 더 나은 설명을 찾지 못했고, 그래서 그 문제에 관해서는 다음과 같은 설명을 내놓았다. 돌멩이가 날아갈 때 그 뒤로 생기는 빈 공간은 공기로 즉시 채워지는데(빈 공간을 채우는 것은 공기의 자연스러운 운동이다), 그 공기가 돌멩이에 강제적인 힘을 행사해서 몇 미터 더 날아가게 만드는 것이라고 말이다.

돌멩이가 얼마간 더 날아가는 현상은 화살의 문제라는 이름으로도 알려져 있다. 궁수가 화살을 쏘았을 때 화살은 활을 떠나는 순간부터 어떤 힘도 받지 않는다. 그런데 잘 쏜 화살은 수 미터가 아니라 수십 미터를 더 날아가지 않는가? 사람들은 그 같은 현상을 설명할 다른 마땅한 방법이 없었고, 그래서 서양에서 아리스토텔레스의 발상은 6세기 초까지 거의 1,000년 동안 물체의 운동을 이해하는 방식을 지배했다. 그런데 517년, 문법학자이자 철학자인 요하네스 필로포노스가 처음으로(어쨌든 문헌상에서는 처음으로) 다른 생각을 내놓았다. 돌멩이가 계속 날아가는 이유는 공기가 뒤에서 밀어주기 때문이 아니라, 돌멩이를 던진 사람이 던지는 순간 돌멩이에 동력을 전달했기 때문이라고 설명한 것이다. 이것이 바로 "임페투스"* 이론이다.

임페투스 이론은 궁수가 화살을 쏘는 순간 화살에 운동을 유지시켜주는 힘을 전달한다는, 혹은 더 정확히는 그런 힘을 저장시킨다는 개념이다. 화살에 저장된 힘은 공기가 화살의 운동과 반대 방향으로 행사하는 힘의 크기에 따라서 더 빨리 혹은 더 늦게 소모되며(공기가 화살을 밀어준다고 했던 아리스토텔레스의 설명과는 완전히 반대이다), 그 힘이 완전히 소모되면 화살은 자연스러운 운동에 따라서만 움직이면서 땅으로 향한다는 것이다.

임페투스 이론이 알려지자, 많은 운동들이 그 같은 개념으로 설명되었다. 가령 1500년 무렵까지 사람들은 발사체가 임페투스를 가지는 동안에는 직선 궤도를 그리다가 임페투스가 떨어지면 자연스러운 운동에 따라서 수직으로 낙하한다고 생각했다. 그리고 물체의 자연스러운 운동을 유발하는 것이 무엇인지 설명할 방법이 따로 없었기 때문에 자연스러운 임페투스와 부자연스러운 임페투스를 구분해서 말하기 시작했다. 또한 사고와 직관, 약간의 관찰을 통해서 좀더 발전된 생각, 즉 궁수가 전달한 부자연스러운 임페투스가 운동에 대한 공기의 저항을 받아 조금씩 자연스러운 임페투스로 바뀐다는 생각을 차차 하게 되었고, 그렇게 해서 17세기

* "임페투스(impetus)"는 라틴어로 "공격"을 뜻한다.

초에 이르면 발사체의 궤도가 자연스러운 곡선을 그리는 이유도 설명할 수 있게 되었다. 물론 다 틀린 내용이다. 그러나 이후 더 진지한 역학 이론이 나올 수 있게 해준 관성의 개념이 임페투스 이론에서 비롯되었다는 점은 부인할 수 없는 사실이다.

45. 아르키메데스와 초기 역학

역학은 물리학의 한 분야로 인정되기 전에 우선은 수학의 하위 분야였다. 18세기까지 역학은 수학을 자연에 응용하는 분야였고, 따라서 역학의 문제들은 자연스럽게 기하학의 형태, 혹은 더 넓게는 수학의 형태를 띠었다.

따라서 아리스토텔레스가 사망하고 50년이 더 지난 시점이자 임페투스의 개념은 아직 등장하기 전이던 시기에 태어난 고대 최고의 수학자 아르키메데스가 정역학(靜力學, statics)의 아버지가 된 것도 이상하게 생각할 일은 아니다. 여기서 정역학이란 평형 상태, 즉 물체에 어떤 힘도 작용하지 않거나 모든 힘이 서로 상쇄될 때에 일어나는 일을 연구하는 학문이다.

아르키메데스는 지렛대와 도르래, 무한 나사, 톱니바퀴 같은 물건들, 그러니까 오늘날이라면 단순 기계로 총칭할 수 있는 것들을 직접 발명하지는 않았지만 연구했다. 가령 도르래 장치를 이용하면 자기 몸무게보다 훨씬 더 무거운 중량도 들어올릴 수 있다는 점에 주목하여 견인기를 만들었고, 지렛대 원리를 이용하면 움직임을 크게 키울 수 있다는 점에 주목하여 간단하게는 성벽에 내는 화살 구멍에서부터 복잡하게는 투석기에 이르는 전쟁 기술을 고안했다.

발명가와 과학자 사이의 구분이 그 시절에도 존재했다면 아르키메데스

아르키메데스의 원리

물체를 물에 담갔다 꺼내면 젖어서 나온다? 아니, 아르키메데스의 원리는 그런 것이 아니다.

아르키메데스는 『부유하는 물체에 대하여(*On Floating Bodies*)』라는 책에서 오늘날 유체정역학으로 불리는 분야를 다루었다. 아르키메데스의 원리 내지는 아르키메데스의 부력의 원리라고 불리는 유명한 원리를 이야기한 것도 바로 그 책에서였는데, 그 내용은 다음과 같다.

> 정지 상태의 유체에 전부 또는 부분적으로 잠긴 물체는 아래에서 위로 수직으로 작용하는 힘을 받으며, 이 힘의 크기는 물체가 밀어낸 부피만큼의 유체 무게에 맞먹는다.

가령 물이 가득 담긴 대야에 어떤 물체를 담그면 물이 얼마간 넘치게 되는데, 이렇게 넘친 물의 양이 물체가 밀어낸 물의 부피에 해당한다. 그리고 물에 잠긴 물체는 그것을 가라앉게 만드는 것과는 반대되는 힘(물체를 떠오르게 만드는 부력)을 받게 되는데, 이때 그 힘의 크기는 물체가 밀어낸 부피만큼의 물 무게와 같다는 것이다.

이것을 아르키메데스의 원리라고 부르는 이유는 아르키메데스가 이 원리의 성립 사실을 말한 것 말고 다른 방법으로는 그 작용을 증명한 적이 없기 때문이고,* 아르키메데스의 부력의 원리라고 부르는 이유는 부력을 처음 발견한 사람이 아르키메데스이기 때문이다.

는 과학자보다는 발명가에 가까웠다고 할 수 있을 것이다. 그의 입장에서 투석기가 힘을 전달하는 원리는 이해하면 되는 것일 뿐, 이론적으로 따질 문제가 아니었다. 따라서 오늘날이라면 대단한 직관력을 타고난 사람이

* 물리학에서 **원리**(principle)란 이론적으로 증명된 적은 없지만, 법칙으로 인정되는 것을 말한다.

자 재주가 많은 사람이라는 소리를 들었을 것이다. 이른바 아르키메데스의 원리는 그 뛰어난 직관력을 보여주는 전형적인 사례에 해당한다.

아르키메데스는 자신이 알아낸 부력의 원리를 선박 건조에 적용했다. 코린트의 아르키아스가 시라쿠사의 왕 히에론 2세의 명에 따라 고대 최대의 선박 시라쿠시아 호를 만들 수 있었던 것도 아르키메데스 덕분이다. 히에론 2세와 아르키메데스는 역사의 다른 순간들도 공유하고 있는데, 그 중 특히 유명한 것은 왕관에 얽힌 이야기이다.

46. 유레카 혹은 히에론 2세의 왕관

아르키메데스가 세상을 떠나고 120년이 더 지난 후에 태어난 기원전 1세기 건축가 마르쿠스 비트루비우스 폴리오가 전하는 바에 따르면, 이 이야기는 히에론 2세가 거대한 금관을 만들기 위해서 어느 세공사에게 금덩이를 내려준 것으로 시작된다. 그런데 히에론 2세는 의심이 많은 성격이었기 때문에 세공사가 자신을 속일지도 모른다고 생각했다. 가령 은처럼 훨씬 더 값싼 다른 금속으로 왕관을 만든 다음 겉만 금을 입히고, 남은 금은 몰래 빼돌리는 식으로 말이다. 하지만 그것을 어떻게 알아낸다는 말인가? 왕은 왕관이 순금이 맞는지 알고 싶었지만, 그렇다고 왕관을 부수거나 녹이고 싶지는 않았다.

그래서 왕은 친구처럼 지내던 아르키메데스에게 문제를 해결해달라고 부탁했다. 왕관이 순금으로 만들어졌는지 확인하되, 왕관을 망가뜨려서는 안 된다는 주문이었다. 만약 세공사가 왕을 속인 사실이 밝혀지면 그 세공사는 목이 달아날 것이 분명한 상황이었다. 아르키메데스는 남의 목숨이 걸린 문제에 관여하고 싶지 않았으나, 하고 싶은 연구를 하면서 계속 평화롭게 지내려면 왕의 부탁을 들어줄 수밖에 없었다.

아르키메데스는 해결책을 금세 생각해냈지만 문제는 그 해결책을 실천에 옮기는 일이었다. 사실 왕관이 순금인지 아닌지를 알아내기는 쉬웠다. 왕관의 밀도(密度, density)*만 알면 순금으로 된 금덩이의 밀도와 비교하면 되기 때문이다. 그래서 아르키메데스는 일단 왕관을 기하학적으로 해석하는 것으로 시작했다. 그러나 왕관에 장식과 모난 부분, 굽은 부분, 뾰족한 부분, 움푹 파인 부분, 울퉁불퉁한 부분이 너무 많아서 부피를 정확히 측정할 수 없었다. 그렇다고 부피를 대략적으로 측정해서 순금인지 아닌지를 말할 수는 없는 일이었다. 어떻게 해야 좋을까?

그렇게 고민에 빠져 있던 어느 날, 아르키메데스는 목욕물에 몸을 담그다가 물 높이가 높아지는 것에 주목하게 된다. 그리고 그 순간 그의 머릿속에서는 어떤 생각이 번쩍 떠올랐다. 물에 잠긴 물체와 물체가 물에 잠길 때 일어나는 결과 사이에 존재하는 관계를 깨달은 것이다. 그 유명한 원리가 탄생하는 순간이었다. 그는 왕관의 문제를 해결할 실마리를 찾았음을 확신했고, 욕조에서 바로 나와 옷을 챙겨 입을 정신도 없이 급히 집으로 뛰어갔다. 그 유명한 말을 외치면서 말이다. "유레카!"**

집으로 돌아온 아르키메데스는 물체가 물에 잠겼을 때에 일어나는 일을 수치상으로 정확히 밝히기 위한 실험을 시작했다. 그렇게 해서 물에 잠긴 물체의 밀도와 물체가 밀어낸 물의 부피 사이의 관계를 알아냈고, 이로써 왕관을 망가뜨리지 않고 그 밀도를 측정할 수 있는 방법을 마침내 찾아냈다.

---

* 밀도는 어떤 물질의 단위 부피당 질량을 말한다.

** 그리스어로 "유레카(eureka)"는 "알아냈다"는 뜻이다.

아르키메데스는 그 해결책을 실행에 옮겼다. 우선 저울을 이용해서 왕관의 무게를 잰 뒤, 꼭 그만큼의 무게가 나가는 순금 덩어리를 준비했다. 왕관과 그 금덩이를 저울 양쪽 접시에 각각 올려두자 저울은 물론 균형을 이루었다. 왕관이 순금으로 만들어졌다면 무게가 같은 그 금덩이와 밀도도 같아야 한다는 말이었다. 그래서 아르키메데스는 이번에는 밀도를 비교하는 작업에 들어갔다. 물이 담긴 대야를 가져온 뒤, 저울을 왕관과 금덩이가 올려진 그대로 물에 담근 것이다. 만약 왕관이 순금이 아니면 저울을 물에 담갔을 때 양쪽 접시가 더 이상 균형을 이루지 않을 것이기 때문이다.

결과는 순금이 아닌 것으로 나왔다. 문제의 왕관은 금으로 된 것은 맞지만, 은 같은 다른 금속도 섞여 있었던 것이다. 히에론 2세는 크게 노해서 세공사의 목을 베게 했다. 물론 아르키메데스의 일처리에 대해서는 아주 만족스러워하면서 말이다.

이 일화는 워낙 유명해서 정말 전설처럼 전해지는 이야기로 느껴지기도 한다. 게다가 이 이야기를 전해준 사람은 아르키메데스나 히에론 2세와 동시대를 살지도 않은 비트루비우스 한 명뿐이다. 그래서 현재 역사학자들은 아르키메데스가 그런 문제를 별 어려움 없이 해결할 수 있는 인물이었을지는 몰라도 일화 자체는 지어낸 것일 가능성이 크다고 보고 있다. 실화가 아니라니 아쉽기는 하지만, 어쨌든 흥미진진한 이야기이다.

47. 과학사의 한 페이지 : 갈릴레이 제1부

갈릴레오 갈릴레이(이름 이야기를 또 해서 미안하지만 아무리 봐도 재미있는 이름이다)는 이론의 여지없이 근대 과학의 아버지로 꼽힌다. 그는 고

사이클로이드 진자의 등시성(等時性, isochronism)

하위헌스가 발견한 사이클로이드 진자의 등시성이란 사이클로이드 진자의 진동 주기, 즉 왕복 운동을 한 번 하는데 걸리는 시간은 진동의 폭과는 상관없이 언제나 일정한 것을 말한다. 사이클로이드 진자가 무엇인지는 여기서는 자세히 알 필요가 없다. 그냥 보통 진자를 생각하면 되는데(줄 끝에 추를 매달아 좌우로 왔다 갔다 하게 만든 것), 대신 그 추의 움직임이 어떤 일정한 곡선을 그릴 때 사이클로이드 진자라고 부른다.

전역학의 기초를 마련했을 뿐만 아니라, 오늘날 과학적 방법론이라는 명칭으로 알려진 일련의 연구 단계를 확립했다.

갈릴레이는 1564년에 이탈리아 피사에서 일곱 남매의 맏이로 태어났다. 어릴 때 발롬브로사에 위치한 산타마리아 수도원에서 성직자가 되기 위한 공부를 했지만, 그 방면에는 별로 관심이 없었다. 그래서 갈릴레이의 아버지는 갈릴레이가 눈병이 난 틈을 타 수도원에서 데리고 나왔고, 피사 대학에 보내서 의학 공부를 시켰다. 갈릴레이는 의학에도 흥미가 없었으나, 그의 천재성을 일찌감치 알아본 아버지는 아들이 집안의 조상인 갈릴레우스 갈릴레이스(장난치는 것이 아니라 진짜 이름이다)의 뒤를 이어 훌륭한 의사가 되기를 바랐기 때문이다.

그런데 갈릴레이는 의학보다는 수학에 재미를 붙였다. 실험을 통해서 이론과 실제를 연관 짓는 쪽으로 뛰어났던 수학자 오스틸리오 리치의 영향이었다. 그리고 열아홉 살이던 1584년, 피사 대성당의 샹들리에가 흔들리는 운동을 자신의 맥박수를 이용하여 측정하면서 진자의 등시성을 발견한다. 하위헌스가 1659년 12월에 등시성 공식을 알아낸 것보다 훨씬 앞선 일이다.

그렇게 해서 진자의 운동에 대한 연구는 갈릴레이 역학이라는 새로운

아리스토텔레스의 천동설(天動說, geocentric theory)

아리스토텔레스는 지구가 움직이지 않는다고 간주했다. 조금의 움직임도 없다고 말이다. 그가 생각하기에 지구가 움직이지 않는다는 것은 주위만 둘러보아도 알 수 있는 사실이었다. 남은 문제는 그 사실을 증명하는 것인데, 아리스토텔레스가 증거로 내세운 내용을 보면 그가 지구의 부동 상태를 논거를 들어 증명하기 위해서 얼마나 애썼는지 알 수 있는 동시에 그 논거라는 것이 얼마나 허술한지도 알 수 있다. 결론이 이미 정해져 있는 논거이기 때문이다. 어쨌든 아리스토텔레스가 내놓은 논거는 다음과 같다. 우리가 어떤 물체를 손에서 놓으면 그 물체는 수직으로 땅에 떨어진다. 그런데 만약 지구가 움직이고 있다면 물체가 떨어지는 동안에도 움직일 것이고, 따라서 물체는 수직으로 떨어질 수 없다. 그러나 실제로는 수직으로 떨어지므로 지구는 움직이지 않는 것이 분명하다.
그리고 지구는 움직이지 않는데 달과 태양, 천공의 움직임이 확인된다는 것은 그것들이 지구를 중심으로 돌고 있기 때문이다. 그러므로 지구는 모든 것의 중심에 있다. 증명 끝. 이러니 조르다노 브루노한테서 비판을 받을 수밖에 없었던 것이다.

건물의 첫 번째 주춧돌이 된다. 당시 갈릴레이는 관찰과 실험을 반복하면서 단진자(單振子)의 진동 주기는 진자를 매단 끈의 길이에만 영향을 받는다는 사실을 알아냈는데, 이것이 바로 진자의 주기에 관한 법칙이다.

1585년, 의학에도 아리스토텔레스의 사상에도 재미를 느끼지 못한 갈릴레이는 대학 생활이 지겨웠다. 그래서 결국 대학을 중퇴하고 피렌체로 갔다. 피렌체에서 갈릴레이는 아버지와 친분이 있던 지식인, 음악가, 예술가들과 한동안 어울렸는데, 그 과정에서 접한 유클리드의 연구에 매료되면서 유클리드와 플라톤, 피타고라스, 아르키메데스의 뒤를 잇기로 마음먹는다. 그리고 아리스토텔레스의 천동설에도 의혹을 가지기 시작했다.

1589년, 갈릴레이는 누군가의 추천으로 피사 대학의 수학 교수로 임명

되었다. 그렇게 다시 피사로 돌아가게 된 그의 머릿속은 이제 수학으로 가득 차 있었다. 그리고 그 무렵 갈릴레이는 아리스토텔레스가 내놓은 또 한 가지 이론에 의문을 품었는데, 그것은 바로 물체는 무거울수록 당연히 더 빨리 떨어진다는 이론이었다.

갈릴레이는 다음과 같이 추론했다. 납으로 만든 공과 코르크로 만든 공을 같은 높이에서 떨어뜨린다고 해보자. 이때 납 공이 더 무거우니까 더 빨리 떨어진다고 생각할 수 있을 것이다. 그럼 두 공을 끈 양끝에 하나씩 매달아 떨어뜨리면 어떻게 될까? 그러면 납 공이 빨리 떨어지면서 코르크 공을 "잡아당겨" 더 빨리 떨어지게 만들 것이다. 그러나 이와 동시에 코르크 공은 느리게 떨어지면서 납 공을 "붙잡아" 더 느리게 떨어지게 만들 것이다. 그렇다면 서로 묶인 두 공은 묶여 있지 않을 때보다 더 빨리 떨어지는 동시에 더 느리게 떨어진다는 말인데, 어떻게 이런 일이 가능할까? 생각해볼 수 있는 유일한 답은 두 공이 어떤 경우든 같은 속도로 떨어진다고 생각하는 것이다.

사실 보통의 관찰에 비추어보면 아리스토텔레스가 옳은 것처럼 보였고, 누구나 무거운 물체일수록 더 빨리 떨어진다고 알고 있었다. 이 점에 대해서 갈릴레이는 가벼운 물체가 무거운 물체와 같은 속도로 떨어지지 않는 이유는 공기의 방해 때문이라고 추측했다. 아마도 아르키메데스의 원리를 염두에 두었던 모양인데, 어쨌든 그래서 갈릴레이는 그 추측이 맞는지 확인해보기로 결심한다. 어떻게? 당시로서는 혁신적인 행동, 즉 **실험**을 한 것이다.

갈릴레이는 공기의 작용을 최대한 제한하기 위해서 모양은 같지만 질량은 다른 두 개의 물체, 즉 같은 크기의 납 공과 코르크 공을 준비했다. 그리고 조수들을 시켜서 두 공을 건물 창밖으로 동시에 떨어뜨린 뒤 그 공들이 실제로 땅에 어떻게 떨어지는지 확인했는데, 실험 결과 두 공은 땅에 동시에 떨어지는 것으로 확인되었다. 공의 크기를 바꿔가며(대신 두 공은 언제나 같은 크기로) 실험을 반복해도 결과는 언제나 매한가지였다. 따라서 물체의 낙하 속도는 그 질량에 좌우되는 것이 아니었다. 아리스토텔레스가 틀렸다는 말씀!

현재 역사학자들은 갈릴레이가 그 실험을 실제로 하지는 않았을 것이라는 데에 거의 의견이 일치한다. 개중에는 갈릴레이가 실험을 하기는 했으나, 피사가 아니라 파도바에서 했다는 사람도 있고, 그냥 자기 집에서 했다는 사람도 있다. 어떤 것이 맞는지는 알 수 없는 일이다. 그러나 갈릴레이가 정말로 그 실험을 하지 않았다면, 그 이유는 두 개의 공에 대한 자신의 추론과 직관에 충분한 확신이 있었기 때문일 것이다.

갈릴레이가 했든 하지 않았든 그 실험에 대해서 조금 더 알아보자. 우선, 물체가 질량이 클수록 그 무게, 다시 말해서 그 물체를 땅으로 잡아당기는 힘이 커지는 것은 사실이다. 따라서 무거운 물체일수록 빨리 떨어지는 것은 당연해 보인다. 그러나 실제로는 그렇지 않다. 왜 그럴까? 그 이유는 역학의 법칙들을 이해하는 데에 꼭 필요한 물체의 속성, 즉 관성 때문이다.

공기의 저항이 없는 진공 상태에서 실험한다는 가정하에, 건물을 철거할 때 쓰는 수백 킬로그램짜리 쇠구슬과 탁구공을 같은 높이에서 떨어뜨린다고 생각해보자. 이때 쇠구슬은 워낙 관성이 커서 조금 움직이는 데도 힘이 많이 드는데, 이러한 상황은 쇠구슬이 중력에 의해서 자연스럽게 떨어질 때도 똑같이 적용된다. 중력 입장에서도 쇠구슬을 움직이는 데에 힘이 많이 든다는 말이다(정확한 설명은 아니지만 이렇게 생각하면 이해하기 쉽다). 그러나 이에 비해서 탁구공은 질량이 훨씬 작기 때문에 훨씬 적

관성(慣性, inertia)

질량이 물체의 속성인 것과 마찬가지로 관성도 물체가 가진 한 가지 속성이다. 게다가 관성은 질량의 동의어로 생각되는 경우가 많다(이 문제에 대해서는 아래에서 설명할 것이다). 관성은 물체가 자신의 운동 상태를 유지하려는 성질로 정의할 수 있는데, 즉 정지해 있을 때는 움직임에 저항하고 이미 움직이고 있을 때는 그 움직임의 변화에 저항하는 성질을 말한다. 생각해보면 아주 자연스러운 현상이다. 가령 축구공과 핸드브레이크를 걸어두지 않은 자동차가 아주 평평한 길에 있다고 상상해보자. 이때 우리는 축구공도 자동차도 밀어서 움직이게 할 수 있다. 대신에 자동차보다는 축구공을 움직이는 것이 훨씬 쉽고, 자동차보다는 축구공을 세우는 것이 훨씬 쉽다. 그 이유에 대해서 우리는 직관적으로 자동차가 더 무겁기 때문에, 다시 말해서 자동차의 질량이 더 크기 때문이라고 생각할 수 있는데, 이는 어느 정도는 맞는 말이다. 그러나 정확히 설명하면, 사실 그 이유는 자동차의 관성이 축구공의 관성보다 훨씬 더 크기 때문이다. 그리고 이 관성은 질량에 비례한다. 그래서 관성과 질량이 종종 동의어로 생각되는 것이다.

은 힘으로도 낙하운동을 하게 만들 수 있다. 관성은 질량에 비례하므로 두 물체를 움직일 때 필요한 힘의 차이는 정확히 질량의 차이에 대응되며, 따라서 물체가 무거울수록 낙하운동을 일으키기 힘들어진다. 물체가 무거운 정도와 낙하운동이 힘들어지는 정도가 나란히 가는 것이다. 이 말은 관성의 초과분이 무게의 초과분을 상쇄시킨다는 뜻이며, 그래서 공기의 저항이 개입하지 않는 한 물체는 그 질량이 얼마든 간에 언제나 같은 속도로 떨어진다. 이상이 갈릴레이의 실험에 담겨 있는 사실이다.

1592년, 갈릴레이는 파도바 대학으로 자리를 옮기면서 이후 18년을 파도바에서 지낸다. 파도바는 베네치아 공화국에 속해 있었는데, 따라서 종교재판의 감시에서 거의 벗어나 있어서 지적 자유를 만끽할 수 있는 도시였다. 갈릴레이는 주물공이나 목공 같은 지역의 장인들과 협력관계를 맺었고, 덕분에 자신이 가르치는 학생들과 다양한 실험을 할 수 있었다. 당시 갈릴레이는 개인적으로는 코페르니쿠스의 지동설을 이미 지지하고 있었지만, 학생들에게는 프톨레마이오스의 천동설을 계속 가르치면서 신중을 기했다. 지구가 우주의 중심이고 천공은 투명한 수정으로 만들어져 있다는 아리스토텔레스의 이론을 결정적으로 반박할 수 있는 충분한 증거가 나오기를 기다렸다. 대학에서 갈릴레이는 천문학과 역학, 수학을 가르쳤다. 그러나 1591년에 아버지가 세상을 떠난 이후 큰 빚을 떠안는 동시에 가족의 생계를 책임지는 위치가 되었기 때문에 다양한 무기와 측량도구를 개발하는 일도 병행했다. 그러는 사이에 **기적의 해**,* 1604년이 다가온다.

1604년 7월, 갈릴레이는 양수기(揚水機)를 만들어서 파도바 식물원에 설치했다(몇 년 뒤에 그는 10미터가 넘는 깊이에서는 물을 끌어올릴 수 없음을 알게 되지만 그 이유는 알아내지 못했다. 문제를 설명한 사람은 갈릴레이의 제자이기도 한 에반젤리스타 토리첼리라는 인물이다). 그리고 12월에는 신성(新星)을 관측하면서 하늘은 불변이라고 한 아리스토텔레스의 주장과는 전적으로 모순되는 현상을 보게 된다. 그러나 갈릴레이는 이때도 공개적으로는 아리스토텔레스의 이론을 지지하는 태도를 유지했다. 아리스토텔레스를 반박할 증거가 아직은 충분하지 않다고 생각했고, 특히 문제의 신성이 평상시 모습으로 돌아갔기 때문이다.

사실 지금 우리의 주제에서 가장 중요한 시기는 1604년 10월이다. 갈릴레이가 낙하하는 물체에 대한 연구 끝에 등가속도운동(等加速度運動, uniformly accelerated motion)의 법칙을 알아낸 것이 바로 그 달이기 때문이다. 갈릴레이는 물체의 관성을 기준으로 결정되는 관성질량(慣性質量,

---

* 1905년이 아인슈타인의 기적의 해라면, 1604년은 갈릴레이의 기적의 해라고 할 수 있다.

신성(新星, nova)

자세한 부분까지 들어가지 않는 선에서 설명하자면, 신성이란 갑자기 아주 밝아졌다가 며칠 뒤 다시 원래 상태로 돌아가는 별을 말한다. 이러한 현상은 반복적, 규칙적으로 일어날 수도 있고 그렇지 않을 수도 있다.

---

inertial mass)과 우리가 보통 질량이라고 부르는 중력질량(重力質量, gravitational mass)이 서로를 정확히 상쇄시키는 관계에 있으며, 따라서 같은 조건(물체가 그 자체의 질량에만 종속되고 공기의 저항 같은 다른 힘은 무시해도 좋은 조건)에서 낙하하는 두 물체는 질량에 관계없이 동일한 운동을 한다고 밝혔다. 이를 증명하기 위해서 갈릴레이는 자유 낙하 외에 "저속 낙하"도 실험했다. 질량이 서로 다른 쇠구슬 여러 개를 경사진 빙판 위로 굴리는 실험으로, 쇠구슬이 마찰에 따른 영향을 최대한 적게 받으면서 속도가 느린 낙하운동을 하게 만든 것이다.

1604년 이후 갈릴레이의 활동은 천문학적으로 중요한 의미를 가진다. 1609년, 갈릴레이는 예전에 가르친 학생 하나가 파리에서 보내온 편지를 통해서 한스 리페르세이라는 네덜란드의 안경 제조업자가 멀리 있는 사물을 7배까지 확대해서 볼 수 있는 망원경을 발명했음을 알게 된다. 그러나 그 망원경은 상(像)이 일그러져 보이는 현상이 심해서 관측에 크게 도움이 되지는 않았다. 그래서 갈릴레이는 그것을 개선하여 자신의 첫 번째 망원경을 만들었고, 곧이어 좀더 개선된 두 번째 망원경을 완성했다. 갈릴레이는 두 번째 망원경을 베네치아 공화국 평의회 의원들 앞에서 선보였는데, 의원들은 망원경이 보여주는 상의 정확성과 특히 무라노 섬이 8배나 가깝게 보이는 것에 크게 감탄했다. 갈릴레이는 망원경과 그 발명권을 베네치아 공화국에 기증했고, 대신 종신 교수직을 받는 동시에 급료도 두 배로 올려 받는다. 마침내 경제적으로 숨 돌릴 여유가 생긴 것이다. 이후에도 갈릴레이는 망원경을 계속 개선하면서 배율을 30배까지 높였고, 빛을 발산시키는 렌즈를 사용해서 상이 일그러지는 문제도 바로잡았다. 그렇다고 갈릴레이가 망원경 제작 면에서 아주 뛰어난 기술자였던 것은 아니다. 망원경에 대한 이해도는 높았지만 만드는 쪽으로는 부족한 부분이 있었고, 그래서 그가 만든 망원경들은 성능 면에서 다소간 차이가 있었다.

어쨌든 갈릴레이는 자신의 망원경으로 하늘을 관측하는 작업에 들어갔는데, 그러자 아리스토텔레스의 가르침과는 반대되는 새로운 사실들이 쇄도하기 시작했다. 실제로 그때까지 사람들은 아리스토텔레스의 이론에 따라 세계를 둘로 구분했다. 하나는 지구를 포함해서 달 아래 펼쳐진 세계를 일컫는 **월하계**(月下界)였고, 다른 하나는 월하계 너머에 존재하는 세계로서 기하학적으로 완벽하면서(구의 형태) 언제나 변함없이 일정한 운동을 하는 **월상계**(月上界)였다. 그런데 갈릴레이는 달을 관측하면서 달의 명암경계선(明暗境界線), 즉 달에서 밝은 부분과 어두운 부분의 경계선이 일정하지 않다는 것과 달 표면에 산처럼 생긴 지형이 있다는 것을 확인했다. 그리고 하늘을 몇 주일 동안 관측한 뒤에는 은하수와 태양의 흑점의 원래 모습을 알게 되었고, 몇몇 별은 사실은 하나의 별이 아니라 별들이 무리지어 있는 성단(星團)이라는 것과 목성이 여러 개의 위성을 가지고 있다는 것도 알게 되었다. 갈릴레이는 자신이 발견한 목성의 위성들을 **메디치 가**(家)**의 별**이라고 명명했는데, 이는 그를 후원해주는 메디치 가의 환심을 사기 위한 조치였다.

목성의 위성들이 발견된 사실은 아리스토텔레스를 지지하는 사람들의 입장에서는 문제가 아닐 수 없었다. 아리스토텔레스의 이론대로라면 모든 것은 지구를 중심으로 돌고 있어야 하는데, 그 위성들이 목성을 따라

다니면서 목성 주위를 돌고 있다면 그 원칙이 틀린 것이 되기 때문이다. 그래서 갈릴레이는 코페르니쿠스가 생각한 것과 같은 태양계 "모형"을 진지하게 검토하기 시작했다(코페르니쿠스는 달을 제외한 모든 것들이 태양을 중심으로 돌고 있다고 생각했다는 점에서 약간의 차이는 있다). 그리고 목성의 위성들에 대한 관측 결과를 『시데레우스 눈치우스(*Sidereus Nuncius*)』("별의 전령"이라는 뜻)라는 제목의 소책자에 발표했는데, 이 책은 며칠 만에 매진되다시피 했다. 대성공을 거둔 것이었다. 독일의 궁정 천문학자 요하네스 케플러는 『별의 전령과 나눈 대화(*Dissertatio cum Nuncio Sidereo*)』라는 제목의 책을 통해서 갈릴레이의 발견에 힘을 보탰다. 책에서 케플러는 그 같은 발견이 얼마나 큰 영향력을 가진 사건인지 지적했고, 점성술에 미칠 영향에 대해서도 자문했다. 그리고 1610년 9월에는 자신이 직접 목성의 위성들을 관측한 내용들을 다시 책으로 출간했다. 위성에 대해서 "수행원"을 뜻하는 라틴어에서 유래한 "satellite"라는 단어가 처음 사용된 것이 바로 그 책이다. 그런데 당시 케플러는 행성이 6개밖에 존재할 수 없다는 이론을 주장했다. 태양계가 여섯 행성의 궤도로 이루어진 구 사이에 다섯 종류의 정다면체를 맞추어 넣을 수 있는 체계로 되어 있다고 본 것이다. 또한 케플러는 점성술에 심취해 있었는데, 갈릴레이는 그런 케플러를 못마땅하게 여겨 때로는 아주 심한 비판을 하기도 했다. 케플러가 달이 지구의 조류(潮流) 현상에 영향을 미친다는 생각을 말했을 때, 갈릴레이가 공개적으로 조롱한 것도 그런 이유 때문이다.

이후 갈릴레이는 토성의 고리를 발견했고(고리라는 사실은 알지 못했지만*), 천동설로는 설명할 수 없는 현상인 금성의 위상(位相) 변화를 관측하면서 아리스토텔레스를 지지하는 사람들에게 또다시 강펀치를 날렸다. 그

---

* 189쪽 참조.

러는 사이에 갈릴레이는 점차 위태로운 상황에 몰리고 있었는데, 그 이유는 단지 아리스토텔레스의 이론을 반박해서 오래 전에 세상을 떠난 그 거장을 무덤에서 편히 쉴 수 없게 만들었기 때문만은 아니었다. 진짜 문제는 「시편」 제93장에 있었다. 거기에 "세상을 흔들리지 않게 든든히 세웠다"는 내용이 나오기 때문이다.* 교회는 지동설로 인기를 끌고 있는 갈릴레이의 발언에 진지하게 관심을 가지기 시작했다. 그러나 갈릴레이도 신중히 행동해야 한다는 것을 잘 알고 있었다. 교회의 심기를 거스른 조르다노 브루노가 어떻게 되었는지 보았지 않은가.

48. 시대를 거스른 천재이자 상대성 이론의 선구자, 조르다노 브루노

아리스토텔레스의 이론에 의문을 품은 사람이 갈릴레이가 처음은 아니었다. 조르다노 브루노 역시 그 이론들을 하나하나 분석한 인물이다. 그러나 그는 갈릴레이에 비해서 신중함이 부족했다. 그것도 아주 많이. 아리스토텔레스가 지구는 움직이지 않으며 모든 것이 지구를 중심으로 돈다는 사실을 어떻게 증명했는지 기억하는가? 혹시 기억하지 못할 독자를 위해서 한 번 더 말하면, 아리스토텔레스는 돌멩이를 나무 위에서 떨어뜨렸을 때 그것이 수직으로 떨어진다는 사실이 지구가 움직이지 않는 증거라고 말했다. 지구가 움직이고 있다면 돌멩이가 떨어지는 동안에도 움직일 것이고, 따라서 돌멩이는 수직으로 떨어지지 않을 것이라는 논거를 펼치면서 말이다. 브루노가 생각하기에 그렇다면 움직이는 배의 깃대 위에서 떨

* "세상을 흔들리지 않게 든든히 세우셨고." 「시편」 제93장 1절.

어뜨린 돌멩이는 수직으로 떨어지지 않아야 한다는 것이었다. 그래서 그는 정말 그런지 확인하기 위해서 직접 실험에 들어갔다.

실험에서 확인된 결과는 반대였다. 움직이는 배의 깃대 위에서 돌멩이를 떨어뜨리자, 그 돌멩이는 수직으로 떨어졌기 때문이다. 그리고 그것은 배가 육지를 기준으로 움직이고 있을 때도 움직이지 않을 때도 마찬가지였다. 따라서 브루노는 다음과 같은 결론을 내렸다.

> 지구상에 있는 모든 것은 지구와 함께 움직인다. 배의 깃대 위에서 떨어뜨린 돌멩이는 배가 어떤 방식으로 움직이든 똑같이 아래로 떨어질 것이다.*

브루노는 배가 육지에서 보기에는 움직이고 있어도 그 배에 탄 사람들의 기준에서는 움직이지 않는 상태라는 것을 깨달았다. 절대적이라고 규정할 수 있는 운동은 존재하지 않으며, 운동은 무엇보다도 상대적임을 이해한 것이다.

그 실험으로 브루노는 아리스토텔레스가 지구의 부동성(浮動性)에 대한 증거로 제시한 논거를 논리적으로 반박했다. 그리고 이어서 그는 모든 것이 지구를 중심으로 돈다고 볼 이유가 더 이상 없음을 주장하는 일련의 논거도 펼쳐나갔다. "특수상대성 이론"이라는 건물의 첫 번째 돌은 아리스토텔레스의 이론을 반박하는 과정에서 그렇게 갑자기 놓아졌다.

브루노는 가능한 한 오래 이탈리아에서 지내려고 했지만, 1576년에 이단으로 고발되는 바람에 이탈리아를 떠날 수밖에 없었다. 사실 그는 그 11년 전부터 도미니카 교단의 사제로 있었는데, 교리를 거부하고 연금술과 주술에 관심을 쏟는 등, 교단에서 쫓겨날 짓만 골라서 해왔기 때문이

* *La Cena de le Ceneri*, Giordano Bruno, 1584.

다. 브루노는 이 도시 저 도시를 떠돌다가 제네바의 어느 복음주의 교단에 들어갔으나, 1578년에 그곳에서도 파문을 당한다. 그래서 다시 리옹을 거쳐 툴루즈로 옮겨갔는데, 툴루즈에서 쓴 기억술에 관한 책 『클라비스 마그나(*Clavis Magna*)』가 프랑스 국왕 앙리 3세에게 깊은 인상을 주면서 프랑스 왕실의 보호와 후원을 받게 되었다. 겨우 한숨 돌릴 수 있게 된 것이다.

그때부터 브루노는 그 누구보다 앞서 나가기 시작했다. 우선 그는 코페르니쿠스의 지동설을 지지하되 거기서 그치지 않았다. 행성들이 태양을 중심으로 돈다고 해서 태양계에 특별한 지위를 부여할 이유는 없다고 생각했기 때문이다. 그리고 하늘에 대해서도 기존의 개념과는 다른 생각을 내놓았다. 하늘은 사방으로 끝없이 펼쳐져 있으며, 거기에 별들이 흩어져 있다고 보았기 때문이다. 사람들이 이제 겨우 우주에 대해서 말하고 있을 때, 브루노는 그 우주에 누구도 생각하지 못한 깊이를 부여한 것이다. 그의 우주관은 여기서 그치지 않았다. 그는 태양이 다른 별들과 다를 바 없는 하나의 별이라면 그 다른 별들도 주위에 행성들을 거느리고 있을 것이고, 태양계의 행성들 중 지구에 생명체가 살고 있다면 다른 항성계의 다른 행성에도 생명체가 살고 있을 것이라고 생각했다. 요컨대 브루노가 생각하는 우주는 무수히 많은 별들로 이루어져 있으며, 그 별들 주위로는 생명체가 살 수 있는 행성들이 궤도를 그리며 돌고 있었다. 따라서 우주 곳곳에 생명체가 존재한다고 보아야 하는 것이다.

> 우주에는 한없이 많은 지구와 한없이 많은 태양과 한없이 넓은 하늘이 존재한다.*

---

* *De l'Infinito, universo e mondi*, Giordano Bruno, 1584.

충분한 주의력을 갖춘 이성적인 존재라면 우리가 살고 있는 세계만큼 훌륭하거나 더 훌륭한 그 셀 수 없이 많은 세계에 우리와 비슷하거나 더 뛰어난 거주자들이 살고 있다고 생각하는 것이 당연하다.*

브루노는 유럽 거의 곳곳을 돌아다니며 자신의 우주관을 설파했고, 옥스퍼드 대학에서의 강연으로 영국 국교회를 언짢게 만드는 등 다소간의 파장을 불러일으켰다. 그리고 1585년에는 아리스토텔레스의 과학 이론을 상세히 비판한 『아리스토텔레스 물리학에 대한 고찰(*Figuratio Aristotelici Physici auditus*)』이라는 책을 집필했다. 그쯤 되자 앙리 3세도 정치적, 종교적 이유로 브루노를 더 이상 보호할 수 없었다. 그래서 브루노는 1586년에 프랑스에서 추방당했고, 독일로 넘어가 루터교 교단에 들어갔다. 1588년에는 루터교 교단에서도 쫓겨났지만 말이다.

브루노는 향수병에 걸려 있던 차에 조반니 모체니고라는 귀족의 초대로 1591년에 베네치아로 갔다(앞에서 말했듯이 종교재판은 베네치아 공화국에는 영향력을 별로 행사하지 못했다). 그런데 두 사람은 서로 뜻이 맞지 않았다. 브루노는 파도바 대학의 수학 교수직을 염두에 두고 있었지만(갈릴레이가 그 자리를 맡기 1년 전의 일이다), 모체니고는 기억술에 대한 개인 교습을 받기를 기대했기 때문이다. 그렇다 보니 모체니고는 브루노한테 돈 쓴 보람이 없다고 생각했고, 브루노는 브루노대로 제대로 대우받지 못하고 있다고 느꼈다. 자신이 초대를 수락한 것만으로도 모체니고에게는 영광이라고 생각했기 때문이다. 결국 브루노는 베네치아를 떠나려고 했고, 모체니고는 브루노를 잡아놓으려다 마음대로 되지 않자, 1592년 5월 23일에 베네치아 종교재판소에 고발해버렸다. 브루노의 종말로 치닫는

* *De l'Infinito, universo e mondi*, Giordano Bruno, 1584.

내리막길이 시작된 것이다.

브루노는 베네치아 종교재판소에서는 이단의 혐의를 벗었다. 그러나 교황 클레멘스 8세가 브루노를 넘겨달라고 직접 요구했고, 베네치아 총독은 이를 받아들일 수밖에 없었다. 이때부터 브루노는 교황청 감옥에 수감된 채 로마 종교재판소의 심판을 받게 되었다. 재판은 8년간 지속되었고, 상황은 그에게 불리하게 전개되었다. 무엇보다 브루노는 신학적인 측면에서 이단으로 규정되었다. 삼위일체와 성모 마리아의 처녀성, 성찬 때 먹는 빵과 포도주의 실체변화(實體變化) 같은 교리들을 거부했기 때문이다. 또한 다소간 예언적 성격을 띠는 활동도 문제가 되었다. 연금술, 주술, 영혼이 다른 육신으로 옮겨갈 수 있다는 윤회에 대한 믿음……그리고 그의 우주관까지. 하루하루 시간이 지나는 가운데 사건 자료도 점차 쌓여갔다.

재판이 진행되는 동안 브루노는 사회에 저항적인 본성을 고스란히 드러냈다. 조금의 굽힘도 없었기 때문이다. 그에게는 상황을 해결할 수 있는 기회가 얼마든지 있었다. 신념을 포기하고 교회의 교리와 자신의 잘못을 인정함으로써 목숨을 구할 수 있는 기회가 말이다. 그러나 브루노는 그렇게 하지 않았다. 재판관들은 하나둘 손을 들었다. 그의 뜻을 꺾을 수 있는 사람은 아무도 없는 것 같았다. 브루노는 몇몇 재판관과 함께 자신의 주장을 철회한다는 문서를 작성하기는 했으나, 대신 자신이 원하는 표현대로 쓸 것을 요구하면서 내용을 수정하고 또 수정했다. 그럴 때마다 몇 개월의 시간이 흘러갔고, 그 시간 동안 그는 제대로 먹지도 못하면서 고문에 시달렸다. 그러나 재판관들도 끝을 보기를 원했다. 결국 철회서는 표현 하나하나를 브루노가 원하는 대로 바꾸는 가운데 수 개월 만에 겨우 마무리되었다. 그러나 서명만 하면 되는 순간, 그는 다시 생각을 바꾸어 주장 철회를 거부했다.

> 나는 죽음 때문에 뒤로 물러설 생각은 없소. 내 심장은 그 어떤 인간에게도 굴복하지 않을 것이오.

교황 클레멘스 8세가 직접 나서서 마지막으로 굴복을 촉구했지만, 브루노는 다음처럼 말했다.

> 나는 아무것도 두렵지 않소. 그리고 아무것도 철회하지 않을 것이오. 난 철회할 것이 전혀 없소. 내가 무엇을 철회해야 되는지 모르겠소이다.

이쯤 되니 더는 봐줄 수가 없었다. 클레멘스 8세는 종교재판소에 브루노에 대한 판결을 요구했고, 1600년 1월 20일 재판소는 그에게 화형을 선고했다. 그러나 판결문을 들은 브루노는 재판관에게 이렇게 말했다.

> 선고를 받는 나보다 선고를 내리는 당신이 더 두려움을 느끼는 것 같소만.

1600년 2월 17일, 브루노는 현재 그의 동상이 서 있는 로마 캄포 데 피오리 광장에서 화형을 당했다. 지금까지 바티칸 교황청은 그 판결을 재검토한 적이 없다. 20세기에 들어 교황 비오 11세는 브루노의 재판을 담당한 추기경 로베르토 벨라르미노를 시복(諡福), 시성(諡聖)하는 데에 이어 교회학자로 선포했고, 이로써 그 문제에서 벨라르미노의 입장이 유효한 것임을 거의 결정적으로 인정했다. 게다가 교황 요한 바오로 2세도 1981년에 갈릴레이와 관련된 일을 재검토할 때 그 입장을 재확인했다.

따라서 당시 갈릴레이가 신중을 기한 것도 충분히 이해가 간다. 목숨이 걸린 상황이니 그럴 수밖에 없었던 것이다.

49. 과학사의 한 페이지 : 갈릴레이 제2부

갈릴레이 제1부 요약 : 갈릴레이는 아리스토텔레스의 원칙들을 단호하게 비판했고, 천동설을 어리석은 생각이라고 여기기에 이르렀다. 천동설을 지지하는 사람들은 그를 비난하기 시작했으며, 교회의 감시도 점점 더 심해졌다. 갈릴레이는 조르다노 브루노가 내놓은 이론과 그 때문에 브루노가 어떤 대가를 치렀는지 잘 알고 있었다. 그러니 자신도 이제 조심해야 한다는 것도…….*

갈릴레이에 반대하는 자들은 천문학 쪽으로는 그만큼 잘 알지 못했기 때문에 다른 주제, 즉 부유하는 물체에 관한 문제를 놓고 그를 비판했다. 갈릴레이는 얼음이 물에 뜨는 이유가 물보다 가볍기 때문이라고 (부피의 관점에서 가벼운, 즉 밀도가 낮기 때문이라고) 주장한 반면, 아리스토텔레스는 물에 뜨는 것이 얼음의 본성이라고 설명했기 때문이다. 갈릴레이는 자신의 발언을 논리적으로 증명함으로써 이른바 "물에 뜨는 물체에 관한 논쟁"으로 불리는 싸움에서 이기게 되었다.

그후 1612년, 독일 예수회 수도사이자 천문학자인 크리스토프 샤이너는 태양의 흑점에 관한 갈릴레이의 이론을 비판했다. 샤이너는 태양을 본질적으로 변질되지 않으며, 따라서 점 같은 것은 생길 수 없다고 보았다. 그러므로 태양의 흑점은 태양과 지구 사이에 무리지어 존재하는 별들이라고 주장했다. 그러나 갈릴레이는 문제의 흑점이 태양의 표면에 있거나 아니면 그 정확한 고도를 알아낼 수 없을 만큼 표면에 아주 가까이 있음을 훌륭히 증명했다. 이때 샤이너와 갈릴레이 사이에 오간 서한은 1613년에 『태양의 흑점과 그 변화에 관한 이야기와 증명(*Storia e dimonstrazioni intorno*

* 갈릴레이 제1부 내용이 생각나지 않으면, 218쪽부터 다시 읽어보기를 바란다.

alle macchie solari et loro accidenti)』이라는 제목으로 출간되었다. 샤이너가 결국 갈릴레이의 견해에 찬동하면서 자신의 오류를 인정하는 성숙한 태도를 보여준 것이다.

1612년 11월, 교회는 태양이 우주의 중심이고 지구가 그 주위를 돌고 있다는 주장에 대해서 니콜로 로리니의 담론으로 대표되는 입장을 확고히 했다. 피렌체의 교회사 교수이자 성 도미니크회 수도사인 니콜로 로리니는 지동설을 맹렬히 비난했으며, 특히 성서를 인용해서 태양과 달이 움직인다는 사실을 증명했다.

그때, 야훼께서 아모리 사람들을 이스라엘 백성에게 붙이시던 날, 여호수아는 이스라엘이 보는 앞에서 야훼께 외쳤다. "**해야, 기브온 위에 머물러라. 달아, 너도 아얄론 골짜기에 멈추어라.**"*

태양과 달에 그 운행을 멈추라고 말할 수 있다는 것은 두 천체가 움직이고 있다는 뜻이며, 따라서 태양과 달이 지구 주위를 돌고 있다는 증거라는 것이다.

1615년 1월 6일, 코페르니쿠스를 지지하는 신부 파올로 안토니오 포스카리니는 한 통의 서한을 발표했다. 코페르니쿠스의 지동설을 옹호하는 것에 더해서 그 이론을 물리적 사실로 격상시키려는 내용이었다. 신부가 그 같은 입장을 표명했다는 것은 엄청난 사건이었고, 그래서 벨라르미노 추기경이 직접 나설 수밖에 없었다(그렇다, 조르다노 브루노의 재판을 맡았던 그 추기경 말이다. 더구나 이 사람은 갈릴레이의 친구였다). 벨라르미노는 포스카리니에게 편지를 보내서 지동설을 입증하는, 혹은 최소한

* 구약성서 「여호수아」 제10장 12절.

천동설을 무효화하는 반박할 수 없는 증거가 있는 것이 아니라면, 바보 같은 짓을 당장 그만두라고 촉구했다.

여기서 잠깐, 내용의 이해를 돕기 위해서 몇 가지 중요한 사실을 짚고 넘어가자. 우선, 중세의 교회는 사람들이 흔히 생각하는 것과는 달리 새로운 이론에 닫혀 있지는 않았다. 그러나 교회의 교리에서는 성서가 언제나 옳고 참되다는 규칙을 강요했다. 교회는 성서에 대한 해석이 때로는 틀릴 수도 있음을 인정하지만 그것이 전부이다. 따라서 벨라르미노가 처음에 신중한 반응을 보인 이유도 그 같은 맥락으로 이해할 수 있다. 지동설을 입증하는 확실한 증거가 있다면 성서에 대한 일부 해석을 재검토해야 함을 인정하는 일까지는 하겠다는 말인 것이다.

그리고 중세의 교회는 현실 감각도 없지는 않았다. 실제로 당시 사람들은 태양중심적 체계가 지구중심적 체계보다 천체들의 위치를 훨씬 더 간단하게 계산할 수 있게 해준다는 것을 누구나 잘 알고 있었다. 그러나 교회 입장에서 지동설은 계산을 쉽게 만들어주는 실용적인 이론일 뿐, 그 이상은 아니었다. 포스카리니의 서한이 소란을 불러일으킨 이유가 바로 그 때문이다.

1615년 4월, 갈릴레이는 크리스틴 드 로렌(로렌 공작 샤를 3세의 장녀이자 카트린 드 메디시스[앙리 2세의 왕비]의 손녀)에게 쓴 장문의 편지에서 코페르니쿠스 이론의 정통성을 옹호하고 그것이 성서와 모순되지 않음을 주장하면서 문제에 다시 뛰어들었다. 코페르니쿠스 사상의 배포를 금지하려는 처분을 막기 위해서 쓴 편지였는데, 특히 그는 과학적 토론이 종교의 영역으로 옮겨가는 것을 받아들여야 하는 상황에 분노를 표했다.

갈릴레이는 이미 심의 과정에 있던 문제의 금지 처분을 막기 위해서 로마로 갔다. 그러나 지구가 움직인다는 사실을 증명하는 데에는 실패했다

(조류 현상을 이용해서 증명하려고 했다). 그래도 갈릴레이는 지구중심적이고 아리스토텔레스적인 프톨레마이오스의 가설과 코페르니쿠스의 가설을 대등하게 놓는 것을 거부했다. 타협을 끌어내기 위한 수개월의 시간이 지난 끝에 1616년 2월에 교황 바오로 5세와 종교재판소는 코페르니쿠스 사상에 대한 배포 금지 처분을 승인했고, 갈릴레이는 코페르니쿠스의 이론을 근거는 없지만 실용적인 이론으로서가 아니면 가르치지 말라는 경고를 받았다. 지동설은 성서에 반하는 것으로 선포된 것이다. 그런데 사람들 사이에서는 갈릴레이가 종교재판소에서 엄한 처벌을 받았다는 소문이 끊이지 않았다. 그래서 종교재판소는 벨라르미노에게 소문이 사실이 아님을 입증하는 증언을 요구했고, 그 증언은 1616년 5월에 이루어졌다. 사건은 그렇게 종결되는 듯했다.

그런데 1619년, 예수회 수도사이자 천문학자인 오라치오 그라시가 혜성의 타원운동에 관한 개론서를 발표했다. 그러자 갈릴레이의 제자 중 한 명이 혜성은 착시 현상에 지나지 않는다고 설명하는 이론을 지지하고 나섰는데, 이는 사실상 갈릴레이가 그 제자의 입을 빌려 그라시의 의견을 반박한 것이었다. 그라시는 그런 술책에 쉽게 속아 넘어가는 사람이 아니었다. 그래서 과학적 고찰과 종교적 비방을 교묘히 섞은 상당히 위선적인 소책자에서 갈릴레이를 직접적으로 공격했다.

갈릴레이는 친구이자 이후 교황이 되는 추기경 마페오 바르베리니의 지원으로 오늘날까지도 "논쟁술의 걸작"* 으로 평가되는 책 『시금자(試金者)(*Il Saggiatore*)』를 통해서 반어적으로 대응했다. 모욕감을 느낀 그라시는 종교재판소에 갈릴레이를 고발하는 익명의 편지를 보냈지만, 재판소는 기

* *Galilée: 4. Le drame final et le couronnement de l'oeuvre*, Pierre Costabel, *Encyclopoedia Universalis*.

각 결정을 내렸다. 갈릴레이는 신경도 쓰지 않았다. 1623년 마페오 바르베리니는 교황으로 선출되어 우르바노 8세로 즉위했고, 갈릴레이는 『시금자』의 출판을 허가 받아 책을 교황에게 헌정했다. 이로써 갈릴레이는 본의 아니게 지성인들의 대변인 자리에 서서 예수회 수도사들이 주장하는 과학 이론과 맞서게 되었다.

『시금자』에서 갈릴레이는 수학이 과학의 언어가 되어야 한다고 제안했다.

> 철학은 우주라는 드넓은 책에 쓰여 있으며, 이 책은 우리 눈앞에 항상 활짝 펼쳐져 있다. 그러나 우주라는 책을 이해하려면 우주의 언어와 이 언어를 이루고 있는 문자를 먼저 배우고 이해해야 한다. 우주는 수학이라는 언어로 쓰여 있고, 그 문자는 삼각형, 원, 기타 기하학적 도형들이다. 이를 모르면 인간은 우주라는 책을 한 낱말도 이해할 수 없다.*

이후 몇 년간 갈릴레이는 그를 깎아내리는 시선과 아리스토텔레스 학파 사람들의 지속적인 공격에도 활동을 계속해갔다. 아리스토텔레스 학파 사람들은 갈릴레이가 파도바 대학에서 급여를 받지 못하게 하려는 시도까지 했지만, 수포로 돌아갔다.

코페르니쿠스 사상이 여전히 배포 금지 처분에 묶여 있는 가운데, 교황은 갈릴레이를 로마로 불러들여 천동설과 지동설의 장단점을 소개하는 책을 쓰라고 지시했다. 우르바노 8세는 그 책이 두 이론을 전적으로 중립적인 시각에서 편견 없이 소개해주기를 기대했고, 갈릴레이에게 조류 현상에 관한 그의 설명이 실패로 돌아갔음을 상기시키며, 그 같은 종류의 생각을 또다시 내놓는 일은 없기를 바랐다.

---

* *L'Essayeur,* Galilée, page 141, éditions Les Belles Lettres.

책은 1632년에 마무리되었다. 갈릴레이의 사상의 승리이자 금지 처분을 종결짓는 일이었다. 아니, 그렇게 되기를 갈릴레이는 기대했다. 어쨌든 책은 출판 허가를 받고 세상에 나왔다. 책의 실제 내용은 프톨레마이오스와 아리스토텔레스의 주장을 대놓고 비웃는 것이었지만, 갈릴레이가 검열을 받을 때 검열관 리카르디에게 완전히 중립적인 내용의 서문과 결론만 보여줌으로써 교회의 승인을 받아낸 것이다.

그러나 『두 개의 주요 우주 체계에 관한 대화(*Dialogo sopra i due massimi sistemi del mondo*)』라는 제목의 그 책은 갈릴레이의 승리가 아니라 패배가 되고 만다. 책에는 세계의 성질에 관해서 대화를 나누는 세 사람이 등장하는데, 코페르니쿠스를 지지하는 필리포 살비아티와 선입견이 없는 베네치아 지식인 조반 프란체스코 사그레도, 아리스토텔레스의 입장을 옹호하는 심플리치오가 그 세 사람이다. 여기서 심플리치오가 "단순하다"는 뜻의 이름을 가진 데에는 이유가 있다. 둔하고, 바보 같은 질문만 던지고, 자신의 입장을 옹호하기 위한 근거로 신앙밖에는 내세울 줄 모르는 인물로 나오기 때문이다. 따라서 교회 측 사람들은 책의 내용에 자극을 받을 수밖에 없었다.

모욕을 당한 교회는 두 가지 이유를 들어 대응에 나섰다. 우선 첫 번째 이유는 갈릴레이가 인쇄 허가를 받아내기 위해서 책의 내용을 제대로 보여주지 않는 속임수를 썼다는 것이었고, 두 번째 이유는 책을 당시 다른 과학 서적들과는 달리 라틴어가 아니라 이탈리아어로 출판함으로써 가능한 한 많은 대중에게 영향을 미치려는 의도를 드러냈다는 것이었다. 교황은 교황대로 두 가지 이유에서 개인적인 배신감을 느꼈다. 갈릴레이가 두 이론을 중립적으로 소개하라는 교황의 뜻을 따르지 않았기 때문에, 그리고 코페르니쿠스 사상을 그렇게 강력하게 지지하면서도 그 유효성을 입

배에서의 실험

갈릴레이는 『두 개의 주요 우주 체계에 관한 대화』에서 조르다노 브루노가 배에서 했던 것과 아주 비슷하지만 더 중요한 사실을 알려주는 실험을 소개했다. 배에서 창문이 없는 선실에 갇힌 채로 다양한 역학 실험을 할 경우(예를 들면 병에 담긴 액체를 그 바로 아래에 놓인 그릇에 한 방울씩 떨어뜨리거나 제자리에서 뛰어오르거나 할 경우), 배의 속도나 경로가 바뀌지 않는 이상 배가 움직이고 있는지 아닌지를 알 수 없다는 것이다.

갈릴레이가 말하고자 한 중요한 내용은 다음과 같다.

- 그 같은 이동, 즉 등속직선운동에 따른 이동은 움직임이 전혀 없는 상태와 마찬가지이다.
- 배가 움직이고 있든 아니든 물리학의 법칙들은 똑같이 적용된다.
- 이 경우 배가 움직이고 있는지 아닌지는 어떤 실험으로도 밝힐 수 없다. 이는 절대적 운동이란 존재하지 않으며, 어떤 운동은 언제나 다른 것을 기준으로 존재함을 뜻한다.

갈릴레이는 관성계를 생각했고, 이로써 상대성의 기본 블록들을 제시한 것이다.

증하는 증거는 전혀 내놓지 않았기 때문이다.

그 와중에 책은 성공을 거두고 있었고, 교황은 서둘러 대응해야 했다. 그러나 교황은 갈릴레이가 재판관들 앞에 서는 일만큼은 피하게 해주려고 애썼는데, 종교재판소에서 교황의 뜻을 받아주지 않았다. 그렇게 해서 갈릴레이는 1632년 10월에 종교재판소에 의해서 로마로 소환되었고, 건강상의 이유로 1633년 2월에야 출두했다. 종교재판소는 갈릴레이의 주장 자체를 잘못으로 간주하지는 않았다. 그러나 문제는 교황이 내린 지시를 다른 방향으로 실행한 것과 배포가 금지된 사상을 지지한 것이었다. 갈릴레이는 심문을 받았고, 교황은 그가 뜻을 굽히도록 고문으로 위협했다. 그리고 1633년 6월 22일, 갈릴레이는 유죄 선고를 받았다.

판결문의 내용은 다음과 같다.

갈릴레이는 피렌체에서 『두 개의 주요 우주 체계에 관한 대화』라는 제목의 책을 출간하여 코페르니쿠스의 견해를 지지했다. 본 재판소는 갈릴레이가 지구는 움직이고 태양은 움직이지 않는다는 잘못된 견해를 주장한 점에 대해서 이단의 혐의가 크다고 선포하는 바이다. 따라서 갈릴레이는 이 앞에서 진심으로 그 주장을 철회하고 교회를 거스른 잘못과 이단을 저주해야 할 것이다. 그리고 그 큰 과오를 벌하지 않을 수 없으므로 해당 책이 공공연히 유통되는 것을 금지함과 동시에 갈릴레이를 종교재판소에 감금할 것을 명한다.

이어서 갈릴레이는 종교재판소가 준비한 내용대로 다음처럼 서약했다.

피렌체 출신 고(故) 빈센초 갈릴레이의 아들 나 갈릴레오는 일흔의 나이로 법정에 출두하여 기독교 세계의 모든 이단에 대항하는 높고 존귀하신 여러 추기경 종교재판관들 앞에 무릎을 꿇는 바입니다. 성서를 앞에 놓고 성서에 손을 얹고 맹세하건대, 나는 성스러운 가톨릭 교회와 교황께서 설교하고 가르치는 모든 것을 언제나 참되다고 믿어왔고 지금도 믿고 있으며, 하느님의 도움으로 앞으로도 그것을 믿을 것입니다. 나는 종교재판소로부터 태양이 우주의 중심이며 움직이지 않고 지구는 우주의 중심이 아니며 움직인다는 그릇된 견해를 완전히 포기하라는 명령을 받았고, 이 잘못된 학설을 말로든 글로든 어떤 방식으로도 옹호해서도 가르쳐서도 안 된다는 명령도 받았습니다. 그리고 이 학설이 성서에 위배된다는 경고도 들었습니다. 그러나 그럼에도 나는 금지된 그 학설을 다루고 어떤 반박도 없이 매우 집요한 논거를 들어 그 학설을 소개하는 책을 써서 출판했습니다. 그래서 나는 이단의 의혹을 매우 강하게 받았습니다. 태양이 우주의 중심이며 움직이지 않고 지구는 우주의 중심이 아니며 움직인다는 견해를 주장하고 믿었기 때문입니다. **이제 나는 조금의 거짓도 없이 진심으로 나의 주장을 철회하고 나의 잘못을 저주하는 바입니다.**

교황은 갈릴레이에게 내려진 처벌을 가택 연금으로 즉시 감형하여 감옥에는 가지 않게 했다. 갈릴레이는 우선은 시에나의 대주교 피콜로미니의 자택에서 머물렀고, 이후 피렌체에 있는 자기 집에서 지낼 수 있는 허가를 받은 뒤 그곳에서 실명한 채로 여생을 보냈다. 그러나 시력을 완전히 잃기 몇 달 전에 자신의 마지막 책이 되는 『새로운 두 과학에 관한 논의와 수학적 증명(*Discorsi e Dimostrazioni Matematiche, intorno a due nuove scienze*)』을 저술했다. 이 책에서 갈릴레이는 과학으로서의 역학의 기초를 제시했으며, 이로써 아리스토텔레스 물리학에 최후의 일격을 가했다. 그리고 1642년 1월 8일, 집에서 숨을 거두었다.

이후 갈릴레이는 처음에는 부분적으로 복권되었다가 나중에는 전면적으로 복권되었다. 1728년에 영국의 천문학자 제임스 브래들리는 지구가 태양 주위를 돈다는 사실을 증명했고, 이에 교황 베네딕토 14세는 갈릴레이 전집의 초판에 인쇄 허가를 내렸다. 그러나 지구의 공전에 대해서는 가정일 뿐이라는 점을 명기하는 글을 덧붙이게 했으며, 1616년과 1633년에 내려진 선고는 폐기하지 않았다. 그리고 1757년, 갈릴레이의 책들은 마침내 교회가 정한 금서 목록에서 완전히 해금되었다.

20세기에 교황 요한 바오로 2세는 문제의 재판소가 더 이상 존재하지 않는다는 점을 이유로 갈릴레이에게 내려진 선고를 폐지하지는 않았지만,

---

그래도 지구는 돈다……

갈릴레이는 자신의 주장을 철회한 후 마지막으로 저항 의지를 드러내기라도 하듯이 "그래도 지구는 돈다(Eppur, si muove)"라고 말한 것으로 전해진다. 그러나 이 이야기는 허구일 가능성이 크다. 실제로 갈릴레이가 그 말을 했다면, 화형에 처해졌을 것이기 때문이다. 재판관들이 그를 볼 수도 들을 수도 없는 자기 집에서 혼자 그렇게 중얼거렸을지는 모르지만 말이다.

1992년에 갈릴레이의 천재성을 강조하며 다음과 같이 말했다.

> 진실한 신자이던 갈릴레이는 이 점에서 그를 반대하는 신학자들보다 더 예리한 통찰력을 보여주었다. "성서는 오류를 범할 수 없어도 일부 해석자와 주석자들은 여러 가지 방식으로 오류를 범할 수 있다[갈릴레이가 베네데토 카스텔리에게 보낸 편지 중에서 한 말]."

늦었더라도 아예 안 하는 것보다는 낫다고 하던가. 솔직히 말해 더 빨랐다면 훨씬 더 좋았겠지만 말이다.

지금 이 이야기는 과학사에서 보면 아리스토텔레스 전통의 자연철학이 마침내 종말을 맞은 단계에 해당한다. 조르다노 브루노가 세계에 관한 사회 통념들을 뒤흔들고(사실 브루노는 증명한 것은 거의 아무것도 없으며, 단지 우리가 그의 연구로부터 그가 천재적인 직관의 소유자였다는 결론을 이끌어낼 수 있을 뿐이다. 물론 그래도 그가 상대성 이론의 선구자라는 나의 생각에는 변함이 없다), 갈릴레이가 역학의 기본 토대를 마련하는 데에 성공한 덕분이다. 이제 과학사에 필요한 인물은 명민하면서도 예리한 두뇌의 소유자였다. 아무도 보지 못한 것을 보고, 전례 없는 추상화 능력을 가졌으며, 그전까지 세계와 우주를 이해하던 방식을 혁신시킬 수 있는 인물 말이다. 그리고 이 인물은 등장을 준비하고 있었다. 페스트가 유행하던 어느 시기에 그 유명한 사과 한 알과 함께.

50. 과학사의 한 페이지 : 아이작 뉴턴

아이작 뉴턴을 두고 그저 천재라고 소개한다면 너무 안일한 설명일 것이다. 뉴턴에 대해서는 말할 내용이 너무 많다. 이 책 전체를 할애한다고 해도 그의 연구와 지식, 과학자로서의 끈기를 다 이야기할 수 없을 정도로 말이다. 여기서 우리는 역학 분야에 국한하여 뉴턴의 연구를 살펴볼 텐데, 그렇다고 해서 그가 연금술, 신학, 성서 해석(다른 것들도 더 있지만 여기까지만 하자) 같은 분야에서도 전문가였다는 사실을 놓쳐서는 안 된다. 그리고 우리가 그의 역학 연구에 대해서만 집중한다고 해도 그 모든 내용을 다 살펴보지는 못할 것이다.

아이작 뉴턴*은 갈릴레이가 죽고 약 1년 뒤인 1643년 1월에 태어났다(당시 사용된 율리우스력으로는 1642년 12월 25일, 그러니까 크리스마스에 태어났다). 뉴턴의 아버지는 그가 태어나기 몇 주일 전에 세상을 떠났고, 어머니는 뉴턴이 세 살 되던 해에 재혼했다. 그래서 뉴턴은 할머니 집으로 보내졌고, 그렇게 행복하지 않은 어린 시절을 보냈다. 뉴턴은 지방 학교를 다니고 있었는데, 열여섯이 되던 해에 어머니 곁으로 가게 되었다. 어머니는 뉴턴을 농부로 만들어 집안의 땅을 관리하게 할 생각이었다. 그러

* 뉴턴의 풀네임은 "아이작 아치볼드 뉴턴"인데, "아치볼드"라고 불린 적은 한번도 없었던 것 같다.

나 정말 다행히도 뉴턴의 어머니는 아들이 농사보다는 기계 다루는 일에 훨씬 더 소질이 있음을 알아보았고, 그래서 뉴턴이 다시 학교를 다니도록 허락했다. 물론 대학에도 보냈고 말이다.

뉴턴은 열여덟 살에 케임브리지 대학교 트리니티 칼리지*에 들어갔다. 대학에서 그는 수학(기하학, 산술)을 특히 많이 공부했지만, 천문학에도 관심이 많았다. 그런데 뉴턴이 스물두 살이 되던 1665년에 페스트가 런던을 덮치는 바람에 그는 페스트의 기세가 꺾일 때까지 2년간 고향 집에서 지냈다. 그리고 이 2년이 뉴턴에게는 지적으로 가장 풍요로운 시간이 되었다. 그 시간 동안 수학과 물리학, 광학 분야의 지식이 크게 늘었기 때문이다. 특히 그가 백색광은 백색이 아니라 온갖 색깔의 빛이 중첩된 결과임을 알아내고 증명한 것이 바로 그 시기였다. 또한 수학의 한 분야인 근대 해석학, 즉 미적분법에서 출발해서 함수의 극한과 연속, 미분, 적분을 다루는 분야의 기초도 그때 마련했다.

1669년, 뉴턴은 마침내 트리니티 칼리지로 돌아왔다. 그러나 이번에는 학생으로서가 아니라 지도 교수의 뒤를 이어 루커스 수학 석좌 교수직**을 맡기 위해서였다. 그리고 1672년, 겨우 스물아홉의 나이로 영국 왕립학회에 들어갔다. 그 무렵 뉴턴은 색수차(色收差)가 발생하지 않는 구면경(球面鏡) 망원경을 만드는 데에 성공했는데, 그것은 망원경의 역사에서 새로운 발명이었다. 왕립학회 회원이 된 이듬해에 뉴턴은 빛에 대한 자신의 연구를 발표했고, 덕분에 단번에 크게 유명해지는 동시에 수많은 논쟁의 대상이 되었다.

사실 뉴턴은 소통에는 별로 소질이 없었다. 그는 대부분의 시간을 혼자

---

* 역시나.
** 케임브리지 대학교 평의회 의원이었던 헨리 루커스의 기부로 만들어진 응용수학 교수직.

서 보냈고, 연구도 거의 절대적으로 혼자서 진행했다. 때로는 끼니도 걸러 가면서 밤낮없이 연구에 매달렸기 때문에 사회생활을 할 틈도 없었으며(평생 독신으로 지냈다), 자신의 연구를 공개하는 일을 극도로 꺼려했다. 책을 써도 몇 년이 지난 뒤에 출간할 정도로 말이다. 광학 개론서인 『광학(*Opticks*)』이 그 예로, 이 책은 1675년에 집필되었지만 거의 30년이 지난 1704년에야 출판되었다. 이 책에서 뉴턴은 프리즘을 이용해서 백색광이 여러 빛들로 이루어져 있음을 증명했다. 빛에 대해서 입자설*을 이야기한 것도 바로 그 책이다.

뉴턴은 물체의 낙하에 관해서도 오래 전부터(페스트 때문에 고향 집에서 지낼 때부터) 연구를 해왔다. 근처에 과수원이 있던 어머니 집의 마당에 조용히 앉아 달을 바라보던 중에 사과나무에서 사과가 떨어지는 현상에 주목한 것이다. 참, 한 가지 짚고 넘어가자면 일부 책에 나오는 이야기와는 달리 문제의 사과는 뉴턴의 머리에 떨어진 것이 아니었다. 뉴턴은 그저 땅에 떨어지는 사과를 보았을 뿐이다. 어쨌든 바로 그 순간, 그의 머릿속에는 한 가지 의문이 떠올랐다. 사과는 나뭇가지에 더 이상 붙어 있지 않으면 땅에 떨어진다. 그런데 왜 달은 어디에도 붙어 있지 않는데도 떨어지지 않는 것일까? 지금 이 사과 일화가 중간에 뜬금없이 끼어든 것처럼 보일 수도 있겠지만, 다음 내용을 보면 이 이야기의 중요성을 알 수 있을 것이다.

1684년, 에드먼드 핼리(핼리 혜성의 그 핼리)는 뉴턴에게 연락을 취했다. 행성들이 타원운동을 한다고 설명하는 케플러의 모형을 뉴턴이 어떻게 생각하는지 알고 싶었기 때문이다. 뉴턴은 자신의 생각과 함께 그 주제와 관련해서 자신이 하고 있던 연구에 대해서도 알려주었다. 핼리는 뉴

---

* 66쪽 참조.

턴의 이야기에 크게 흥분했고, 그 연구를 어서 책으로 내라고 다그쳤다. 출판 비용은 자신이 부담하겠다고 자청하면서까지 말이다. 그렇게 해서 1687년, 뉴턴은 이후 200년이 넘는 시간 동안 과학의 혁신을 불러오게 되는 『자연철학의 수학적 원리(*Philosophiae Naturalis Principia Mathematica*)』라는 제목의 책 한 권을 출간했다. 이 책은 라틴어 제목 "필로소피아이 나투랄리스 프린키피아 마테마티카"도 알아둘 필요가 있다. 워낙 중요한 책인 까닭에 세계적으로 그 원제가 알려져 있기 때문이다. 간단하게는 『프린키피아 마테마티카』 내지는 『프린키피아』라고 줄여서 말한다.

그럼 『프린키피아』에서 소개된 일련의 과학 이론들을 조금만(정말 아주 조금만) 자세히 살펴보기로 하자. 우선 이 책의 첫 번째 목적은 그 제목이 보여주듯이 "자연철학", 즉 물리학을 수학적으로 처리하는 것이다. 뉴턴은 여러 이론과 원리들을 소개하되 방정식의 형태로 나타냈고, 특히 오늘날 **뉴턴의 운동 법칙**이라고 부르는 것을 설명했다(정확히 하자면 법칙보다 원리라고 하는 것이 맞지만).

운동 제1법칙은 **관성의 법칙**이라고도 부르는 것으로, 그 내용은 다음과 같다.

> 모든 물체는 외부에서 그 상태를 바꾸려는 힘이 작용하지 않는 한 정지 혹은 등속직선운동의 상태를 계속 유지한다.

이 법칙은 갈릴레이가 배 실험에서 관찰한 사실, 즉 정지해 있는 물체와 관성운동을 하는 물체(다시 말해서 등속직선운동을 하는 물체) 사이에는 차이가 존재하지 않는다는 사실을 일반화한 것이다. 그러나 거기에 더해 이 법칙은 관성의 법칙으로서 다른 내용을 더 이야기하고 있다. 물체가 정지해 있거나 등속직선운동을 할 경우, 외부에서 힘이 작용하지 않는 이상 그 상태를 바꾸지 않는다는 것이다. 달리 말해서 어떤 물체가 움직이지 않고 있으면 우리가 가만히 내버려두는 한 그 물체는 자발적으로 움직이지는 않는다는 뜻이다. 마찬가지로 우주에서 어떤 물체가 다른 물체의 중력의 영향으로부터 멀리 떨어져 있고, 그 운동을 방해하는 공기도 없는 공간을 표류하고 있을 경우, 그 물체는 속도가 느려지는 일도 궤도를 바꾸는 일도 없이 가던 길을 계속 간다. 이 법칙은 그 같은 물체에 가해진 힘들이 서로 상쇄되면 아무 힘도 가해지지 않았을 때와 같다고 말하는 **정역학의 기본 원리**의 바탕에 해당한다. 그리고 갈릴레이 좌표계, 즉 운동 제1법칙이 성립하는 좌표계를 정의하는 기준이기도 하다.

운동 제2법칙은 **동역학의 기본 원리**에 해당하는 **가속도의 법칙**으로, 내용은 다음과 같다.

운동의 변화는 가해진 힘에 비례하고 힘이 가해진 직선 방향으로 일어난다.

이 법칙에서 가장 중요한 것은 가속도의 개념을 도입했다는 것이다. 가속도가 무슨 말인지는 여러분도 이미 알고 있겠지만, 물리학에서 가속도라는 용어가 뜻하는 것이 무엇인지는 정확히 하고 넘어가는 편이 좋겠다. 가속도는 시간에 대한 속도의 변화를 뜻하는데, 특히 물리학에서는 속도가 느려지는 감속도 역시 가속도의 일종으로 본다. 감속도는 단지 그 값이 마이너스로 나타나는 것일 뿐이기 때문이다. 물리학에서 속도는 시간에 대한 물체의 위치 변화를 말하는데, 이는 속도를 초속 몇 미터나 시속 몇 킬로미터로 계산하는 것을 생각하면 쉽게 이해가 된다. 물체가 1초에 몇 미터를, 혹은 1시간에 몇 킬로미터를 가는지가 속도를 결정하는 것이

좌표계(座標系, system of coordinates)

좌표계란 보통 **시점**(視點)이라고 불리는 것으로 이해하면 된다. 가령 갈릴레이가 배에서 한 실험의 경우, 육지에 있는 관찰자는 배가 강을 따라 등속직선운동을 하면서 나아가는 좌표계에 속한다. 이에 비해 배의 선실에 있는 관찰자인 갈릴레이는 배가 정지해 있는 좌표계에 속하는데, 배는 선실 안에 있는 갈릴레이 기준에서는 움직이지 않는 것으로 볼 수 있기 때문이다. 이처럼 등속직선운동을 하거나 정지해 있는 좌표계를 두고 **갈릴레이 좌표계**라고 말한다.
좌표계 중에는 갈릴레이 좌표계에 속하지 않는 것도 존재한다. 예를 들면 배가 가속도운동을 할 경우 선실에 있는 갈릴레이는 여전히 어떤 좌표계의 기준이 되지만, 이 좌표계에서 바닥의 공은 아무런 힘이 가해지지 않았음에도 배의 가속도 때문에 뒤로 굴러가게 된다. 이 같은 좌표계에서는 뉴턴의 운동 제1법칙이 성립하지 않으며, 따라서 갈릴레이 좌표계가 아니다.

다. 어쨌든 가속도의 법칙에 따르면 어떤 물체에 일련의 힘들이 가해질 경우 그 물체는 그 힘들의 합력(合力)에 비례해서 가속도를 받게 된다. 예를 들면 만약 여러분이 가령 공 같은 물체에 앞쪽으로 향하는 힘과 왼쪽으로 향하는 힘을 동시에 가하면 그 물체는 앞쪽과 왼쪽으로 향하는 가속도를 받는다. 당연한 사실을 괜히 어렵게 말하는 것처럼 들릴 수도 있겠지만, 실제로 뉴턴은 어째서 달이 떨어지지 않고 지구 주위를 돌고 있는지를 바로 그런 식으로 설명했다. 그 내용은 곧 이야기할 테니 조금만 더 기다리시길.

뉴턴의 운동 제1법칙과 제2법칙은 근대 물리학에서는 각각 **정역학의 기본 원리**와 **동역학의 기본 원리**(혹은 **동역학의 기본 관계**)로 불렸다. 따라서 그런 용어가 나오더라도 같은 내용으로 이해하면 된다.

운동 제3법칙은 **작용, 반작용의 법칙**으로, 그 내용은 다음과 같다.

두 물체 사이의 작용에는 크기가 같고 방향은 반대인 반작용이 항상 따른다. 즉 두 물체는 크기가 같고 방향은 반대인 힘을 서로에게 미친다.

이 법칙이 말하는 내용은 여러분이 어떤 물체에 힘을 가하면(작용), 그 힘과 크기는 같으면서 방향은 반대인 힘을 여러분도 받게 된다는 것이다(반작용). 우주선이 우주에서 이동할 때 근거가 되는 것이 바로 이 법칙이다. 우주선이 어떤 방향으로 나아가고 싶으면 그 반대 방향으로 연료를 분사하는 것 말이다. 이때 우주선은 연료를 밖으로 강하게 밀어내는 동시에 이와 같은 세기의 힘을 반대 방향으로 받게 되고, 그 결과 앞으로 나아가게 된다. 영화에서 로봇 "월-E"* 와 산드라 블록**이 소화기를 이용해서 이동하는 장면이 그 원리를 이용한 것이다.

이상의 세 법칙만 있으면 물체의 운동에 관해서 많은 것을 설명할 수 있지만, 가장 일반적인 운동인 물체의 낙하운동에는 적용되지 않는다. 물론 뉴턴은 물체의 낙하에 대한 법칙도 내놓았고, 이로써 과학사에서 불멸의 위인으로 남게 되었다.

그 법칙은 중력의 법칙(law of gravitation) 혹은 만유인력의 법칙(law of universal gravitation)이라고 불리는 것으로, 내용은 다음과 같다.

질량을 가진 두 물체 사이에는 그 질량에 비례하고 그 떨어진 거리의 제곱에 반비례하는 인력이 작용한다.

이 법칙이 말하는 것은 질량을 가진 두 물체는 서로 끌어당긴다는 것이

---

*「월-E」, 디즈니-픽사 스튜디오 제작.
**「그래비티」, 알폰소 쿠아론 감독.

다. 이는 물체들이 어떤 것이든 어디에 있는 것이든 마찬가지이다. 여러분의 몸은 지금 이 책을 읽고 있는 순간에도 안드로메다 은하 전체를 끌어당기고 있다. 그리고 이 인력은 무시할 것이 아니다. 계산을 해보면 정말 작은 힘이기는 하지만, 무시해도 되는 힘은 아닌 것이다. 질량을 가진 물체들은 모두가 그렇게 서로를 끌어당기고 있다. 그리고 만유인력의 법칙이 말하듯이 이 인력의 크기는 질량에 비례하고 거리의 제곱에 반비례한다. 여러분 몸무게가 두 배로 늘어나면 여러분이 어떤 물체에 행사하는 인력도 두 배로 커지고, 여러분이 그 물체와 멀어지면 인력의 크기도 줄어든다는 뜻이다. 이때 거리가 두 배가 되면 인력은 4분의 1로 줄고, 거리가 세 배가 되면 인력은 9분의 1로 줄어든다. 따라서 두 물체 사이의 인력은 거리가 멀어짐에 따라 급속도로 약해진다.

그렇다면 달은 왜 지구로 떨어지지 않는 것일까? 뉴턴이 달을 지구로 끌어당기는 힘이 존재한다고(지구를 달로 끌어당기는 힘도 존재한다고) 분명히 증명했는데, 어째서 달은 지구로 떨어지지 않는 것일까? 뉴턴은 이 질문에 답하기 위해서 대포알의 비유를 이용했다. 대포를 동쪽으로 쏜다고 상상해보자. 이때 대포알은 동쪽으로 몇 미터 날아가다가 땅으로 떨어질 것이다. 대포를 좀더 세게 쏘면 대포알은 더 멀리 날아갈 것이고, 또 더 세게 더 높이 쏘면 대포알은 또 더 멀리 날아갈 것이다. 그런데 만약 대포를 아주 높이 아주 멀리 쏜다면, 그래서 대포알이 땅으로 떨어지기 시작하는 순간 그 아래에 위치한 지구의 곡면 자체가 대포알을 피하게 된다면 어떤 일이 벌어질까? 이 경우 대포알은 더 멀리 날아갈 것이고, 땅에 떨어질 때까지 계속 그렇게 날아가게 될 것이다. 그리고 속도와 높이가 충분할 경우 대포알은 계속 떨어지면서 날아가되 땅에 절대 떨어지지 않을 것이다. 달은 바로 그런 식으로 지구 주위를 돌고 있다. 계속해서 지구로 떨

뉴턴과 로버트 훅

뉴턴과 로버트 훅 사이에는 오랜 논쟁이 존재한다. 비화와 음모론에 열광하는 네티즌들이 좋아할 만한 종류의 논쟁 말이다(아인슈타인과 앙리 푸앵카레 사이에도 비슷한 문제가 있다). 정확히 어떤 논쟁이냐고? 일부 사람들에 따르면, 당시 왕립학회 서기로 있던 훅이 뉴턴보다 먼저 만유인력의 법칙을 발견했지만 이에 대해서 아무런 인정도 받지 못했기 때문이다.

사실 뉴턴과 훅은 그 일이 아니어도 이미 사이가 좋지 않았다. 두 사람은 빛과 중력의 문제를 놓고 꾸준히 대립해왔고, 그래서 뉴턴은 『광학』이라는 책을 훅이 죽기를 기다렸다가 출간할 정도였다. 특히 훅은 뉴턴이 중력에 관한 연구를 훅 자신과 동시에 진행했으면서도 그 사실을 말하지 않았다고 비난하며 격분했다. 훅은 뉴턴이 자신의 역제곱 이론을 도용했다고 주장했지만, 뉴턴은 훅의 연구를 전혀 몰랐다고 주장했다. 그런데 현재 밝혀진 바에 따르면 뉴턴의 주장은 거짓이다. 그리고 뉴턴이 그 일을 놓고 거짓말을 한 이유는 죄가 될 만한 일을 숨기기 위해서가 아니라 단지 훅이 미워서였다.

실제로 훅은 1674년부터 인력의 법칙을 아주 정확히 기술해놓았다. 뉴턴이 10년 뒤에 발표한 것과 비슷하게 말이다. 그러나 훅은 아무것도 확증한 것이 없었고, 역제곱에 대한 가설의 유효성을 증명하지 못했다. 이 가설을 증명하려면 이후 하위헌스가 발표하게 되는 원심력의 법칙이 필요했기 때문이다. 그러나 뉴턴은 핼리가 1684년에 알려준 케플러의 제3법칙(행성의 공전 주기의 제곱은 공전 궤도의 긴반지름의 세제곱에 비례한다는 법칙)을 적용해서 역제곱의 법칙을 발견했다.

그런데 뉴턴도 1666년부터(페스트 때문에 고향에 내려가 있던 시기) 중력 문제를 연구한 것은 사실이다. 중력의 보편적 특성에 대한 자신의 수학적 연구를 지구가 달에 행사하는 인력을 측정하는 실험으로 입증하려고 했기 때문이다. 다만 당시에는 만족스러운 결과를 얻지 못했다. 그래서 그 이론은 1682년에 프랑스의 천체물리학자 장 피카르가 지구 반지름 수치를 정밀하게 계산해서 내놓을 때까지 보류 상태로 남아 있었다. 이 수치 덕분에 뉴턴은 자신의 이론과 일치하는 결과를 얻었고, 이로써 만유인력의 법칙을 입증했다.

어지면서 가속도운동을 하고 있지만, 이와 동시에 가로 방향으로 운동하는 속도 때문에 지구에서 멀어지면서 지구 주위를 계속 돌게 되는 것이다. 지구가 태양 주위를 도는 것도 그러한 원리를 따르며, 다른 행성들이 태양 주위를 도는 원리와 위성들이 그 행성 주위를 도는 원리도 모두 마찬가지이다. 우주에서 천체들은 그런 식으로 움직이고 있다. 모두가 끊임없이 어딘가로 떨어지고 있는 것이다.

뉴턴의 법칙들은 케플러의 실험 결과와 맞아떨어지면서 그 유효성이 확실히 입증되었다. 덕분에 뉴턴의 연구는 사람들의 뇌리에 과학의 종착점으로 인식되었고, 200년 넘게 아무도 뉴턴의 연구를 문제 삼지 않았다. 맥스웰이나 아인슈타인 같은 사람이 등장하고 나서야 뉴턴의 법칙에 대한 맹신이 흔들리게 된 것이다. 따라서 고전역학이 지금까지도 흔히 "뉴턴 역학"이라고 불리는 것도 우연은 아니다.

51. 힘, 짝힘, 모멘트, 일

> 포스는 제다이에게 힘을 주는 원천이다. 살아 있는 모든 것에 의해서 생성되는 일종의 기(氣)이며, 우리를 둘러싸고 우리를 관통하며 은하계를 하나로 통합하는 에너지이다.*

역학에서 말하는 힘은 어떤 영화에 나오는 그 유명한 포스와는 아무런 상관이 없다. 그러므로 그 이미지는 머릿속에서 바로 지우는 것이 좋다. 포스라는 개념이 매력적이기는 하지만 지금 우리가 다룰 내용은 아니니까

* 「스타워즈」 에피소드 IV, 1977.

말이다. 이제부터 우리는 몇 장(章)에 걸쳐 힘과 속도, 가속도, 작용, 운동 등에 대해서 이야기할 텐데, 그에 앞서 이 용어들의 정의를 짧게라도 알아보고 넘어가는 것이 좋겠다. 잘 아는 용어들이라고 생각하지만, 사실 꼭 그렇지도 않기 때문이다. 가령 우리는 힘이 무엇인지 알고는 있지만, 대개는 다른 것까지 포함하는 지나치게 넓은 정의를 적용하는 경향이 있다. 그러므로 정의에 관한 내용을 먼저 살펴보고 본론으로 들어가자.

역학에서 말하는 힘은 여러 물체들 사이의 상호작용이다. 어떤 물체가 다른 물체에 힘을 행사하면 작용을 미치게 되며, 이때 작용은 다른 물체를 변형하거나 끌어당기거나 밀어내는 등의 결과로 나타난다. 전통적으로 힘은 크기와 방향을 동시에 가지는 물리량 벡터(vector)로 표현된다. 벡터는 매우 유용한 수학적 도구로, 힘을 표현하기 위해서 만들어진 도구처럼 보인다(실제로도 힘을 표현하는 데에만 주로 사용된다). 뉴턴은 『프린키피아』에서 벡터의 기본 계산법을 제시했는데, 여기서 벡터는 작용점, 축의 방향, 진행 방향,* 크기라는 네 가지 특성으로 정의된다. 이 네 가지 특성은 이론적 모형에서는 완벽하게 표현할 수 있지만, 현실에서는 그렇지 않다. 예를 들면 야구 배트로 야구공을 칠 경우에 수학적인 의미에서의 점을 가리키는 작용점은 존재하지 않는다. 배트와 공 사이의 접촉은 그 경계를 뚜렷이 말할 수 없는 구역에 걸쳐 이루어지며, 더구나 접촉의 순간에 공과 배트가 변형을 일으키기 때문이다. 그러나 역학의 이론적 모형을 이용하면 현실적으로 매우 복잡한 상호작용도 비교적 간단한 수학적 도구로 기술할 수 있다.

그런데 변형되지 않는(혹은 변형되지 않는 것으로 간주되는) 딱딱한 물

* 축의 방향은 기준이 되는 축을 말하고(예를 들면 Y축), 진행 방향은 그 축에서부터 진행하는 방향을 말한다(예를 들면 아래 방향).

체의 역학과 말랑말랑한 물체의 역학 사이에는 물론 큰 차이가 존재한다. 공을 치는 것과 쿠션을 두드리는 것은 당연히 다른 일이니까 말이다. 마찬가지로 유체(액체와 기체)의 역학도 따로 존재하는데, 유체는 종류에 따라 각기 자체적인 성질과 규칙을 가지되, 전체적으로는 뉴턴의 법칙을 따른다.

여러 힘들이 동시에 개입할 때는 그것을 간단히 더해주면 합력(合力)을 계산할 수 있다. 벡터를 표시할 때 사용되는 화살표로 힘들을 나타내고, 이 화살표들을 이어주기만 하면 합력이 나온다(이미 말했듯이 벡터는 힘을 나타내는 데에 아주 유용한 도구이다).

대부분의 경우 물체는 힘을 받은 방향으로 움직인다. 오른쪽으로 힘을 받으면 오른쪽으로 움직이고, 왼쪽으로 힘을 받으면 왼쪽으로 움직인다는 말이다. 그런데 방금 "대부분의 경우"라고 말한 것에서 알 수 있듯이 간혹 물체는 힘을 받은 방향으로 움직이지 않을 수도 있다. 어떤 제약이 물체가 움직이는 것을 방해할 수도 있기 때문이다. 가령 회전문이 있다고 상상해보자. 회전문을 밀 때 우리는 앞으로 힘을 가한다. 그러나 회전문은 앞으로 가는 대신 옆으로 돌아간다. 물론 우리는 왜 그런 현상이 일어나는지 이미 알고 있다. 문은 앞으로 가지만 그 중심축이 문 전체가 앞으로 가는 것을 막고 있기 때문에, 그래서 문에 힘이 가해지는 매순간 문에서 움직일 수 있는 부분만 앞으로 가기 때문에 앞으로 가는 운동이 회전운동으로 변환되는 것이다. 그리고 이 변환, 즉 물체가 평행으로 이동하는 병진운동이 회전운동으로 바뀌는 변환에는 짝힘(couple of forces)과 모멘트(moment)라는 개념이 관계되어 있다.

짝힘은 그 명칭에서 드러나듯이 한 쌍의 힘으로, 한 물체에 작용하는 크기는 같고 방향은 반대인 두 힘을 가리킨다(힘이 둘 이상 작용할 때도 여

엔진을 돌리는 짝힘

짝힘에 의한 회전력은 자동차에서도 찾아볼 수 있다. 피스톤을 밀고 당기기를 반복하는 운동을 통해서 엔진의 축(크랭크 축)을 돌리는 힘이 바로 그에 해당한다. 짝힘이 클수록 엔진은 더 빠르게 출력을 낼 수 있다.

전히 짝힘이라고 부른다). 짝힘을 이루는 두 힘의 합력은 0이며, 짝힘만 작용할 경우에 물체는 회전운동을 한다. 예를 들면 수직축을 중심으로 돌아가는 원통이 있다고 해보자(티베트 불교에서 사용하는 원통형 불경 같은 것을 떠올려보라). 이 원통을 양손으로 돌릴 때 우리는 왼손으로는 원통의 왼쪽을 앞으로 미는 동시에 오른손으로는 원통의 오른쪽을 뒤로 당긴다. 이때 왼손과 오른손에 의한 두 힘의 합력은 0이 되고, 원통은 회전운동을 하게 된다. 그렇다면 힘들이 서로 상쇄되는데도 어떻게 운동을 일으킬 수 있는 것일까? 그 이유는 그 힘들이 회전축을 중심으로 작용함으로써 **모멘트**, 즉 물체에 힘이 작용한 효과가 발생하기 때문이다.

어느 한 점에 대한 힘의 **모멘트**(moment of force : 힘의 모멘트는 언제나 한 점을 기준으로 발생한다)는 그 힘이 어떤 물체를 그 점을 중심으로 회전시킬 수 있는 능력을 나타낸다. 이때 모멘트의 크기는 그 점에 대한 거리에 비례한다. 예를 들면 보통의 여닫이문이 우리 앞에 열려 있다고 상상해보자. 이 문을 경첩에서 먼 부분을 밀어서 닫으면 문은 아무 어려움 없이 잘 닫힌다. 그러나 경첩에서 아주 가까운 부분을 밀어 닫으려고 하면 닫기가 훨씬 더 어렵다. 문의 회전축(경첩이 있는 위치)을 기준으로 적용되는 모멘트는 힘이 그 축에서 멀리 떨어져 작용할수록 더욱 커지기 때문이다. 아르키메데스는 이 원리를 이러한 방식으로 설명하지는 않았지만 지렛대를 통해서 이미 이해하고 있었다. 지렛대의 손잡이가 길수록, 그리고 지렛대의 축에서 멀리서 힘을 가할수록 지렛대의 능률이 더욱 커진다는 것을 알고 있었기 때문이다.

역학에서 **일**이란 어떤 힘이 물체를 움직이는 동안 가해진 에너지를 말한다. 힘이 물체의 이동과 같은 방향으로 작용하면 **양의 일**이라고 하고, 반대 방향으로 작용하면 **음의 일**이라고 한다. 그리고 힘이 물체의 이동과 같은 방향으로도 반대 방향으로도 작용하지 않은 경우에 **일**은 0이 된다. 물론 일이 0인 상황과 힘에 의한 효과가 없는 상황을 혼동해서는 안 된다. 가령 지구 주위를 도는 달이 계속해서 받는 중력의 힘은 달의 중심에서부터 지구의 중심으로, 즉 달의 운동에 언제나 수직인 방향으로 작용한다. 따라서 여기서 중력이라는 힘에 의한 일은 0이다. 그러나 이 힘에 따른 효과가 없다고 할 수는 없다. 그 힘이 없으면 달이 지구 주위를 돌지 않을 것이기 때문이다.

52. 운동량과 충돌

역학을 구성하는 요소들의 정의를 살펴보는 작업은 조금 지루하기는 하지만 꼭 필요하다. 왜냐하면 그 개념들을 일단 머릿속에 넣어두면 고전역학뿐만 아니라 나중에 양자역학을 보다 명확히 이해하는 데에도 도움이 되기 때문이다. 특히 양자역학과 관련해서는 도움이 될 만한 것은 모조리 알아두는 편이 좋다.

운동량(momentum)이라고 불리는 것에 대해서는 이해하기가 꽤 쉽다. 용어 자체를 아주 잘 정했기 때문이다. 운동량은 말 그대로 운동의 양이다. 물론 좀더 형식을 갖추어 설명할 수도 있으며, 이를 위해서는 그 개념을 더 자세히 들여다볼 필요가 있다. 최근 새롭게 유행하는 페탕크 놀이(표적이 되는 나무 공에 금속 공을 던져 상대보다 가까이 던지는 것으로 점수를 겨루는 경기)를 예로 들어보자. 여러분이 공을 던지고 그 공이 다른 공에 부딪혔을 때, 던져진 첫 번째 공은 움직임을 멈추는 반면, 원래 서 있던 두 번째 공은 첫 번째 공의 움직임을 이어받은 것 같은 움직임을 보인다. 첫 번째 공이 두 번째 공에 무엇인가를 전달해준 것처럼 말이다. 그렇다면 그 "무엇인가"에 대해서 우리는 어떤 이야기를 할 수 있을까? 우선, 그 무엇인가는 첫 번째 공의 속도에 의해서 좌우된다. 첫 번째 공을 두 배로 빨리 던지거나 혹은 반대로 훨씬 느리게 던지면 두 번째 공은 그 속도에 따라 더 빨리 혹은 더 느리게 움직일 것이라는 말이다. 그리고 그 무엇인가는 첫 번째 공의 질량에도 좌우된다. 첫 번째 공이 볼링공인지 탁구공인지에 따라서 두 번째 공은 더 빠르고 강하게 움직이거나 더 느리고 약하게 움직일 것이기 때문이다.

방금 말한 그 "무엇인가"가 바로 **운동량**이다. 운동량은 물체의 질량과 그 속도의 곱에 정확히 대응된다. 여기서 속도는 벡터를 이용해서 크기와 방향으로 나타낼 수 있으며, 운동량도 마찬가지이다. 대부분의 경우 운동량은 물체가 충돌할 때 발생하는 충격량의 개념과 혼동된다. 뉴턴의 진자를 아는가? 영화에서 사장실 책상 같은 곳에 종종 놓여 있는, 5개의 쇠구슬이 나란히 매달려 계속 "딱" "딱" "딱" 소리를 내고 있는 것 말이다. 뉴턴의 진자에서 맨 왼쪽 구슬을 들었다가 놓으면 그 구슬은 바로 옆의 구슬과 닿는 순간 멈춰선다. 대신 맨 오른쪽에 있는 구슬이 올라가고, 이 구슬이 내려오면 그 움직임을 다시 맨 왼쪽 구슬까지 전달한다. 이 경우 운동량이 구슬에서 구슬로 전해진 것이다. 운동량은 물체의 충돌을 연구할 때 아주 유용한 속성으로, 충돌이 일어나면 운동량의 전달이 발생한다(운동량의 전달만 발생하는 것은 아니지만).

물리학에서 충돌 이론은 아주 중요한 역학 분야에 속한다. 역학에서 충돌은 두 물체 사이의 직접적인 충돌을 말하며, 몇 가지 유형으로 구분된다. **탄성충돌**(elastic collision), 부분 탄성충돌이라고도 불리는 **비탄성충돌**(inelastic collision), 전혀 탄성적이지 않은 충돌을 고상하게 일컫는 **완전 비탄성충돌**(perfect inelastic collision)이 그것이다.

그런데 이제까지 우리는 이상적이거나 완벽한 상황에 대해서만 말해왔다. 물체를 한 점이라고 생각할 수 있고, 주변 공기는 물체의 운동에 아무 영향을 미치지 않으며, 바닥의 저항도 없는 등의 상황 말이다. 그러나 현실에서는 당연히 그렇지 않다. 물론 많은 경우 일부 영향들은 무시할 만한 수준으로 간주될 수 있으며(가령 작은 구슬이 낙하할 때 공기의 저항이 미치는 영향 같은 것), 그런 식으로 이상적인 상황을 전제해도 된다. 그러나 실제로는 전혀 그렇지 않다는 점을 염두에 두어야 한다. 예를 들면 탄성충돌은 현실에서는 존재하지 않는다. 결코 존재할 수 없다. 원자 차원에서는 예외일 수도 있지만, 이는 고전역학의 범위를 완전히 벗어나는 특수한 경우에 해당한다.

탄성충돌은 두 물체가 충돌했을 때 모든 운동량이 조금의 손실도 없이 물체들 사이에서 전달되고, 충돌에 따른 에너지 손실도 전혀 없는 경우를 말한다. 어떤 충돌이 완전 탄성충돌이 되려면 충돌하는 물체들을 하나의 고립계로 볼 수 있어야 한다. 고립계에서는 운동량이 그대로 보존되기 때문이다.

또한 완전 탄성충돌이 되려면 충돌 시에 모든 에너지가 운동 에너지(kinetic energy)의 형태로만 전달되어야 하는데, 현실에서는 절대 그런 일이 일어나지 않는다. 현실에서는 충돌이 일어날 때 충돌 자체에 의해서 열이

고립계(孤立系, isolated system)

고립계란 주변과 상호작용을 전혀 하지 않는 물리적 계(가령 일련의 구슬로 실험을 할 경우 이 구슬들이 이루고 있는 계)를 말한다. 현실에서는 고립계가 존재하지 않는다. 왜냐하면 우주에서 질량을 가진 모든 물체는 다른 모든 질량을 가진 물체에 아무리 작더라도 중력을 행사하기 때문이다. 따라서 지구는 태양의 영향 때문에 고립계가 될 수 없고, 태양계도 우리 은하의 다른 항성들의 영향으로 고립계가 될 수 없으며, 우리 은하 역시 다른 은하들의 영향으로 고립계가 될 수 없다. 오직 우주 전체만이 고립계를 이루고 있을 가능성이 있으며(아직 증명되지는 않았다), 만약 그렇다면 고립계의 유일한 사례가 될 것이다.
그러나 물리학에서는 이론적 모형을 만들기 위해서 상황을 단순화하는 경우가 일반적이며, 그래서 예를 들면 경사면을 굴러가는 구슬을 구슬과 경사면으로 이루어진 고립계로 간주해서 연구한다.

발생하고, 이 열은 물체들이 충돌 전에 가지고 있던 운동 에너지에서 기인하기 때문이다. 따라서 보통은 열로 변환되는 에너지가 존재한다. 에너지가 적어도 부분적으로는 열로 소산(消散)되는 것이다. 그러나 완전 탄성충돌에서는 운동 에너지가 조금도 소산되지 않는다. 특히 같은 질량을 가진 두 물체가 움직이면서 서로 정확히 반대 방향으로 향하는 정면 탄성충돌을 일으킬 경우, 두 물체는 충돌 전의 속도를 서로 교환한다. 충돌 후에는 다른 물체가 충돌 전에 가지고 있던 속도로 움직인다는 뜻인데, 이는 두 물체가 같은 질량을 가지기 때문에 일어나는 현상이다. 앞에서 말했듯이 운동량은 질량에 좌우된다. 마찬가지로 두 물체가 같은 질량을 가졌는데 물체 중 하나가 충돌 순간에 움직이지 않으면, 이 물체는 다른 물체의 운동을 중지시키는 대신 자신이 다른 물체가 충돌 전에 가지고 있던 속도와 방향으로 운동을 이어간다. 당구에서 그런 장면을 본 적이 있을

것이다. 서 있는 공에 다른 공이 부딪히면 이 공은 멈춰서고 서 있던 공이 굴러가는 것 말이다(당구대의 마찰력이 작용하기 전까지).

비탄성충돌 혹은 부분 탄성충돌은 탄성충돌에 비해서 현실에 더 가깝다. 가령 자동차 두 대가 서로 부딪히면 충돌 에너지의 일부는 열로 소산되고, 또 일부는 소리로 소산되며(그렇다, 소리를 내는 데에도 에너지가 필요하다), 또 일부는 차체를 변형시키는 데에 쓰인다. 그리고 나머지 에너지가 운동 에너지로 변환되어 자동차들을 각각의 질량과 속도, 충돌 각도 및 세기에 따라 많게든 적게든 이동시킨다. 비탄성충돌은 현실에 가깝지만, 그래서 이론적 모형으로 만들기는 훨씬 더 복잡하다. 물체에 일어날 수 있는 변형 한 가지만 놓고 보아도 말이다. 실제로 자동차 엔지니어들(수염이 있든 없든 안경을 썼든 안 썼든 셔츠 주머니에는 언제나 펜이 잔뜩 꽂혀 있다)이 범퍼나 충격 흡수 장치 하나를 만드는 데에 얼마나 많은 연구와 고민을 하는지 여러분은 상상도 하지 못할 것이다.

농구공이 하나 있다고 상상해보자(상상만 하지 말고 진짜 농구공을 가지고 밖으로 나가서 잠깐 뛰고 들어오는 것도 괜찮다. 건강에 좋으니까). 농구공을 일정한 높이에서 놓되 손을 그 위치에 그대로 두고 있으면 농구공은 다시 튀어오르기는 하지만 손이 있는 곳까지는 절대 닿지 않는다. 공은 튀어오를 때마다 점점 더 낮게 튀는데, 그 이유는 공과 바닥 사이의 충돌이 비탄성충돌이기 때문이다. 공은 바닥과 충돌할 때마다 약간씩 변형되면서 그 안에 들어 있는 공기를 압축하며, 따라서 그 공기에 열을 조금 가한다. 그러면 공 안에 든 공기의 열과 압력이 공의 내벽을 밀어내고, 그 결과 공이 튀어오르는 것을 부분적으로 도와주게 된다.

끝으로, 완전 비탄성충돌은 완전 탄성충돌과 반대되는 경우이다. 완전 비탄성충돌에서는 소산될 수 있는 에너지의 최대치가 소산된다. 게다가 두 물체는 충돌 후에 서로 달라붙은 상태로 남게 되는데, 그래서 "연성충돌(軟性衝突)"이라는 명칭으로도 불린다. 고립계에서는 완전 비탄성충돌 시에 운동량이 모두 그대로 보존되지만, 소산될 수 있는 에너지는 모두 소산된다(열, 소리, 변형). 따라서 운동 에너지는 충돌 후에 전체적으로 줄어든다. 자동차 두 대 사이에 정면충돌이 일어나면 충돌 후에 차들이 서로 붙어 있을 때가 많은데, 이런 경우가 바로 완전 비탄성충돌의 예에 해당한다. 그리고 같은 질량 m을 가진 두 물체 중 한 물체는 다른 물체를 향해 속도 v로 움직이고 다른 물체는 움직이지 않는 상태에서 완전 비탄성충돌을 할 경우, 두 물체는 한 덩어리가 되어서 움직이되(움직이고 있던 물체가 가던 길로) 속도는 처음 속도의 절반을 가지게 된다.

그럼 이제 남은 것은 각운동량과 그 보존에 관한 내용이다. 앞에서 잠깐 언급했듯이 태양계가 평평한 형태를 가지게 된 이유가 각운동량 보존 법칙 때문이며, 스턴트맨이 탄 자동차가 땅에서 떠올랐다가 다시 내려앉는 장면에도 그 법칙이 관계되어 있다. 각운동량에 관해서만 살펴보면 고전역학에 대해서는 거의 다 살펴본 셈이다(유체역학과 열역학은 전혀 다른 분야이므로 여기서는 다루지 않을 것이다).

53. 각운동량

각운동량(角運動量, angular momentum)은 물리학적으로나 수학적으로나 아주 유용한 도구이다. 그러나 솔직히 매우 까다로운 개념인 것이 사실이며, 그래서 나는 최대한 간단하게 설명하고자 한다. 수학자와 물리학자들이 나의 설명을 읽으면 못마땅해할 수도 있겠지만 말이다. 우선, 각운동량과 회전운동량이 같은 말이라는 점부터 이야기하고 시작하자.

어떤 물체가 직선으로 이동하면 운동량이 발생한다. 그런데 물체가 힘의 모멘트를 발생시키는 짝힘을 받았을 때와 마찬가지로 한 축을 중심으로 회전하면 이번에는 각운동량이 발생한다. 각운동량은 말하자면 운동량(momentum)의 한 형태이되, 회전하는 물체의 운동량을 뜻한다. 회전운동에서 각운동량은 병진운동에서 운동량이 작용하는 것과 똑같이 작용한다. 특히 고립계의 경우, 운동량이 보존되는 것과 마찬가지로 각운동량도 그대로 보존된다. 그리고 어느 한 점(회전하는 물체)의 각운동량은 다른 한 점(회전축)을 기준으로 표현된다.

각운동량 자체에 대해서 너무 깊게 들어가지 않더라도 각운동량이 보존되는 현상을 태양계의 형태와 관련시켜 살펴보면 그것이 무엇인지 어느 정도 감은 잡을 수 있다. 앞에서 이미 말했듯이* 태양계의 형성은 성운, 혹은 더 정확히는 분자운에서부터 시작되었다. 이 분자운에는 기체, 얼음, 먼지 등의 입자들이 엄청나게 많이 모여 있었고, 이 입자들은 각기 마음대로 움직일 수 있는 범위 내에서 움직이는 가운데 때때로 서로 충돌하며 서로의 주위를 돌아다니고 있었다. 그러나 이 입자들은 하나하나는 산만하게 움직이는 것처럼 보여도 전체적으로는 하나의 운동을 하고 있었다. 전체적으로 돌아가는 운동, 즉 회전운동을 하고 있었던 것이다. 그리고 이 회전운동은 각운동량을 발생시켰다. 문제의 분자운을 고립계로 간주한다면(논리적으로 그렇게 볼 수 있다), 그것이 고립계로 남아 있는 한 계속 보존되는 각운동량을 말이다(따라서 오늘날까지 45억 년간 보존되어온 셈이다). 그런데 입자들이 중력에 의해서 결집하기 시작하자 분자운의 "중심부"는 밀도가 점점 증가하다가 어느 날 태양을 형성하게 된다. 그리고

---

* 141쪽 참조.

각운동량 보존법칙에 따라 중심부의 회전 속도가 빨라지자 나머지 부분들도 점점 더 빨리 돌아가게 되었고, 그 결과 분자운은 점점 더 옆으로 늘어나고 평평해지면서 커다란 원반 같은 모양에 이르렀다. 그렇게 해서 태양계는 약 45억 년이 지난 지금 전체적으로 평평한 형태가 되었다.

각운동량의 보존을 더 쉽게 이해할 수 있는 사례는 스턴트 촬영이다. 영화를 보면 자동차가 도로를 달리던 중에 커브 때문에(혹은 스태프가 제대로 숨기지 못한 점프대 때문에) 땅에서 몇 미터 떠오르는 장면이 종종 나온다. 물리학의 법칙대로라면 보닛을 위로 하고 떠오른 자동차는 최선의 경우 그대로 다시 떨어질 수도 있지만, 최악의 경우에는 지면과 이루는 각도가 커지면서 수직으로 떨어지거나 완전히 뒤집혀서 떨어질 수도 있다. 그러나 영화에서는 대개 수평으로 땅에 떨어진다. 그것도 보닛이 바닥으로 약간만 기울어진 채로. 그래야 영상 면에서나 현실감 면에서나 더 좋은 장면이 연출되기 때문이다. 어떻게 그런 장면을 마음대로 연출할 수 있는 것일까? 그런 일이 가능한 것은 각운동량 보존법칙 덕분이다. 자동차가 땅에서 떠올랐을 때 자동차는 고립계, 특히 땅에서부터 분리된 고립계를 이루게 된다. 이때 자동차의 바퀴는 회전하고 있고, 이 회전운동은 각운동량을 발생시킨다. 그런데 자동차가 일단 공중에 떠오르면 스턴트맨은 브레이크를 걸어 바퀴를 정지시킨다. 바퀴들이 각운동량을 더 이상 발생시키지 않게 만드는 것이다. 그러나 고립계 안에서 각운동량은 보존이 되어야 한다. 그러면 어떤 일이 벌어질까? 자동차 전체가 회전운동을 시작하고(단, 자동차의 회전운동은 바퀴보다 훨씬 더 느리다. 자동차는 전체적으로 훨씬 무겁고, 따라서 훨씬 큰 관성을 가지기 때문이다), 이 운동으로 문제의 각운동량이 보존된다. 물리학의 법칙이 준수되는 가운데 감독은 만족스러운 장면을 얻을 수 있는 것이다. "오케이, 컷!"

자, 고전역학을 둘러보는 여정은 이제 정말 끝났다. 나로서는 조르다노 브루노와 갈릴레이, 뉴턴에게 경의를 표하기 위해서 나름 최선을 다했다고 생각한다. 물론 독자들 중에도 지적할 사람이 있겠지만 코페르니쿠스에 대해서는 충분히 다루지 못했다. 그가 교회로부터 파문 당하는 것을 피하기 위해서 지동설에 관한 책을 죽기 직전에 출간하는 신중함을 기했다는 점이라도 이야기했으면 좋았을 텐데 말이다. 그리고 케플러도 더 자세히 소개했더라면 좋았을 것이다. 또한 데카르트와 볼테르, 라이프니츠에 대해서 거의 이야기하지 않은 것이나, 수학 분야에서 책 한 권을 통째로 할애해도 다 소개하지 못할 방대한 연구를 한 유클리드와 피타고라스, 탈레스, 오일러를 언급하지 않은 것도 비난을 받을 만한 일이다. 게다가 유럽을 조금이라도 벗어나 중국과 인도, 아랍의 과학에 대해서도 살펴보았더라면 하는 아쉬움이 있다. 실제로 과학사에는 들려주어야 할 이야기가 너무 많다. 때로는 감동적이고 때로는 놀라운 이야기들이 말이다. 그 가운데는 그 주인공이 연이어 겪은 쓰라린 실패를 통해서 실패는 끝이 아니라 진보를 향한 하나의 계단임을 알려주는 것들도 적지 않다. 윈스턴 처칠의 말을 빌리면, 성공이란 열정을 잃지 않고 실패를 거듭할 수 있는 능력이라지 않던가.

그러나 그 모든 이야기를 전부 다룰 수는 없다. 책을 전개하기 위해서는 주제를 제한하고 선택할 수밖에 없으니까. 어쨌든 고전역학을 둘러본 이제, 상대성 이론을 말하기 위한 준비가 어느 정도는 된 셈이다. 그러나 그에 앞서 막간을 이용해(혹은 휴식 시간 삼아서) 조금 더 흥미로운 다른 형태의 역학, 즉 인간과 관련된 역학에 대해서 잠깐 말하고 지나가기로 하자. 그런 다음 아인슈타인의 이론으로 넘어갈 것이다.

생명

우리는 1000000000.1RC 베타 버전에 지나지 않는다

우리 인간을 생각하는 존재로 만들어주는 것은 무엇일까? 아니, 그보다 먼저 우리를 살아 있는 존재로 만들어주는 것은 무엇일까? 나는 지금 살아 있다. 이 문장을 쓰는 순간 나는 살아 있으며, 여러분도 이 문장을 읽는 순간 살아 있다. 이는 나도 알고 여러분도 아는 사실이다. 그렇다면 살아 있다는 것은 무엇을 의미할까? 여러분은 주위의 사람들, 그러니까 가족과 친구, 이웃, 단골 빵집 주인 아저씨, 이 책의 저자인 나, 프랑스 정치인 로베르 위 등등, 이 모든 사람들이 단지 여러분의 상상력의 산물이 아님을 증명할 수 있는가? 증명할 수 있다면 어떻게 증명하겠는가? 뭐, 우

리가 살아 있다는 것은 일단 인정하기로 하자(솔직히 말해 인정하는 것 말고는 할 수 있는 것이 없으니까). 그렇다면 우리가 살아 있음을 알게 해주는 것은 무엇일까? 여러분이 키우는 강아지, 여러분 집 한구석에 숨어 살면서 여러분이 모기한테 피를 뺏기지 않도록 도와주는 거미, 그 거미가 노리고 있는 모기, 여러분이 어느 날 낚시 바늘에 꽂았던 지렁이, 그 지렁이를 삼킨 물고기 등등, 동물들도 자신이 살아 있음을 알고 있을까? 요컨대 생명은 곧 살아 있음을 의식하는 일일까? 아니면 다른 방식으로도 생명이 존재할 수 있을까? 그리고 방금 질문에 대한 답이 어떤 것이든 간에, 생명은 다른 곳에서도 존재할 수 있을까?

보다시피 이번 주제는 엄청나게 많은 질문들을 제기한다. 그러나 이 질문들에 대해서 우리가 내놓을 수 있는 답은 터무니없이 적다.

54. 여러분은 생명체이다

여러분이 생명체라는 것은 더 따질 필요가 없는 사실이다. 그렇다면 여러분이 생명체임을 알려주는 것은 무엇일까? 이 질문에 여러분은 이렇게 답할 수 있을 것이다. 의식이 있고, 맥박이 뛰고 있고, 피가 혈관을 흐르고 있고, 숨을 쉬고 있고, 음식을 먹고 소화시킬 수 있고, 성장하고 있고, 태어난 적이 있고, 죽는 날도 있을 것이고, 자식을 낳을 수 있다고 말이다. 이 모든 답은 옳다고 볼 수 있을 것이다. 그러나 그런 것들로 생명체가 무엇인지 정의하는 데에 충분할까? 그 기준들이 다 필요할까? 예를 들면 불임인 사람은 자식을 낳을 수 없지만 그래도 여전히 생명체에 속한다. 그리고 나무는 맥박이 뛰지 않지만, 역시 여전히 생명체이다. 모기가 의식이 있어서 생명체이겠는가?

사실 대부분의 사람에게 생명체의 정의는 무엇보다도 경험적인 문제이며, 우리 모두는 우리 주위에서 어떤 것이 살아 있고(개, 고양이, 금붕어, 수다쟁이 옆집 아주머니), 어떤 것이 살아 있지 않은지(포크, 의자, 침대 머리맡 전등, 수다쟁이 옆집 아주머니가 키우던 개를 박제해둔 것) 알아볼 수 있다. 생명체의 정의는 아주 오래된 문제로, 고대 그리스 철학자들은 물론이고 클로드 베르나르부터 시작해서 칸트와 데카르트를 지나 에르빈 슈뢰딩거*에 이르는 전 시대의 학자들의 관심을 불러왔다.

주제의 이해를 돕기 위해서 과거 수세기 동안 사람들이 생명에 대해서 내놓은 다양한 정의들을 하나하나 검토해볼 수도 있을 것이다. 특히 이 주제에 대한 지식을 거의 매일 갱신하는 과학적 발견들도 고려해가면서 말이다. 그러나 그 같은 검토에는 철학과 신학, 과학, 직관의 문제가 뒤섞여 있으며, 따라서 그 자체로 책 한 권이 될 만한 내용이다. 그러므로 여기서 나는 주제의 범위를 제한하기 위해서 생명의 과학적 측면에만 집중할 것이다. 아리스토텔레스가 말한 **생명의 기운**이라거나 **영혼** 같은 문제는 다루지 않겠다는 뜻이다.

생명이 무엇인지에 대한 정확한 정의는 학술적, 형식적인 부분까지 들어가지 않더라도 생명체가 가진 몇 가지 특성을 알면 이야기해볼 수 있다. 가령 생명체는 이런저런 방식으로 태어나는 것으로 시작하고, 그 모습을 유지시키거나 경우에 따라 통제된 방식으로 변화시키는 복잡한 내부 구조를 가졌으며, 스스로 혹은 경우에 따라서는 주변의 실체에 근거해서 자신의 실체를 만들고, 생식 활동을 할 수 있으며, 마지막에는 죽음을 맞이한다. 생명체가 일단 죽으면(죽음의 정의는 여기서 다루지 않을 것이다)

* 고양이 실험으로 특히 유명한 인물. 뒤에 다시 나올 것이다.

그 모든 특성과는 더 이상 상관이 없어진다. 이 정도 내용을 알고 있다면, 생명체가 무엇인지 비교적 명확하게 이해하고 있다고 할 수 있을 것이다.

그런데 생명체를 특징짓는 중요한 사항들 중 하나는 생명체가 열역학 제2법칙*을 준수하지 않는 것처럼 보인다는 점이다. 이는 우리로서는 아주 흥미로운 사실이다. 왜냐하면 생명의 형식적인 정의와 관계된 문제이기 때문이다. 슈뢰딩거는 고양이를 살아 있는 동시에 죽은 것으로 만드는 이론(이른바 "슈뢰딩거의 고양이"를 두고 하는 말인데, 이것에 대해서는 제2권에서 다룰 것이다)을 내놓은 것 외에도 생명이 무엇인지에 대해서 과학적이고 형식적인 정의를 제시하고자 노력한 인물이기도 하다. 그는 생명에 관해서 결코 가볍지 않은 질문을 던졌으며, 생명이 생명을 제외한 나머지 우주와 동일한 물리법칙을 따르는지 확인하려고 했다. 이 같은 문제 제기가 이상하게 보일 수도 있겠으나 사실은 전혀 그렇지 않다. 실제로 지구상의 생명체는 돌멩이와 마찬가지로 지구 중력의 영향하에 놓여 있지만, 특히 열역학의 법칙을 비롯한 몇몇 미세한 물리법칙에는 종속되지 않는 것처럼 보이기 때문이다.

생명체는 열역학적 평형과는 거리가 먼데, 이 사실에 대해서 슈뢰딩거는 다음과 같이 말했다.

> [……] 생명체는 오늘날 확립되어 있는 대로의 "물리법칙"을 벗어나지 않는 동시에 이제까지 알려지지 않은 "다른 물리법칙"도 따르고 있는 것처럼 보인다. 이 "다른 물리법칙"은 일단 밝혀지기만 하면 이전의 법칙들과 마찬가지로 과학을 구성하는 한 요소로 자리하게 될 것이다.**

---

* 열역학에 관해서는 335쪽 참조.

** *Qu'est-ce que la vie*, Erwin Schrödinger, 1944, traduction Léon Keffler, Seuil, 1993.

열역학적 평형(thermodynamical equilibrium)

열역학적 평형은 열과 열의 교환을 연구하는 물리학 분야인 열역학의 기본 개념 중 하나이다. 열역학적 평형이 열역학에서 중요한 이유는 고립계에 이르는 과정을 정의해주는 개념이기 때문이다. 얼음을 뜨거운 물에 넣는다고 생각해보자. 이때 얼음은 녹게 되고, 뜨거운 물은 차가워지며, "충분히 긴"* 얼마간의 시간이 지나면 그 전체는 열역학적 평형 상태에 이른다. 역학적으로나 화학적으로나 열 교환이 더 이상 일어나지 않는 상태, 즉 전체적으로 온도가 같고 압력도 같은 상태가 된다는 뜻이다. 고립계는 가만히 내버려두면 언제나 열역학적 평형 상태에 결국 도달하며, 이 현상은 자연의 기본 법칙에 속한다.

엔트로피(entropy)에 관한 열역학 제2법칙을 예로 들어보자. 이 법칙에 따르면 고립계에서 **엔트로피**는 증가하거나 일정하게 유지될 수 있을 뿐, 절대 감소하지 않는다.

슈뢰딩거는 고립계로서의 생명체가 자연의 기본 법칙인 엔트로피 법칙을 준수하지 않는다는 점을 지적했다. 이른바 **슈뢰딩거의 패러독스**라고 불리는 현상이다. 그러나 이 패러독스는 쉽게 해결할 수 있다. 실제로 슈뢰딩거는 자연의 법칙을 거스르지 않으면서 그 문제를 해결할 수 있는 유일한 방법은 생명체를 고립계로 간주하지 않는 것이라는 결론을 바로 내놓았다. 생명체의 개념이 환경과 불가분의 관계에 있음을 주목한 것이다.

그런데 그 같은 정의도 좋기는 하지만, 우리가 처음 말한 생명체의 정의는 그럼 어떻게 되는 것일까? 생명체를 호흡, 혈액, 생식 활동, 영양 활동 등의 특성으로 규정하는 정의도 유효할까? 유효하다면 그 정의는 어떤 가치가 있을까?

---

* "충분히 긴"이라는 표현은 정확하지 않다는 점에서 마음에 들지 않지만, 이 표현 역시 열역학적 평형에 대한 정의의 일부분이다.

엔트로피(entropy)

엔트로피에 관해서는 뒤에서 자세히 다룰 예정이지만, 일단 여기서는 엔트로피가 무엇인지 "감"이라도 잡고 지나가는 것이 좋겠다. 대학생이든 고등학생이든 어느 남학생의 방을 하나의 고립계로 놓고 시작해보자. 여러분은 그 방에서 아무것도 건드리지도 정리하지도 않을 것이다. 단, 실험 첫날에 여러분은 그 방을 깨끗이 청소해두었다. 가구에는 먼지 하나 없고, 옷도 잘 개어져 제자리에 정돈되어 있으며, 방 안에 음식물 같은 것은 없도록 말이다. 그리고 한 달간 학생이 방을 사용하는 대로 그냥 두었다가 다시 방에 들어간다고 해보자(개인에 따라 한 달까지 갈 것 없이 며칠이면 충분할 수도 있다). 그러면 가구에는 양말들이 널린 자리만 빼고 먼지가 잔뜩 쌓여 있을 것이고(여기서 내가 "양말들"이라고 복수로 말한 이유는 여러 켤레가 널려 있을 것이라는 뜻이지 왼쪽과 오른쪽 양말이 짝을 맞추어 있을 것이라는 뜻은 아니다), 바닥에는 음식물(한때 음식물이었을 것이다)이 굴러다니고 있을 것이며, 이상한 냄새(정확히 정의할 수는 없지만 해가 내리쬐는 열대 초원에 쓰러져 있는 죽은 얼룩말한테서 날 법한 냄새)가 방을 가득 채우고 있을 것이다.

엔트로피란 바로 그런 것과 비슷하다. 물질계를 통제하는 메커니즘이 전혀 없을 때 그 물질계는 갈수록 무질서해진다는 개념이다. 뜨거운 커피에 얼음을 넣어 커피를 미지근하게 만들었을 경우, 미지근해진 커피가 다시는 뜨거운 커피와 얼음으로 바뀌지 않는 것도 엔트로피 법칙에 따른 현상이다.

55. 거짓말 같은 인체의 도로망

생명체를 이야기할 때 사람들의 머릿속에 가장 먼저 떠오르는 특성 중 하나는 호흡일 것이다. 소설이나 연극, 영화를 보면 망자는 더 이상 숨을 쉬지 않는다는 사실로 그 죽음이 확인되니까 말이다. 실제로 호흡은 생명체 집단이 산소가 주는 에너지를 얻기 위해서 사용하는 가장 일반적인 방법이다. 예를 들면 인간의 경우(다른 포유류와 조류도 마찬가지로), 호흡은 폐에 공기를 채우고 비우는 과정으로 이루어지는데, "폐 환기(肺換氣)"라고 불리는 이 과정은 누구나 알다시피 들숨과 날숨이라는 두 가지 활동으로 구분할 수 있다. 들숨, 즉 공기를 들이쉬는 활동은 횡격막 같은 호흡근을 통해서 유발되며, 폐 안을 산소가 풍부한 공기(보통의 공기에는 산소가 약 21퍼센트 함유되어 있다)로 가득 채워준다. 그러면 어떤 일이 일어날까? 폐는 거대한 막이 원을 최대한 크게 그리는 식의 접힌 구조로 되어 있으며, 나무를 뒤집어놓은 것 같은 모양을 하고 있다. 우선 커다란 몸체에서 굵은 가지들이 나오고, 굵은 가지에서 가는 가지들이 나오고, 다시 이 가는 가지에서 더 가는 가지들이 나와서 잎에까지 이르는 것이다. 나무의 몸체에서부터 잎에 이르는 부위들을 폐에서는 각기 기관(氣管), 기관지(氣管支), 세기관지(細氣管支), 폐포(肺胞)라고 부른다.

나무가 잎으로 호흡한다는 점을 생각하면 나무와 폐의 구조가 비슷한 것은 결코 우연이 아니다. 실제로 폐에 있는 무수한 주름과 나무 모양의 구조는 흉곽이라는 제한된 공간에서 가능한 한 큰 표면적을 만들기 위한 최선의 방법이다. 그런 뜻에서 폐의 구조는 수학의 **프랙털 이론**(fractal theory)을 연상하게 한다. 이 이론의 목적은 유한한 부피에서 무한한 표면적을 만드는 일이 어떻게 이론적으로 가능한지 파악하는 것이기 때문이다. 물론 우리의 폐는 무한한 표면적을 가진 것은 아니다. 폐의 평균 표면적은 50제곱미터로, 스쿼시 경기장보다 조금 작다. 폐에 공기가 가득 차면, 그 모든 표면적이 몸 밖에서 들어온 공기 및 공기에 함유된 산소와 접촉한다. 이 같은 외부와의 접촉은 폐를 이루는 막의 한 쪽 면에서만 이루어지며, 막의 다른 쪽 면에는 혈관이 분포되어 있다. 그것도 아주 많이.

폐에 공기가 들어오면 폐의 막 양쪽 면 사이에서는 아주 자연적이면서 전적으로 수동적인 현상이 일어난다. 투과성 막을 경계로 농도(예를 들면

르 샤틀리에의 원리(Le Chatelier's principle)

19세기에서 20세기로 넘어가는 시기에 활동한 프랑스의 화학자 앙리 르 샤틀리에는 1884년에 수많은 관찰 끝에 자신의 이름을 알리게 되는 원리를 발견했다. **르 샤틀리에의 원리** 혹은 **완화에 관한 일반법칙**이라고 불리는 것이다.

> 물리적, 화학적으로 평형 상태에 있는 계에 외부 작용이 가해지면 다시 평형 상태로 가는 변화가 일어나며, 이 변화는 외부 작용에 반대되면서 그 효과를 완화시키는 성질을 띤다.

달리 말해서 외부의 변화가 어떤 물질계에 불균형을 초래하면 이 물질계는 자동적으로 처음의 균형을 되찾으려고 한다는 것이다. 폐의 경우 폐포에 산소가 더해지면 폐의 막을 기준으로 양쪽의 산소 농도에 불균형이 생기고, 그러면 폐 안의 공기와 폐의 막, 혈액으로 이루어진 물질계는 처음의 균형을 되찾기 위해서 산소가 막을 통과하게 둔다.

산소 농도) 차이가 나는 두 매질이 분리되어 있을 때, 농도가 높은 매질의 성분이 막을 통과해서(성분의 크기가 충분히 작다면) 다른 매질 쪽으로 옮겨가는 교환이 일어나면서 두 매질의 농도가 균형을 이루는 현상 말이다. 확산(擴散, diffusion)이라는 이름으로 알려진 이 현상은 자연적이고도 수동적으로 일어나며, 따라서 인체의 특별한 활동을 전혀 필요로 하지 않는다. 혈중 산소 농도가 공기 중 산소 농도보다 훨씬 더 낮기 때문에 공기에 함유된 산소 분자가 폐의 막을 자연적으로 통과해서 혈액으로 옮겨가는 것이다.

그렇다면 혈액으로 옮겨간 산소*는 어떤 일을 할까? 이 질문에 답하려

* 산소 원자와 산소 분자를 구분하지 않고 그냥 산소라고 말할 때가 많다. 엄밀히 말하면 틀린 것이지만 말이다.

면 혈액의 성분에 대해서 조금 알아볼 필요가 있다. 어디에 베이거나 긁히는 상처를 입어본 사람이나(일부러 경험해볼 필요는 없다. 아프니까) 한 달에 한 번 인체의 생물학적 본성을 확인하는 행사를 겪는 가임 연령의 여성이라면 이미 알고 있겠지만, 우리의 혈액은 액체로 되어 있다. 그리고 이 액체는 붉은색을 띤다. 우리의 혈액이 액체인 것은 그 주성분인 혈장(血漿)이 액체이기 때문이다. 혈장은 성분의 90퍼센트 이상이 물이고, 나머지 10퍼센트 성분(미량원소[microelement], 영양분, 물질대사에 의한 노폐물, 호르몬 등) 때문에 노르스름한 색을 띤다. 혈장은 혈액에서 약 55퍼센트를 차지하는데, 따라서 주성분이기는 해도 그렇게 많지는 않다. 혈장을 제외한 나머지, 특히 혈액이 붉은색을 띠게 만드는 성분은 혈액의 **유형 성분** 내지는 **혈구**(血球, blood corpuscle)*라는 것으로 이루어져 있다. 혈구는 다시 적혈구, 백혈구, 혈소판으로 나눌 수 있는데, 지금 우리 주제에서 중요한 것은 적혈구**이다.

산소가 혈액으로 이동하면 일부(무시해도 좋을 만큼의 일부)는 혈장에 바로 녹아든다. 그러나 대부분의 산소는 혈액에 그대로 있다가 근처에 있는 적혈구로 곧 옮겨간다.

적혈구 세포는 처음 형성될 때는 핵(核)을 가지고 있으나 성숙해지면 핵을 잃게 된다.*** 더 정확히 말하면 적혈구는 적아세포(赤芽細胞, erythroblast)가 "분화한" 결과에 해당하는데, 적아세포는 핵을 가지고 있다. 이 사실이 중요한 이유는 세포에서 DNA가 자리한 곳이 바로 핵이기 때문이다. 세

* 의학 드라마에서 "CBC(Complete Blood Count) 검사"라는 말을 들어본 적이 있을 것이다. "일반 혈액 검사"를 가리키는 용어인데, 혈액에서 혈구의 수를 확인하는 검사이다.
** "적혈구(red blood cell)"는 말 그대로 "피처럼 붉은 세포"라는 뜻이다.
*** 핵이 없는 세포를 "무핵세포(無核細胞, akaryote)"라고 부른다. 세포에 관해서는 제2권에서 자세히 이야기할 것이다.

헤모글로빈(hemoglobin)

헤모글로빈은 단백질에 속하는 거대 분자로,* "헴(heme)"이라고 불리는 분자 사슬 4개가 둘씩 결합한 구조로 이루어져 있다. 헤모글로빈이라는 명칭이 바로 헴에서 나온 것이다. 헴은 **포르피린**(porphyrin)이라고 불리는 고리 안에 금속 원자(헤모글로빈의 경우 철 원자) 하나가 자리한 구조로 되어 있는데, 이 금속 원자가 2원자로 된 기체 분자(헤모글로빈의 경우 산소)를 잡거나 고정시키는 역할을 한다. 따라서 4개의 헴으로 구성된 헤모글로빈 분자는 각기 산소 분자 4개를 고정시킬 수 있다. 이때 산소와 헤모글로빈의 결합은 산소가 헤모글로빈과 자연스럽게 함께 움직일 만큼은 충분히 강하지만, 다른 현상이 그 결합을 끊는 것을 막을 수 있을 정도로 아주 강하지는 않다. 따라서 헤모글로빈 주위에 산소가 많으면 헤모글로빈에 결합된 산소가 쉽게 떨어져나오지 않고, 반대의 경우는 쉽게 떨어져나온다.

포가 핵을 잃으면 DNA를 가지지 못하게 되고, DNA가 없는 세포는 분열을 통해서 복제될 수 없다. 그런 세포는 보통은 핵 주위에 존재하는 세포질만 가지고 있으며, 적혈구의 경우 세포질에는 헤모글로빈이라는 성분이 풍부하게 들어 있다.

따라서 적혈구는 헤모글로빈을 통해서 폐에서부터 온 산소와 결합하고(물론 이때 산소는 아무 특별한 어려움 없이 적혈구의 세포벽(細胞壁)을 자연스럽게 통과한다),** 이로써 산소를 운반하는 역할을 하게 된다.

혈액은 **심혈관계**(心血管系)라는 엄청난 도로망을 통해서 체내를 순환한다. 심혈관계는 용어 자체에서 드러나듯이 혈액을 순환시키는 펌프 역할의 "심장"과 혈액의 이동 통로에 해당하는 "혈관"을 통틀어 이르는 말이다. 그리고 여기서 혈관은 방금 말했듯이, 도로망 같은 체계로 되어 있다.

* 제2권 참조.

** 헤모글로빈이 산소와 결합하면 산소 헤모글로빈이 된다.

면 거리를 잇는 넓은 도로도 있고, 지방 구석구석에 퍼져 있는 좁은 도로도 있는 것처럼, 몸 전체를 잇기 위한 굵은 혈관도 있고 이런저런 세포에까지 이르기 위한 가는 혈관도 있다. 그리고 내가 심혈관계라는 도로망을 "엄청나다"고 표현한 데에는 그럴 만한 이유가 있다. 이 도로망은 12-15만 킬로미터 길이, 그러니까 지구를 적도 기준으로 서너 바퀴 돌 수 있는 길이에 걸쳐 펼쳐져 있기 때문이다. 한 사람 몸 안에 말이다!

인체(혈액으로 산소를 운반하는 혈관계를 가진 다른 동물도 포함한다)는 세대를 거쳐 진화하는 동안 복잡한 문제 한 가지를 영리하게 해결하는 방법을 알아냈다. 그 문제란 폐가 들여온 산소를 그것을 필요로 하는 세포들에 빠르게 보내주되, 세포들 가까이 갔을 때에는 산소가 적혈구로부터 떨어져나올 수 있도록 또 충분히 느리게 보내주려면 어떻게 해야 할까 하는 것이다. 이에 대한 해결책은 혈관을 갈수록 좁게 만들어 혈구의 이동 속도가 느려지게 만드는 것이었다. 자동차들이 좁은 도로를 만나면 한꺼번에 지나갈 수 없어서 느려지는 것처럼, 혈관이 혈구가 겨우 통과할 수 있을 만큼 좁아지면 혈구들의 움직임도 느려질 수밖에 없기 때문이다. 이 대목에서 여러분은 그 같은 복잡성의 기원에 의문을 품을 수도 있을 것이다. 인체라는 기계는 어떻게 그처럼 복잡하고 동시에 효율적인 상태에 이르게 된 것일까 하고 말이다. 나중에 다룰 내용이라 결말을 미리 말해줄 수는 없지만,* 조금만 힌트를 주자면 인체의 진화에 관한 이야기는 여전히 끝나지 않았다는 것이다.

어쨌든 현재 우리가 가진 적혈구는 아주 가는 혈관을 만나면 넓은 간선도로 같은 동맥을 지날 때보다 훨씬 더 천천히 지나간다. 그런데 혈관이 아무리 가늘어도 산소가 혈관의 벽을 통과하는 데에는 아무 문제가 없

* 제2권 참조.

미오글로빈(myoglobin)

미오글로빈은 헤모글로빈과 마찬가지로 산소와 결합할 수 있는 단백질이다. 그러나 헤모글로빈과는 달리 헴(heme)이 하나밖에 없으며, 따라서 산소 분자를 하나밖에 고정시킬 수 없다. 미오글로빈의 헴도 물론 포르피린 고리를 가지고 있으며, 그 가운데에 철 원자가 자리해 있다. 미오글로빈은 헤모글로빈처럼 붉은색을 띠는데, 동물의 근육에 미오글로빈이 얼마나 있는가에 따라 흰살이나 붉은살로 보이는 차이가 생긴다.

다. 그 벽의 다른 쪽에 위치한 세포들(간, 심장, 근육 등의 세포들)은 림프(lymph)라고 불리는 액체에 잠겨 있는데, 이 환경은 산소의 농도가 낮다. 따라서 확산 현상이 자연스럽게 일어나면서 산소 분자가 헤모글로빈으로부터 떨어져나와 혈관 벽을 통과해서 가령 근육을 이루고 있는 세포들에 이르게 되는 것이다. 헤모글로빈이 산소와 분리되는 과정을 두고 **탈포화**(脫飽和)라고 부르는데,* 탈포화는 절대 완전하게 일어나지 않는다. 산소의 일부는 헤모글로빈에 여전히 결합된 채로 남아 있다는 뜻이다.

근육 세포의 경우, 세포에 이른 산소는 헤모글로빈과 아주 비슷한 미오글로빈이라는 단백질에 고정된다. 마찬가지로 신경 세포에는 뉴로글로빈(neuroglobin)이 존재하며, 보다 일반적인 다른 세포들에는 사이토글로빈(cytoglobin)이 존재한다. 역할은 모두 비슷하다.

세포에 산소가 공급되면 어떤 일이 일어나는지는 다음 장에서 다룰 것이다. 어쨌든 세포가 그 산소를 가지고 해야 하는 일을 일단 하고 나면 여러 화학 작용의 결과로 탄소 원자 1개와 산소 원자 2개로 이루어진 이산화탄소 분자가 만들어진다. 그러면 세포 내 이산화탄소 농도가 혈관 내 이산화탄소 농도보다 높아지고, 따라서 다시 확산 현상이 일어나면서 이

* 의학에서는 혈중 산소 농도 수치를 "포화도(飽和度, degree of saturation)"라고 한다.

폐가 없는 동물은?

물고기는 폐 대신 아가미를 가지고 있다. 아가미는 어떤 면에서는 폐와 비슷한 기능을 하며, 제한된 공간 안에서 넓은 표면적으로 외부와 물질 교환을 하기 위해서 주름이 많은 구조로 되어 있다는 점도 폐와 비슷하다. 물고기가 물속을 돌아다니거나 입으로 물을 마시면 물이 아가미에 전해지는데, 그러면 폐에서 일어난 것과 유사한 확산 현상이 일어난다. 물에 녹아 있는 산소가 아가미의 막을 통해서 체내로 들어오는 동시에, 혈액에 함유된 이산화탄소는 체외로 배출되는 것이다.

곤충들은 더 간단하다. 미세기관(微細氣管)으로 나누어져 있는 기관(氣管)이 공기를 직접 세포 조직에 공급하고, 그러면 세포 조직의 차원에서 바로 산소와 이산화탄소의 교환이 이루어진다.

산화탄소 분자들이 혈액으로 이동한다. 그리고 혈액으로 이동한 이산화탄소는 무시해도 좋을 만큼의 일부는 혈장에 녹지만, 나머지는 적혈구의 헤모글로빈에서 아무것과도 결합하지 않은 헴에 고정된다. 이산화탄소의 여정은 점차 빠르게 진행되다가 폐포에까지 이르는데, 이때는 혈액의 이산화탄소 농도가 폐의 공기에 든 이산화탄소 농도보다 높기 때문에 이전과 마찬가지로 확산 현상이 일어나 혈액의 이산화탄소를 폐로 이동시켜 몸 밖으로 내보낸다. 그러면 헤모글로빈은 다시 자유로워져서 산소와 결합할 수 있고, 이때까지 말한 과정이 다시 시작된다. 폐의 공기는 날숨을 통해서 내쉬기만 하면 되고 말이다.

56. 세포 속으로

그렇다면 세포가 가진 단백질과 결합함으로써 세포에 공급된 산소는 어

원핵생물(原核生物, prokaryote)과 진핵생물(眞核生物, eukaryote)

원핵생물과 진핵생물은 생물을 세포에 핵이 있는지 없는지에 따라 두 계열*로 구분할 때 쓰는 용어이다. 핵이 없는 세포로 이루어져 있으면 원핵생물, 핵이 있는 세포로 이루어져 있으면 진핵생물이다.

어원적으로 원핵은 "핵 이전"을 뜻하고 진핵은 "핵을 가진"을 뜻한다. 생물 전체에 대한 전통적인 분류법에서 원핵생물과 진핵생물은 생물을 구분하는 첫 번째 기준으로, 이 기준에 따라서 생물은 6개의 계(界)로 나누어진다.

디에 쓰이는 것일까? 이 질문에 답하려면 세포가 무엇이고 어떤 역할을 하는지 먼저 알아볼 필요가 있다.

세포는 생물체를 이루는 가장 작은 기본 단위로, 가장 작은 생물은 단 하나의 세포로 이루어진다. 생물에서 세포는 말하자면 물질에서 원자와 같다고 할 수 있는데, 세포가 원자처럼 다른 구성성분으로 이루어져 있다는 점에서도 그 같은 비교는 타당하다. 세포는 벽으로 둘러싸인 작은 공간을 뜻하는 그 이름에 걸맞게("세포[cell]"라는 단어는 라틴어로 "수도사의 방"을 뜻하는 "cellula"에서 유래했다) 세포막(細胞膜, cell membrane)이라고 불리는 막으로 완전히 둘러싸여 있으며, 그 안에는 원형질(原形質, protoplasm)이라는 물질이 자리한다. 이 원형질은 세포가 핵을 가지느냐 가지지 않느냐에 따라서 세포의 "체액"에 해당하는 세포질로만 이루어져 있거나 세포질과 세포핵(nucleus)으로 이루어져 있다.

세포질(cytoplasm)은 원핵생물과 진핵생물의 세포 모두에 존재하며, 무기염과 다양한 유기화합물을 함유한 수용액으로 이루어져 있다. 진핵생물의 세포질에는 세포소기관(細胞小器官, organelle)이라고 불리는 조직들이

---

* 생물의 분류 체계를 생각할 때 여기서 "계열(family)"이라는 용어를 쓰는 것은 사실 적절하지 않다. 그러나 이 책은 내가 쓰는 거니까 생물학자들은 거슬리더라도 참아주시길!

있는데, 원핵생물에는 예외가 있기는 하지만 세포소기관이 없다. 그러나 원핵생물은 리보솜(ribosome)과 플라스미드(plasmid, 일종의 DNA)를 가지고 있으며, 그리고 원형(圓形) 염색체도 하나 가지고 있다. 예외적으로 선형(線形) 염색체를 가지는 경우도 있고……. 자, 세포 이야기는 여기까지! 생물학의 경우 자세히 들어가면 우리가 이해하기 어려운 내용이 나오는 경우가 많다. 그러나 이 책은 여러분이 스스로를 무식하다고 느끼게 만들기보다는 여러분을 만족시키기 위한 책이고, 따라서 여기서는 그 모든 내용을 다 살펴보지는 않을 것이다. 생물학적으로 더 깊이 알고 싶은 독자들에게는 미안하지만 말이다.

다시 우리 주제로 돌아와서, 미오글로빈이나 뉴로글로빈, 사이토글로빈에 결합된 산소 분자가 어떻게 되었는지 알아보자. 이 산소는 세포 내에서 미토콘드리아(mitochondria)로 이동한다(이번에도 역시 자연적으로). 미토콘드리아가 세포에 공급된 산소의 최종 목적지인 것이다.

미토콘드리아는 1,000분의 1밀리미터 정도 길이의 세포소기관으로, 세포의 에너지 공장에 해당한다. 미토콘드리아에서는 일련의 산화반응(산소를 필요로 하는 반응)이 일어나는데, 이 반응의 목적은 탄소 원자에 산소를 결합시켜 이산화탄소를 만드는 것이다. 이러한 일련의 작용, 즉 화학적으로 분자들의 결합을 끊어 다른 원소들과 다시 결합시키는 과정에서는 에너지가 방출되며, 세포가 작동할 수 있게 해주는 것이 바로 그 에너지이다.

참고로 말하면, 과거에 미토콘드리아는 독립적인 세균으로서 인류의 조상과는 전적으로 무관하게 존재했다. 그러나 그 역할이 워낙 유용해서 자신이 번식할 수 있는 세포 안으로 들어와 공생관계를 형성했고, 마침내 세포의 일부분이 된 것이다(미토콘드리아가 세포의 일부가 되지 않았다면 우리는 존재하지 않았을지도 모른다). 식물에서 광합성을 담당하는 세포

크렙스 회로(Krebs cycle)

크렙스 회로란 미토콘드리아에서 일어나는 일련의 산화반응을 가리키는 말이다. 이 회로는 믿을 수 없을 만큼 복잡한 과정으로 이루어져 있다(그러나 과정의 모든 단계가 동시에 일어난다. 인체라는 기계는 정말 잘 만들어져 있다). 그 첫 단계는 포도당이 확산 현상을 통해서 미토콘드리아에 공급되는 것이고(여러분이 먹은 탄수화물이 소화되면 포도당이 된다), 마지막 단계는 이미 말했듯이 이산화탄소가 만들어지면서 한편으로는 에너지를 방출하고 다른 한편으로는 **옥살로아세테이트**(oxaloacetate)라는 분자를 대사산물(代謝産物)*로 내놓는다. 그리고 이 옥살로아세테이트는 다시 연쇄반응의 첫 단계를 시작하게 만들고, 이로써 다시 기계가 돌게 만든다. 따라서 이 과정을 회로(cycle)라고 부르는 것이다. 다시 한번 말하지만 인체라는 기계는 정말 잘 만들어져 있다.

소기관인 엽록체(葉綠體, chloroplast)도 마찬가지이다. 사실 다른 생물이 인체의 기능에 관여하는 것은 드문 일이 아니다. 예를 들면 인간이 약 100조 개의 세포로 이루어져 있다고 본다면, 인간의 몸속에는 그보다 10배 많은 세균들이 (잇몸, 침, 창자 등에) 자리한 채 인체가 효과적으로 기능할 수 있도록 도와주고 있다.

이상의 내용에서 우리는 호흡이 어떤 역할을 하는지를 생물학적으로 너무 깊이 들어가지 않는 선에서 최대한 자세히 살펴보았다. 그러나 이야기하지 못한 내용도 아직 많다. 예를 들면 미토콘드리아에서 만들어진 에너지가 어떻게 근육의 운동 에너지로 바뀌어 우리가 걷게 되는지, 또 세포핵에서 좀더 정확히 어떤 일이 일어나는지 같은 것 말이다. 그리고 세포핵 바깥에서 일어나는 일만 파악하려고 해도 골지체(Golgi body), 소포체(小胞體, endoplasmic reticulum), 리보솜 등에 대해서 많은 이야기를 해야 한다.

---

* 생물이 물질대사를 통해서 만드는 작은 분자.

그런데 이 내용을 좀더 명확히 알고 싶으면 차원을 완전히 바꾸어서 인체라는 기계에서 가장 놀라운 부품에 해당하는 기관, 즉 뇌로 옮겨갈 필요가 있다. 물론 이전의 주제들과 마찬가지로, 뇌에 관한 내용을 해부학적, 신경학적, 생화학적 사전 설명 없이 몇 개의 장으로 다 살펴볼 수 있다는 생각은 착각일 것이다. 그러므로 여기서 우리는 뇌가 여러 놀라운 일들을 어떻게 우리가 따로 신경 쓰지 않아도 완전히 독립적인 방식으로 할 수 있는지에 대한 몇 가지 내용에만 집중하기로 하자.

57. 우리 뇌가 혼자서 할 줄 아는 놀라운 일들

본론으로 들어가기에 앞서 뇌에 관해서, 아니 더 정확히는 인간의 뇌에 관해서 먼저 말하고 넘어갈 내용이 한 가지 있다. 사람들은 인류의 뇌가 거의 슈퍼 히어로에 가까운 엄청난 잠재력을 가졌을 것이라는 생각을 오래전부터 꾸준히 해왔다. 우리가 완벽한 인간이 최대로 발휘할 수 있는 능력의 극히 일부만 쓰고 있다는 생각, 즉 뇌의 10퍼센트 사용설 말이다.

어쨌든 뇌의 입장에서 가장 중요한 도구는 시각이나 청각, 언어보다도 기억이라고 할 수 있을 것이다. 기억이 없으면 뇌의 능력 대부분을 생각할 수 없기 때문이다. 그리고 우리는 보통 기억을 기억이라는 하나의 단어로 이야기하지만 사실 기억에는 여러 종류가 있으며, 각각의 쓰임새가 따로 있다.

기억

기억의 첫 번째 종류는 **감각기억**이다. 감각기억은 우리가 현재를 연속적

뇌의 10퍼센트 사용설

우리가 뇌의 10퍼센트밖에 사용하지 않는다는 생각은 완전히 잘못된 것이다. 현재 의학 영상 관련 기술에 따르면, 우리가 뇌 전체를 사용하고 있음이 분명하게 확인되기 때문이다(뇌가 아주 조금만 손상되어도 되돌릴 수 없는 심각한 장애가 초래될 수 있다는 사실만 보더도 알 수 있다). 그러나 우리가 순간적으로는 뇌의 일부만 사용하는 것이 맞다. 그렇다면 이 대목에서 이런 의문이 들 수도 있을 것이다. 만약 계속해서 뇌를 전부 사용하면 지금은 불가능해 보이는 일, 가령 더 빠르게 생각하는 것에서부터 물체를 손대지 않고 정신력으로 옮기는 염력(念力)에 이르는 일을 할 수도 있을까? 답은 아니오이다. 뇌는 우리 질량의 약 2퍼센트를 차지하지만, 우리가 만드는 에너지의 20퍼센트(유아는 60퍼센트까지)를 소비한다. 그리고 뇌가 소비하는 에너지는 순간적으로 우리가 가진 뉴런의 1퍼센트에서 15퍼센트를 활성화시킨다. 따라서 만약 우리가 뉴런 전체를 동시에 사용한다면 뇌는 말 그대로 열을 받아서 익어버릴지도 모른다.
우리가 뇌를 10퍼센트만 사용한다는 말이 아인슈타인 때문에 나왔다고들 하는데, 이 역시 아무런 근거가 없다. 오늘날 뇌의 10퍼센트 사용설은 특히 공상과학 영화에서 슈퍼 인간의 등장을 설명하기 위해서나 쓰이는 진부한 소재에 지나지 않는다. 그 설을 모티브로 영화를 만든 뤽 베송 감독에게는 미안한 이야기이지만 말이다.

으로 느낄 수 있게 해준다. 누가 여러분에게 어떤 이야기를 했을 때, 그 말이 끝난 뒤에도 여러분이 그 이야기의 처음을 기억하는 것은 바로 감각기억 덕분이다. 그래서 감각기억이 없으면 뇌에서 언어를 담당하는 영역이 개입하기도 전에 의사소통이 불가능해진다. 이 기억이 감각기억이라고 불리는 이유는 외부 세계에 대한 우리의 감각 및 지각과 직접 연관되어 있기 때문이다. 감각기억에 정보가 저장되는 시간은 10분의 몇 초에서 최대 2초 정도로 아주 짧다. 그리고 감각기억에 의해서 계속해서 수집되는 모든 정

감각 과부하

뇌가 여러 가지 이유로 어느 한순간에 너무 많은 신경 자극과 감각적 정보에 노출되는 경우가 있는데, 이를 감각 과부하라고 한다. 이 경우 개인에 따라, 그리고 과부하의 성질에 따라 신경과민에서부터 공황, 공포증, 간질 발작에 이르는 여러 반응이 나타날 수 있다. 감각 과부하는 실험적으로 유발할 수도 있으며, 이 경우 기절이나 극도의 흥분, 공격성, 환각 등의 반응이 실제로 관찰된다.
반응의 성질에서 알 수 있듯이 감각 과부하는 정말 좋지 않은 것이다. 그리고 우리 뇌가 자신이 다루어야 할 정보를 정확히 선택하는 일을 제대로 할 수 없으면, 적어도 우리를 보호하려는 방향으로 반응한다는 것을 보여주는 증거이기도 하다.

보, 즉 눈으로 보는 모든 것(10년 전부터 벽에 걸려 있어서 곁눈으로 보기는 했지만 한번도 유심히 본 적은 없는 그림까지 포함해서), 귀로 듣는 모든 것(수도관에서 계속해서 들려오기는 하지만 한번도 귀 기울여 들어본 적은 없는 소음까지 포함해서), 별 의식 없이 접촉하는 모든 것(입고 있는 옷, 공기, 의자 등받이), 늘 냄새 맡고 맛을 느끼는 모든 것(공기, 자기 자신의 타액), 우리 몸의 균형, 우리 몸의 부분 부분이 느끼는 뜨겁거나 차가운 감각을 포함한 모든 정보들 가운데 우리가 관심을 기울인 아주 적은 일부만이 단기기억으로 옮겨간다.

선택된 정보, 즉 우리 뇌가 관심을 기울일 만하다고 판단한 정보는 단기기억으로 들어간다. 단기기억은 **작업기억**이라고도 불리는데, 컴퓨터의 램과 비슷하다고 할 수 있다. 우리가 대화를 이어나가게 해주고, 바로 꺼내 써야 하는 정보를 저장하는 것이 단기기억이다. 그리고 컴퓨터에서 하드디스크보다 램을 돌릴 때 에너지가 더 많이 드는 것과 마찬가지로, 단기기억이 작동하려면 에너지가 충분히 있어야 한다. 흔히들 인간은 단기기억에 서로 구분되는 일곱 가지 정보를 저장할 수 있다고 말하는데, 이는 틀린 말이다. 실제로 인간은 개인에 따라 차이를 보이며, 평균적으로는 다섯 가지에서 아홉 가지 사이의 서로 구분되는 정보를 단기기억에 동시에 저장할 수 있다. 여기서 내가 정보를 두고 "서로 구분되는" 것임을 강조한 이유는 정보들이 서로 연관되어 있을 때는 단기기억의 "같은 장소"에 저장하는 일이 가능하기 때문이다. 예를 들면 "배"와 "자동차", "오토바이"라는 단어들은 단기기억에서 모두 같은 "칸"에 저장될 수 있다. 따라서 단기기억에 저장될 수 있는 정보는 일곱 가지보다 훨씬 많다. 5개에서 9개에 이르는 각각의 칸에 서로 연관된 일련의 정보들이 들어갈 수 있기 때문이다. 이 같은 단기기억은 뇌의 차원에서 음운 고리(phonological loop), 시공간 스케치북(visuospatial sketchpad), 중앙 관리자(central executive)라는 세 가지 요소를 통해서 작동된다.

음운 고리는 언어적인 음향 정보를 일시적으로(단기적으로) 기억할 수 있게 해준다. 예를 들면 여러분이 누가 알려준 전화번호를 바로 메모할 수 없을 때 그 전화번호를 잠시 기억할 수 있게 해주는 것이 음운 고리이다. 음운 고리가 저장하는 정보는 약 2초간 지속된다. 여러분이 전화번호를 메모할 수 있을 때까지 되뇌면, 음운 고리가 계속 활성화되면서 기억이 지속되는 것이다. 그 2초가 지나면 정보는 우리가 원하든 원치 않든 뇌가 더 중요하다고 판단한 새로운 정보에 밀려 기억에서 사라진다.

시공간 스케치북은 음운 고리와 비슷한 방식으로 작동하되, 이번에는 그 이름이 말해주는 것처럼 시각적 정보나 어떤 공간적 상황(여기서 말하는 "공간"은 "최후의 미개척지"* 우주 공간을 말하는 것이 아니라 우리 주변 공간을 뜻한다)에 연관된 정보를 주로 저장한다. 여러분이 눈으로 어

* "우주는 최후의 미개척지야." 1966년 방영된 미국 드라마 「스타트렉」에서 엔터프라이즈호의 함장으로 나온 제임스 타이베리어스 커크의 대사.

떤 사물을 따라갈 때 사물에서 눈을 잠시 떼더라도 그 위치를 계속 파악할 수 있는 것이 바로 시공간 스케치북 덕분이다. 또한 시공간 스케치북은 우리가 머릿속으로 이미지를 그릴 수 있게 해주며, 그런 의미에서 단기기억과 더불어 아주 많은 일을 한다(음운 고리도 물론 마찬가지이다). 가령 누가 여러분에게 여러분이 잘 알지만 당장 앞에 없는 어떤 사람(부모님이나 친구)의 외모를 묘사해보라고 했다 치자. 그러면 여러분은 머릿속으로 그 사람의 이미지를 그리는데, 이때 여러분은 장기기억에서 그 사람과 관련된 시각적 정보를 찾은 뒤 시공간 스케치북에서 그 정보를 합성 이미지로 재구성한다. 그리고 이 작업은 단기기억의 세 번째 요소인 중앙 관리자의 도움이 있어야만 가능하다.

중앙 관리자는 설명하기는 쉽지만 복잡한 일을 한다. 간단히 말하면, 음운 고리와 시공간 스케치북에서 나온 자료를 정리하고 장기기억에서 필요한 정보를 꺼내옴으로써 우리가 단기기억을 효과적으로 사용할 수 있게 해주는 것이 중앙 관리자가 하는 일이다. 어떻게 그런 일을 하느냐고? 그 부분은 아직 미스터리이다. 우리는 뇌의 어떤 영역이 작용을 하고 뇌가 언제 일을 하고 하지 않는지는 말할 수 있지만(이 문제는 간단하다. 뇌는 언제나 일을 하니까), 그 메커니즘과 화학적 성질은 아직 정확히 설명하지 못한다. 따라서 인간에게 뇌는 오늘날까지도 대부분 미지의 땅으로 남아 있다고 할 수 있다.

끝으로, **장기기억**은 뇌의 하드디스크에 해당한다. 추억이 저장되어 있는 곳이 바로 장기기억인데, 이 추억은 겨우 몇 시간 전의 것일 수도 있고 오랜 세월을 거슬러올라가는 것일 수도 있다. 2초보다 긴 시간 전에 일어난 모든 일과 우리가 생각으로 떠올릴 수 있는 모든 것들이 장기기억에 자리한다고 보면 된다. 장기기억은 우리가 떠올리려는 기억이 **서술기억**인지 절

회상과 지각

어떤 기억이 갑자기 떠올랐을 때, 우리는 기억 속의 일을 부분적으로라도 다시 체험하는 것 같은 느낌을 간혹 받는다. 실제로 우리는 어떤 사건을 자신의 감각만으로 체험하며, 따라서 뇌의 차원에서 지각이 재현될 경우 회상과 현실을 구분하기는 이론적으로 불가능하다.
예를 들면 어떤 노래의 제목이나 가사를 찾기 위해서 머릿속으로 그 노래를 떠올리면 뇌에서는 실제로 그 노래를 들을 때와 동일한 영역이 활성화된다. 청각 신경이 쉬고 있다는 점만 제외하면 아무 차이가 없는 것이다.

차기억인지에 따라 서로 다른 두 가지 방식으로 작동한다. 서술기억은 명시적 기억이라고도 하는데, 이 명칭 그대로 우리가 명시적으로 떠올리는 기억을 말한다. 예를 들면 여러분이 여러 해 동안 쌓아온 모든 지식이 여기에 해당한다. 이탈리아에서 1515년에 마리냐노 전투가 있었다는 사실을 떠올렸다면, 명시적 기억에서 그 지식을 꺼낸 것이다. 감각 정보도 마찬가지로, 머릿속으로 어떤 냄새나 음악을 떠올릴 때에도 명시적 기억이 동원된다. 그런데 주목할 만한 사실은, 우리는 때때로 자기도 모르게 어떤 기억을 명시적으로 떠올린다는 점이다. 예를 들면 여러분이 친구 방에 들어갔는데 어떤 향기에 첫 키스의 기억이 떠올랐다고 하자. 그 기억을 떠올리려는 생각을 하지 않았음에도 기억이 떠오른 것인데, 이는 여러분의 코, 더 정확히는 냄새에 대한 지각이 뇌로 하여금 단기기억에서 시작하여 그에 대응되는 것을 장기기억에서 찾도록 했기 때문이다. 첫 키스라는 기억의 강렬함이 기억의 문을 활짝 열었고, 그래서 여러분이 원하지도 않은 기억이 명시적으로 "호출된" 것이다.

서술기억은 뇌에서 여러 영역에 나뉘어 저장된다. 배워서 얻은 지식은 전두엽, 사실적 정보는 측두엽, 개인적으로 경험한 어떤 사건을 시간, 장소,

상황 등과 함께 기억하는 **삽화적 기억**은 감각과 관계된 여러 영역들(이미지는 시각피질, 소리는 청각피질 등)에 걸쳐 저장되는 식이다. 그리고 해마(海馬, hippocampus)라는 영역은 사건을 기억으로 바꾸어주며, 전두엽은 기억이 환각이 아니라 실제로 있었던 일임을 알게 해준다.

비서술적 기억, 즉 절차기억은 전혀 다른 문제이다. 절차기억은 **무의식적 기억**이라고도 부를 수 있는데, 자전거 타는 법을 잊어버리지 않는 이유가 바로 절차기억 덕분이다. 실제로 자전거 타기는 한번 배우면 평생 기억된다는 점에서 절차기억의 대표적 사례에 해당한다. 20년 넘게 자전거를 타지 않았더라도 올라타기만 하면 몇 분 만에 또 잘 탈 수 있으니까 말이다. 그런데 사실 자전거 타기는 페달만 밟는다고 되는 일이 아니다. 계속해서 균형을 잡아야 하고, 시선을 올바른 방향에 두어야 하며, 몸을 조금씩 움직이면서 체중을 앞으로나 옆으로 실어야 하고, 이 모든 것이 조화를 이루도록 해야 하기 때문이다. 그러나 자전거를 탈 때 우리는 그런 것들을 전혀 생각하지 않는다. 그냥 자전거를 타면 그것으로 끝이다. 물론 그러기 위해서는 자전거 타는 법을 일단 배워야 한다. 그러면 학습된 결과가 절차기억에 저장되는 것이다. 자동성(自動性, automaticity) 역시 절차기억에 저장된다. 여러분도 이미 경험했겠지만, 매일 같은 길로 다니면 자신이 어디로 가는지 신경 쓰지 않아도 자연스럽게 그 길을 따라 집까지 가게 되는 것은 절차기억 덕분이다. 흡연자들이 담배를 기계적으로 눌러 끄는 것 역시 마찬가지이다. 이 같은 절차기억은 뇌에서 주로 세 영역에 저장된다. 무엇보다도 몸의 움직임을 조화롭게 만들어주는 역할을 하는 소뇌(小腦, cerebellum), 본능적인 행동을 담당하는 꼬리 핵(caudate nucleus), 자전거 타는 법이나 수영하는 법처럼 습득된 능력을 저장하는 조가비 핵(putamen)이 그것이다.

어떤 동작 또는 행동이 절차기억에 저장되려면 그 동작이 반복될 필요가 있다. 반복이 자동성을 가능하게 해주기 때문이다. 다시 말해서 뇌가 그 동작을 실행하기 위해서 언제든지 사용할 수 있는 신경 연결을 만들어서 신경 연결에 소비되는 에너지를 최소한으로 줄인다는 것이다. 그 결과 동작은 자동적으로 이루어지게 되는데, 이러한 자동성은 바이올리니스트나 골프 선수에게는 득이 되지만 손톱을 물어뜯거나 담배를 피우는 사람에게는 그다지 좋은 현상이 아니다(물론 담배를 끊기 어려운 이유가 자동성 때문만은 아니니 자동성에 모든 책임을 돌릴 생각은 마시길).

그런데 때때로 서술기억은 영화 제목이나 배우 이름, 어떤 단어를 떠올리는 데에 어려움을 겪기도 한다. 가령 여러분은 어느 단어의 동의어가 어떤 글자로 시작하는지는 알겠는데, 단어 전체는 떠오르지 않아서 답답해한 경험이 있을 것이다. 주위 사람들에게 물어봐도 다른 비슷한 단어들만 말할 뿐, 여러분이 생각해내려는 문제의 단어를 알려주는 사람은 아무도 없고 말이다. 바로 **말이 혀끝에서 맴돈다**고 말하는 상황이다.

말이 혀끝에서 맴돌다

말이 혀끝에서 맴도는 일은 예외적인 현상에 속한다는 것부터 짚고 넘어가자. 실제로 우리가 말하고 생각하는 단어 하나하나는 뇌에서 이루어지는 복잡하면서도 효과적인 메커니즘의 결과물이다. 뇌가 우리의 기억과 우리가 아는 어휘에서 단어들을 꺼내오는 한편, 언어라고 불리는 아주 체계적인 일련의 규칙에 맞게 그 단어들을 사용하게 해주는 것이다. 이러한 메커니즘은 거의 언제나 작동하며, 이 메커니즘이 문제없이 작동하는 단어들의 수에 비하면 그것이 막히는 일은 예외적인 경우에 해당한다. 그렇다면 이 메커니즘이 막히면 어떻게 될까? 일단 그런 일은 우리가 잘 쓰지 않는 단어에서 당연히 더 자주 일어난다. 그런 단어들은 장기기억에 말 그대로 묻혀 있어서 꺼내기가 때로는 아주 힘들 수도 있기 때문이다. 그러나 진짜 문제는 우리가 그 단어를 떠올리지 못한 채로 생각해내려고 하면 다른 단어들이 음운 고리에서 그 단어의 자리를 차지해버린다는 데에 있다. 뜻은 다른데 같은 글자로 시작하거나, 글자는 다른데 비슷한 뜻을 가졌거나, 혹은 그저 개인적 경험 때문에 연관성이 생긴 단어들이 말이다.

음운 고리가 일단 가득 차면 우리가 빈자리를 만들어주지 않는 이상 음운 고리에 새로운 단어가 복사될 수 없으며, 이런 상태에서는 어떤 단어를 필사적으로 찾으려고 해도 소용이 없다. 그 단어와 글자가 비슷하거나 뜻이 비슷하다는 등의 이유로 음운 고리에 이미 저장되어 있는 단어들 사이에서 그 단어를 찾는 상황에 놓이기 때문이다. 그리고 생각이 나지 않는 단어를 떠올리기 위해서 그 단어들을 이용하면 문제는 더 커진다. 음운 고리가 가득 차 있는 상태에서 내용물을 계속 자극하면 그 내용물이 계속해서 활성화된 상태를 유지하게 되고, 그 결과 우리가 찾고자 하는 단어가 들어설 자리가 생기지 않기 때문이다. 재미있는 사실은 우리가 생각이 나지 않는 단어를 찾고 있는 동안에는 가족이나 친구 같은 주위 사람들도 똑같이 생각이 막힌다는 것이다. 말이 혀끝에서 맴도는 현상은 전염성이 아주 크기 때문이다.

이 현상을 해결하기 위한 전략은 두 가지가 있다. 우선 첫 번째는 뇌가 자유롭게 연상작용을 하게 내버려두면서 생각이 흐르는 대로 머릿속에 떠오르는 단어를 발음해보는 것이다. 그리고 두 번째 전략은 음운 고리를 비우는 것인데, 여러분이 문제의 단어를 찾는 것을 포기하는 순간 그 단어가 갑자기 떠오르는 이유가 이 전략과 관계가 있다. 찾을 만큼 찾았으니 "이제 됐어!"라고 생각하면 몇 초 만에 음운 고리가 비워지는 것이다. 현상이 전염되는 것은 하품의 경우와 비슷하다고 할 수 있다. 아는 사람은 알겠지만 실제로 하품은 전염성을 가지고 있다. 여러분 시야에 들어오는 누군가가 하품을 하면 여러분도 곧 하품을 하게 된다. 그리고 지금 이 문장을 읽는 것만으로도 하품을 하는 사람이 있을지도 모른다. 그러나 하품이 나더라도 참아주시길. 하품에 대해서는 뒤에서 다시 이야기할 것이다.*

내면의 목소리

앞에서 내가 어떤 노래를 생각하면 그 노래를 실제로 들을 때와 동일한 뇌 영역이 활성화된다고 이야기한 것을 기억하는가? 내면의 목소리도 마찬가지이다. 알다시피 어떤 생각을 할 때 우리는 머릿속에서 우리가 생각하는 내용을 말하는 자신의 목소리를 듣게 된다. 연구에서 밝혀진 바에 따르면 그 목소리는 실제 목소리만큼이나 현실적이다. 우리가 생각을 하면 그 생각을 큰 소리로 말할 때와 동일한 뇌 영역이 활성화된다는 이야기이다. 이때 뇌는 어떤 일정한 방식으로 우리 목소리의 음을 느끼면서 우리가 그 목소리를 머릿속으로 듣게 만든다. 청각 신경이 목소리를 기록하지 않는다는 점만 빼면 목소리를 귀로 들어서 지각했을 때와 똑같은 일이 일어나는 것이다. 그런데 헤겔이 이야기한 대로 "생각은 말로 하는 것"이라면,** 태어날 때부터 소리를 듣지 못하거나 말을 못해서 자신의 목소리를 한번도 들어본 적이 없는 청각장애인과 언어장애인은 어떤 식으로 생각하는 것일까? 여러분도 잘 알고 있듯이(안타깝게도 모두가 그렇게 알고 있는 것은 아니지만***) 청각장애인과 언어장애인도 다른 사람들처럼 생각은

---

* 314쪽 참조.
** *La Philosophie de l'esprit*, Georg Hegel, 1817.
*** 영어에서 언어장애인을 뜻하는 "dumb"이라는 단어는 "멍청하다"는 뜻도 있다.

선천적으로 소리를 듣지 못하거나 말을 하지 못하는 사람

선천적인 청각장애인은 말을 전혀 들을 수 없기 때문에 당연히 말이 아닌 다른 수단으로 생각을 해야 한다. 연구에서 밝혀진 바에 따르면 청각장애인은 시각적 방식으로 생각한다. 여기서 말하는 시각적 방식이란 일부 단어에 대해서 단순히 이미지를 시각화하는 것일 수도 있고, 수화를 충분히 빨리 배워 자신의 모어(母語)로 삼았다면 수화를 통한 방식일 수도 있다.

소리는 들을 수 있지만, 말은 못하는 언어장애인은 두 경우를 구분해야 한다. 첫 번째는 대체(代替) 목소리가 자기 자신의 목소리를 대신하는 방법으로, 일반적으로 아버지나 어머니의 목소리가 그 역할을 한다. 그리고 두 번째는 청각장애인과 마찬가지로 시각적 방식으로 생각하는 방법이다.

실제로 뇌의 활동을 연구해보면 생각을 하는 동안 활성화되는 영역이 분명히 드러나는데, 이를 이용하면 개인이 어떤 방식으로 생각하는지 알 수 있다.

할 수 있는데 말이다.

우리 뇌는 자신이 이미 알고 있는 일상적인 상황에 계속 놓여 있으려는 경향이 있다. 우리가 머릿속으로도 청각적 또는 시각적 방식으로 생각하는 이유가 바로 그 때문이다. 그러나 때때로 뇌는 한발 앞서 나가기도 하는데, 이는 우리가 원래 가진 생존 본능 덕분이다.

얼굴 지각과 인식

앞에서 잠깐 이야기했듯이 파레이돌리아*는 식물이나 구름, 자동차 같은 것에서 동물이나 사람, 혹은 얼굴처럼 우리가 아는 사물의 형태를 보게 되는 착시 현상이다. 얼굴과 관련해서 우리의 뇌는 매우 효과적인 두 가지 도구를 가지고 있는데, 안면 지각과 안면 인식이 그것이다. 이 도구들이 얼

* 174쪽 참조.

생물적 압력(biotic pressure)

생물적 압력은 어느 종의 진화가 다른 생물에 구속될 때 나타나는 자연 현상으로, 여기서 말하는 "다른 생물"은 문제의 종과 같은 종일 수도 있고 다른 종일 수도 있다. 예를 들면 인류는 생물적 압력 속에서 진화해왔다. 인류의 조상은 생존을 위해서 포식 동물이나 호전적인 다른 선행 인류로부터 유발되는 위험을 아주 작은 것이라도 빠르게 감지하는 법을 배워야 했기 때문이다.

비생물적 압력도 존재하는데, 이는 가령 극지방이나 사막에서 사는 것처럼 주변 환경과 연관된 진화적 압력을 말한다.

마나 유용한지는 그것들이 제대로 작동하지 않으면 바로 깨달을 수 있다.

안면 지각은 인류와 영장류에게는 조상 대대로 전해져 내려온 능력 같은 것이다. 이 능력의 상당 부분은 선천적인 성질을 띠며, 그래서 아기는 태어나자마자 얼굴을 지각할 줄 안다. 그런데 여기서 말하는 안면 지각은 안면 인식과는 차이가 있다. **얼굴을 지각한다**는 것은 어떤 것이 얼굴임을 알아본다는 뜻이고, **얼굴을 인식한다**는 것은 어떤 얼굴이 누구인지를 알아본다는 뜻이기 때문이다. 그리고 안면을 지각하는 능력은 **진화적 압력** 혹은 **생물적 압력**에 따른 결과에 해당한다.

뇌에서는 많은 영역이 안면 지각에 관여한다. 1986년, 영국의 심리학자 데임 빅토리아 제럴딘 브루스*와 미국의 심리학자 앤드루 영은 안면 지각의 인지 과정을 설명하는 이론적 모형을 만들었다. 이른바 브루스-영 모형은 안면 지각을 설명하기 위한 이론으로 지금도 폭넓게 활용된다.

브루스와 영은 뇌가 어떻게 얼굴을 지각하고 인식하는지를 기능의 관점에서 설명하고자 했다. 이들의 연구가 얻은 결론에 따르면 안면의 지각 및 인식은 크게 일곱 단계를 거쳐 이루어지는데(각 단계의 내부적 원리는 아

---

* 내 이름과 이 심리학자의 성은 철자는 같아도("Bruce") 나와 아무런 관련은 없다.

인지 과정

뇌는 믿을 수 없을 만큼 복잡한 기계장치 같은 것이다. 그 메커니즘에 대해서 우리는 아직도 많은 부분을 전혀 알지 못한다. 그러나 뇌의 작동 원리를 단순화시켜 이해하는 과학적 방법이 존재한다. 컴퓨터 프로그래밍에서 **캡슐화**(encapsulation)라는 명칭으로 사용되는 방법이 그것이다. 캡슐화는 외부에 드러낼 필요가 없는 복잡한 과정을 말 그대로 "캡슐에 넣어" 인터페이스 뒤에 숨기는 것으로, 자동차에 시동을 거는 일이 캡슐화의 전형적인 사례이다. 여러분도 짐작하고 있겠지만 우리가 차를 출발시키기 위해서 자동차 열쇠를 돌리면 꽤 복잡한 일련의 일들이 벌어진다. 그러나 그 복잡한 과정에 대한 지식은 차를 운전하는 데에는 전혀 필요가 없다. 그래서 그 과정은 열쇠를 돌리는 단순한 인터페이스 뒤에 완전히 숨겨져 있는 것이다. 컴퓨터를 사용할 때도 마찬가지이다. 여러분은 키보드에서 "A"라는 자판을 쳤을 때, 화면에 "A"라는 글자가 나타나기 전까지 벌어지는 복잡한 일에 대해서는 생각하지 않는다. 그 복잡한 과정은 **키보드**라는 인터페이스에 숨겨져 있기 때문이다. 뇌의 작동 원리에서 인지 과정은 그 같은 인터페이스와 비슷하다. 예를 들면 우리가 어떤 소리를 들었을 때 뇌는 엄청나게 많은 메커니즘을 활성화해서 그 소리를 지각하고 식별한다. 그렇지만 이 과정은 그 복잡성에 전혀 관심이 없는 사람에게는 간단히 세 단계, 즉 소리에 대한 감각, 지각, 인식으로 설명될 수 있다. 이렇게 크게 단순화된 세 단계를 두고 인지 과정이라고 한다.

직 제대로 밝혀지지 않았다), 처음 다섯 단계는 안면 지각을 가능하게 하고 마지막 세 단계는 안면 인식을 가능하게 한다. 그러면 모두 여덟 단계가 아니냐고? 아니, 일곱 단계가 맞다. 이제 곧 설명하겠지만 다섯 번째 단계가 지각과 인식 사이에 걸쳐져 있기 때문이다. 인식 과정을 작동시킬 필요가 있는지 없는지를 결정하는 것이 바로 그 다섯 번째 단계이다.

우선, 첫 번째 단계는 **회화적 인코딩**이다. 명암과 선명도, 색 등과 같은 순수하게 시각적인 정보를 분석해서 눈이 지각한 이미지가 일관성 있는 형태를 띠는지, 그리고 이 형태가 얼굴의 일반적 특징을 가졌는지 알아내는 단계를 말한다.

이때 뇌는 얼굴을 앞에서나 옆, 뒤, 위, 아래에서 보았을 때 확인되는 여러 특유의 모습들을 근거로 작업한다. 그래서 이 단계에서 우리는 자동차 앞부분의 헤드라이트와 라디에이터 그릴을 웃는 얼굴로 받아들일 수 있다. 동그라미 안에 점 두 개와 곡선이 있으면 웃는 얼굴처럼 보이는 것과 마찬가지로 말이다. 이 단계는 우리가 무엇을 보든 계속 활성화되는데, 이는 뇌의 입장에서는 생존 문제에 해당한다. 여러분이 이 책의 단어 하나하나를 읽는 순간에도 뇌는 여러분이 지각한 이미지 안에서 얼굴을 찾고 있다.

두 번째 단계는 **구조적 인코딩**으로, 얼굴에서 불변하는 요소, 즉 눈의 위치와 간격, 코의 형태 등과 같은 요소들을 뽑아내는 단계이다. 이 단계는 지각된 얼굴의 표정과는 전적으로 무관하며, 얼굴을 머릿속에서 삼차원으로 나타내게 해준다. 얼굴에 대한 지각은 어떤 측면에서는 이 단계에서 이미 끝났다고 할 수 있다. 그러나 우리의 뇌는 그 얼굴이 누구인지 알아보는 단계로 넘어가기에 앞서 불안 요소가 있는지 아닌지 알아내려고 한다. 얼굴을 지각하는 과정이 시작된 이후 처음으로 지각의 상황에 관심을 가지는 것이다.

세 번째 단계는 **얼굴 표정 인코딩**이다. 이 단계에서 우리 뇌는 자신이 아는 표정의 목록을 참조해서 지각된 얼굴의 감정 상태를 알아내며, 특히 얼굴이 공격성이나 공포, 슬픔, 기쁨, 평온함 등의 감정을 띠는지 빠르게 파악한다. 이 단계는 대단히 중요한데, 뇌가 자신이 얻은 답에 따라 위험을 간파하면 **투쟁-도피 반응***이라고 불리는 긴급 절차를 발동시킬 수 있기

* fight or flight response. 말 그대로 “싸우든지 도망가든지” 한다는 것이다.

투쟁-도피 반응

미국의 심리학자 월터 브래드퍼드 캐넌은 1929년 동물(특히 인간)이 절박한 위협에 직면했을 때 보이는 반응을 모형으로 설명했다. 그 모형은 조금은 지나치게 단순화된 것이어서 이후 보완되었지만, 해당 주제를 연구하기 위한 기준으로 여전히 남아 있다. 이 모형에 따르면 인체가 위협에 처하면 주로 두 가지 반응을 보인다. 위협에 맞서 싸우거나 도망가거나. 그리고 어느 쪽 반응이 초래되든 인체에서는 여러 메커니즘이 자동적으로 작동을 시작한다. 아드레날린 같은 카테콜아민 계열 호르몬이 분비되어 급작스러운 근육 활동과 이에 따른 에너지 소비에 대비한다. 이때 에너지는 산소를 필요로 하기 때문에 심장 박동이 증가하며, 에너지를 최대한 근육으로 보내느라 소화 과정은 느려지다 못해 완전히 중단되기도 한다. 그리고 호흡이 빨라져서 숨을 헐떡이게 되고, 속이 메스꺼워지고 가슴도 두근거리기 시작한다. 혈관은 근육과 생명 유지에 필수적인 기관들로 향하는 것을 제외하면 몸 여러 곳에서 수축되는데, 이 역시 혈액을 근육으로 효과적으로 보내기 위한 조치이다. 그 결과 심장 박동 증가로 몸에 열이 나면서 땀이 나고(그러면 체온을 조절하기 위해서 소름이 돋고), 이와 동시에 손가락과 발가락, 코는 차가워진다. 그리고 우리 몸은 싸우거나 도망갈 자세를 취하기 위해서 긴장 상태에 들어가며, 긴장으로 인해서 체온이 내려가는 것을 막으려고 몸을 떨게 된다. 그리고 청력이 저하되는 한편, 중심시력은 높아지고 주변시력은 낮아지는 **터널 시야** 현상이 나타난다. 그런데 이 모든 일은 여러분의 뜻과는 무관하게 **교감신경계**를 통해서 일어난다. 우리 몸에는 교감신경계, 장(腸)신경계, 부교감신경계라는 세 가지 중요한 신경계가 있는데, 교감신경계는 심장 박동 같은 인체의 무의식적 활동을 관리하고, 장신경계는 소화기 계통을, 부교감신경계는 교감신경계와 더불어(그리고 교감신경계를 조절하면서) 여러 내장기관의 불수의적(不隨意的) 활동을 관리한다.
요컨대 여러분이 어떤 위협 앞에서 싸우거나 도망가는 것은 여러분 자신에게 달린 일이 아니다. 상황에 따라 뇌가 여러분을 위한 결정을 내리기 때문이다. 그래서 군인이나 경찰, 소방관처럼 위험에 많이 노출되는 직업을 가진 사람들은 뇌가 스트레스 상황에 익숙해지기 위한 훈련이 필요하다.

때문이다.

네 번째 단계는 **얼굴 언어 인코딩**으로, 어떤 사람의 입과 얼굴의 움직임이 무엇을 말하는지 파악하는 단계이다. 이 단계 역시 우리 뇌가 잠재적인 위협을 평가하기 위한 분석에 관여한다.

다섯 번째 단계는 안면 지각과 안면 인식 사이의 다리에 해당하며, 따라서 두 부분으로 다시 나눌 수 있다. 우선 첫 부분은 시각적 처리에서부터 파생되는 **의미 정보 인코딩**이다. 지각된 얼굴에 대해서 나이와 성별, 인종 등과 같은 일련의 일반적이고 상황적인 의미를 부여하는 것을 말한다. 앞의 두 단계, 즉 얼굴 표정 인코딩 및 얼굴 언어 인코딩과 방금 말한 의미 정보 인코딩은 처리된 모든 정보(시각적이든 아니든)가 우리가 아는 얼굴과 비슷한지 확인하기 위해서 장기기억에서 **안면 인식 장치**를 활성화시키는데, 바로 이 장치의 작용이 다섯 번째 단계의 두 번째 부분이다. 그리고 이 장치는 이어지는 안면 인식의 두 단계를 작동시킨다.

여섯 번째 단계는 어떤 사람의 정체를 의미적 관점에서 처리하는 단계이다. 이 단계가 다섯 번째 단계와 다른 점은 이때 처리되는 정보는 얼굴이 지각된 상황 자체와는 무관하다는 것이다. 예를 들면 여러분이 해변으로 놀러갔다가 그곳에서 여러분 동네에서 케밥을 파는 사람을 만났을 경우, 뇌는 여러분에게 그 케밥의 맛이 떠오르게 만들 수 있을 것이다. 이러한 연상작용은 무의식적으로 일어난다는 점에서 전적으로 임의적인 것처럼 보이지만, 지각된 얼굴을 기억에 저장된 친숙한 상황에 위치시켜주는 역할을 한다.

끝으로 일곱 번째 단계는 형식적 확인이라고 규정할 수 있는 것으로, 우리 뇌가 얼굴을 알아보고 장기기억에서 그 사람의 이름과 그밖에 우리가 그에 관해서 아는 정보를 찾아내는 단계를 말한다. 이 단계에 이르면 얼

영화 더빙

어떤 영화를 다른 언어로 번역하는 방법에는 두 가지가 있다. 하나는 더빙이고, 다른 하나는 자막이다. 자막은 영화의 사운드트랙을 그대로 보존해주는 장점이 있지만, 대사의 양이 많고 속도가 빠를 경우 그 리듬을 따라가려면 내용을 짧게 줄여야 한다는 큰 단점이 있다. 우리는 듣는 속도만큼 빠르게 읽지는 못하니까 말이다. 한편, 더빙은 번역된 대사를 성우 같은 다른 연기자의 목소리로 녹음해서 원래 연기자의 목소리를 대신하게 하는 것이다. 그런데 이 경우 **인지적 부조화**, 다시 말해서 뇌가 처리해야 하는 두 가지 정보 사이에 모순이 발생한다(뒤에서 다시 말하겠지만 일반적으로 뇌는 그런 모순을 좋아하지 않는다). 화면 속 인물들의 입모양과 말소리가 서로 일치하지 않기 때문이다. 프랑스처럼 더빙 문화가 자리를 잡은 일부 나라에서는 그 같은 부조화를 잘 볼 수 없지만, 이는 어디까지나 더빙 회사가 원래 대사와 소리 및 길이가 비슷한 단어를 찾는 작업에 공을 많이 들이기 때문이다. 광고의 경우는 예산이 적어서 그 같은 완성도를 가지지 못하며, 그래서 입모양과 소리 사이의 차이가 너무 커서 거슬리는 일이 자주 있다. 다큐멘터리에서는 더빙에 들어가는 제작비를 줄이기 위해서 원래 목소리가 희미하게 들리도록 내버려두는 더빙 기법이 많이 쓰인다.

굴을 알아보는 작업은 완전히 끝난다. 다음번에 친구나 부모님을 보게 되면 사람을 알아보는 일이 얼마나 순식간에 이루어지는지 주목하기를 바란다. 그러면 여러분은 여러분의 뇌가 가진 힘의 진가를 새삼 깨닫게 될 것이다.

1988년에 영국의 심리학자 앤디 엘리스는 앤드루 영과 함께 안면 인식에 관한 새로운 모형을 내놓았다. 이 모형은 안면 인식과 관련된 두 가지 병리학적 증후군의 연구에 기초를 두고 있는데, **안면 실인증**(顔面 失認症)과 **카프그라 증후군**(Capgras syndrome)이 그것이다.

안면 실인증과 카프그라 증후군

엘리스와 영에 따르면 우리가 어떤 얼굴을 인식하면 문제의 얼굴이 누구인지 알아보기 위한 두 가지 과정, 즉 얼굴에 대한 **형식적 확인**과 **정서적 확인**이 동시에 실행된다. 우선 형식적 확인은 뇌가 장기기억에서 그 얼굴과 관련하여 우리가 아는 사실적인 정보를 찾는 과정을 말한다. 그 사람의 이름, 신상 정보, 이미지 같은 것 말이다. 그리고 정서적 확인은 그 사람과의 관계를 생각해내는 과정이다. 예를 들면 그 사람이 가족이라면 강한 유대감을, 막연히 아는 사람이라면 약한 유대감을 느끼는 식이다. 흥미로운 사실은, 문제의 얼굴이 우리가 잘 알지는 못하지만 좋은 상황(휴가 중이었거나 기분 좋은 자리였거나)에서 만난 사람이라면, 잘 알지만 기분 좋은 관계를 맺어본 적이 없는 사람보다 정서적으로 더 가깝게 느낀다는 것이다. 그리고 형식적 확인과 정서적 확인이라는 두 과정은 동시에 각기 실행되기 때문에 뇌 손상이나 인지적 문제가 있는 경우 타인을 알아보지 못하는 증상도 두 가지 방식으로 나타날 수 있다.

안면 실인증*은 얼굴을 알아보지 못하는 증상이다. 얼굴의 특징들을 지각해서 그것이 얼굴이라는 사실은 분명히 알지만 문제의 얼굴이 누구인지는 모른다. 따라서 얼굴에 대한 형식적 확인이 작동하지 않는다는 것이다. 안면 실인증을 가진 사람은 자신의 부모님을 보더라도 옷이나 목소리, 상황 등과 같은 다른 간접적인 수단을 통하지 않으면 알아보지 못한다. 이러한 장애는 선천적으로 타고날 수도 있고, 뇌 손상으로 인해서 후천적으로 생길 수도 있다. 조사에 따르면, 후천적인 사례의 40퍼센트는 뇌졸중**

---

* 안면 실인증을 뜻하는 "prosopagnosia"라는 용어는 그리스어로 "얼굴"을 뜻하는 "prosopon"과 "알지 못함"을 뜻하는 "agnosia"에서 유래되었다.

** 腦卒中, 의학용어로는 "뇌혈관 사고(CVA, cerebrovascular accident)"라고 부른다.

에 따른 것으로 확인되었다.

얼굴에 대한 정서적 확인도 작동하지 않을 수 있는데, 이 경우에는 안타깝게도 정신의학적 문제까지 종종 동반하는 아주 특이한 장애가 유발된다(물론 정신의학적 문제가 단순히 그 장애에 따른 결과인지 아닌지는 확실히 말하기 어렵다). 정서적 확인이 작동하지 않을 경우, 우리는 부모님을 보면 부모님인 것을 알아보기는 하지만, 정서적인 유대감을 전혀 느끼지 못한다. 그 결과 인지적 부조화가 생기는데, 이때 우리 뇌는 그 상황을 우리 앞에 있는 사람은 부모님과 꼭 닮은 사람에 지나지 않는다고 해석함으로써 그 부조화를 해결한다. 부모님으로 혼동할 정도로 닮았지만(형식적 확인은 제대로 작동한다는 뜻이다), 어디까지나 부모님과 꼭 닮은 사람이기 때문에 정서적 유대감을 느끼지 못한다고 해석하면 정서적 확인도 제대로 작동하는 것처럼 되고, 따라서 우리 뇌는 더 이상 모순이 없다고 생각해서 "만족하게" 되는 것이다.* 이러한 장애를 **카프그라 증후군**이라고 부르는데, 1923년에 그 증상을 임상적으로 처음 기술한 프랑스 정신과의사 조제프 카프그라의 이름을 딴 명칭이다. 카프그라 증후군은 뇌의 손상이나 기형으로 초래되기는 하지만, 보통은 **비해리성**(非解離性) **만성정신증** 같은 정신적 장애와 불가분의 관계에 있다. 실제로 카프그라 증후군 환자는 자신이 아는 사람(자신이 아는 모든 사람)이 그와 똑같이 생긴 다른 사람으로 바꿔치기 되어 있을 것이라고 믿는다. 정신과 주치의에게 자신의 부모님이 부모님과 꼭 닮은 사람들에 지나지 않는다고 설명해야 하지만, 그 의사도 진짜 주치의와 꼭 닮은 사람일 것이라는 생각이 또 드는 것이다. 그러니 그 괴로움이 얼마나 크겠는가.

* 여기서 내가 뇌를 인격을 가진 것처럼 말한 것은 물론 단지 설명을 하기 위함이다. 뇌는 폐와 마찬가지로 인체를 이루는 하나의 기관이다.

카프그라 증후군의 연장선상에 있되, 망상증이 더해진 더 심각한 장애도 있다. **프레골리 증후군**(Fregoli syndrome)*이 그것이다. 극히 드물게 나타나는 증상인데, 이 경우 구조적 병리와 정신적 병리를 구분하기가 불가능하다. 프레골리 증후군 환자는 카프그라 증후군의 경우와 마찬가지로 자신이 아는 모든 사람들이 꼭 닮은 사람들로 바꿔치기 되어 있다고 믿는다. 거기에 더해 그 꼭 닮은 사람들도 사실은 동일인인 어느 한 사람이 변장을 한 것에 지나지 않는다고까지 생각한다. 이 장애의 심각성은 뇌가 형식적으로 다른 얼굴을 가졌다고 확인되는 여러 사람들을 어느 한 개인에 결부시킬 수 있다는 사실만으로도 잘 드러난다. 프레골리 증후군 환자에게는 모든 타인들이 동일인인 것이다.

그런데 얼굴을 지각하는 데에 필요한 감각, 즉 시각은 단순한 메커니즘이 아니다. 시각 작용은 30억 년이 넘는 시간 동안 이루어진 진화의 결과이며, 시각 기능과 관련된 현상들 중에는 아주 놀라운 것들도 있다. 맹인들의 시각적 능력을 말하는 **맹시**(盲視, blindsight)도 그중 한 가지이다.

맹시

영화를 보면 앞을 보지 못하는 시각장애인이 어떤 장애물을 만지지도 않고 **느낌으로** 피하는 장면이 나온다. 혹은 자기 앞에 있는 사람이 말 한마디 하지 않았는데도 화가 났거나 슬픈 상태라는 것을 본능적으로 알아내는 경우도 있다. 이런 일이 어떻게 가능한지는 시각장애인들 자신도 설명하지 못하는데, 일반적으로 사람들은 그 같은 능력이 시각을 제외한 다른 감각이 모두 깨어 있기 때문이라고 생각하는 경우가 많다. 그래서 한 공

* 19세기 말에서 20세기 초에 걸쳐 활동한 이탈리아의 유명한 변장 배우 레오폴도 프레골리의 이름을 딴 것이다.

간에 있는 다른 사람의 숨소리를 들을 수 있고, 혹은 소리의 반향(反響) 변화를 해석해서 장애물을 피할 수 있다고 말이다. 그러나 사실은 그렇지 않다. 맹시는 시각 작용 자체와 상관이 있기 때문이다.

그렇다면 우리 눈이 어떻게 사물을 볼 수 있는지 잠깐 살펴보기로 하자. 눈이 어떤 이미지를 지각하면 그 이미지는 시신경을 통해서 전기충격의 형태로 이동해서 뇌 뒤쪽에 자리한 **일차 시각피질**(一次視覺皮質)로 향한다. 양쪽 눈에서부터 오는 정보들을 수집해서 삼차원 이미지로 재구성하는 것이 바로 일차 시각피질이다. 그런데 그 정보들은 일차 시각피질에 도착하기에 앞서 뇌 중앙의 시상(視床) 위에 위치한 **상구**(上丘)라는 곳을 잠시 거친다. 상구는 특히 시선의 방향을 담당하는 부위로, 여기서 시선의 방향은 뇌의 무의식적 작용에 속한다.

시각장애인 중에는 눈 자체나 망막, 시신경에 문제가 있어서 눈이 제 기능을 못하는 경우도 있지만, 일차 시각피질의 문제 때문에 실명이 된 경우도 있다. 물론 후자의 경우도 맹인은 맹인이다. 심리적 문제로 보지 못하는 것이 아니라 진짜 앞을 못 본다는 말이다. 그러나 눈 자체는 정상적으로 작동하고 있으며, 그래서 빛을 지각해서 그 정보를 일차 시각피질로 보낸다. 이 말은 시각 정보가 상구로 향하는 단계도 정상적으로 진행된다는 뜻이다. 따라서 뇌의 무의식적 영역에 속하는 상구는 눈이 전달한 이미지를 정상적으로 포착한다. 그 결과 시각장애인은 의식적인 방식으로는 아무것도 보지 못하더라도, 적어도 무의식적으로는 위험을 감지하게 되는 것이다. **데자뷔**의 느낌도 시각 정보가 상구를 거치는 단계에서 생겨나는 것으로 보인다.

데자뷔

데자뷔가 정확히 어떤 것인지는 아무도 모른다. 한 개인을 MRI* 기계에 말 그대로 편안히 눕혀 놓은 상태에서 데자뷔를 실험적으로 만들기는 어렵기 때문이다. 아니, 그런 실험이 가능한지 자체도 의문이다. 따라서 데자뷔와 관련해서는 그 현상을 설명하기 위한 가설이 몇 가지 존재한다. 그런데 먼저, 데자뷔가 무엇인지 모르는 독자를 위해서 의미부터 알아보기로 하자. 데자뷔(déjà-vu)란 프랑스어로 "이미 본 느낌"이라는 뜻으로, 어떤 일을 경험할 때(빵집에서 거스름돈을 건네받는 것 같은 별것 아닌 일도 포함된다) 그 순간을 이미 경험한 것 같은 느낌이 드는 현상을 말한다. 상황적으로 동일한 순간이 아니라, 바로 정확히 그 순간을 겪은 적이 있다는 느낌을 받는 것이다. 데자뷔의 느낌은 몇 초가 지나면 완전히 사라지지만, 그 느낌이 드는 순간에는 분명히 그것을 지각할 수 있다.

데자뷔라는 일반적인(5분마다 한 번씩 일어난다는 의미가 아니라 누구에게나 일어날 수 있다는 의미에서) 현상을 설명하기 위한 가설이 몇 가지가 있는데, 그중에는 얼른 치워버리는 편이 나은 것들도 있다. 데자뷔를 두고 전생 내지는 "이전의 우주"에서의 삶에 대한 어렴풋한 기억이라거나 어떤 예감이라고 말하는 가설들을 두고 하는 말이다. 이런 가설들은 아무런 근거가 없으며, 따라서 안 입는 옷을 넣어두는 수납장에 점괘판 같은 것들과 함께 가만히 모셔두는 것이 좋다. 나는 물론 나에게 믿으라고 강요하지만 않는다면, 각자 무엇을 믿든 존중한다는 주의이지만 말이다.

보다 신빙성 있는 가설에 따르면, 어떤 순간이 복제된 것 같은 느낌은 뇌가 시간 순서를 지각하는 도중에 모순이 발생했을 때, 이에 일시적으로

* 자기공명영상법(magnetic resonance imaging), 즉 자력에 의해서 발생하는 자기장을 이용해서 인체 내부를 영상화하는 기술.

대처하느라 생기는 착각이다. 실제로 우리 뇌는 정보를 기록할 때 수많은 이미지와 소리, 그리고 보다 일반적인 정보들을 초 단위로 저장하는 연속적인 기록 방식을 사용한다. 따라서 내용이 동일한 정보라도 동시성을 적용하기에는 먼 간격으로 잇따라 두 번 도착할 경우, 우리 뇌는 동시성이 없다는 점을 이유로 일단은 서로 구분되는 두 개의 사건으로 간주하면서 문제를 무마한다. 시각을 예로 들어보자. 앞에서 이미 말했듯이 우리 눈은 망막에 닿은 빛을 감지하면 시신경을 통해서 그 빛을 전기적 성질의 신경 정보로 변환하며, 이 정보가 상구를 거쳐 일차 시각피질에 도착하면 이미지가 삼차원으로 재구성되는 작용이 이루어진다. 그런데 여기서 이미지가 "재구성된다"고 말하는 이유는 빛이 양쪽 눈으로 감지되기 때문에, 따라서 그 정보가 양쪽 눈 각각에서 출발하는 신경 경로를 따라 시신경에서부터 상구를 지나 일차 시각피질에 이르기 때문이다(뒤에서 다시 이야기하겠지만 양쪽 눈의 신경 경로는 뇌에서 서로 교차된다).

그래서 어느 가설에서는 한 쪽 눈이 감지한 정보가 어떤 이유로 다른 쪽 눈이 감지한 정보보다 늦게(100분의 1초 정도로 아주 조금 늦게) 도착했을 때에 데자뷔 현상이 생긴다고 말한다. 가령 우리 뇌가 한 쪽 눈에서 온 정보를 받고 바로 이어서 다른 쪽 눈에서 온 정보를 받았다고 하자. 이때 뇌는 시각상의 연속성을 일단 그대로 지각하면서도 두 정보의 동시성 여부를 고민하는데, 뇌가 그 답이 확실하지 않아서 두 정보가 동시적인 것일 수도 있고 아닐 수도 있다고 생각할 경우 우리는 동작이 연속해서 일어난 듯한 느낌과 순간이 복제된 듯한 느낌을 받게 된다. 대신 그 사건이 단기기억에서 장기기억으로 옮겨가면 뇌는 사건을 한 번만 일어난 것으로 정리해서 저장하며, 그런 이유로 우리는 데자뷔를 경험한 것은 기억하지만 데자뷔의 느낌에 대해서는 정확히 기억하지 못한다.

또다른 가설은 상구와 관련이 있다. 일부 학자들에 따르면 알려지지 않은 어떤 조건에서 상구는 자신이 처리한 정보를 연이어 두 번 전송한다. 따라서 시각피질에 내용이 같은 정보가 두 번 잇따라 도착하게 되는데, 이 "반복"에 대해서 뇌는 두 정보를 일단 서로 구분되는 두 개의 정보로 간주하면서도 동작의 연속성을 유지하기 위해서 자기가 할 수 있는 일을 한다. 단기기억상에서는 방금 일어난 순간이 복제되지 않은 것이 분명하기 때문에(바로 이전에 발생한 기억은 없으므로), 우리로 하여금 다른 어떤 순간이 복제되었다고, 즉 오래 전에 경험해서 장기기억 어딘가에 묻혀 있지만 깊이 파고들 필요는 없는 어떤 순간이 복제되었다고 느끼도록 내버려둠으로써 문제를 대충 해결하는 것이다. 몇 초만 지나면 잊혀질 느낌이니까 말이다. 자, 이해가 되는가?

더 쉽게 설명해보자. 두 개의 이미지가 일차 시각피질에 잇따라 도착했는데 같은 순간의 이미지를 담고 있을 경우, 뇌는 일단은 "연이어 일어난 두 개의 사건이야!"라고 해석하려고 한다. 그러나 뇌에서 다른 감각을 담당하는 영역들은 "그렇지 않아, 이 사건은 반복적으로 일어나지 않았어!"라고 반박해온다. 그러면 귀찮아진 일차 시각피질은 결국 뇌의 다른 영역들과 협상하는 쪽을 택한다. "그럼 하나는 기억이라고 하는 게 어때?" 어딘가 남아 있지만 단기기억에는 아무 흔적이 없는 기억 말이다. 그래서 이렇게 결론이 나는 것이다. "기억은 기억인데 오래된 기억으로 하자!" 협상 타결.

앞에서 말했듯이 뇌는 모순을 좋아하지 않으며, 모호한 것도 좋아하지 않는다. 그리고 데자뷔를 통해서 조금 살펴보았듯이, 뇌는 시간의 연속성을 확보하는 것을 아주 중요하게 생각한다. 그렇다면 사고나 소동이 일어났을 때, 시간이 슬로비디오처럼 천천히 흘러가는 것처럼 느껴지는 것은 왜 그럴까?

슬로비디오처럼 지각되는 시간

사고나 습격 같은 일부 스트레스 상황은 투쟁-도피 반응을 부르는 것 외에 시간이 천천히 흐르는 것 같은 느낌도 유발한다. 사고가 났을 때 특히 당황스러운 것은 시간은 천천히 흐르는 것 같은데 그렇다고 해서 우리가 정상적인 속도로, 즉 사건이 전개되는 것보다 빠른 속도로 대응할 수 있는 것은 아니기 때문이다. 앞에서 내가 우리 뇌는 일정량의 정보를 초 단위로 기록한다고 했던 말을 기억하는가? 우리가 흘러가는 시간을 지각하는 일은 바로 그 리듬을 따른다. 그리고 그 리듬은 실제로는 항상 미세한 변화를 겪고 있지만 우리 느낌에는 **일정한 것처럼** 보인다. 그런데 스트레스를 많이 유발하는 상황이 갑자기 발생하면, 우리 뇌는 흥분해서 더 많은 정보를 더 빠르게 기록하기 시작한다. 대신 모든 형태의 정보에 대해서 그 같은 작용이 일어나는 것은 아니며, 그래서 청력이 저하되고 주변시력이 부분적으로 상실되는 현상이 나타난다.* 더 정확히 말해서, 뇌가 자신이 처리해야 할 정보의 수를 줄여서 파악된 정보의 전체적인 밀도를 높이는 것이다. 쉽게 말하자면, 주변시력에 의한 정보를 2분의 1로 줄이는 대신 중심시력에 의한 정보를 2배 늘리는 것이라고 생각하면 된다(물론 문제의 작용을 이렇게 단순화시키는 것은 잘못되었지만, 적어도 무슨 말인지 이해하는 데에는 도움이 될 것이다).

우리 뇌가 보통 때는 중심시력에 따른 이미지를 1초에 90개 기록한다고 치면, 사고가 일어난 동안에는 그 리듬이 빨라져 가령 1초에 180개의 이미지를 머릿속에 입력하게 될 것이다. 그래서 사건 자체는 1초에 90개의 이

---

* 297쪽 참조.

고속 카메라

영화나 텔레비전 방송을 촬영하는 보통의 카메라는 1초에 24개에서 30개의 이미지를 기록한다(나라마다 차이가 있다). 그리고 그 영상을 촬영 속도 그대로 틀면 화면 속 장면은 우리에게 익숙한 보통의 시간 속도로 재생된다. 우리가 개인적으로 지각하는 1초가 화면 속 장면의 1초에 정확히 대응되는 것이다. 그런데 어떤 카메라는 동작을 천천히 촬영할 수 있다. 초당 이미지를 보통의 카메라보다 많이 기록한다는 것이다(1초에 수천 개의 이미지를 기록하는 카메라도 있다). 그렇게 촬영한 영상을 1초에 이미지가 24개나 25개, 혹은 30개씩 나오는 속도로 틀면 화면 속 장면은 느린 속도로 재생되며, 이때 우리가 개인적으로 지각하는 1초는 이번에는 화면 속 장면의 1초가 아니라 영상이 재생되는 속도상의 1초에 대응된다. 슬로비디오 촬영은 바로 그런 식으로 이루어진다.

미지가 기록될 때와 마찬가지 방식으로 전개되지만, 사건에 대한 우리의 지각은 시간이 2배 천천히 흐르는 것처럼 느끼는 것이다. 따라서 그 같은 느낌은 우리의 뇌가 만드는 착각에 지나지 않는다. 시간은 여전히 같은 속도로 흐르고 있고(우리 기준에서 볼 때 대체로 그렇다는 것이다. 특수상대성 이론에 대해서 말할 때 보겠지만,✌ 모든 것은 대략적인 것에 지나지 않는다), 그래서 우리는 더 빨리 대응할 수가 없다. 사건은 아주 정상적으로 전개되고 있는데 우리의 지각만이 그렇지 않다고 느끼기 때문이다.

뇌가 우리를 속이는 사례는 이외에도 더 있는데, 높은 장소에서 비정상적으로 불안해하는 고소공포증도 그중 하나의 사례에 해당한다.

고소공포증

고소공포증(acrophobia)은 누구나 겪는 증상은 아니다. 이는 분명한 사실이다. 그러나 고소공포증이 있는 사람들이 그 증상을 느끼는 방식은 언제나 거의 동일하다. 절벽, 낭떠러지, 난간의 가장자리나 사다리 꼭대기, 높은 책상 위 같은 곳에 서 있으면(여러분에게 고소공포증이 있다면 이런 행동은 하지 않는 것이 좋다. 진지하게 하는 말이다), 이상한 느낌에 사로잡히게 된다. 뛰어내리고 싶은 기분이 든다거나, 옆에 아무도 없는데 누가 나를 떠밀 것만 같다거나……. 이 경우에도 역시 원인은 뇌에 있다. 뇌가 자신이 직면한 모순을 자기 방식대로 처리하기 때문이다.

그렇다면 어떤 문제 때문에 그런 것일까? 우선 그 같은 상황에서 우리 뇌는 경계 태세에 들어간다. 벼랑 끝에 서 있다는 것은 말 그대로 벼랑에서 떨어져 죽을 수도 있는 상황이기 때문이다. 그러나 우리의 감각은 우리가 두 다리로 단단히 버티고 서 있는 아주 안정적인 상황이며, 따라서 벼랑에서 떨어질 특별한 이유가 없다고 알려준다. 일반적으로 우리는 아무 이유 없이 떨어지지 않고, 따라서 실제로 위험 같은 것은 없다. 하지만 우리의 생존 본능(우리의 감각보다 훨씬 더 강하다)은 그 순간 우리의 목숨이 위험할 수도 있다는 경고를 있는 힘을 다해서 보낸다. 그리고 우리 뇌는 죽음의 위험 앞에서는 결코 가볍게 넘어가지 않는다.

그 결과 우리의 뇌는 두 가지 정보 사이의 모순에 따른 인지적 부조화에 직면한다. 한편으로는 상황이 안정적이라는 지각이 들어오는데, 다른 한편으로는 목숨이 위험하다는 경고가 들어오기 때문이다. 따라서 뇌는 자신이 할 수 있는 방식으로 문제를 해결한다. 떨어질 특별한 이유는 전혀 없지만 누가 우리를 밀거나 우리 스스로 떨어지고 싶은 마음이 들 수도 있다고 말이다. 이것이 죽음의 위험을 설명할 수 있는 유일한 방법인 것이다. 고소공포증이 없는 사람은 죽을 수도 있다는 위협이 직접적으로 다가오는 정도가 덜하며, 그래서 뇌는 평정을 되찾아 "그래, 떨어질 이유가 전혀 없어"라는 편안한 상태를 계속 유지할 수 있다. 고소공포증이 있는 사람과 없는 사람의 차이가 바로 그런 것이다.

그런데 간혹 우리의 뇌는 감각에 의한 지각을 정확하게 해석하지 못한다. **실인증**(失認症, agnosia)이라는 용어로 묶이는 장애들인데, 그중 **편측무시**(片側無視, hemi-neglect)는 특히 주목할 만하다.

실인증과 편측무시

앞에서 말한 안면 실인증도 실인증으로 분류되는 장애 중 하나로, 그때 언급했듯이 실인증을 뜻하는 "agnosia"라는 용어는 그리스어로 "알지 못함"을 뜻한다. 실인증이란 간단히 말해서 감각은 정상적으로 작동하지만 지각이 완전히 무시되는 증상인데, 어떤 감각과 관계가 있느냐에 따라서 장애의 정도는 다소간 차이가 난다. 예를 들면 청각에 이상이 없고 자신이 들은 말을 이해할 수 있어서 대화는 지극히 정상적으로 나눌 수 있지만, 비언어적인 소리는 식별하지 못하는 사람들이 있다. 이들에게는 소방차 사이렌 소리나 돌멩이가 물에 떨어지는 소리, 전화 벨소리가 모두 똑같이 들린다. 소리는 분명히 듣는데, 구분하지 못하는 것이다. 이러한 증상을 **소리 실인증**이라고 한다. 이와 반대되는 사례도 있다. 들리는 모든 소리를 구분할 수 있는데 말은 알아듣지 못하는 증상으로, 이 경우는 **순수언어 난청**이라고 부른다. 게다가 또 어떤 사람들은 대화도 하고 소리도 구분할 줄 알지만, 음악을 분간하지 못한다. 어떤 음악을 기억을 통해서 식별하지 못한다는 것이 아니라 음악을 음악으로 인식하지 못한다는 것이다. 이른바 **음악 실인증**으로 불리는 증상이다.

색상 실인증은 색을 구분하는 데에 어려움을 느끼는 증상으로, 눈에 있는 원추세포의 기능장애로 나타나는 색맹과는 차이가 있다. 더 복잡하게는 **연합성 색상 실인증**도 있는데, 이 경우 색을 완벽하게 구분은 하는데

외계인 손 증후군(alien hand syndrome)

외계인 손 증후군은 사지 중 하나(주로 팔)가 완전히 독립적으로 살아 움직이는 것 같은 증상이다. 이 증후군에 걸린 사람은 문제의 사지가 자기 것인데도 자기 뜻대로 통제하지 못한다. 가령 여러분이 오른손으로 셔츠의 단추를 잠그고 있는데 왼손은 여러분의 뜻과 무관하게 저 혼자 단추를 풀고 있거나, 이쪽 손으로는 담배를 재떨이에 버렸는데 다른 쪽 손은 그 담배를 다시 입으로 가져오는 식이다. 외계인 손 증후군에 걸린 사람은 문제의 사지가 하는 동작을 자기 몸의 움직임으로 인식하지 못하며, 따라서 자기 것이라는 느낌이 없다. 그래서 남의 것처럼 느껴지는 그 사지에 인격을 부여하거나 이름을 지어주는 경우가 흔하다. 이 증후군이 닥터 스트레인지러브 증후군이라고도 불리는 이유는 영화 「닥터 스트레인지러브」와 관계가 있다. 스트레인지 박사라는 인물의 한쪽 팔이 기계로 되어 있어서 제멋대로 움직이는 설정이 나오기 때문이다.

사물에 연결시키지 못한다. 가령 서로 색이 다른 플라스틱 블록 4개를 보여주고 청색 블록을 잡아보라고 하면 하지 못하는 것이다. 그리고 오이나 바나나가 무슨 색인지 물어보는 질문에도 답을 못한다.

편측자기 신체 실인증은 자기 신체의 절반(문제가 있는 뇌가 어느 쪽인지에 따라 왼쪽 절반이나 오른쪽 절반)을 인식하지 못하는 증상이다. 그 절반의 감각 기능이나 운동 기능은 아무 문제없이 완벽하게 작동하는데도 말이다. 이 증상을 가진 사람은 침대에 혼자 누워 있어도 누군가와 같이 있는 것 같은 느낌이 종종 들게 된다. 그런데 편측자기 신체 실인증은 **외계인 손 증후군** 혹은 **닥터 스트레인지러브 증후군**이라고 불리는 증상과는 구분할 필요가 있다.

편측자기 신체 실인증은 편측무시의 한 가지 형태에 속한다. 편측무시는 신체의 절반을 무시하는 증상을 통칭하는데, 시각 실인증으로 분류되는 증상 중에도 거짓말 같은 편측무시 사례들이 존재한다.

가장 간단한 사례는 주의성 편측무시로, 눈이 마치 어느 한쪽만 정상적으로 기능하는 것처럼 정보의 절반만 지각하는 증상이다. 그런데 사실 눈은 양쪽 모두 정상적으로 기능하며, 일차 시각피질에서 어느 한쪽 눈에 대한 정보가 손실되면서 그 같은 증상이 나타난다. 그 결과 삼차원과 관계된 모든 시각 작용(특히 거리 측정 같은 것)에 문제가 발생하는데, 그러나 눈으로 지각된 것은 부분적이기는 해도 정상적으로 인식된다.

시각적 편측무시 가운데 가장 거짓말 같은 사례는 **대상 중심성 편측무시**일 것이다. 실제로 이 편측무시는 어서 깨어나고 싶은 악몽과도 같은 고약한 증상이다. 보는 것은 왼쪽과 오른쪽 모두 정상적으로 보는데, 어떤 사물이나 사람에게 개별적으로 집중하는 순간 절반밖에(가령 오른쪽 절반밖에) 알아볼 수 없는 것이다. 따라서 이 증상을 가진 사람에게는 대화를 나누는 상대방이 오른쪽 절반만 보이며, 텔레비전도 오른쪽 절반만 보이고, 화면 속 어느 한 인물에게 집중하는 순간 또 그 인물의 오른쪽 절반만 보인다. 그리고 이 증상에서 가장 신기한 현상은 어떤 사람을 정면으로 보면서 그 사람의 오른쪽 절반만 보았을 경우 그 사람이 뒤로 돌아서면 계속 같은 쪽, 다시 말해서 뒷모습의 왼쪽 절반만 보게 된다는 것이다. 눈이 문제가 아니라 뇌가 문제이다.

최악의 상황은 어떤 실인증이 **질병 실인증**과 함께 나타나는 경우이다. 자신이 실인증을 가지고 있다는 사실 자체를 인식하지 못하는 것으로, 실인증을 겪을 때는 이런 경우가 많다.

수면 경련

뇌와 관련해서 마지막으로 소개할 내용은 드물지도 흔하지도 않은 현상으로서 누구나 적어도 한번은(특히 사춘기가 되기 전이나 사춘기 때 많이) 겪어보았을 **수면 경련**에 대한 것이다. 자고 있는데 갑자기 추락하는 느낌에 몸이 움찔하고 놀라는 현상 말이다. 이런 현상은 잠이 드는 중에 잘 나타나며(**입면시 경련**), 드물게는 잠이 깰 때 나타나기도 한다(**출면시 경련**).

잠이 들 때 우리는 보통 일련의 단계를 거쳐 수면에 들어간다. 그러나 스트레스나 피로, 혹은 개인적인 사정에 따른 여러 가지 다양한 이유들로 인해서 지나치게 빨리, 다시 말해서 그 같은 단계들을 모두 거치지 않고 잠드는 경우가 생길 수 있다. 그러면 우리의 뇌는 뭔가 의심스러워한다. 우리가 잠이 들고 있는 중인지 확실하지 않다고 생각하는 것이다. 희박하기는 하지만 다른 가능성, 즉 죽어가는 중일 수도 있기 때문이다.

앞에서 말했듯이 우리의 뇌는 죽음의 위험에 대해서는 절대 가볍게 넘어가지 않는다. 그래서 뇌는 의심스러운 마음에 우리가 죽어가는 중이 아닌 것을 확인하기 위해서 우리 몸 전체를 흔들어보기로 결정한다. 그 결과 우리는 순간적으로 몸에 강한 경련이 일어나는 것 같은 경험을 하게 되는 것이다(실제로 그런 경련이 일어나는 것은 아니다). 그리고 이때 우리가 어디에서 떨어진 것처럼 느끼는 이유는 몸이 완전히 이완되어 있다가(추락을 할 때처럼) 갑자기 온몸을 휘감는 충격을 받았기 때문이다(추락을 끝냈을 때처럼).

우리의 뇌가 혼자서 할 줄 아는 일에 대해서는 책을 한 권 따로 써도 될 것이다. 그래도 주제의 범위를 제한해야 하겠지만 말이다. 어쨌든 이번 내용은 일단 여기서 끝내고, 아주 흥미로운 다른 주제로 넘어가보자. 하품이 바로 그 주인공이다.

58. 하품은 왜 전염될까?

사실 우리는 우리가 왜 하품을 하는지 지금까지도 잘 모른다. 우리가 아는 것은 하품이 인류의 조상 때부터 전해져 내려온 메커니즘이라는 것이다. 하품이 인류의 기본 특성이라는 것은 태아가 엄마 뱃속에서부터 하품을 한다는 사실만으로도 알 수 있다.

그렇다면 하품은 왜 나오는 것일까? 뇌에 산소를 공급하기 위해서? 현재 지식에 따르면, 이는 정답이 아니다. 뇌를 식히기 위해서? 이 답도 확실하지 않다. 그럼 주의력을 높이기 위해서? 근육의 긴장을 풀어주려고? 이런저런 호르몬의 분비를 유발하기 위해서? 글쎄, 알 수 없다. 우리는 하품이 왜 나오는지 정말로 모른다. 게다가 우리는 세상의 모든 척추동물들 중에서 유독 기린만 하품을 하지 않는 이유가 무엇인지도 모른다. 물고기도 하품을 하고, 새도 하품을 하고, 파충류, 개, 고양이, 토끼, 곰, 오리너구리, 원숭이, 인간까지 모두가 하품을 하는데, 기린만은 하품을 하지 않는다. 그러나 하품과 관련해서 우리가 완벽하게 설명할 수 있는 것도 있다. 하품이 왜 전염되는가 하는 것이다. 그리고 하품이 전염되는 이유에 우리가 주목하는 까닭은 그것이 어쩌면 인류의 "사회화(社會化)"의 원인이자 문명의 기원일지도 모르기 때문이다.

공감(共感)은 인간이 사회적 존재로서 가진 뛰어난 능력 가운데 하나로, 하품의 전염성은 바로 공감 능력에서부터 생겨난다. 공감은 쉽게 말해서 우리가 머릿속으로 다른 사람의 입장이 되어보는 것이다. 뇌에는 이런 능력을 담당하는 신경이 따로 존재하는데, 이를 거울신경(mirror neuron)이라고 부른다.

거울신경은 이탈리아 파르마의 어느 대학에서 의사이자 생물학자인 자

폰 베어의 법칙

폰 베어의 법칙은 러시아의 의사이자 동물학자이자 인류학자인 카를 에른스트 폰 베어가 발견한 것으로, 이 법칙에 따르면 척추동물은 어미의 태중에 있을 때 일반적인 특징이 먼저 발달한 다음 그 종에 특유한 특징이 발달한다. 그래서 어류와 포유류는 잉태 초기에는 모습이 서로 비슷하다가 나중에 모습이 서로 달라지고, 소와 영장류도 한동안은 생김새가 비슷하다가 나중에 서로 달라진다. 폰 베어의 법칙은 내가 방금 요약한 내용을 4개의 조항으로 설명한 것이다. 태아의 하품은 임신 초기부터 나타나는데, 이는 우리가 하품이라는 메커니즘을 아주 오래 전부터 다른 많은 종과 공유해왔음을 말해주는 증거이다.

코모 리촐라티가 이끄는 연구진에 의해서 1996년에(그렇게 오래된 일이 아니다!) 우연히 발견되었다. 당시 리촐라티는 원숭이의 뇌에 전극을 설치해서 실험을 하고 있었는데, 도중에 샌드위치를 먹으려고 잠시 휴식 시간을 가졌다. 그런데 그가 샌드위치를 잡는 순간, 원숭이의 뇌 활동을 보여주는 모니터에 원숭이가 어떤 동작을 했음을 뜻하는 신호가 나타났다. 원숭이는 어떤 동작도 하지 않았는데 말이다. 실제로 원숭이는 꼼짝 않고 앉아서 리촐라티를 멍하니 쳐다보는 중이었다. 자신이 인류 역사의 중요한 한 장(章), 즉 인간의 사회적 능력에 관한 생물학적 연구에 첫 획을 그었다는 사실을 전혀 모른 채…….

리촐라티는 자신이 본 사실에서 출발하여 다음과 같은 가설을 세웠다(이후에 검증도 했다). 원숭이가 자신이 알고 있고 할 수도 있는 어떤 행동을 누군가가 하는 것을 볼 경우, 뇌의 일부 영역이 원숭이가 그 행동을 직접 하는 것과 같은 방식으로 활성화된다는 가설이었다. 그 같은 현상에 개입하는 신경이 거울신경이고 말이다. 예를 들면 우리가 샌드위치를 잡는 행동을 할 때, 이 행동은 우리 뇌에서 운동피질(명칭대로 우리 몸의 운동을 관리하는 피질)을 전체적으로 활성화시킨다. 그런데 우리가 그 행동을 직접 하지 않고 다른 사람이 하는 것을 보거나 머릿속으로 그 행동을 하는 것을 상상만 해도 해당 영역이 일부 활성화되는 것이다.

친근하게 "라마 박사"라고도 불리는 인도의 신경과학자 빌라야누르 수브라마니안 라마찬드란은 그 같은 사실에 한 가지 의문을 제기했다. 뇌의 입장에서 어떤 행동을 실제로 하는 것과 그 행동을 지켜보는 것이 비슷한 일이라면, 어떻게 그 둘을 혼동하지 않는 것일까? 가령 내가 누군가가 어떤 물건을 잡는 행동을 보았을 때, 나는 나 자신이 그 물건을 잡는 중이라는 생각을 하지는 않는다. 그리고 그 행동을 하는 느낌이나 지각도 전혀 없다. 그것은 왜 그런 것일까? 보는 것만으로 뇌에서 같은 영역이 활성화된다고 하지 않았는가?

그것은 바로 우리의 감각 덕분이다. 가령 누군가가 샌드위치를 잡는 행동을 보았을 때, 우리의 피부에 있는 감각세포들이 뇌에 우리 자신한테는 아무 일도 일어나지 않았음을 알려주는 것이다. 팔에서부터는 샌드위치를 잡는 행동과 관련된 특별한 정보가 도착한 것이 전혀 없고, 따라서 뇌는 그 행동이 우리 자신이 실제로 한 것이 아님을 알 수 있다. 그 결과 우리는 그 행동을 하는 느낌이 들지 않는다. 라마 박사는 이러한 가설이 유효한지 확인하기 위해서 한 가지 실험을 했고, 이 과정에서 놀라운 사실을 알게 되었다.

라마 박사는 실험자의 팔을 완전히 마취한 뒤, 다른 사람이 팔을 꼬집히는 장면을 지켜보게 했다. 이 실험에서 박사가 전제한 가설은 다음과 같다. 그 장면을 볼 때 실험자의 뇌에서 거울신경은 실험자 자신이 팔을 꼬집혔을 때처럼 활성화될 것이고, 이때 뇌는 촉각을 관리하는 영역에 그 꼬집기가 지각되었는지 아닌지 물어볼 것이다. 그러나 팔의 감각세포들은 마취 상태에 있기 때문에 지각 여부를 확인해주는 정보를 뇌에 보낼 수 없다. 그렇다면 뇌가 의심스러운 마음에 꼬집기에 대한 지각 작용을 활성화시키기로 결정할 수도 있지 않을까? 그런데 실제 실험에서도 바로 이 가설에 정확히 대응되는 일이 일어났다. 실험자가 마취된 자기 팔에서 꼬집힌 느낌을 느낀 것이다. 여기서 특히 중요한 사실은 실험자가 꼬집힌 느낌을 느낄 수 있었던 것은 그 팔이 완전히 마취된 상태였기 때문이라는 점이다. 라마 박사는 실험 결과에 만족스러워했고, 좀더 나아가서 신체 일부가 절단된 사람들에 관한 자신의 이론을 확인해보기로 했다.

수술이나 사고로 다리나 팔을 잃은 사람이 절단되고 없는 사지를 계속 존재하는 것처럼 느끼는 것은 아주 흔한 현상으로, 이를 "환각지(幻覺肢) 증후군"이라고 부른다. 환각지 증후군을 겪는 사람들은 사라지고 없는 사지에 주먹을 쥐거나 팔을 굽히는 것 같은 명령을 내리기도 하며, 그 움직임을 하는 느낌도 실제로 받는다(MRI로 확인이 된다). 그러나 문제의 사지는 사실 존재하지 않는 것이고, 따라서 반응해야 되는 대로 반응하지 않는 경우도 간혹 있다. 그리고 이 경우 환각지는 진짜 문제가 된다. 있지도 않은 팔이 끊임없이 가렵다고, 혹은 주먹을 꽉 쥔 느낌이 밤낮없이 계속 드는데 그 주먹을 펼 수가 없다고 상상해보라. 일부 환각지 증후군 환자들은 계속해서 그런 고통을 겪는다. 그래서 라마 박사는 그 같은 문제를 해결하기 위한 아이디어를 생각해냈다.

절단되고 없는 왼쪽 팔이 계속 가렵거나 쥐가 나서 고통을 겪는 사람이 제삼자가 자기 왼쪽 팔을 긁거나 주무르는 모습을 보면 어떤 일이 일어날까? 이 경우 문제의 불편함은 정도가 완화되며, 완전히 사라지기도 한다. 거울신경이 활성화되지만 왼쪽 팔이 없기 때문에 감각 정보는 전혀 없는 상태이고, 따라서 앞에서 말한 마취 실험에서와 같은 효과가 발생하는 것

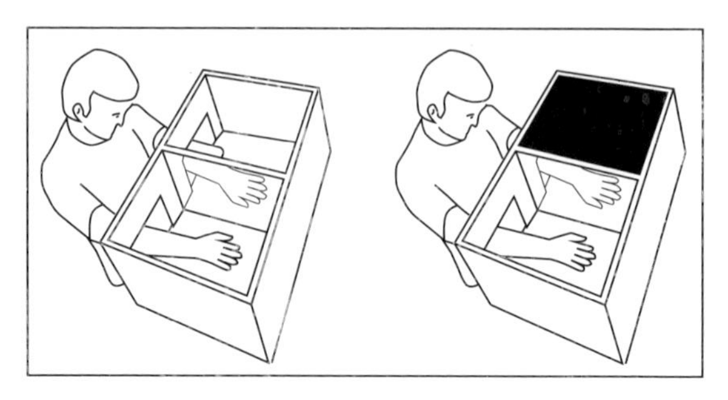

라마찬드란의 테라피 상자

이다. 라마 박사는 성공을 자신하면서 환지통(幻肢痛)의 "최종 보스"를 공략하기로 결정한다. 예를 들면 어떤 사람의 왼쪽 팔이 절단되고 없는데 왼쪽 손이 계속 주목을 꽉 쥐고 펼 생각을 하지 않는다고 해보자. 라마 박사는 이런 사람을 위해서 맥가이버*, 엑스페리먼트 보이, 닥터 노즈만,** 그리고 그밖의 호기심 해결사들***도 울고 갈 만한 기발한 장치를 만들었다. 신발 상자 뚜껑을 열어 가운데 벽을 세우듯이 거울을 설치한 뒤, 거울을 기준으로 양쪽에 구멍을 낸 장치였다. 위의 그림처럼 말이다.

장치의 원리는 다음과 같다. 한쪽 손이 절단된 환지통 환자가 상자 한쪽 구멍에는 정상적인 손을 넣고, 다른 쪽 구멍에는 손이 절단되고 남은 부위를 넣는다. 그리고 절단된 손을 넣은 쪽만 상자 위를 덮으면 환자는 자신의 뇌를 속일 수 있다. 거울에 비친 손이 절단되고 없는 손이라고 믿게 만드는 것이다. 이 상태에서 라마 박사는 환자에게 양쪽 주먹을 꽉 쥐어보라고 했고, 몇 초 뒤에는 양쪽 주먹을 동시에 펴보라고 했다. 그러

* 미국 드라마 「맥가이버」의 주인공. 가지고 있는 재료나 도구를 기발하게 활용해서 무엇인가를 만들어서 문제를 해결한다. 풀네임은 "앵거스 맥가이버"이다.

** "엑스페리먼트 보이"와 "닥터 노즈만"은 자신이 직접 진행한 실험 영상을 전문으로 올리는 유튜버들이다.

*** 「호기심 해결사」는 사회적 통념과 다양한 소문들의 사실 여부를 과학적인 실험을 통해서 알아보는 미국의 텔레비전 프로그램이다.

자 기적 같은 일이 일어났다. 절단되고 없는데도 몇 년간 계속 주먹을 쥐고 있던 손이 드디어 펴진 것이다. 주먹을 꽉 쥐고 있는 느낌 때문에 생기던 고통 역시 순식간에 사라졌다. 그러나 환지통은 단번에 모두 사라지지는 않았다. 그래서 라마 박사는 별것도 아닌데 마법을 부리는 그 신통한 상자를 환자들이 집에 가져가서 필요할 때마다 사용할 수 있게 해주었다. 그리고 몇 주일이 지나자 환자들은 환지통이 완전히 사라졌다고 알려왔다. 게다가 사라진 것은 환지통만이 아니었다. 환자들은 절단되고 없는 부위가 계속 존재한다는 느낌도 더 이상 받지 않았다. 환각지 증후군 자체에서 벗어난 것이었다.

실제로 그 같은 상황에서 뇌는 모순에 부딪히게 된다. 팔이 없다고 생각했는데 환지통이 있는 것을 보면 팔이 있는 것 같고, 팔이 있다고 생각했는데(거울을 통해서 보이니까) 그 팔이 아무 감각도 전달하지 않는 것을 보면 또 팔이 없는 것 같기 때문이다. 그래서 결국 뇌는 상황을 정리하기 위해서 문제의 팔이 존재하지 않는 것으로 간주하기로 결정한다. 그 팔과 관련된 정보는 아무것도 처리하면 안 된다고, 그러면 더는 문제될 것이 없다고 말이다. 그러나 이때 뇌가 절단된 사지의 일부만 지우는 일도 간혹 발생한다. 예를 들면 일부 환자들은 자신의 팔은 완전히 사라지고 없지만 손가락은 남아 있다고 느낀다. 그리고 이 경우 뇌는 그 손가락들을 공중에 떠 있게 내버려둘 수는 없기 때문에 어깨에 가져다붙인다. 따라서 환자들은 손가락이 어깨 바로 다음에 자리해 있다고 느끼며, 그 손가락들을 움직일 수 있다고 느낀다. 그렇다, 어깨에 달린 손가락으로 「스타트렉」에 나오는 특유의 인사를 나누는 것이다.

그런데 거울신경이 그런 일만을 하는 것은 아니다. 거울신경은 사전 공감 상태, 즉 공감하기 쉬운 상태를 만드는 원인으로 작용하며, 따라서 감정 전염이라고 불리는 사회 현상의 출현에도 관여한다. 감정 전염은 말 그대로 어떤 감정이 실제 또는 가상의 집단을 이루고 있는 사람들 사이에 빠르게 전염되듯이 퍼지는 현상을 말한다. 감정 전염과 관련해서는 2012년에 페이스북 사용자 70만 명을 대상으로 이루어진 연구가 하나 있다(사용자들에게 알리지 않고 진행하되 페이스북의 약관을 준수한 연구였다).* 서로 비슷한 사용자 70만 명을 35만 명씩 두 그룹으로 나눈 뒤에 며칠간 한쪽 그룹에는 긍정적인 글과 사진을 보내고 다른 한쪽 그룹에는 부정적인 글과 사진을 보냈더니, 그 기간 동안 긍정적인 정보를 받은 사용자들은 기분이 좋아 보인 반면 반대쪽 사용자들은 기분이 좋지 않은 것처럼 보였다는 내용이다. 따라서 감정은 화면 너머의 사람들로 이루어진 가상의 집단 사이에서도 전염됨을 알 수 있다.

프랑스의 정신의학자이자 정신분석학자로 **회복탄력성**(resilience) 문제의 전문가인 보리스 시륄니크는 사람들이 화면을 통해서 상호작용을 하는 시간은 점점 늘어나고 직접적인 방식으로 상호작용을 하는 시간은 갈수록 줄어드는 현상의 영향에 대해서 고민한 적이 있다.** 가령 거울신경은 사람들 사이의 직접적인 접촉 없이도 계속 효과적으로 작동할 수 있을까? 이 문제와 관련된 확실한 사례는 문자로 된 메시지에서 찾아볼 수 있을 것이다. 누구나 한번쯤 경험했겠지만, 휴대전화 메시지나 이메일에서든 트위터나 페이스북 같은 소셜 네트워크 서비스(SNS)에서든 간에 문자로 된 메시지는 그것을 쓴 사람의 의도를 제대로 전달하지 못하는(혹은 잘못 전달하는) 경우가 간혹 있다. 구두점과 억양, 맥락이 없으면 메시지

* 이 연구에 대해서 더 많은 정보를 알고 싶다면, http://www.pnas.org/content/111/24/8788.fuli 참조.

** "Histoire d'homme", France Info, 20 Jan. 2013.

뉴로 마케팅(neuro marketing)

뉴로 마케팅은 신경을 뜻하는 "뉴런"과 "마케팅"을 결합한 용어로, 신경과학을 마케팅 및 홍보에 접목하여 연구하는 분야를 말한다. 이 연구는 서로 다른 두 가지 측면을 가지고 있는데, 우선 일단 겉으로 드러나는 뉴로 마케팅의 목적은 홍보와 관계가 있다. 소비자가 제품 구매를 결정하거나 유권자가 선거에서 후보를 선택하는 등의 순간에 작용하는 인지 과정을 보다 잘 이해해서 홍보업자가 제품을(혹은 후보를) 어떤 식으로 알려야 하는지를 알아내는 것이다. 그러나 그 이면에는 또다른 목적이 자리해 있다. 대중을 설득하기 위한 더 나은 수단을 찾아내는 것이 바로 그것이다.

가 잘못 이해되고, 그래서 가령 웃자고 한 말이 공격적인 말처럼 비춰지기도 하는 것이다. 그러나 인간은 이모티콘이라는 기발한 방법으로 문제를 해결했다. ":)"라는 기호로 "농담임"을 표시하고 "o_O"라는 기호로 "많이 놀랐음"을 표시하는 등, 얼굴 표정을 짧고 간단한 글자로 나타내는 방법을 만든 것이다.

어쨌든 감정 전염의 메커니즘을 이해하고 나면 어떤 집단에 원하는 감정을 유발하는 방법으로 그보다 나은 것은 솔직히 없다. 특히 거울신경은 뉴로 마케팅 및 대중 조작의 출발점이기도 하다.

거울신경은 홍보를 위한 매우 강력한 도구가 될 수 있는데, 그 이유는 다음과 같다.

- 거울신경의 작용은 모든 "정상적인" 인간에게서 일어난다(내가 "정상적인"이라는 조건을 붙인 것은 사회성이 없는 인간도 있기 때문이다).
- 거울신경은 무의식적으로 작용한다. 즉 "고객"의 취향이 어떻든지 간에 효과적으로 작용할 수 있다는 뜻이다.
- 거울신경의 작용이 가지는 전염성은 마케팅의 대상을 확대해준다. 가령

어떤 사람이 광고를 보고 어느 제품에 관심을 가지면, 그 사람 때문에 다른 사람들도 공감 능력을 통해서 그 제품에 관심을 가지게 된다.

이와 관련해서 가장 많이 회자되는 사례는 요구르트 광고이다. 여기서 말하는 광고는 어느 특정 브랜드의 광고를 뜻하는 것이 아니다. 사실 요즘은 거의 모든 요구르트 브랜드가 신경과학의 지식을 활용해서 아주 비슷한 광고를 만들기 때문이다. 여성이 요구르트를 맛보고 성적 쾌락에 가까운 기쁨을 느끼는 것처럼 보이는 설정 말이다. 텔레비전을 통해서 이 광고를 본 사람은 무의식적으로 요구르트를 오르가슴의 개념에 연결시키는 한편, 자신의 뇌에서 쾌락과 관련된 거울신경을 활성화시키게 된다(그렇다고 그 쾌락이 실제로 느껴지는 것은 아니다). 따라서 머릿속에서는 광고에 나온 요구르트와 오르가슴 사이에 강한 연관성이 만들어지게 된다. 이쯤 되면 그 사람이 문제의 요구르트를 사는 것은 거의 확정적이라고 볼 수 있다. 그런 유형의 광고가 워낙 많다 보니 익숙하다 못해 질린다고 느낄 수도 있지만 말이다.

대중 조작도 같은 방식으로 이루어질 수 있다. 대중 조작의 효과적인 매체로는 역시 텔레비전을 들 수 있지만, 요즘에는 인터넷이 그 역할을 대신하는 경우가 늘어나는 추세이다. 예를 들면 인터넷에는 역사의 진실을 이런저런 음모론으로 설명하는 온갖 "설(說)"이 놀랄 정도로 많다. 피라미드의 건설을 둘러싼 진실, 정부가 숨기고 있는 지구상의 외계인들의 존재에 대한 진실, 인류의 달 착륙 조작에 관련된 진실, 존 F. 케네디의 죽음 뒤에 숨겨진 엄청난 음모에 관한 진실, 비행기가 지나가면 생기는 구름의 실체가 사실은 공중에 살포된 유해물질이라는 "켐트레일(chemtrail)"의 진실, 2001년 9월 11일 발생한 9-11 테러의 진실……. 이 같은 음모론들은 사람의 자아를 공략하는 방식으로 전개되며, 여기에는 신경학자와 심리학자, 사회학자들이 잘 아는 다양한 기술들이 동원된다.

음모론은 일단 여러분에게 극소수의 사람만 알고 있는 뭔가를 알려주겠다는 말로 시작한다. 그리고 이어서 증거처럼 보이는 수많은 사실들을 늘어놓는다. 여러분으로 하여금 "저런 증거들은 거짓일 수가 없다"고, 따라서 "아니 땐 굴뚝 치고는 연기가 너무 많이 난다"고 생각하게 만드는 것이다. 그런데 하나같이 기상천외한 음모론들이 사람들의 관심을 끄는 가장 효과적인 수단은 바로 공포이다. 자신이 전 세계 정보기관에 의해서 현상금이 걸린 채 쫓기고 있음을 알리면서 표현하는 공포든, 혹은 단순히 음모론 자체가 불러일으키는 공포든 간에 말이다. 예를 들면 외계인들이 이미 우리와 섞여 살고 있고, 정부가 우리를 그들에게 노예로 넘기겠다는 협상을 벌써 끝냈다고 상상해보라. 이때 우리 거울신경은 자연적, 무의식적, 본능적으로 활성화되며, 그 결과 우리는 그 음모론이 전달하는 공포를 부분적으로라도 공유하게 된다. 그러면 그 말도 안 되는 음모론에 쉽게 동조하게 되는 것이다.

물고기 떼 사이에서든 새 떼 사이에서든, 집단적인 행동을 볼 수 있는 곳이라면 언제나 거울신경의 작용이 존재한다. 조용하게 있던 시위 참가자들이 단 몇 분 만에 뭐든 때려 부수는 난폭한 군중으로 변할 수 있는 것도 마찬가지이다. 집단 히스테리와 공포에 따른 동요, 감동적인 스포츠 경기가 유발하는 집단적 희열은 모두 거울신경의 작용이며, 이에 따른 행동을 "군집행동(herd behavior)"이라고 부른다. 어떤 시위가 폭동으로 변하는 경우, 사실 시위자 개개인은 처음부터 폭동을 일으키려고 시위에 참가한 것은 아니다. 그러나 얼마간의 시간이 지나면 각 개인은 스스로를 다른 개인들과 함께 있는 것이 아니라 군중과 함께하는 존재로 보게 되고,

그 결과 자기 자신의 개성을 잊어버린다. 꽤 놀라운 현상이지만 그 같은 일이 일어나는 이유는 간단하다. 각 개인이 남들처럼 행동하는 것이 아니라, 남들이 행동할 것이라고 생각함으로써 자신도 행동하기 때문이다. 이러한 현상은 불안감에 따른 동요가 수천 명의 사람들을 몇 초 만에 알거지로 만드는 주식시장에서도 찾아볼 수 있다.

이 장을 시작할 때 나는 거울신경의 작용이 문명의 기원일지도 모른다는 말을 잠깐 언급했다. 어째서 그런 추측이 나온 것일까? 예를 들면 어떤 인간이 인류 역사상 최초로 불을 다루는 법(불을 피우고, 유지시키고, 횃불로 만드는 방법)을 알아냈다고 하자. 이때 그 곁에 있던 다른 인간은 분명히 그 행동을 따라했을 것이다. 바로 거울신경 덕분에 말이다. 최초의 도구와 최초의 의복, 최초의 그림, 최초의 집, 최초의 농사 등에 대해서도 마찬가지이다. 거울신경이 없으면 사회화는 불가능하며, 공감을 통해서 감정을 전달하는 것도 불가능하다. 거울신경이 없었다면 예술은 존재하지 않았을 것이고, 어쩌면 언어도 존재하지 못했을 수 있다. 그런데 거울신경에 따른 모방은 어떤 동작을 머릿속으로 따라 한 뒤 몸으로 따라 하는 식으로 이루어졌을 것이다. 따라서 왼손잡이 입장에서는 더 어려운 일이었을지도 모른다.

59. 왼손잡이

우리 뇌는 두 개의 반구로 이루어져 있다. 그래서 오른쪽 반구는 "우반구", 왼쪽 반구는 "좌반구"라고 부른다.* 뇌가 두 개의 반구로 이루어졌다

* 보통은 "우뇌", "좌뇌"라고 부른다.

는 사실이 처음 알려졌을 때(머리를 처음으로 열어보았을 때) 사람들은 좌우 반구가 거의 비슷하게 생겼다는 점에 주목했고, 각각이 대체로 같은 일을 하는지 아니면 각기 맡은 기능이 따로 있는지 궁금해했다. 뇌가 편측성(偏側性)을 띠는지 알고자 한 것이다.

1865년에 프랑스의 의사이자 해부학자인 폴 브로카는 뇌의 왼쪽 전두엽이 손상되면 오른쪽 전두엽에 비슷한 손상이 생겼을 때에 비해서 말을 구사하는 능력에 훨씬 더 큰 영향을 미친다는 사실을 알아냈다. 그래서 언어 중추가 뇌의 좌반구 전두엽에 위치해 있다는 결론을 이끌어냈고, 이후 그 부위는 **브로카 영역**(Broca's area)이라고 불리게 된다. 한편, 1873년에 독일의 정신의학자이자 신경학자인 카를 베르니케는 역시 좌반구에서 경계가 조금 불분명한 어떤 부위에 손상이 발생하면 자신을 표현하는 능력은 이상이 없지만 말과 글 모두에서 언어를 이해하는 능력에 문제가 생기는 것을 발견했다. 그 부위를 **베르니케 영역**(Wernicke's area)이라고 부르는데, 이 영역이 손상된 환자들은 뭔가 유창하고 자연스럽게 말을 하기는 하는데, 다른 사람이 듣기에는 알아들을 수 없는 소리를 한다.

브로카와 베르니케의 발견으로 사람들은 뇌의 여러 영역들과 인체의 기능들 사이에 대응관계가 존재할지도 모른다고 생각하게 되었다. 각각의 기능(운동, 시각, 후각, 청각, 기억 등)을 뇌의 특정 영역에 대응시킬 수 있을 것이라고 말이다. 이후 의료 영상 분야의 발전(내가 만약 니콜라 테슬라에 대한 이야기를 이 책에서 했다면 지금 이 대목에서 그 내용이 등장했을 것이다)은 몇몇 기능이 뇌에서 아주 정확한 위치를 가진다는 것을 알려주었는데, 특히 수를 처리하거나 얼굴을 지각하는 등의 지적 기능과 관련해서는 뇌가 좌우 비대칭적인 성질을 띤다는 사실이 확인되었다.

뇌의 편측성을 이해하려면 인체의 운동(움직임) 및 감각 기능을 한편에 놓고, 사고 및 지적 기능을 다른 한편에 놓을 필요가 있다. 실제로 근육과 기관, 감각 등, 인체의 "육체적" 기능과 관계된 모든 경우, 신경을 뇌까지 이어주는 **운동 경로**와 **감각 경로**는 두개골 아래 목 뒤쪽에 위치한 뇌간(腦幹)에서 서로 교차된다. 그 결과 몸의 오른쪽에서 일어나는 감각이나 운동은 뇌의 왼쪽에서 처리되고, 몸의 왼쪽에서 일어나는 감각이나 운동은 뇌의 오른쪽에서 처리된다. 따라서 인체의 "육체적" 부분은 뇌의 차원에서 완전히 편측화되어 있다고 말할 수 있을 것이다. 그러나 다른 기능들의 경우는 완벽한 편측성이 존재하지 않는다. 예를 들면 언어는 좌반구 편측성을 띠기는 하지만, 그렇다고 좌반구만 언어 기능에 관여하는 것은 아니다. 우반구 역시 언어의 어조나 단어의 이해를 관리하기 때문이다.

뇌의 편측성과 관련해서 사람들은 "좌뇌형" 인간과 "우뇌형" 인간이 따로 있다는 이론을 오랫동안 믿어왔다.* 가령 예술가는 우뇌형이고 합리주의자는 좌뇌형이라는 식으로 말이다. 그리고 그것을 뒤집어서, 좌뇌가 발달한 사람은 예술적이고 우뇌가 발달한 사람은 이성적, 합리적이라고 말하는 경우도 많다. 그런데 이 이론은 전적으로 잘못되었다. 좌뇌형과 우뇌형이 따로 있는 것은 아니라는 뜻이다. 물론 특별히 이성적인 사람은 좌반구를 많이 쓰고 특별히 창조적인 사람은 우반구를 많이 쓴다는 점에서 어느 정도 맞는 이야기이기는 하다. 그러나 이 책을 시작하면서 설명한 상관관계와 인과관계를 기억하는가? 예술가는 우뇌가 발달된다고 볼 수는 있지만, 이 말이 뇌가 오른쪽으로 편측화되어 있어서 예술가가 될 운명을 타고났다는 뜻은 아니다.

뇌의 편측성을 이야기할 때 꼭 알아야 하는 부위는 뇌량(腦梁)이다. 뇌량

---

* "조뇌형(鳥腦型)" 인간도 있다. 일명 "새대가리"라고도 하는……, 웃자고 해본 말이다. 재미없었다면 미안하다.

은 좌우 반구 사이에 위치하면서 그 둘을 이어주는 부분으로, 두 반구 사이에 필요한 모든 연결선이 뇌량을 이루고 있다. 따라서 뇌량은 좌우 반구 각각에 있는 4개의 엽(葉, lobe), 즉 **전두엽**(前頭葉), **측두엽**(側頭葉), **두정엽**(頭頂葉), **후두엽**(後頭葉)을 서로 연결하는 역할을 한다. 뇌량에 손상이 생기면 신체적으로나 정신적으로나 조정 기능에 문제가 발생한다. 예를 들면 실행증(失行症, apraxia) 환자 중에서 **좌측 관념운동성 실행증** 환자는 몸의 왼쪽으로는 상징적인 동작(군대식 경례 같은 것)을 하지 못하고, **좌측 편측성 실행증** 환자는 자기 시야에서 왼쪽에 있는 사물의 이름을 말하지 못한다.

그렇다면 뇌의 영역들은 왼손잡이인지 오른손잡이인지에 따라 반대로 자리해 있을까? 달리 말해 왼손잡이의 뇌는 오른손잡이의 뇌가 거울에 비친 모습처럼 생겼을까? 그렇지 않고 왼손잡이든 오른손잡이든 모두 동일한 뇌 영역을 같은 방식으로 사용한다면, 왼손잡이라서 생기는 차이는 어떤 것이 있을까? 우선, 첫 번째 질문에 대한 답은 "아니오"이다. 왼손잡이라고 해서 뇌가 거꾸로 생긴 것은 아니라는 것이다. 예를 들면 왼손잡이든 오른손잡이든 브로카 영역과 베르니케 영역은 모두 좌반구에 위치해 있다. 다만 이제 곧 설명하겠지만, 왼손잡이는 오른손잡이에 비해서 뇌가 편측화되는 정도가 훨씬 덜하다.

사람의 경우 왼손잡이의 비율은 15퍼센트가 되지 않는다(말 같은 일부 동물의 경우는 왼발잡이의 수가 더 많다). 그래서 왼손잡이들은 말 그대로 오른손잡이를 위해서 만들어진 오른손잡이들의 세상에서 살고 있다. 여러분이 오른손잡이라면 지금 내가 과장을 한다는 생각이 들 수도 있을 것이다. 그렇다면 아주 평범한 몇 가지 일들만 살펴보기로 하자. 너무 평범해서 우리가 한번도 유심히 생각해본 적이 없고, 왼손잡이들조차 대개는 의식하지 않고 하는 일들 말이다. 예를 들면 왼손잡이 대학생의 전형적인 일과를 상상해보자. 가장 먼저, 아침에 옷을 입을 때 이 학생은 오른손잡이처럼 단추를 잠근다. 왼손잡이용 단추가 달린 옷이 따로 있는 것이 아니기 때문이다. 그런 다음 학교로 가는 지하철을 탈 때 개표구에서 몸을 틀면서 교통 카드를 찍는다. 카드 리더기는 개표구를 통과하는 사람 기준으로 오른쪽에 있고, 그러니 교통 카드를 왼손에 들었다면 몸을 틀 수밖에 없다. 지하철을 탄 학생은 자신의 손목시계가 늦게 가고 있는 것을 발견했고, 그래서 오른쪽 손목을 앞에 놓고 왼손으로 시계를 맞춘다. 시계 오른쪽에 있는 태엽 장치를 돌리느라 팔을 교차한 채로 말이다. 시계를 다 맞춘 학생은 다른 사람들처럼 스마트폰에 연결된 이어폰으로 음악을 듣는다. 지금 나오고 있는 음악을 듣고 싶지 않다면? 이어폰에 있는 버튼만 눌러주면 다음 곡으로 넘어갈 수 있다. 물론 이 버튼은 이어폰 오른쪽 줄에 달려 있다. 그렇게 학교에 도착한 학생은 강의실에 들어가서 의자에 자리를 잡는다. 책상이 오른쪽으로 연결된 의자이다. 그리고 강의가 시작되자 스프링 노트를 꺼내서 필기를 한다. 노트의 스프링이 왼쪽 손목에 닿아 걸리적거리고, 글씨를 써나가면 그 글씨는 바로 자신의 왼손에 가려진다. 그러나 학생은 그런 것에 전혀 개의치 않는다. 초등학교 때부터 해온 일이니까. 물론 처음에는 잉크가 마르기 전에 손이 닿아서 글씨가 다 번지곤 했다. 그러나 이제는 그런 일이 없다. 손목을 틀어서 손이 글씨에 닿지 않게 하는 법을 터득했기 때문이다.

왼손잡이 입장에서 불편한 점은 그밖에도 물론 많다(내가 왼손잡이라서 이런 것들을 찾아내는 일이 아주 재미있다). 깡통 따개, 가위, 키보드 오른쪽에 있는 숫자 키패드, 마우스 왼쪽에 있는 클릭키, 오른손으로 쥐어야 상표가 똑바로 보이는 연필, 언제나 카메라 오른쪽에 있는 셔터, 언제나 왼쪽에 달려 있어서 오른손으로 사용해야 하는 윗옷 안주머니, 오른손잡이든 왼손잡이든 동일한 방식으로(다시 말해서 오른손잡이로) 행동하기를 원하는 군대식 동작……. 다른 것도 얼마든지 더 있지만, 이 정도면 여러분도 내가 한 말을 이해했을 것이다. 왼손잡이들은 오른손잡이들의 세상에서 살고 있다는 것 말이다. 그런데 이 같은 조건은 사실 왼손잡이에게 득이 된다. 쓰기, 걷기, 뛰기, 수영하기 등과 같은 많은 일을 왼손잡이로 할 줄 아는 것에 더해, 또 많은 일을 오른손잡이가 하듯이 할 줄 알아야 하기 때문이다. 따라서 왼손잡이는 오른손잡이에 비해 뇌의 좌우 반구를 더 골고루 쓰게 되고, 그래서 뇌가 편측화되는 정도가 덜하다. 왼손잡이의 뇌량이 오른손잡이보다 일반적으로 조금 더 두꺼운 것도 역시 같은 이유 때문이다.

그렇다면 왼손잡이가 오른손잡이보다 더 똑똑하다는 뜻일까? 왼손잡이는 오른손잡이보다 더 유능할까? 이해력이 더 빠를까? 아니, 그렇지는 않다. 뇌를 많이 사용할 수 있는 소질이 있다는 말이 실제로도 많이 사용한다는 뜻은 아니기 때문이다(예를 들면 내 다리가 달리는 데에 소질이 있다는 말이 우사인 볼트처럼 달릴 수 있다는 뜻은 아닌 것과 같다*). 그리고 우리의 뇌는 우리가 생각하는 것보다 훨씬 더 복잡하다. 사실 지능에 관한 문제는 오늘날까지도 부분적으로는 여전히 미스터리로 남아 있는데, 그래도 확실한 것은 지능이 환경과 가정의 안정성, 교육 외에도 선택적인 성질의 수많은 변수들과 상관이 있다는 것이다. 그래서 불행한 어린 시절을 보냈음에도 지적으로는 아주 뛰어난 사람을 볼 수 있다.**

어쨌든 왼손잡이들이 오른손잡이들의 세상에 계속해서 적응해야 하는

---

* 나는 100미터를 9초 58에 뛸 수 없다. 굳이 말하지 않아도 알겠지만…….
** 이 문제와 관련해서는 보리스 시륄니크의 회복탄력성 연구 참조.

것은 분명한 사실이다. 그리고 방금 이 문장에서 중요한 단어는 "적응"이다. 어째서 왼손잡이들은 오랜 시간 오른손을 쓰는 적응을 해왔음에도 사라지지 않았을까? 이 세상에 훨씬 잘 맞는 오른손잡이만 남아야 정상이 아닐까? 아니, 이 질문을 던지는 것이 정당한지부터 알아볼 필요가 있겠다. 왼손잡이들이 시간이 지나도 사라지지 않고 있다는 말은 맞는 이야기일까?

그 답은 인류학자와 고인류학자들에게서 들을 수 있다. 실제로 선사시대에 관한 연구들은 인류의 조상이 남긴 도구와 동굴 벽화에 근거해서 지금으로부터 5,000년이나 1만 년, 혹은 1만5,000년 전에도 왼손잡이의 비율이 오늘날과 크게 다르지 않았다고 말한다. 그렇다면 왼손잡이들은 어떻게 생겨난 것일까? 그리고 왼손잡이의 비율은 어째서 그렇게 일정하게 유지되는 것일까? 왼손잡이의 기원에 관한 가설은 몇 가지가 존재한다.

가장 먼저, 왼손잡이는 문화적 기원을 가지고 있을까? 아니, 그렇지 않다. 현재 우리가 가진 지식에 따르면 어떤 문화도 왼손잡이를 우위에 둔 적은 없다. 보통은 그 반대, 즉 오른손잡이를 우위에 두었다. 이 점은 몇몇 단어들만 살펴보아도 알 수 있는 사실이다. 가령 프랑스어에서 오른쪽을 뜻하는 "droit"는 "올바른", "정확한", "완벽한" 등을 의미하는데, 왼쪽을 뜻하는 "gauche"는 "비뚤어진", "어색한", "서투른" 등을 의미한다. 라틴어에서도 오른쪽을 뜻하는 "dexter"는 "솜씨 좋은", "호의적인"이라는 의미를 가진 반면, 왼쪽을 뜻하는 "sinister"는 "불길한", "침울한"이라는 의미를 가지고 있다(옛날에는 프랑스어에서도 라틴어를 차용해서 오른쪽과 왼쪽을 각기 "dextre"와 "sénestre"라고 했다. "양손잡이"를 뜻하는 "ambidextre"라는 단어에 그 흔적이 남아 있다). 또한 영어에서 오른쪽을 뜻하는 "right"는 "틀린 것"에 대비되는 "옳은 것"을 의미하며, 왼쪽을 뜻하는 "left"

는 용법에 따라 "없는 것"이나 "남은 것"을 의미한다. 그리고 왼손잡이는 문화적으로 혜택을 받은 적이 한번도 없었다. 과거 일본에서는 아내가 왼손잡이일 경우 남편이 이혼을 요구할 수 있었다. 아메리카 인디언들은 아기가 왼손잡이로 자라지 않도록 아기의 왼쪽 팔을 붕대로 싸매두었다. 프랑스에서도 60년 전에는 왼손잡이 학생들에게 오른손으로 글을 쓰게 강요했고, 이로써 왼손 사용을 저지당한 왼손잡이 세대를 탄생시켰다. 그렇다, 왼손잡이의 기원은 문화와는 상관이 없다. 왼손잡이가 단지 문화적인 문제이기만 했다면 오늘날 왼손잡이들은 사라지고 없었을 것이다.

그렇다면 왼손잡이 특성은 부모에게서 물려받는 것일까? 이 역시 그렇지 않다. 이에 관한 연구들은 부모가 왼손잡이나 오른손잡이라는 사실이 자녀가 왼손잡이나 오른손잡이가 될 확률을 높이지도 낮추지도 않는다고 말하고 있다.

그럼 유전자에 원인이 있을까? 그럴 수도 있고 아닐 수도 있다. 사실 유전자와 관련된 부분은 미스터리이다. 연구에 따르면 일란성 쌍둥이라도 각자가 다른 쪽 쌍둥이와 무관하게 왼손잡이도 될 수 있고 오른손잡이도 될 수 있다. 따라서 왼손잡이 유전자는 존재하지 않는다. 그러나 또다른 연구에서는 태아가 둥근 형태의 수정란에서 좌우 구분이 생기는 단계로 옮겨가는 순간에 특별한 유전자의 작용이 존재하는 것으로 확인되었다. 따라서 그런 유전자와 태내의 환경적 조건(태아의 자세, 온도 등)이 태아를 엄마의 뱃속에서부터 왼손잡이나 오른손잡이로 만드는 원인일 수도 있다. 태어난 후에는 그 특성이 거의 변하지 않고 말이다.

그렇다면 왼손잡이의 기원은 확실히 알 수 없다고 하더라도, 왼손잡이의 비율이 지난 50만 년 동안 거의 변하지 않은 이유를 설명해줄 수 있는 진화론적 근거는 있을까? 이 문제에 대해서는 이렇게 생각해볼 수 있다.

오른손잡이들의 세상에서 왼손잡이라는 사실은 우선은 불리한 것처럼 보여도 경쟁적 관점에서는 대단히 유리한 조건이다. 상대편과 겨루는 스포츠 경기를 생각해보자. 여러분이 오른손잡이라고 할 때, 경기의 약 85퍼센트에서는 상대편도 오른손잡이로 만나게 된다. 그래서 여러분은 오른손잡이와 겨루는 데에 익숙해지기 마련이다. 예를 들면 테니스에서 여러분은 공을 상대편 왼쪽으로 보내면 상대편이 백핸드로 받아쳐서 포핸드 때보다는 공이 약하게 넘어올 것임을 알고 있다. 그러나 상대편이 왼손잡이일 경우, 오른손잡이를 상대하던 습관대로 서브를 넣었다가는 낭패를 보게 된다. 왼손잡이는 자기 왼쪽으로 들어온 공을 포핸드로 칠 수 있기 때문이다. 이런 상황은 여러분이 왼손잡이라고 해도 마찬가지이다. 오른손잡이들과 상대하는 데에 익숙해져 있기 때문에 왼손잡이를 만나면 예상 밖의 공격을 당할 수밖에 없다. 대신 차이가 있다면, 상대편이 오른손잡이든 왼손잡이든 간에 여러분 자신이 왼손잡이로서 예상 밖의 공격을 가할 수 있다는 점이다. 따라서 테니스나 탁구, 펜싱, 복싱, 야구(투수와 타자의 대결만을 생각해서), 축구(두 선수 사이의 드리블 대결만을 생각해서) 등과 같은 종목의 챔피언급 선수들 중에서 왼손잡이의 비율이 전체 인구 대비 왼손잡이의 비율보다 높게 나타나는 것은 우연이 아니다.* 이에 반해서 수영이나 골프, 육상처럼 혼자서 하는 스포츠 종목에서 왼손잡이 선수의 비율은 8-15퍼센트 정도로, 일반적인 왼손잡이 비율과 비슷하다. 그런데 골프채처럼 오른손잡이인지 왼손잡이인지에 따라 구분되는 특별한 장비가 필요한 종목에서도 왼손잡이들은 오른손잡이용 장비를 더 자연스럽게 사용하는 경향이 있다. 운동을 처음 배우는 장소에 대개는 오른손잡이용

* 펜싱의 경우, 뛰어난 플뢰레 선수들 중 왼손잡이의 비율은 약 50퍼센트에 이른다. 이쯤 되면 왼손잡이라는 사실은 더 이상 유리한 조건이 아니라고 할 수 있을 것이다.

장비가 갖추어져 있기 때문이다.

진화에 관심이 많은 독자라면 이 대목에서 당연히 이의를 제기할 것이다. 왼손잡이라는 사실이 그렇게 유리한 조건이라면, 왼손잡이의 비율이 높아져서 전체 인구의 50퍼센트에 이르렀어야 하지 않느냐고 말이다(50퍼센트 이상이 되면 그때는 오른손잡이가 유리한 조건이 되므로 결국 50퍼센트의 균형에 이를 것이다). 맞는 말이다. 그러나 왼손잡이라는 사실이 유리하기만 한 것은 아니다. **경쟁적** 차원에서는 **유리한** 조건이지만 **협력적** 차원에서는 **불리한** 조건이기 때문이다. 실제로 인류는 경쟁적이기만 한 종이 아니다. 앞에서 보았듯이* 인류는 개체들끼리 서로 협력하는 사회적 존재이기도 하다. 그리고 협력적인 관점에서 왼손잡이는 뒤처질 수밖에 없다. 오른손잡이가 돌을 다듬는 데에 쓸 도구를 만들면 그것은 오른손잡이용 도구가 되고, 따라서 왼손잡이가 그 도구를 사용하려면 **서투른** 사용자가 될 것이다. 이는 진화와도 관계된 문제이다. 도구를 옆 사람과 함께 쓸 수 있어야 농사를 짓거나 집을 짓는 등의 기술을 공유하면서 진화에 동참할 수 있기 때문이다. 우리가 사는 세상이 협력적이기만 하다면, 협력을 하기에는 불리한 조건인 왼손잡이들은 오래 전에 사라졌을 것이다.

따라서 왼손잡이와 오른손잡이 사이의 비율이 지난 50만 년 동안 안정적으로 유지된 이유는 인류가 협력적인 동시에 경쟁적인 방식으로 살아왔기 때문으로 결론지을 수 있을 것이다. 90퍼센트의 협력과 10퍼센트의 경쟁으로 말이다. 인류가 발전할 수 있는 것도 어쩌면 협력과 경쟁 사이의 그 같은 균형에 있는지도 모른다.

---

* "하품은 왜 전염될까?" 참조.

60. 생명에 대한 결론은?

생명에 대한 결론은 물론 없다. 여러분도 짐작하겠지만 이 주제에 관한 이야기를 끝내려면 아직 너무나 멀었다. 가령 우주에서 우리가 유일한 존재인지를 알아보는 문제만 해도 생명체가 정확히 무엇인지 규정하는 것부터 다시 시작해야 한다. 우리는 생명이라는 주제를 우리가 아는 대로의 생명체에 대한 지식을 가지고 피상적으로만 다루었을 뿐이며, 따라서 명확한 이해를 얻기 위해서는 훨씬 더 깊이 들어갈 필요가 있다. 더구나 우리는 생명의 중요한 키워드인 아미노산과 단백질, DNA, RNA에 대해서도 이야기하지 않았다. 어떤 악조건에도 살 수 있어서 거의 불사의 존재처럼 보이는 완보동물(緩步動物) 같은 흥미로운 생물에 대해서도 말이다. 그러나 이 주제만 붙잡고 있을 수는 없으니, 생명에 대한 다른 이야기들은 다음번 책으로 넘기기로 하자. 참, 딱 한 가지는 더 해야 할 이야기가 있다. 바로 열에 관한 문제이다.

열역학

열은 생명에게 주어진 아름다운 선물이 아닐까?

잠깐! 주제가 너무 갑작스럽게 바뀐 것 아니냐고? 부제는 계속해서 생명에 대해서 이야기하는 것처럼 보이려고 일부러 저렇게 붙인 것이고 말이다. 열역학은 생명보다는 기계와 엔진, 연료로 쓰이는 가스 같은 것과 상관이 있지 않은가? 어떤 의미에서는 맞는 말이다. 그러나 이제 곧 보겠지만 생명과 열역학은 양립할 수 없는 관계가 아니다. 내용을 알고 나면 여러분도 내 말을 이해할 것이다.

61. 열역학이란 도대체 무엇일까?

열역학(熱力學, thermodynamics)이라는 단어가 생소할 독자들을 위해서 열역학이 무엇인지부터 일단 설명하기로 하자. 앞에서 잠깐 언급했듯이 열역학은 열의 교환을 연구하는 학문이다. 그러나 그것이 전부는 아니다. 열역학은 거시적인 계(系)를 연구하는 학문이기도 하며, 일을 연구하는 학문이기도 하다. 그리고 이 모든 연구는 2,500년 전, 그리스 철학자들이 물질의 본성에 관심을 가지면서 시작되었다. 가령 엠페도클레스는 세상의 모든 물질이 공기, 흙, 물, 불이라는 4개의 원소로 이루어져 있다고 보았고, 아리스토텔레스는 온(溫), 냉(冷), 건(乾), 습(濕)이라는 네 가지 기본 성질이 최초의 물질에서부터 그 4개의 원소를 만들었다고 말했다. 여기서 우리의 주제와 관계된 성질은 온과 냉, 즉 뜨거움과 차가움이다.

고대 철학자들은 열과 온도를 혼동했는데, 이를 두고 그들을 비난할 수는 없다. 요즘에도 그 둘을 혼동하는 사람이 많기 때문이다. 정확히 말하면 사람들은 열과 열의 느낌을 혼동한다. 그러나 그 둘은 혼동하기도 쉽지만 구분하기도 아주 쉽다.*

62. 파이가 담긴 틀이 파이보다 뜨거울까?

집에서도 할 수 있는 간단한 실험이 있다. 파이 반죽을 틀에 담아 오븐에 굽는다고 하자. 다 구워진 파이를 오븐에서 꺼낼 때, 파이가 담긴 틀을 장난으로라도 맨손으로 만지면 안 된다는 것은 누구나 알고 있다. 200도 온

---

* 이 문제는 앞에서 이미 설명했다. 73쪽 참조.

도에서 1시간 동안 달궈진 틀에 맨살이 닿으면 화상을 입을 것이 뻔하니까 말이다. 그렇지만 파이가 잘 익었는지, 혹은 표면이 바삭하게 구워졌는지 알아보기 위해서 손가락으로 파이를 만져보는 것은 괜찮다. 파이가 담긴 틀이 파이보다 훨씬 뜨겁다는 것은 누가 보더라도 분명한 사실이다. 그러나 정말 그럴까? 200도로 가열되는 오븐 안에 1시간 가까이 있으면 파이와 파이 틀은 둘 다 열평형에 이른다. 파이도 파이 틀도 200도로 가열되고, 따라서 똑같이 "뜨거운" 상태가 되는 것이다. 정확히 말해서 온도가 같다는 말이다(온도계로 재보면 쉽게 알 수 있다). 그런데도 우리는 파이 틀은 못 만지고 파이는 만질 수 있다. 왜 그럴까?

역시 간단한 실험을 하나 더 생각해보자. 집 거실이든 책상 위든 옥상이든 간에 햇볕이 드는 장소에 책 한 권과 금속으로 된 하드디스크를 나란히 놓아두었을 때, 시간이 충분히 지나면 당연히 하드디스크가 책보다 뜨거워진다. 그리고 그 둘을 햇볕이 들지 않는 곳으로 옮겨두면 이번에도 하드디스크가 더 차가워진다. 그러나 사실 책과 하드디스크는 매번 똑같이 열평형에 이른다. 온도계로 재보면 같은 온도로 확인된다는 것이다. 그렇다면 여러분의 감각은 어떻게 여러분을 속인 것일까? 그 이유는 그것이 바로 여러분의 감각이고 여러분의 지각이기 때문이다. 열의 느낌과 관련해서 우리의 감각은 물체의 온도를 측정하기 위해서 존재하는 것이 아니라 화상의 위험이 있을 경우 그것을 경고하기 위해서 존재하는 것이다.

그렇다면 파이 틀이 파이보다 훨씬 더 뜨겁게 느껴지는 것은 왜 그럴까? 그 이유는 파이 틀을 이루고 있는 물질과 관련이 있다. 예를 들면 금속은 열을 전달하는 성질이 큰 물질이며, 그래서 금속으로 된 파이 틀은 가열되면 파이에 비해서 일정 시간 동안 훨씬 더 많은 열을 퍼뜨린다(파이 틀을 금속으로 만드는 이유가 바로 그 때문이다). 그리고 금속이 동일한 온도의 나무나 플라스틱에 비해서 우리 손에 더 차갑게 느껴지는 것도 마찬가지 원리이다. 손에서 많은 양의 열이 금속으로 옮겨가기 때문에 "차가운" 것처럼 느껴지는 것이다. 요컨대 온도는 물질을 이루는 입자들의 운동을 부분적으로 측정한 값이고, 열은 입자들 사이의 특별한 에너지 이동에 해당한다.

63. 최초의 증기기관

산업혁명이 일어나고 증기기관의 대중화가 이루어지기 훨씬 전, 인류 최초의 증기기관은 그렇게 대단한 일을 하지 못했다. 그러나 그 존재 자체가 이미 혁명이었다. 고대 그리스의 수학자 헤론이 지금으로부터 약 2,000년 전에 고안한 "아이올로스의 공(aeolipile)"*에 대한 이야기이다. 양쪽에 L자 모양의 관이 달린 구에 물을 담아서 바비큐 꼬챙이에 꽂아둔 닭처럼 수평축에 고정시켜둔 장치인데, 불 위에 올려놓고 가열하면 물이 끓으면서 발생한 수증기가 관을 통해서 밖으로 빠져나오면서 구가 수평축을 중심으로 회전하게 되어 있었다. 지금 우리가 보기에는 아주 단순한 현상이지만, 당시에는 기적에 가까운 일처럼 보였을 것이다. 그리고 여기서 우리가 주목해야 할 사실은 헤론이 그 장치를 통해서 열을 일로 바꿀 수 있음을 증명했다는 점이다. 더 정확히 말하면 불이 가져다준 열이 물의 상태를 바꾸었고, 이 상태 변화가 일을 만든 것이다.

* 아이올로스는 그리스 신화에 나오는 바람의 신이다.

일

일이 무엇인지는 앞에서 이미 자세히 설명했지만,* 한 번 더 이야기하고 지나가기로 하자. 일이란 어떤 힘이 물체를 움직이는 동안 가해진 에너지를 말한다. 이 개념은 기계와 관련된 열역학에서 특히 중요하다. 일을 발생시키는 기계 장치는 기관(機關) 또는 엔진이라고 불리는데, 엔진을 떠올리면 일이 출력의 개념과 직접적인 관계가 있다는 사실이 쉽게 이해될 것이다. 엔진의 출력은 다름 아닌 엔진이 단위 시간당 할 수 있는 일의 양을 말하기 때문이다. 엔진과 관련해서 특히 중요한 것은 여러 엔진들에 의해서 발생한 일의 효율을 비교하고, 이로써 가장 효율적인 엔진을 찾아내는 것이다.

64. 과학사의 한 페이지 : 프랜시스 베이컨

17세기에 활동한 영국의 철학자 프랜시스 베이컨은 과학에도 관심이 아주 많았던 인물이다(고대에서 17세기로 시대를 크게 건너뛰었다고 해서 중간에 내용이 빠진 것은 아니니 걱정 마시길). 트리니티 칼리지(역시나!)에서 천재성을 드러내며 주목을 받았던 젊은 시절부터 그는 이미 과학의 개혁을 주창했고, 실제로도 과학을 개혁하는 데에 크게 기여하면서 오늘날 **근대 과학**이라고 불리는 것의 토대를 마련했다. 역사학자들이 말하는 근대 과학의 아버지 자리를 놓고 갈릴레이와 경쟁할 정도의 역할을 했다고 보면 될 것이다.

베이컨은 과학의 개혁이라는 목표를 위해서 6부로 구성된 『학문의 대혁신(*Instauratio Magna*)』이라는 기념비적 저서의 집필을 구상했다. 실제로는 계획한 6부 가운데 처음 2부밖에 쓰지 못했지만, 2부만으로도 과학

* 257쪽 참조.

경험론(經驗論, empiricism)

경험론은 데카르트나 라이프니츠, 칸트의 합리론(合理論, rationalism)에 대립하는 사상인데, 경험이 지식의 근원이 되어야 한다고 주창한다. 프랜시스 베이컨과 존 로크, 조지 버클리, 데이비드 흄 같은 경험론자들은 지식을 사회적 경험의 산물로 간주했다. 이들에 따르면 지식은 여러 차례에 걸쳐 쌓이며, 새로운 개념의 형성은 여러 사람들이 내놓은 기존 개념들이 종합된 결과에 해당한다.

경험론은 아리스토텔레스의 사상과도 대립관계에 있다. 아리스토텔레스는 우리 주변에 답이 이미 있으며, 그것을 이해하는 데에는 머릿속으로 생각해보는 것으로 충분하기 때문에 경험은 필요하지 않다고(심지어 쓸모없다고) 보았기 때문이다. 베이컨은 열여섯 살에 쓴 책에서 이미 그 같은 아리스토텔레스의 철학에 전적으로 반대하는 입장을 드러냈다. 그리고 『학문의 존엄과 진보에 관하여』에서는 자신의 스승과 교수들을 두고 스콜라 철학자*라고 칭하면서 다음과 같이 말했다.

> [...] 많은 스콜라 철학자, 즉 시간도 많고 사고력도 활발하고 예리하지만 책은 거의 읽지 않는 자들(왜냐하면 그들의 몸이 세포라는 조직 안에 갇혀 있는 것처럼 그들의 사고는 소수의 저자들의 사고 안에, **특히 그들을 지배하고 있는 아리스토텔레스의 사고 안에 갇혀 있기 때문에**)은 자연과 시간의 문제에 대해서는 거의 아무것도 모른다."**

에 새로운 방식으로 접근하는 길을 열게 되었다. 우선 제1부 『학문의 존엄과 진보에 관하여(*De dignitate et augmentis scientiarum*)』(1605)는 알려진 모든 학문에 대한 분류와 경계, 결합을 다룬 내용이다. 제1부는 그 자체로는 그렇게 흥미롭지 않지만, 『학문의 새로운 도구(*De verulamio novum*

* 스콜라 철학은 중세에 등장한 신학 중심의 철학으로, 기독교 교리를 아리스토텔레스 철학을 중심으로 한 고대 그리스 지식과 양립시켰다.

** *De la dignité et de l'accroissement des sciences*, 1605, trad. J.-A.-C. Buchon, éd. Auguste Desrez, 1838 (p. 30).

organum scientiarum)』(1620) 혹은 『신기관(新機關)(*Novum Oranum*)』이라고 불리는 제2부를 위한 도입부의 기능을 잘 해주고 있다.

제2부에서 베이컨은 새로운 과학적 방법론을 설명했다. 편견에서 벗어나 실험을 통해서 얻은 충분한 자료에서 출발하여 현상의 원인과 이 원인이 현상을 유발한 방식을 추론해야 한다는 것이다. 이로써 베이컨은 고대 이후 최초의 **경험론자** 중 한 명으로 자리매김한다(고대 학자들의 경험론적 사고방식은 르네상스 시대의 경험론에만 아주 조금 영향을 미쳤다. 단, 알하이삼의 경우는 예외이다*).

베이컨은 『신기관』을 두 권으로 나누어 집필했다. 우선 제1권은 이전까지는 과학적 방법론이 없었음을 지적하는 내용으로, 고대의 학자들과 동시대 철학자들을 모두 겨냥한 것이었다. 베이컨은 그동안 학문이 별로 진보하지 못한 이유가 과학적 방법론의 부재 때문이라고 설명했다. 그리고 이어서 제2권에서는 자신이 생각하는 필수적인 방법론을 소개하면서 이후 근대 과학의 기반이 될 내용을 하나하나 제시한다.

제1권에서 베이컨은 경험이 자연을 이해하고 지배하기 위한 효과적인 도구라고 주장했다. 그런데 경험을 도구 삼아 자연을 이해하려면 그가 우상(偶像, idola)이라고 부른 것, 다시 말해 우리가 자연에 대해서 가지고 있는 편견과 착각에서부터 먼저 벗어나야 했다. 그래서 베이컨은 우상을 네 종류로 구분하면서 이른바 "우상론"을 내놓았다.

종족의 우상(idola tribus)

종족의 우상은 모든 인간이 공유하는 것으로, 우리의 감각이 언제든지 착각을 할 수 있기 때문에 생기게 된다. 우리가 자신이 지각하는 것(주관

* 61쪽 참조.

적 지식)과 실제 존재하는 것(객관적 지식)을 혼동하는 오류가 이 우상에 의한 것이다.

동굴의 우상(idola specus)

동굴의 우상은 각 개인의 고유한 것으로, 개인의 교육 상태와 믿음, 습관, 성향(좋은 것이든 나쁜 것이든)에 의해서 만들어진다. 개인은 저마다 자신만의 프리즘을 통해서 세상을 보며, 따라서 자신만의 동굴에 갇혀 있음으로써 편견을 가질 수 있다.

시장의 우상(idola fori)

시장의 우상은 광장의 우상이라고도 할 수 있는 것으로, 언어와 언어에 대한 개인적 해석이 빚게 되는 오해, 대립, 소통의 어려움 때문에 생기는 오류가 여기에 해당한다.

극장의 우상(idola theatri)

극장의 우상은 전통과 권위에서 기인하는 것으로, 과거 인물이나 유명 인물들(물론 아리스토텔레스 같은 인물들)의 사상을 과대평가해서 새로운 사고를 가로막게 되는 편견을 말한다.

이 우상들을 일단 없애면 베이컨이 제2권에서 설명한 새로운 방법론으로 넘어갈 수 있다. 이 방법론의 기본은 **귀납**인데, 베이컨은 그 책에서 열역학에 관한 내용을 서술하면서 귀납법을 적용함으로써 그 예를 보여주었다(그렇다, 열역학을 설명하다가 베이컨에 관한 이야기를 꺼낸 이유는 바로 여기에 있다).

귀납(歸納, induction)

논리학에서 귀납은 어떤 특수한 사실의 반복에서부터 출발해서 그 사실을 일반화하는 것을 목표로 하는 추론 형태를 말한다. 사실 엄밀히 하자면 귀납법은 논리적으로 잘못된 추론이다. 예를 들면 내가 살면서 회색 고양이밖에 본 적이 없다고 해서 모든 고양이는 회색이라고 결론짓는 것은 옳지 않기 때문이다. 그러나 귀납적 관점에서는 그렇게 생각할 만한 충분한 이유가 있다고 말할 수 있다. 따라서 귀납적 추론을 할 때는 그것이 결코 검증된 법칙이 아니라 확률적 근거에 기초한 추론임을 항상 염두에 두어야 한다. 반대되는 사례가 단 하나만 나와도 그 추론이 무효화되기에는 충분하기 때문이다.

현대 논리학의 선구자 중 한 명인 버트런드 러셀은 귀납법의 한계를 잘 보여주는 사례를 제시한 적이 있다. 과학철학자 앨런 차머스가 소개한 **칠면조의 귀납적 추론**이라는 이야기가 그것이다.

> 칠면조 농장에 처음 들어온 칠면조가 한 마리 있었다. 농장에 온 첫날, 칠면조는 아침 9시에 모이를 준다는 사실을 알게 되었다. 아침 9시에 모이를 주는 일은 몇 주일 동안 반복되었고, 그래서 칠면조는 근거가 충분하다고 자신하면서 언제나 아침 9시가 되면 모이를 먹는다는 결론을 내렸다. 그러나 크리스마스 날, 이 결론은 완전히 틀린 것으로 밝혀진다. 그날 아침 9시에 칠면조는 모이를 먹는 대신 목이 잘렸기 때문이다. 칠면조는 수많은 정확한 관찰을 했으나 잘못된 결론에 이르렀고, 이로써 그 같은 추론방식은 논리적 관점에서 문제가 있음을 분명하게 보여주었다.*

그래서 귀납법이 열역학과 무슨 관계가 있느냐고? 자, 이제 설명할 것이다. 귀납법은 확률적 자료에 근거하는데, 열역학은 거시적인 계를 연구하는 학문으로서 그런 귀납법을 필요로 한다. 무슨 말인지 모르겠다고? 이

* *What Is This Thing Called Science?* Alan F. Chalmers, 1976, University of Queensland Press (p. 41).

제 곧 이해하게 될 테니 조금만 버텨라. 일단 『신기관』 제2권에 나오는 세 가지 표 이론, 즉 자료를 체계화하고 해석하는 방법론부터 살펴보자.

존재의 표(Table of Essence and Presence). 첫 번째 표에는 어떤 현상을 연구할 때 그 현상이 자연적으로 관찰되는 상황을 모두 기록해야 한다. 열을 연구한다면, 햇빛, 불, 손의 마찰 등을 이 표에 기록한다.

부재의 표(Table of Absence in Proximity). 두 번째 표에는 첫 번째 표와 상황이 비슷한데도 문제의 현상이 관찰되지 않는 경우를 기록해야 한다. 열을 연구한다면, 열을 내는 햇빛과 달리 열을 내지 않는 달빛 같은 것을 이 표에 기록한다.

정도의 표(Table of Degrees). 세 번째 표에는 문제의 현상이 정도의 차이를 두고 관찰되는 상황을 분류해서 기록해야 한다. 열을 연구한다면, 햇빛은 손의 마찰보다 열을 적게 내고, 손의 마찰은 불보다 열을 적게 내는 것과 같은 사실을 이 표에 기록한다.

이 세 가지 표의 내용을 종합하면 어떤 현상에 대해서 귀납적으로 추론할 수 있다. 첫 번째 표로는 현상의 원인을 밝혀 일반화하고, 두 번째 표로는 무엇이 부족해서 현상이 나타나지 않는지 파악하고, 세 번째 표로는 현상의 정도가 무엇과 함께 변화하는지 알아내는 것이다. 그리고 이 추론에서 출발하여 가설을 세운 뒤, 실험으로 가설을 입증하면 된다. 바로 이 방법이 베이컨이 말하는 **새로운 도구**이며, 실제로 베이컨은 이 도구를 이용해서 열이 운동과 연관되어 있다는 결론을 이끌어냈다.

그런데 방금 내가 운동에 대해서 말한 것은 다음처럼 이해해야 한다. 열이 일종의 운동이라는 말은 열이 운동을 야기하거나 혹은 운동이 열을 야기한다는 뜻이 아니라(어떤 경우는 맞는 말이지만), 열 그 자체*가 다름 아닌 운동이라는 뜻이다.**

65. 열역학의 아버지, 사디 카르노

간단히 사디 카르노라고 불리는 니콜라 레오나르 사디 카르노는 19세기 초에 활동한 에콜 폴리테크니크 출신의 프랑스 물리학자이자 공학자인데, 생전에 딱 한 권의 책을 집필했다. 겨우 스물일곱 살이던 1824년에 출간한 『불의 동력 및 그 힘의 발생에 적당한 기계에 관한 고찰(*Réflexions sur la puissance motrice du feu et sur les machines propres développer cette puissance*)』이 그것이다. 이 책을 통해서 카르노는 인생의 역작을 남기는 한편, **열역학*****이라는 새로운 학문의 토대를 마련했다.

열역학은 실용적, 산업적 응용을 중심으로 이론이 발전한 몇 안 되는 학문 중 하나로, 열역학의 경우 그 목적은 불이 가진 에너지를 기계적인 힘으로 바꾸는 것이다. 그런데 새로운 분야의 초기 연구들이 대개 그렇듯이 카르노의 책에도 물론 오류가 있다. 특히 카르노는 당시 사람들이 열에 관한 지식이라고 생각한 것, 즉 **열소(熱素) 이론**을 자신의 연구에 통합하려

* 여기서 "자체"라는 용어를 베이컨은 라틴어를 이용해서 "quid ipsum"이라고 표현했다. 라틴어로 "quid"는 영어의 "what", "ipsum"은 영어의 "itself"를 뜻한다.
** *De verulamio novum organum scientiarum*, Livre II, Chapitre IV, Francis Bacon, trad. A. Lasalle.
*** "열역학(thermodynamics)"이라는 용어 자체는 더 나중에 톰슨 경이 만들었다.

열소(熱素, caloric)와 플로지스톤(phlogiston)

17세기 말에 사람들은 이른바 "플로지스톤" 이론으로 연소 현상을 설명했다. 모든 가연성 물질에는 플로지스톤*이라는 유체 형태의 불의 원소가 존재하며, 연소 과정에서 그 플로지스톤이 소모된다는 주장이었다. 이는 물질에서 불의 원소를 찾아내고자 한 아리스토텔레스적인 발상에 따른 것으로, 실제로 연소 후에 확인되는 질량의 손실은 플로지스톤의 소모를 확인시켜주는 증거처럼 보였다.

그러나 플로지스톤 이론은 이후 여러 실험들에서 한계를 드러냈다. 가령 마그네슘은 연소되면 질량이 줄어들지 않고 오히려 늘어났기 때문이다. 그래서 일부 학자들은 음의 질량을 가진 플로지스톤이 존재한다는 설명을 내놓기까지 했지만, 라부아지에의 등장으로 이 이론은 완전히 붕괴되었다. 라부아지에가 연소 현상에는 산소가 필요하다는 사실을 증명하면서 열소의 개념에 근거한 새로운 연소 이론을 제시했기 때문이다. 이 이론에 대한 말을 먼저 꺼낸 사람은 스코틀랜드의 화학자 조지프 블랙이지만, 라부아지에는 열이 **열소** 또는 **열 유체**라고 불리는 무게가 없고 파괴되지 않는 성질의 유체로 이루어져 있다고 말하면서 이론의 체계를 확립했다.

> 자연의 모든 물체는 열소에 잠겨 있다. 열소는 물체를 사방으로 둘러싸고 있으며, 물체 안으로 스며들어 물체의 분자들 사이에 남겨진 모든 간격을 채운다.**

고 했다.

뉴턴이 광학 개론서를 쓸 때에 빛의 성질보다 빛의 작용을 지배하는 법칙에 더 관심을 기울였던 것과 비슷하게, 카르노는 그 책에서 열의 성질 자체에는 신경 쓰지 않고 에너지원이자 동인(動因)으로서의 열에 관심을 가졌다. 카르노에게 열이 유체인지 아닌지는 그렇게 중요하지 않았다. 무

---

* "플로지스톤"이라는 명칭은 그리스어로 "불꽃"을 뜻하는 "phlox"에서 나왔다.

** *Traité élémentaire de chimie*, 3e édition, Antoine Laurent de Lavoisier, 1780.

엇보다 열은 측정이 가능한 실제적인 현상이었고(온도계는 17세기에 처음 발명되었는데, 당시에는 열과 온도의 개념을 혼동하는 것을 문제 삼지 않았다), 따라서 열의 출현과 이동, 손실을 지배하는 법칙에 관심을 가지는 것은 당연한 일이었다.

당시 증기기관들은 성능이 뛰어난 것이라도 열이 자연력으로 만드는 것(바람, 해류 등)에 비하면 효율이 크게 떨어졌다. 카르노는 이 사실을 잘 알고 있었고(그 사실에 처음 주목한 사람 중 한 명이다), 그래서 열의 그 같은 자연 현상들의 주된 원인으로서의 측면을 집중적으로 연구하려고 결심한다. 더구나 카르노는 여러 분야를 두루 공부한 덕분에 철학과 증기기관의 원리, 기상학적 지식을 적절하게 통합할 수 있는 몇 안 되는 인물 가운데 한 명이었다. 그렇게 해서 그가 책의 제1부에서 내린 결론은 온도의 차이가 존재하는 곳이면 언제나 동력을 만들 수 있는 조건이 갖추어져 있다는 것이었다. 열역학의 중심이 되는 개념을 알아낸 것이다. 또한 카르노는 그 같은 사실에서부터 출발하여 뜨거운 물체와 차가운 물체가 존재하지 않으면 동력을 만들 수 없다는 결론도 이끌어냈다. 다름 아닌 **열역학 제2법칙***의 초기 버전에 해당하는 내용인데, 그러한 생각을 바탕으로 카르노는 책의 제2부에서 이상적인 열기관을 만드는 방법을 연구했다.

이후 **카르노 기관**(Carnot heat engine)이라는 이름으로 알려지게 되는 그 이상적인 열기관은 뜨거운 물체와 차가운 물체가 반복해서 열을 교환하도록 만든 것이다. 카르노 기관이 작동하려면 엔진이 역학적 에너지를 일의 형태로 만드는 순환 과정이 필요한데, 이 과정은 다음과 같이 전개된다. 우선, 피스톤이 내부에서 왕복 운동을 하도록 만들어진 실린더가 있다고 상상해보자. 실린더는 양쪽이 막혀 있고(한쪽은 피스톤으로 막혀 있고),

---

* 271쪽 참조.

안에는 작동물질이라고 불리는 기체가 들어 있다. 그리고 실린더 양옆으로는 뜨거운 물체와 차가운 물체가 하나씩 놓여 있다. 단, 이상적인 기관이라고 가정했으므로 피스톤이 움직일 때 마찰은 전혀 발생하지 않는 것으로 간주한다. 그런 다음 실린더를 뜨거운 물체와 접촉시키고 피스톤을 눌러 작동물질을 압축시키면 순환을 시작할 준비가 끝난다.* 이제 다음 네 단계로 이루어진 순환 과정이 전개된다.

1단계 : 작동물질이 팽창하면서 피스톤을 자연스럽게 밀어낸다. 이때 작동물질은 뜨거운 물체로부터 열을 가져와서 그 온도를 일정하게 유지하는데(그 결과 뜨거운 물체는 온도가 내려가고), 그래서 이 단계를 **등온 팽창**(等溫膨脹, isothermal expansion)이라고 한다.

2단계 : 실린더를 뜨거운 물체와 분리해놓는다. 그러면 작동물질은 더 이상 뜨거운 물체와 열을 교환할 수 없게 된 상태에서 팽창함으로써 온도가 내려가기 시작한다. 이때 실린더와 실린더 외부 사이에는 열 교환이 전혀 발생하지 않으며, 따라서 이 단계를 **단열 팽창**(斷熱膨脹, adiabatic expansion)이라고 한다.

3단계 : 실린더를 차가운 물체와 접촉시킨다. 그러면 열이 작동물질로부터 차가운 물체로 이동하는데(그 결과 차가운 물체는 온도가 올라간다), 이때 작동물질은 온도를 일정하게 유지하는 가운데 다시 압축된다. 이 단계를 **등온 압축**(等溫壓縮, isothermal compression)이라고 한다.

---

* 순환 과정이므로 어떤 단계를 첫 단계로 잡아도 상관없다.

4단계 : 실린더를 차가운 물체와 분리해놓는다. 그러면 작동물질은 더 이상 외부와 열을 교환할 수 없게 된 상태에서 압축됨으로써 온도가 올라가기 시작한다. 이 단계를 **단열 압축**(斷熱壓縮, adiabatic compression)이라고 하며, 이 단계에서 다시 1단계로 넘어가게 된다.

언뜻 생각할 때, 이 모든 과정은 매우 이론적으로 보인다. 그러나 이상적인 열기관의 개념, 즉 열이 뜨거운 물체에서 차가운 물체로 이동하는 현상을 이용해서 피스톤을 일하게 만드는 발상이 열역학으로 가는 길을 활짝 열어준 것은 분명한 사실이다. 여기서 우리가 특히 주목해야 할 점은 네 단계로 이루어진 그 순환 과정이 완벽한 가역성을 띤다는 것이다(열의 손실이 전혀 일어나지 않는 이상적인 과정이기 때문이다). 피스톤의 역학적 일에서 출발하여 열을 차가운 물체에서 뜨거운 물체로 이동시키는 일도 가능하다는 것이다. 실제로 어느 단계에서든 열의 손실이 발생하면 완벽하게 가역적인 순환 과정, 다시 말해서 열이 어느 한 방향으로 이동하면서 만드는 일의 양과 그 반대 방향으로 동일한 일이 만들어질 때 이동하는 열의 양이 서로 정확히 대응되는 과정을 만드는 것은 불가능하다. 따라서 카르노 기관은 그런 식으로 작동하게끔 만들어진 기관으로 얻을 수 있는 최대치의 효율을 가진다는 점에서 이상적인 기관이다.

카르노가 설명한 이론적 순환 과정은 오늘날 물리학자들 사이에서는 **카르노 순환**(Carnot cycle)이라는 이름으로 잘 알려져 있다.

그런데 카르노의 책은 1824년 출간 당시에는 큰 이목을 끌지 못했다. 프랑스 학사원이나 에콜 폴리테크니크 같은 주요 학술기관들이 그 연구를 대수롭잖게 넘기면서 아무도 그 영향력이나 중요성을 깨닫지 못했기 때문이다. 그러나 1850년 무렵 켈빈 경 윌리엄 톰슨이 카르노의 연구에 주

효율

여기서 말하는 효율은 여러분이 보통 생각하는 그 효율이다. 엔진에 공급된 에너지와 엔진이 발생시킨 에너지 사이의 비율 말이다. 카르노가 고안한 이상적인 열기관의 효율은 높기는 하지만 뜨거운 물체 및 차가운 물체의 온도에 영향을 받게 되며, 그래서 언제나 100퍼센트보다는 작은 값을 가진다(효율은 퍼센트로 표시하거나 단위 없이 0에서 1 사이의 값으로 표시한다. 공급된 에너지가 일로 전혀 바뀌지 않으면 효율은 0, 모두 일로 바뀌면 효율은 1이 된다. 효율이 1인 경우는 결코 일어나지 않는다). 그리고 카르노 기관의 원리에 근거한 실제 기계들은 카르노 기관의 이론적 효율보다 언제나 효율이 낮다(최상의 경우는 동일하다).

목했고, 이후 톰슨은 독일 물리학자 루돌프 클라우지우스와 함께 열소 이론 대신 **에너지 보존법칙**을 열역학의 기본으로 제시함으로써 열역학 분야의 공식적인 출발을 알렸다. 여기서 말하는 에너지 보존법칙이 바로 **열역학 제1법칙**이다.

66. 열역학의 세 가지 법칙

열역학이라는 이름으로 알려진 학문은 세 가지 토대에 근거하며, 이 토대를 두고 열역학의 세 가지 법칙이라고 한다. 그런데 이 법칙들을 알아보기에 앞서 열역학에서 말하는 계, 즉 열역학적 계가 무엇인지부터 정의하고 넘어가는 것이 좋겠다. 열역학적 계란 간단히 말해서 전체 우주 가운데 우리가 따로 떼어내서 고찰하는 한 부분을 가리키며, 계 내부에 위치하지 않는 것을 외부 환경이라고 부른다("외부"라는 용어는 앞에서도 많이 나왔다). 이때 열역학적 계가 외부와 에너지(열이나 일)를 교환하되 물질 교환은 허용하지 않으면 닫힌 계(closed system)라고 하고, 에너지 교환도 허용하지 않으면 고립계(isolated system)라고 한다. 닫힌 계나 고립계에 해당하지 않는 나머지 경우는 모두 열린 계(open system)에 속한다.

열역학 제1법칙 : 에너지 보존법칙

닫힌 계에서 어떤 변화가 발생했을 때, 그 계의 에너지 변화는 외부 환경과 교환한 에너지의 양과 동일하다(여기서 말하는 에너지는 열 에너지, 즉 열일 수도 있고 역학적 에너지, 즉 일일 수도 있다). 달리 말해서, 우리가 속해 있는 닫힌 계가 에너지를 잃으면 그 에너지는 외부 환경이 이런저런 형태로 가져간다는 뜻이다. 이 법칙은 오늘날에는 지극히 당연해 보이지만 처음 발표될 당시에는 혁신적인 생각이었다. "아무것도 소멸되지도 생성되지도 않는다"는 유명한 말이 에너지에도 적용됨을 보여준 것이다.

열역학 제1법칙은 열역학에서 가장 중요하게 생각되는 열의 교환이라는 문제 외에 또다른 중요한 측면에도 주목하게 해준다. 어떤 계가 거시적 차원에서는 정지해 있는 것처럼 보여도 입자든 분자든 간에 그것을 이루는 요소들의 차원에서는 정지 상태에 있는 것이 아니라는 사실이다. 실제로 열역학은 거시적인 계를 연구하는 학문이자, 계를 이루는 요소들의 움직임을 거시적 차원에서 이해하게 해주는 학문이다. 따라서 확률적 과학으로서 열역학의 응용 분야 중에 도로망에서의 차량의 흐름을 연구하는 분야가 있는 것도 이상하게 생각할 일은 아니다.

또한 열역학 제1법칙은 일과 열 사이에 미시적 차원에서 존재하는 차이점에도 주목하게 해준다. 간단히 말하면 일은 계와 외부 환경 사이에서 에너지가 질서 있게 교환되는 것이고, 열은 비슷한 교환이 무질서하게 일어나는 것이다. 그리고 열의 개념은 본질적으로 운동의 개념과 연관되어 있다(뒤에서 아인슈타인이 1905년에 발표한 두 번째 논문에 대해서 이야기할 때 보면, 무슨 말인지 이해할 수 있을 것이다).

열역학 제2법칙 : 엔트로피 법칙

엔트로피에 대해서는 앞에서 잠깐 이야기할 기회가 있었다.* 열역학 제2법칙은 바로 그 엔트로피에 관한 것으로, 열역학적 계의 모든 변화는 계의 엔트로피와 외부 환경의 엔트로피를 포함한 전체적인 엔트로피의 증가와 함께 진행된다는 법칙이다. 달리 말해서, 열역학의 계의 모든 변화는 엔트로피의 증가를 초래한다는 것이다. 그런데 이렇게만 말하면 별로 대단한 사실이 아닌 것처럼 보일 수도 있으므로 좀더 자세히 알아보기로 하자.

엔트로피는 변화가 가역성을 띨 경우에도 증가하지 않는다. 엔트로피의 변화가 0이라는 말이다. 간단한 예를 들어 설명해보자. 찬물과 더운물을 섞은 뒤 잠시(원하는 변화가 일어나기에 충분한 시간만큼) 기다리면 미지근한 물이 만들어진다. 이 변화를 반대 방향으로 일어나게 할 수 있는 방법은 존재하지 않는다. 물을 미지근하게 만드는 데에 소비된 에너지보다 더 많은 에너지를 소비하지 않는다는 조건에서는 말이다. 엔트로피 측면에서 보면, 찬물과 더운물이 섞였을 때 엔트로피는 증가한다. 가역적인 변화가 되려면 그러한 과정이 반대 방향으로도 진행될 수 있어야 하는데, 이는 "무질서"가 증가하지 않는 것을 전제로 한다. 무질서가 어느 한 방향으로 증가한다면 반대 방향으로는 감소할 것 같겠지만, 그런 일은 불가능하기 때문이다. 따라서 가능한 유일한 결론은 어떤 변화가 완벽하게 가역적일 때 엔트로피의 변화는 0이라고 보는 것이다. 그리고 이상적인 경우에는 이 결론대로 되겠지만, 현실에서 일어나는 "현실적인" 변화는 결코

* 272쪽 참조.

완벽하게 가역적인 변화는 존재하지 않는다

현실에서 계는 완벽한 가역성이 존재할 수 있기에는 너무 복잡하다. 실제로 유체에서 분자들은 다소간 자유롭게 이동하기 때문에 처음 상태와 완전히 동일한 위치로 돌아가지는 않는다. 게다가 유체와 이 유체가 담긴 고체의 분자들 사이에서는 마찰이 조금이라도 발생하기 마련이며, 마찰이 발생하면 열의 손실이 일어난다. 그리고 열역학의 계 내부에서는 화학반응이 언제나 아주 조금이라도 일어나고 있다. 그래서 완벽하게 가역적인 변화는 수학적으로 계산된 이상적인 범위 안에서만 존재한다.

이상적이지 않으므로 언제나 엔트로피의 증가와 함께 실행된다.

그런데 어떤 변화가 일어나는 동안 계의 엔트로피가 감소할 수도 있다. 그러나 열역학 제2법칙은 전체적인 엔트로피에 관한 것이다. 이 말은 계의 엔트로피가 감소하면 외부 환경의 엔트로피는 최소한 그만큼은 증가한다는 뜻이다. 고립계 같은 특수한 경우, 즉 외부 환경과 물질과 열, 그리고 그밖의 어떤 것도 교환하지 않는 경우에 미시적 차원에서 입자들의 임의적 운동은 자연적으로 **열평형**(thermal equilibrium) 상태로 향한다(찬물과 더운물을 섞는 예에서는 보온병을 이용하면 고립계가 만들어진다). 다시 말해서 입자들의 운동이 균질해지고, 따라서 계 내부의 열이 균질해지는 상태로 향한다는 것이다. 이러한 균질화는 비가역적이며, 변화가 일어나는 동안 엔트로피는 증가한다. 계의 온도가 계 내부 어디에서나 동일할 경우 엔트로피는 최대치가 되는데, 따라서 엔트로피가 최대치에 이른다는 것은 열평형 상태의 특징이다.

열역학 제3법칙 : 네른스트 법칙

열역학의 법칙들을 모두 살펴보기 위해서 일단 소개는 하겠지만 사실 열역학 제3법칙은 고전 열역학에서는 필요가 없다. 아주 특수한 열역학의 계, 즉 온도가 절대영도*에 가까워져서 기본적인 양자 상태에 가까운 계에만 관련되기 때문이다. 어쨌든 이 법칙은 1906년에 독일의 물리학자이자 화학자인 발터 네른스트가 발견했다고 해서 **네른스트 정리**(Nernst's theorem)라는 이름으로도 알려져 있는데(네른스트는 이 발견으로 1920년에 노벨 화학상을 받았다), "절대영도에서 완전 결정의 엔트로피는 0이다"라는 것이 그 내용이다.

이 법칙이 말하는 것이 무슨 뜻인지 조금만 자세히 살펴보기로 하자. 절대영도(혹은 0K)는 도달할 수 없는 온도이다. 절대영도에서 어떤 계는 거시적 차원에서 열 에너지를 전혀 가지지 않는데, 이 말은 계를 이루는 입자들이 모두 기본적인 양자 상태(다시 말해 최저 에너지 상태)에 있음을 뜻한다. 입자들은 식별이 불가능한 부동 상태(말 그대로 "움직이지 않는 상태")가 되고, 그 결과 계의 엔트로피는 0이 되는 것이다(현실에서 양자역학은 최소한의 변동을 계속해서 유발함으로써 그 같은 상태를 방해한다). 따라서 네른스트는 열역학 제3법칙을 통해서 두 가지 중요한 일을 해냈다. 우선 첫 번째는 엔트로피에 절댓값을 부여했다는 것이다. 그전까지 사람들은 켈빈 온도가 나오기 전에 온도에 대해서 그랬던 것과 마찬가지로 엔트로피의 변화만 측정했고, 그래서 엔트로피의 값은 언제나 상대적인 성질을 띠었기 때문이다. 그리고 두 번째는 그 법칙 덕분에 열역학적 계가 절대영도에 가까워졌을 때 일어나는 일을 알 수 있게 되었다는 것이다. 실제로 이 법칙의 정당성은 매우 낮은 온도에서 실험적으로 확인되었는데, 현재 과학자들이 도달한 가장 낮은 온도는 절대영도보다 100억 분의 1K 정도 높은 온도이다.

---

* 75쪽 참조.

67. 그렇다면 볼츠만은?

열역학을 공부해본 독자라면 지금까지 어떤 한 사람의 이름이 나오지 않는 것을 의아하게 생각할 수 있을 것이다. 중력이 나오면 뉴턴이 나오고, 전자기학이 나오면 맥스웰이 나오는 것처럼 열역학이 나오면 당연히 나오는 이름은 루트비히 볼츠만이다. 오스트리아의 물리학자이자 철학자인 볼츠만은 실제로 뉴턴이나 맥스웰과 마찬가지로 따로 다루어야 할 특별한 인물이다. 그는 멘델레예프와 같은 종류의 운명을 타고났지만, 그 운명에 맞지 않는 성격을 가지고 있었다. 가령 멘델레예프가 원소 주기율표를 내놓았을 당시 학계는 원자론자와 비원자론자로 양분되어 있었다. 그러나 멘델레예프는 과학적 논거가 아니면 어떤 것에도 흔들리지 않는 단단한 사람이었고, 그래서 그를 비방하는 사람들의 공격에도 상처 받지 않았다. 아니, 상처 받을 이유가 없었다. 그의 생각은 전적으로 옳았으니까 말이다. 볼츠만의 경우도 상황은 이와 비슷했다. 그러나 볼츠만은 예민하고 여린 성격을 가진 탓에 비판에 쉽게 상처를 받았고, 결국 비극적으로 생을 마감하게 되었다.

볼츠만은 열역학과 특히 엔트로피에 관심이 많았다. 그는 열역학적 계가 자연적으로 만들어지는 방식과 그것이 만들어질 수 있는 모든 경우의 수 사이에 분명한 연관성이 있다고 생각했다. 물론 볼츠만 이전에도 열역학적 계의 형성 과정에 관심을 가진 사람들은 있었지만, 열역학을 통계와 연관지어 생각한 사람은 볼츠만이 처음이었다. 볼츠만은 원자의 존재를 확신하는 입장이었고, 어떤 기체 안에 든 수많은 원자들 및 분자들이 미시적 차원에서 가지는 작용을 그 기체가 거시적 차원에서 보여주는 열역학적 작용과 연관지을 수 있으리라고 보았다.

당시 열역학을 연구한 학자들 대부분은 계의 숨겨진 구조, 즉 미시적 차원까지는 알 필요가 없었다. 뉴턴이 빛의 성질에 대한 이해 없이도 빛의 반사 현상을 설명할 수 있었던 것처럼, 계의 미시적 성질을 몰라도 그 일반적인 작용을 관찰하고 법칙을 이끌어낼 수 있었기 때문이다. 그러나 볼츠만은 라부아지에와 아보가드로의 연구에 착안해서 오늘날 **통계역학**(統計力學, statistical mechanics)이라는 이름으로 알려진 새 이론을 내놓았다. 열역학의 거시적 작용을 열역학 계의 미시적 성질을 통해서 설명하는 이론이었다. 그리고 1877년에는 미시적 세계와 거시적 세계 사이의 관계를 공식 하나로 설명했는데, 이 공식은 너무나 간단하고 우아해서 소개하지 않을 수가 없다.

$$S = k.\ln(W)$$

이 방정식은 현재 오스트리아 빈 중앙묘지에 자리한 볼츠만의 묘비에도 새겨져 있을 만큼 대단한 공식이다(당시 표현 형식대로 "$S = k.\log W$"라고 새겨져 있다). 그렇다면 이 공식이 말하는 것은 무엇일까?

어떤 기체가 1리터 있다고 하자. 아보가드로가 1811년에 발견한 법칙 덕분에 우리는 이 1리터의 기체 안에 일정한 수의 분자가 들어 있음을 알고 있다.* 온도와 압력이 표준 상태일 경우 기체 1리터에는 기체의 종류와 상관없이 약 3×10^{22}개의 분자가 들어 있다는 것을 말이다. 이 분자들 각각은 다소간 자유롭게 움직이며, 분자들이 배열되는 방식은 엄청나게 다양한 형태로 나타날 수 있다.

볼츠만은 분자들의 배열에 대한 경우의 수를 **계의 미시적 상태**의 수로 놓았을 때(식에서 "W"에 해당한다. 따라서 이 수는 아주 큰 값이다), 계의

---

* 33쪽 참조.

통계에 관하여

숫자 카드 52장과 조커 2장으로 구성된 보통의 트럼프 카드를 생각해보자. 우리가 이 카드를 섞을 수 있는 방법은 모두 몇 가지나 될까? 계산은 꽤 간단하다. 우선, 카드 더미에서 첫 번째 카드 자리에는 전체 54장 가운데 아무 카드나 올 수 있다. 따라서 첫 번째 카드에 대한 경우의 수는 54가 된다. 그리고 두 번째 카드 자리에는 남은 53장 가운데 아무 카드나 올 수 있다. 따라서 첫 번째 카드의 경우의 수 54가지 각각에 대해서 두 번째 카드의 경우의 수 53이 적용되고, 계산은 $54 \times 53 = 2{,}862$가 된다.

이런 식으로 카드가 한 장만 남을 때까지 계속하면 모든 경우의 수는 다음과 같이 계산된다. $54 \times 53 \times 52 \times 51 \times \cdots \times 5 \times 4 \times 3 \times 2 \times 1$.

수학에는 느낌표(!)로 나타내는 "계승"이라는 기호가 존재하는데, 이를 이용하면 방금 말한 계산을 더 간단하게 나타낼 수 있다. 예를 들면 어떤 수에 계승 기호가 붙으면 그 수부터 1까지 이르는 모든 정수를 곱하라는 의미이다. $5! = 5 \times 4 \times 3 \times 2 \times 1 = 120$.

따라서 54장의 카드를 섞는 방법에 대한 모든 경우의 수는 54!로 나타낼 수 있으며, 그 값은 230,843,697,339,241,380,472,092,742,683,027,581,083,278,564,571,807,941,132,288,000,000,000,000이다.

겨우 54장의 카드로도 기괴하게 보일 정도로 큰 저 숫자만큼의 조합을 만들 수 있는 것이다. 그러니 기체 1리터 안에 든 3×10^{22}개의 분자들이 얼마나 다양한 방식으로 배열될 수 있는지 이제 상상이 가는가?

엔트로피(식에서 "S")와 그 수 사이에 수학적 관계가 존재함을 밝혔다. 계의 엔트로피는 그 수의 로그에 비례한다는 것이다(식에서 "k"는 비례상수이며, "볼츠만 상수[Boltzmann constant]"라고 부른다). 볼츠만의 공식을 이용하면 미시적 세계와 거시적 세계를 관계 지을 수 있을 뿐만 아니라, 엔트로피에서 출발하여 계 내부의 정보를 파악할 수도 있다. 엔트로피를 측

정하면 계에 들어 있는 분자들의 가능한 배열의 수를 알 수 있다는 뜻이다. 가령 열역학 제3법칙을 가지고 이야기해보자. 엔트로피가 0이라는 것은 ln(W)의 값이 0이라는 뜻이고(k는 0이 아닌 상수이므로), W의 값이 1이라는 뜻이다(수학에서 1의 로그값이 0이므로). 따라서 엔트로피가 0이면, 계의 입자들이 배열되는 방식은 한 가지밖에 존재하지 않는다. 열역학 제3법칙이 절대영도에 대해서 말한 것, 즉 입자들이 식별이 불가능한 부동 상태가 되는 것이다(다시 한번 말하지만 현실에서는 그런 상태에 이를 수 없다).

그런데 이 이론을 내놓았을 당시 볼츠만은 비원자론자들로부터 많은 비방을 당했다. 그래서 그는 극심한 우울증에 빠졌고, 두 번의 자살 시도 끝에 결국 세상을 떠났다. 좀더 오래 살았더라면, 자신의 이론이 막스 플랑크의 흑체 연구*와 아인슈타인의 브라운 운동 연구를 통해서 열역학에서도 유체역학에서도 성공을 거두는 것을 보았을 텐데 말이다.

68. 1905년의 아인슈타인 : 두 번째 논문

기적의 해인 1905년, 아인슈타인은 3월에 광전효과에 관한 첫 번째 논문을 『물리학 연보(*Annalen der Physik*)』에 보낸 것에 이어(발표는 6월) 몇 주일 뒤인 5월에는 브라운 운동에 관한 두 번째 논문을 보냈다(발표는 7월). 브라운 운동(Brownian motion)이 뭐냐고? 찻잔에 따뜻한 물을 채운 다음 그 물에 꽃가루를 띄워보자. 그러면 꽃가루는 춤을 추듯 물속을 떠다닌다. 방향을 갑자기 바꾸거나 움직임을 멈추었다가 다시 움직이는 등, 아

* 76쪽 참조.

주 불규칙적인 운동을 하면서 말이다. 그처럼 작은 입자가 액체나 기체 안에서 떠서 움직일 때 보이는 불규칙한 운동을 **브라운 운동**이라고 부른다.

아인슈타인은 원자의 존재를 확신하고 있었다(당시 과학계는 원자를 물리적 사실이라기보다는 방정식에 유용한 수학적 도구로 간주했다). 그래서 따뜻한 물은 움직임이 활발한 물 분자들로 이루어져 있고, 이 분자들이 사방으로 움직이면서 꽃가루에 계속 부딪히고 있을 것이라는 가정을 내놓았다. 꽃가루의 운동은 바로 그 충돌의 결과라는 것이다. 이로써 아인슈타인은 물체의 개별적 운동을 기술하는 고전역학과 거시적인 계를 연구하는 열역학을 통합하는 중요한 문제에 직면하게 된다.

그래서 아인슈타인은 열의 운동 이론에 관한 볼츠만의 연구를 참조했고(당시 이 연구는 모두가 인정한 것은 아니었다), 자신의 직관이 옳았음을 수학적으로 증명했다. 이 과정에서 그는 원자의 존재에 대해서 거의 결정적인 증거를 내놓았으며(앞에서 잠깐 말했듯이 원자의 존재를 반론의 여지가 없는 방식으로 증명한 사람은 장 페랭이다), 볼츠만의 연구와 실험적 관찰이 완벽하게 일치한다는 것도 보여주었다.

아인슈타인은 두 편의 논문을 통해서 과학자들이 자연을 이해하는 방식을 몇 주일 만에 두 번이나 혁신시켰다. 빛의 성질을 밝히고 원자의 존재를 거의 증명한 뒤, 이제 그에게 남은 일은 물리학의 기본 틀을 완전히 뒤집는 것이었다. 공간과 시간이라는 틀 말이다.

특수상대성 이론

사실 모든 것이 상대적인 것은 아니다

앞에서 살펴본 여러 주제들과 특히 고전역학에 대해서 이야기할 때 보았듯이 과학사에는 많은 유명한 과학자들이 차례차례 등장했다. 그리고 그들 덕분에 우리는 우리가 살아가는 세상뿐만 아니라 우주와 우주의 작용을 지배하는 법칙을 보다 잘 이해할 수 있게 되었다. 그런데 찬물을 끼얹고 싶은 생각은 없지만, 이제 여러분에게 알려야 할 사실이 하나 있다. 그 과학자들이 알아낸 것은 모두가 대체로 틀렸다는 사실이다. 아니, 정말 틀렸다기보다는 매우 제한적인 성격을 띤다고 말하는 것이 옳겠다. 그들이 알아낸 모든 규칙, 법칙, 원리는 제한된 범위 안에서만 유효하기 때문이다. 그래서 그 범위를 벗어나면 우리가 우주에 관해서 분명하게 알고 있다고 생각한 모든 것들을 다시 생각해야 하는 것이다. 이 새로운 사고방식의 출현에는 많은 사람들이 관여했는데, 기존의 틀에서 완전히 벗어나 패러다임을 결정적으로 바꾸는 천재성을 보여준 사람은 두 명뿐이었다. 조르다노 브루노와 알베르트 아인슈타인이 바로 그들이다.

69. 움직이고 안 움직이고는 상대적이다

아리스토텔레스가 지구는 움직이지 않는다는 증거로 제시한 내용을 기억하는가?* 그리고 조르다노 브루노가 아리스토텔레스의 생각이 틀렸다는 증거로 제시한 내용도 기억하는가?** 자, 모든 것은 여기서부터 시작된다. 브루노는 어떤 물체가 일정한 운동, 즉 속도의 변화 없이 직선으로 움직이는 등속직선 운동을 하고 있을 때는 움직이지 않는다고 간주되는 상태와 움직인다고 간주되는 상태가 서로 차이가 없다는 것을 깨달았다. 그러나 그는 뛰어난 직관을 가졌음에도 불구하고 그 사실을 설득력 있게 증명하거나 설명하지는 못했다. 그의 우주관, 즉 우주는 무한하며 우주 안에서는 지구도 태양도 어떤 특별한 지위를 가지지 않는다는 주장의 경우도 마찬가지이다. 우리가 이곳에 존재하는 것처럼 다른 곳에서도 존재할 수 있을 것이라고 말했을 뿐, 이와 관련해서 그가 증명한 것은 없기 때문이다.

---

* 220쪽 참조.
** 228쪽 참조.

관성계(慣性系, inertial system)

우선, 좌표계란 무엇일까? 좌표계는 어떤 물체(일반적으로 관찰 대상이 되는 물체)의 위치를 공간과 시간 안에서 파악할 수 있도록 해주는 좌표 체계를 말한다. 좌표계는 4개의 성분 혹은 4개의 차원으로 구성되는데, 그중 셋은 공간을 나타내고(보통 가로, 세로, 높이를 말한다) 나머지 하나는 시간을 나타낸다. 예를 들면 실험실에서 어떤 물체의 낙하 실험을 하는 경우, 실험실 한쪽 구석을 좌표계의 공간상의 원점으로 접하고 물체를 떨어뜨리는 순간을 시간상의 원점으로 정할 수 있다. 공식적으로 관성계 혹은 갈릴레이 좌표계는 관성의 법칙이 성립하는 좌표계를 말한다. 이 좌표계에서 물체는 힘을 받지 않는 이상(혹은 물체에 가해진 힘들이 서로 상쇄되는 이상) 계속 움직이지 않거나 계속 등속직선운동을 한다는 뜻이다.

그런데 갈릴레이의 경우는 조금 달랐다. 그는 브루노가 한 것과 비슷하지만 좀더 발전된 실험을 했고,* 이로써 특수상대성 이론으로 가는 길의 첫 번째 포석을 깔게 되었다. 실제로 그 실험에서 갈릴레이는 우리가 움직임을 느끼지 못하는(다시 말해서 속도 변화를 느끼지 못하는) 상황에서는 기준이 없으면 자신이 움직이고 있는지 아닌지 알 수 없다는 결론을 이끌어냈다. 이것이 위대한 발견인 이유는 물리학의 법칙이 물체가 운동 중이든 아니든 똑같이 적용된다는 사실과 등속직선운동을 하는 상태는 운동을 전혀 하지 않는 상태와 마찬가지라는 사실을 처음으로 증명했기 때문이다. 갈릴레이는 유효한 "기준"이 되는 것을 정하기 위한 수학적 도구도 만들었는데, 그 기준을 두고 갈릴레이 좌표계 혹은 관성계라고 부른다.

관성의 법칙이 좋은 점은 우리가 어떤 관성계를 일단 기준으로 정하면 이 관성계에 대해서 움직이지 않거나 등속직선운동을 하는 다른 좌표계도 관성계가 된다는 것이다. 배에서의 실험을 예로 들면 육지에 있는 관찰자

* 240쪽 참조.

갈릴레이 변환(Galilei transformation)

갈릴레이 변환에서 두 좌표계의 시간 흐름은 절대적인 것으로 간주된다. 시간상의 원점은 원하는 대로 잡을 수 있지만, 1초는 어느 좌표계에서나 똑같이 1초라는 것이다. 따라서 두 좌표계의 원점을 서로 다르게 잡아도 한 쪽 좌표계와 다른 쪽 좌표계 사이의 시간차는 계속 일정하게 유지된다. 가령 좌표계 R이 어느 한 시점을 기준으로 좌표계 R′보다 10분 앞서 있다면 이후로도 계속 10분을 앞서간다. 그리고 공간적 차원에서 한 쪽 좌표계는 다른 쪽 좌표계를 기준으로 어떤 방향으로든 회전할 수 있다. 단, 좌표계가 일단 정의되면 회전을 멈춘다는 조건이다(회전하는 좌표계는 갈릴레이 좌표계가 아니다).

그리고 끝으로, 좌표계는 등속직선운동으로 이동할 수 있다. 등속도로 이루어지는 일정한 이동을 좌표계에 적용할 수 있다는 뜻이다.

가 하나의 관성계가 되고, 배에 탄 갈릴레이는 또다른 관성계가 된다. 단, 여기서 중요한 것은 속도나 방향을 바꾸지 않는다는 조건이다. 가속도에 대해서는 이야기할 수 없다는 뜻이다. 사실 갈릴레이의 시대에는 가속도의 개념 자체가 아직 존재하지 않았다. 당시 사람들은 여전히 임페투스*의 개념을 놓고 논쟁을 벌이고 있었기 때문이다. 어쨌든 갈릴레이는 두 관성계를 연결 짓는 갈릴레이 변환이라는 것을 내놓았는데, 이는 좌표계의 관성적 특징을 유지하면서 어느 한 관성계에서 다른 관성계로 옮겨갈 수 있도록 해주는 수학적(사실은 기하학적) 변환 법칙이다.

갈릴레이 변환은 오늘날에는 고등학생 정도면 이해할 수 있는 당연한 사실로 보이지만 당시로서는 대단한 발견이었다. 17세기 말에 뉴턴이 운동 법칙들을 내놓았을 때, 이 법칙들이 갈릴레이 변환에 대해서 불변인 것으로 확인되었기 때문이다. 갈릴레이 변환은 뉴턴의 법칙들이 모든 관성

* 211쪽 참조.

계에서 동일한 방식으로 표현됨을 말하고 있었던 것이다.

나는 조르다노 브루노가 상대성을 처음 생각했다고 보는 입장이지만, 상대성 원리를 공식적으로 처음 말한 인물은 갈릴레이인 것이 사실이다. **갈릴레이 상대성**에 따르면, 절대적 위치나 절대적 속도, 절대적 운동은 존재하지 않는다. 그리고 "기차가 역에서 멀어지는 것"과 "역이 기차에서 멀어지는 것"은 같은 일에 해당한다. 모든 것은 관찰자의 시점에 달려 있는 것이다. 따라서 관찰자와 관찰이 처음으로 과학의 중심에 위치하게 되었는데, 갈릴레이를 근대 과학의 아버지로 칭하는 이유가 바로 그 때문이다.

70. 빛의 문제

1687년, 뉴턴은 『프린키피아』에서 관성의 법칙을 공식으로 나타냈다. 관성의 법칙이 말하는 내용은 다름 아닌 갈릴레이 상대성을 운동의 법칙에 적용한 것이었다. 그리고 이후 약 200년간 뉴턴의 이론은 아무도 손댈 수 없는 것이 되었다. 뉴턴의 방정식은 행성의 운동에서부터 발사체의 궤도와 물체의 낙하에 이르기까지 모든 운동을 정확히 설명했기 때문이다. 그래서 사람들은 뉴턴이 그저 이론적 모형이 아니라 물리학 뒤에 숨겨진 **진리**를 발견했다고 생각하기에 이르렀다.

따라서 뉴턴이 공간과 시간에 대해서 내놓은 이론 역시 재고의 여지가 없는 것으로 받아들여졌다. 뉴턴에 따르면 공간은 절대적인 성질을 띤다. 공간상의 절대적 원점이 존재한다는 의미가 아니라 공간을 배경과 같은 것으로 볼 수 있다는 의미이다. 이 절대적 공간 안에서 물체가 가지는 길이는 일정하며, 이는 어느 좌표계에서나 마찬가지이다. 사실 새삼스러울

것도 없는 이야기이다. 벤치에 앉아 있는 관찰자에게 1미터인 길이가 오토바이를 타고 있는 관찰자에게는 1미터가 아니라는 생각을 누가 할 수 있겠는가? 마찬가지로, 뉴턴에 따르면 시간도 절대적인 성질을 띤다. 시간상의 원점이 정해져 있다는 의미가 아니라 관찰자가 어느 좌표계에 있든지 1초는 누구에게나 1초라는 의미이다. 시간은 언제나 1초에 1초의 "속도"로 흐른다는 것이다. 그런데 이 같은 뉴턴의 이해방식은 지극히 상식적으로 보이지만, 이후 몇 가지 문제를 제기하게 된다.

맥스웰은 광학과 전기와 자기를 통합해서 전자기학을 확립할 때,* 빛이 파동 현상이라는 의견을 내놓으면서 뉴턴의 가설과는 반대되는 입장을 취했다.** 그러나 맥스웰이 등장했을 당시 사람들은 거의 200년간 뉴턴의 계산을 사용해오고 있었다. 앞에서 말했듯이 뉴턴의 계산은 행성의 운동에서부터 발사체의 궤도와 물체의 낙하에 이르기까지 관찰할 수 있는 모든 것의 운동을 아주 정확하게 설명했기 때문이다. 뉴턴이 내놓은 법칙들은 워낙 뛰어나서 사람들은 그것을 **진리의 공식**이라고 생각했고, 운동을 지배하는 법칙을 완벽하게 알고 있다고 생각했다. 따라서 위대한 뉴턴을 문제 삼으려면 혹독하게 비판을 받을 각오부터 해야 했다.

그런데 맥스웰이 전자기 방정식을 내놓을 당시 빛의 성질과 관련하여 하위헌스의 연구를 잇는 연속선상에 있었던 것이 사실이지만, 이러한 연구가 뉴턴에게 당장 해가 된 것은 아니다. 뉴턴이 소개한 광학 법칙들은 빛의 파동설을 적용해도 여전히 유효한 것으로 확인되었기 때문이다. 그러나 당시 사람들은 파동이라고 하면 매질이 있어야 전파될 수 있는 기계적 파동밖에는 몰랐다. 예를 들면 음파는 공기를 매질로 전파되고, 물결

---

* 107쪽 참조.
** 64쪽 참조.

은 수면을 따라 전파되며, 기타가 내는 음은 기타의 줄을 타고 전파되는 것처럼 말이다. 그래서 학자들은 파동으로서의 빛에 대해서도 당연히 전파 매질이 있을 것이라고 생각했고, 특히 아무것도 없는 공간으로 알려진 우주에서 빛이 어떤 매질을 통해서 전파되는지 알아내려고 했다. **빛 에테르** 혹은 간단히 **에테르**라고 불리는 빛의 전파 매질을 둘러싼 논쟁은 바로 그렇게 시작되었다.

71. 에테르

맥스웰의 시대에 사람들은 파동이 매질 없이 전파된다고는 생각도 하지 못했다. 파동이라는 것 자체가 매질의 교란 현상으로 정의되었기 때문이다. 그래서 빛의 작용을 아주 잘 설명해주는 맥스웰의 방정식이 전제하는 대로 빛이 정말 파동이라면 무엇인가를 통해서 전파된다고 보는 것이 당연했다.

그런데 빛의 전파 매질을 에테르로 볼 경우 여러 가지 의문들이 제기되었다. 에테르란 어떤 것일까? 어떤 성분으로 이루어져 있을까? 고체일까, 액체일까, 기체일까? 아니면 아직까지 알려지지 않은 다른 어떤 것일까? 에테르의 질량은 얼마일까? 에테르는 이동을 할까? 한다면 어떻게 할까? 이 모든 의문들을 위해서 19세기 말에 수많은 연구들이 이루어졌는데, 하나같이 별다른 성과를 거두지 못했다. 에테르와 관련해서 비교적 분명하게 말할 수 있는 것은 세 가지, 겨우 세 가지밖에 없었다.

우선, 에테르의 첫 번째 특성은 단단하면서도 탄력적인 성질을 띤다는 것이었다. 예를 들면 우리가 말을 할 때 목소리는 수십 킬로미터밖에 미치지 못하는데, 그 이유는 소리가 공기를 지나는 동안 흩어지면서 약해지기 때문이다. 그런데 햇빛은 1억5,000만 킬로미터를 지나 지구에 도달하고, 별빛은 수천 광년의 거리를 지나 지구에 이른다. 따라서 태양이나 별의 빛이 지구까지 오려면 그 매질인 에테르 안에서 거의 흩어지지 않아야 한다. 그래서 에테르는 아주 단단한 성질을 가져야 하는 것이다. 그리고 동시에 에테르는 탄성이 아주 커야 한다(단단하면서도 탄력적이라는 말이 모순적인 것처럼 보일 수도 있겠지만 사실은 그렇지 않다). 빛이 먼 거리에 걸쳐 전파될 수 있으려면 그 매질인 에테르가 변형될 수 있어야 하기 때문이다. 매질에 변형을 일으키는 것이 바로 파동의 정의이다. 게다가 빛에는 서로 구분되는 수많은 파장들이 섞여 있는데, 이 파장들의 이동을 생각했을 때도 결론은 마찬가지이다. 에테르는 탄성이 커야 한다.

에테르의 두 번째 특성은 뉴턴의 이론에서 기인한다. 사람들은 뉴턴 덕분에 행성의 운동을 정확히 계산할 수 있게 되었는데, 이 계산에는 에테르의 존재는 전혀 고려되지 않았다. 따라서 에테르는 물질에 영향을 전혀 혹은 거의 미치지 않는다는 결론이 나온다. 달리 말해서 물질은 아무런 저항 없이 에테르를 자유롭게 통과할 수 있다는 것이다.

정리를 하면, 에테르는 단단하면서도 탄력적이지만 물질에는 아무런 저항을 일으키지 않는 그 어떤 것에 해당한다. 좋다, 그런 것이 있다고 치자.

에테르의 세 번째 특성은 더 놀랍다. 에테르는 절대로 움직이지 않는 성질을 띤다는 것이다. 과학자들이 특히 흥미롭게 생각한 것이 바로 이 특성이다. 에테르가 움직이지 않는다면 서로 동등한 가치를 가지는 모든 갈릴레이 좌표계에 기준이 되는 특별한 좌표계라는 뜻이기 때문이다. 과학자들은 에테르라는 절대적 좌표계를 가지게 되자, 맨 먼저 다음과 같은 질문을 떠올렸다. 지구는 에테르를 기준으로 얼마만큼의 속도로 움직이고 있을까? 두 과학자가 팀을 이루어 이 질문에 답하기 위해서 노력했는데, 그들의 시도는 거듭 실패로 돌아갔다. 당연한 일이었다. 에테르라는 매질은 존재하지 않기 때문이다.

72. 마이컬슨의 간섭계

1881년부터 1887년까지, 독일 출신의 미국 물리학자 앨버트 에이브러햄 마이컬슨과 미국 물리학자 에드워드 몰리는 에테르를 기준으로 한 지구의 운동 속도를 계산하려고 시도했다. 이를 위해서 두 사람은 간섭계(干涉計, interferometer)라고 불리는 복잡한 장치를 만들었는데, 그 원리 자체는 생각보다 간단하다. 가령 여러분이 일정한 속도로 달리는 기차 지붕 위에 올라가 있다고 가정해보자. 여러분은 기차의 속도를 모르는 상태이고, 그래서 그 속도를 알고 싶어한다. 이때 여러분에게 테니스공을 쏘는 기계가 있고 그 기계에서 나오는 공의 속도를 여러분이 안다면, 테니스공을 두 수직 방향으로 쏘았을 때 공들의 속도를 지면을 기준으로 측정할 수 있다. 공을 기차의 진행 방향으로 쏜다면 공은 그만큼 더 빨리 날아갈 것이고, 반대 방향으로 쏜다면 더 느리게 날아갈 것이다(지면을 기준으로). 그럼 이제 남은 일은 비교적 간단한(고등학생이면 할 수 있는) 벡터 계산뿐이다.

마이컬슨과 몰리의 실험은 테니스공이 아닌 빛을 서로 수직이 되는 두 방향으로 거울까지 보내는 것이었다(기차 실험의 예에서는 한 방향으로만 쏘면 된다. 지구가 에테르에서 어느 방향으로 움직이는지는 모르지만, 기차가 어느 방향으로 가는지는 알 수 있기 때문이다). 그러면 두 빛은 각

「호기심 해결사」에 나온 갈릴레이 상대성

미국 텔레비전 프로그램 「호기심 해결사」에서는 다음과 같은 실험을 한 적이 있다. 시속 80킬로미터로 직선으로 달리는 트럭에서 발사장치를 이용하여 축구공을 시속 80킬로미터 속도로 트럭 뒤쪽으로 쏘는 실험이었다. 그 장면은 공을 쏘는 지점과 가까운 땅 위에서 촬영되었는데, 촬영된 화면상에서 공은 땅을 기준으로 정확히 0의 속도로 수직으로 떨어지는 것처럼 보였다. 마이컬슨과 몰리가 한 실험의 원리가 이와 비슷하다.

각 거울에 반사되어 돌아오는데, 이때 두 빛이 동일한 거리를 이동하는 데에 걸린 시간의 차이를 측정하면 지구가 에테르에서 이동하는 속도와 방향을 알아낼 수 있다.

마이컬슨은 1881년에 실시한 첫 실험은 혼자 진행했지만, 이후 몰리가 가세하면서 1887년까지 함께 작업했다. 두 사람은 같은 실험을 오랫동안 반복했는데, 그 이유는 특히 지구가 에테르 속에서 어떤 식으로 이동하는지 아는 사람이 아무도 없었기 때문이다. 에테르 속에서 돌고 있는지, 일시적으로 멈추는지, 가속도운동을 하는지……. 그래서 결론을 내리기 전까지 최대한 많은 측정이 필요했다. 더구나 실험 결과가 만족스럽지 못했기 때문에 두 사람은 실험을 반복할 수밖에 없었다. 그러나 왜 그런 결과가 나왔는지 일단 설명되자, 그 만족스럽지 못한 결과는 마이컬슨이 1907년에 노벨 물리학상을 받을 만한 자격이 충분함을 입증해주었다. 그 실험은 성공이 아닌 실패로부터 더 많은 것을 얻게 된 실험의 대표적인 사례였다.

실제로 마이컬슨과 몰리는 실험에서 예상과는 다른 결과를 얻었고, 이런 결과는 실험을 계속해서 반복해도 마찬가지였다. 장치의 방향을 어떻게 바꾸든 빛은 언제나 같은 속도로 이동했기 때문이다. 빛의 속도는 적어도 **정밀도 오차** 범위 안에서는, 다시 말해서 최대한 정확히 측정할 수 있는 범위 안에서는 어떤 방향에서든 동일한 것으로 확인되었다. 그래서 마이컬슨과 몰리는 지구가 정말 에테르 속에서 움직이고 있다면, 그 움직임은 아주 미미한 것이 분명하다는 생각을 일단 하게 되었다.

그런데 오스트리아의 물리학자이자 철학자인 에른스트 마흐는 생각이 달랐다. 에테르가 존재하지 않을지도 모른다는 추측을 처음으로 내놓은 것이다. 그도 그럴 것이 에테르는 문제를 해결할 때보다 제기할 때가 더 많았고, 빛의 파동이 전파되는 데에 필요한 매질이라는 개념도 사실 정신적 산물에 지나지 않았기 때문이다. 그러나 마흐는 에테르의 존재를 부정한 것을 제외하면 별로 한 일이 없었던 까닭에 아무도 그의 의견을 귀담아 듣지 않았다.

73. 정전기장의 문제

영국의 물리학자 올리버 헤비사이드는 독학으로 물리학을 공부했지만, 1922년에 영국 왕립학회에서 주는 패러데이 메달을 받은 인물이었다. 특히 1889년에 그는 설명하기 힘든 놀라운 현상을 발견했다. 갈릴레이의 상대성 원리를 무너뜨릴 수도 있는 현상을 말이다. 여기서 짚고 넘어갈 점은 헤비사이드가 전자기 현상과 관련해서는 꽤 유능한 사람이었다는 사실이다. 맥스웰이 내놓은 8개의 전자기 방정식을 오늘날 알려진 4개의 방정식으로 정리한 사람이 바로 헤비사이드이기 때문이다.*

헤비사이드가 발견한 문제의 현상은 정전기장(靜電氣場, electlostatic field)이 운동을 할 때에 운동 방향으로 수축한다는 것이었다. 정전기장이 이동

* 128쪽 참조.

을 하면 찌그러진 형태가 되었다가 운동을 멈추면 원래의 형태를 회복하는 것으로 확인된 것이다. 이것은 심각한 문제가 아닐 수 없었다. 왜냐고? 왜냐하면 갈릴레이 이후로 운동은 운동이 없는 상태와 같은 것으로 간주되었고(앞의 내용을 떠올려보라), 상대성 원리의 토대가 되는 바로 그 사실 덕분에 특별한 관성계는 존재하지 않는다는 주장도 가능했기 때문이다. 그런데 만약 내가 정전기장과 함께 이동하는 동안 정전기장이 어느 방향으로 수축하는 것을 보게 된다면, 나는 관찰 시점을 달리하지 않더라도 내가 운동 중이라는 결론에 도달할 수 있다. 등속직선운동을 하고 있는 경우도 포함해서 말이다. 게다가 정전기장이 어떤 방향으로 수축하는지를 보면 내가 어느 방향으로 운동하고 있는지도 알아낼 수 있다. 이러한 발견은 갈릴레이 상대성에 생채기를 내는 일이었는데, 아이러니한 사실은 이 생채기가 이후 특수상대성 이론의 토대가 되었다는 것이다.

헤비사이드가 발견한 현상에 대해서 트리니티 칼리지 출신이자 이 학교의 교수이기도 했던 아일랜드의 물리학자 조지 프랜시스 피츠제럴드는 나름의 방식으로 설명을 했다. 그의 설명은 조금은 난데없는 소리처럼 들리는 데다가 결국 틀린 것으로 밝혀지기는 했지만, 흥미로운 부분이 있다. 정전기장이 운동을 할 때 정전기장만이 수축하는 것이 아니라 물질을 포함한 모든 것이 수축한다고 본 것이다. 그리고 그러한 효과가 발생하는 이유에 대해서는 물질이 통과하는 에테르 때문이라고 설명했다. 실제로 이 가설은 문제를 해결해주는 것처럼 보인다. 이 가설대로라면 내가 정전기장과 함께 이동할 때 나 역시 에테르에 의해서 압축될 것이고, 그런 내가 보는 정전기장은 원래 상태보다 더 수축된 상태로 보이지 않을 것이기 때문이다. 따라서 나는 나 자신이 운동 중인지 아닌지 결론을 낼 수 없고, 갈릴레이 상대성도 지켜지는 것이다.

사실 피츠제럴드의 생각 너머에는 물질이 분자로 이루어져 있으며 분자들 사이에 작용하는 힘은 전기를 띠면서 정전기장과 비슷한 방식으로 작용한다는 개념이 자리해 있다. 물론 당시에는 전자가 아직 발견되지 않았고, 원자의 존재를 공식적으로 입증하는 증거도 없었다. 따라서 피츠제럴드는 정전기장의 수축 현상에 대해서 잘못된 가설을 내놓기는 했지만, 이 문제와 관련해서 대단한 직관을 가지고 있었다고 볼 수 있다.

그런데 이때, 또다른 사람이 같은 종류의 가설을 들고 나와서 모든 것을 수학적인 공식으로 나타낸다. 바로 로런츠가 그 주인공이다.

74. 로런츠와 푸앵카레

네덜란드의 물리학자 헨드릭 안톤 로런츠는 에테르가 움직이지 않는다는 전제하에 정전기장의 운동 방향으로 나타나는 길이의 수축을 수학 공식으로 표현했다. 그에 따르면 그 수축은 "실제적인" 것이었다. 다시 말해서 운동 중인 정전기장은 절대적 의미에서의 수축을 일으킨다고 간주한 것이다.

로런츠가 내놓은 수학 방정식을 이용하면 운동 방향으로 나타나는 길이의 수축을 고려할 수 있을 뿐만 아니라 어느 한 관성계에서 다른 관성계로 옮겨갈 수도 있었다. 그래서 그 방정식은 변환 방정식 혹은 로런츠 변환식이라고 불리게 된다. 그리고 사람들은 로런츠 덕분에 놀라운 사실을 한 가지 더 발견했다. 그 방정식이 아직 설명되지 않고 있던 마이컬슨-몰리의 실험 결과와 맞아떨어지는 것으로 확인되었기 때문이다.

로런츠 변환식은 이후 프랑스의 수학자이자 물리학자이자 철학자인 앙리 푸앵카레에 의해서 보완되었는데, 이때 푸앵카레는 두 가지 조건을 더

함으로써 그 식을 완성했다. 빛의 속도는 모든 방향에서 동일하며(마이컬슨-몰리의 실험에서 관찰된 사실), 그 속도는 뛰어넘을 수 없다는 것이다. 오늘날 여전히 많은 사람들이 푸앵카레를 상대성 이론의 선구자로 보는 이유도 로런츠 변환식에 그 조건들을 더했다는 점 때문이다. 물론 빛을 그런 식으로 보는 고찰에서 한걸음 더 나아간 아인슈타인의 천재성에는 미치지 못했지만 말이다. 사실 푸앵카레는 움직이지 않는 성질의 에테르가 존재한다고 간주했고, 길이의 수축도 실제적이라고 보았다. 에테르의 물리적 존재 여부에 대해서 의견을 밝힌 것은 아니지만, 에테르의 존재가 수학적으로 효과적인 방정식을 세울 수 있게 해주는 하나의 방법이라고 생각한 것이다. 푸앵카레와 관련해서 또 하나 말하고 넘어갈 사실은 그가 로런츠의 방정식을 보완하고 완성했음에도 불구하고, 그 식이 계속해서 로런츠 변환식이라고 불리기를 원하는 프랑스적인 우아함을 보여주었다는 점이다. 어쨌든 그러는 사이, 드디어 알베르트 아인슈타인이 등장한다.

75. 1905년의 아인슈타인 : 세 번째 논문

기적의 해 1905년, 아인슈타인은 세 번째 논문 「운동하는 물체의 전기역학에 대하여」*를 통해서 이른바 특수상대성 이론(特殊相對性理論, special theory of relativity)을 내놓았다. 브라운 운동에 관한 논문**이 나오고 겨우 몇 주일 뒤인 1905년 6월의 일이다. 논문 심사는 막스 플랑크를 포함한 저명한 물리학자들이 맡았는데, 그 내용은 수학적인 부분을 제외하면 비

* *Zur Elektrodynamik bewegter Körper*, Annalen der physik, vol. 322, no10, 26 Sep. 1905.
** 358쪽 참조.

교적 쉬워 보였다. 그런데 아인슈타인에 관해서 우리가 알아두어야 할 점이 있다. 그가 우주는 우아한 법칙에 의해서 지배되고 있다고 확신했다는 것이다. 그는 우주를 전체적으로 이해하는 방식이 우아해야 한다고 보았고, 모든 것이 서로 조화와 균형을 이루어야 한다고 생각했다. 말하자면 탐미주의자였던 셈이다. 그렇다 보니 그는 에테르의 존재에 대해서 질색했다. 에테르는 불균형을 강요했기 때문이다. 역학에서는 모든 좌표계가 서로 동등하며, 절대적인 것은 없다고 하는데, 전자기학에서는 에테르가 움직이지 않는 절대적인 성질을 띠면서도 역학에는 지장을 주지 않는다고 하니까 말이다. 그는 그런 불균형을 좋아하지 않았다. 더구나 기적의 해에 내놓은 그의 첫 번째 논문은 빛이 광양자(light quantum)라고 불리는 "입자"로 이루어져 있음을 증명한 광전효과에 관한 것이었고,* 그래서 빛의 파동을 전달하는 역할을 빼면 문제만 야기하는 것처럼 보이는 에테르의 존재가 더 거슬릴 수밖에 없었다. 그는 동료 "비슷한" 학자들(아인슈타인은 베른 특허청의 평범한 직원이었다)이 에테르의 존재를 생각해낸 것을 비난하지는 않았지만, 에테르 같은 것이 필요 없다고 보았다. 그것은 잘못된 발상이었고, 이제는 그 발상을 버릴 때가 된 것이었다. 그것도 영원히.

그래서 아인슈타인은 에테르의 존재를 부정하기 위한 연구에 들어갔다. 전자기파가 진공에서도 전달될 수 있음을 보여주고(이로써 장이론[場理論, field theory]의 토대를 마련하고), 로런츠와 푸앵카레가 운동 중인 정전기장 및 길이의 수축 현상과 관련해서 에테르를 도입하여 답한 모든 질문에도 다른 답을 내놓아야 했기 때문이다. 그 결과 아인슈타인은 공간과 시간에 대해서 전혀 새로운 이론을 확립하게 된다. 특수상대성 이론이 탄생한 것이다!

---

* 79쪽 참조.

76. 시계의 문제

잠시 시간을 뒤로 돌려보자. 헬무트 카를 베른하르트 폰 몰트케 백작은 뛰어난 군사 전략가로, 프로이센의 육군 참모총장을 역임하고 1871년에 독일제국 의회 의원이 되었다. 그는 군 전략에 관한 책을 특히 많이 썼는데, 그에 따르면 프로이센군이 강력한 군대가 되기 위한 관건 중 하나는 기차를 이용해서 빠르게 결집할 수 있는 능력이었다. 그런데 여기에는 문제가 하나 있었다. 철도가 프로이센 왕국 거의 곳곳에 뻗어 있기는 했지만, 역마다 걸려 있는 시계가 가리키는 시각이 제각각이었기 때문이다. 예를 들면 기차가 어떤 역에서 12시에 출발해서 다른 역에 16시에 도착한다고 할 때, 종착역에 기차가 도착하는 순간 역의 시계는 15시 56분이나 16시 7분을 가리키는 식이었다.

폰 몰트케는 프로이센의 역들에 걸린 모든 시계들을 같은 시각으로 맞추는 일이 프로이센 왕국의 통일성을 세상에 보여줄 수 있는 좋은 방법이라고 생각했다. 그래서 그 문제를 인재들에게 맡기면 해결책이 나올 것이라고 기대했지만, 사실 그 문제는 그렇게 간단히 해결할 수 있는 것이 아니었다.

실제로 그 문제에는 많은 학자와 기술자들이 관심을 보였다. 어떤 사람은 기계적인 접근을 시도했고(역들이 서로 꽤 멀리 떨어져 있었기 때문에 가망이 없는 방법이었지만), 어떤 사람은 전자기학의 지식을 이용해서 답을 찾으려고 했다. 그리고 그 과정에서 몇몇 기술자들은 자신의 발견에 대해서 특허 등록을 신청했다. 그들이 특허를 신청한 곳 가운데는 베른의 특허청도 포함되어 있었는데, 바로 이 특허청에는 아인슈타인이라는 이름을 가진 3급 직원이 매일 출근하고 있었다. 그것도 전자기학 분야의 특허를 주로 담당하면서……. 아인슈타인은 세 번째 논문을 쓰면서 기차의 도착 시간이라는 바로 그 문제와 관련된 세 가지 질문을 연속해서 제시했다. 첫 번째 질문은 우습게 보이는 질문이었고, 두 번째 질문은 바보처럼 보이는 질문이었으며, 세 번째 질문은 처음 두 질문이 사실은 아주 치밀하게 준비된 것임을 확인시켜주면서 그의 천재성을 증명하는 질문이었다.

아인슈타인이 던진 첫 번째 질문은 동시성(同時性, simultaneity)에 관한 것이다. 만약 내가 "기차는 역에 7시에 도착한다"고 말한다면, 이 말이 의미하는 것은 무엇일까? 이 질문에 대해서 아인슈타인이 내놓은 답은 다음과 같다(이 논문이 얼마나 읽기 쉬운지 여러분이 확인할 수 있도록 본문을 그대로 옮겨놓겠다).

> [……] 만약 내가 "기차는 여기에 7시에 도착한다"고 말한다면, 이 말은 내 시계의 작은 바늘이 정확히 7을 가리키는 사건과 기차가 도착하는 사건이 **동시적 사건**임을 의미한다.

내가 왜 "우습게 보이는 질문"이라는 표현을 썼는지 이제 알겠는가? 아인슈타인이 이 글을 읽는 사람(특히 막스 플랑크 같은 사람)에게 시계 보는 법을 설명하는 것처럼 보이기 때문이다. 그러나 사실 이 내용은 이론을 펼치기 위한 준비 작업에 해당한다. 아인슈타인은 두 사건이 같은 순간에 동시에 일어나면 동시적 사건이 된다고 보았다. 달리 말해서 공존성이 존재하면 동시성이 존재하는 것이다.

그래서 아인슈타인은 다음과 같은 두 번째 질문을 던진다. 내가 만약 집에 가만히 앉아서 "기차는 역에 7시에 도착한다"고 말한다면, 이 말이 의미하는 것은 무엇일까? 이 질문에 대해서는 첫 번째 질문만큼 정확하게 답하기가 불가능하다. 내 시계의 작은 바늘이 정확히 7을 가리킬 때 기차는 역에 도착하는 중일까? 벌써 도착했을까? 이제 막 도착하고 있을까? 이 경우 내 시계의 작은 바늘이 7을 가리키는 사건과 기차가 도착하는 사건 사이에 공존성은 물론 이야기할 수 없다. 그렇다면 동시성은 어떨까? 우리는 두 사건의 동시성을 어떻게 확신할 수 있을까?

그리고 끝으로 아인슈타인은 세 번째 질문을 던진다. 내가 만약 달리는 다른 기차 안에 앉아서 "기차는 역에 7시에 도착한다"고 말한다면, 이 말이 의미하는 것은 무엇일까? 이 질문은 동시성의 조건에 관한 것이라는 점에서 두 번째 질문과 연속선상에 놓인다. 두 번째 질문이 서로 떨어진 공간에서 발생한 두 사건 사이에 동시성을 논할 수 있는지 묻고 있다면, 세 번째 질문은 서로를 기준으로 움직이고 있는 두 사건 사이의 동시성에 대해서 묻는 것이다.

아인슈타인이 논문에서 그런 질문들을 던진 목적은 250년 가까이 통용된 고전역학 및 고전역학의 좌표계와, 50년 정도밖에 되지 않은 젊은 학문이지만 에테르 문제만 빼면 장래가 유망한 전자기학 사이의 불일치를 해결하는 데에 있었다. 따라서 아인슈타인은 두 가지 가정을 내걸었다. 첫 번째는 앞에서 말했듯이 에테르의 개념 자체를 버리는 것이었다. 그는 전자기학에서도 특별한 좌표계를 두지 않아도 된다는 것을 보여주고 싶었기 때문이다. 그리고 두 번째는 전자기파의 전파 속도는 언제나 일정하다는 가정이었는데, 고전역학과 전자기학 사이의 모순을 해결하기 위한 이 가정은 맥스웰의 방정식에서 직접 끌어낼 수 있는 결론이기도 했다.

그렇다면 "일정하다면 무엇을 기준으로 일정한 것인가?"라는 질문이 나올 수 있을 것이다. 이 질문과 관련해서 아인슈타인은 빛의 속도가 다른 어떤 전자기파와도 마찬가지로 어느 좌표계에서나 항상 일정하다는 가정을 내놓았다. 어떻게 그런 말도 안 되는 생각을 할 수 있다는 말인가! 게다가 이제 곧 설명하겠지만, 그 가정은 엄청난 문제를 안고 있었다.

77. 두 개의 전구

빛의 속도가 항상 일정하다는 생각에서 출발하여 다음과 같은 실험을 상상해보자. 여러분 앞에 스위치가 하나 있고, 스위치에는 전선 두 개가 각각 여러분의 오른쪽과 왼쪽을 향하도록 연결되어 있다. 두 전선은 같은 재료로 만들어져 있으며 길이도 동일하다. 그리고 각각의 전선 끝에는 똑같은 전구가 하나씩 달려 있다. 이때 여러분이 스위치를 누르면 두 전구는 당연히 동시에 불이 켜질 것이다. 그리고 전선 길이가 아주 길어서 두 전구가 여러분이 있는 위치에서 매우 멀리 떨어져 있더라도, 각각의 전구가 내는 빛이 여러분에게 도달하는 데에 걸리는 시간은 서로 정확히 일치할 것이다. 여러분이 한가운데 자리해 있기 때문이다. 따라서 두 전구의 불이 켜지는 사건에는 동시성이 존재한다. 그런데 같은 실험 중에 어떤 관찰자가 오른쪽 전구 바로 옆에 있다면, 그 관찰자에게는 오른쪽 전구의 빛이 왼쪽 전구의 빛보다 빨리 도달할 것이다. 오른쪽 전구가 왼쪽 전구보다 먼저 켜지는 것을 보게 된다는 것이다.

위에서 말한 내용은 빛의 속도가 유한하고 성질이 일정할 때에 벌어지는 상황이다. 빛이 무한히 빠른 속도로 전파된다면 전구는 누구에게나 동시에 켜지는 것으로 보이겠지만, 유한하고 일정한 속도로 전파되기 때문에 사건의 동시성은 시점의 일이 되는 것이다. 그런데 이 경우 문제가 발생하는 것처럼 보인다. 동시성이 소멸될 수 있다는 것은 인과율이라는 법칙

인과율(因果律, law of causality)

인과율 곧 인과법칙은 물리학의 "율법"이라고 부를 수 있는 것에 속한다. 법칙으로서 증명된 적은 없지만 어떤 실험도 이 법칙을 어긴 적은 한번도 없기 때문이다. 말하자면 모든 과학을 떠받치고 있는 주춧돌에 해당하는 것이다.

인과율은 상식과도 같은 것으로, 다음과 같이 표현할 수 있다.

- 어떤 결과도 그 원인보다 시간적으로 앞설 수는 없다.
- 어떤 결과도 그 원인에 거꾸로 영향을 미칠 수는 없다.

여기서 우리가 분명히 해둘 것은 결과가 그 원인을 다시 야기할 수는 있지만(원인과 결과가 순환관계에 있을 때), 결과가 그 원인에 미리 영향을 미칠 수는 없다는 것이다. 그러므로 빛의 속도가 어느 좌표계에서나 일정하다고 말하는 아인슈타인의 이론의 경우, 어떤 원인과 그 결과 사이에는 빛이 원인의 장소에서부터 결과의 장소에까지 이르는 데에 필요한 시간보다 적은 시간은 발생할 수 없다는 인과법칙을 더할 필요가 있다.

자체가 시점에 따라 위반될 수도 있음을 암시하기 때문이다.

동시성의 소멸은 고전역학, 즉 사람들이 200년 넘게 운동에 관한 진리라고 간주하면서 아무도 건드릴 생각을 하지 못한 뉴턴의 역학과는 완전히 모순된다. 뉴턴에 따르면 시간은 연속적이면서 일정하고, 공간은 절대적이면서 일정하다. 따라서 동시성은 관찰자와 관계없이 언제나 보존되어야 하는 것이다. 이를 문제 삼는다는 것은 당시로서는 대단한 용기가 필요한 일이었다. 그리고 아인슈타인도 만약 보통의 대학 교수였다면 그처럼 확고해 보이는 사실을 뒤엎을 생각은 하지 못했을 것이다. 그러나 아인슈타인은 대학 교수가 아니었고, 그래서 더 멀리 나아갈 수 있었다. 그것도 아주 한참 멀리.

아인슈타인은 그 어떤 것도 절대적이지도 필수적이지도 않다는 원칙에

아인슈타인은 사기꾼?

인터넷의 대중화 이후 유행하고 있는 한 가지 현상에 대해서 잠깐 언급하고 지나가자. 우리가 속고 있다는 생각, 이른바 **음모론**에 관한 이야기이다. 실제로 네티즌 중에는 인터넷에서 본 이야기가 때로는 정말 황당무계한 설이라고 하더라도 비밀을 알게 되었다는 생각에 그 내용을 믿는 사람들이 많다(그 "비밀"을 알고 있는 사람이 "수백만 명"이라는 것은 왜 생각하지 못하는지 알 수 없지만). 음모론 중에는 아주 유명한 것들도 있으며(특히 인류의 달 착륙은 조작된 것이라는 설이 유명하다. 인류는 달에 간 적이 없으며, 우주 비행사들이 달 위를 걷는 장면은 스탠리 큐브릭 감독이 NASA의 요구로 제작한 영상이라는 내용이다. 그런데 사실 이 설의 출발점은 만우절 거짓말이었다*), 아인슈타인과 관계된 것도 하나 있다. 이 설에 따르면 아인슈타인은 그렇게 똑똑한 사람이 아니라 그저 특허청 직원이라는 신분을 이용해서 푸앵카레가 생각했던 특수상대성 이론을 훔친 인물이었을 뿐이다(푸앵카레가 베른 특허청에 특허 신청을 한 적이 없다는 사실은 알 바 아니고). 마침 아인슈타인은 대학 교수가 아니었고, 그래서 아무도 모르게 있다가 과학의 역사와 세상을 이해하는 방식을 바꾸게 되는 문제의 논문을 내놓을 수 있었다는 것이다. 그러나 이 설이 사실이라면 푸앵카레를 포함한 몇몇 사람들이 솔베이 회의** 때나 아인슈타인이 노벨상을 받을 때 가만히 있었을 리가 없었다. 아인슈타인이 프린스턴 대학에서 오랜 교수 생활을 할 수도 없었을 것이고 말이다. 따라서 그 설은 말도 안 되는 소리이다.

서 출발하여 공간과 시간에 대한 새로운 이론의 블록을 하나씩 쌓아갔다. 이 이론의 첫 번째 블록만이 유일하게 절대적인 성질을 띠는데, 그것은 바로 진공에서 빛의 속도는 어느 좌표계에서나 항상 일정하다는 가정이다.

---

* *Opération Lune*, William Karel, ARTE, 2004.

** 1911년에 열린 제1회 솔베이 회의에는 의장을 맡은 로런츠를 비롯해서 마리 퀴리, 폴 랑주뱅, 어니스트 러더퍼드 같은 많은 물리학자들이 참석했다. 아인슈타인과 푸앵카레도 함께.

그리고 아인슈타인은 빛의 작용에 관계된 모든 현상과 다양한 발견(특히 정전기장의 수축)을 설명하기 위해서 **길이 수축**(length contraction)과 **시간 지연**(time dilation), 시간축의 기울어짐*이라는 개념을 내놓았다. 그의 이론은 놀라울 정도로 정확할 뿐만 아니라 전자기학의 결과와도 고전역학의 결과와도 전혀 모순이 없다. 자, 그럼 서론은 이것으로 끝내고 이제 본론으로 들어가보자!

78. 특수상대성 이론

아인슈타인이 논문 본론에서 가장 먼저 한 일은 공간과 시간이 본래 서로 구분되지 않는 성질을 가졌다고 규정하는 것이었다. 아인슈타인에 따르면, 공간과 시간은 본질적으로 서로 묶여 있어서 따로 분리될 수 없다. 공간과 시간은 하나의 **연속체**이며, 이 연속체는 역동적인 성질을 가지고 있어서 변형이 가능하다.

아인슈타인이 말하는 상대성이 어떤 식으로 작동하는지 이해하기 위해서 비유를 하나 들어보자(조금은 지나치게 단순한 비유이지만 이해를 돕기 위해서는 어쩔 수 없다). 하늘에 떠 있는 달을 바라본 경험은 누구나 있을 것이다. 이때 우리는 달을 손가락 하나로도 가릴 수 있지만 달이 실제로는 아주 크다는 것을 잘 알고 있다. 달이 우리 손가락보다 크다는 사실에는 반론의 여지가 없으며, 우리는 어떤 순간에도 달이 실제로도 우리

* inclinasion du temps : '시간축의 기울어짐'은 이해를 돕기 위해서 저자가 덧붙인 용어인데, 보통은 '동시성의 소멸(breaking of simultaneity)'이라고 한다. 길이 수축과 시간 지연의 대칭을 보장하기 위해서 도입한 개념이다/역주.

손가락보다 작다는 생각을 하지 않는다. 단지 우리와 달 사이의 거리가 워낙 멀다 보니 우리 시점에서는 달이 실제보다 훨씬 작게 보일 뿐이다.*
내가 미리 말했듯이 이 비유는 아주 단순하다. 그러나 상대성 이론의 틀에서 일어나는 일을 이해하려고 할 때에 이 비유가 중요한 이유는 많은 경우 관찰이 관찰자의 시점에 따라서 달라질 수 있음을 잘 보여주기 때문이다. 그리고 바로 이것이 고전역학과의 기본적인 차이점이다. 고전역학에서는 관찰되는 사실에 하나의 시점만 적용하기 때문이다.

고전역학이 특수상대성의 틀 안에서 제기하는 문제를 살펴보기 위해서 또 한 가지 알아두어야 할 내용은 갈릴레이가 제시한 속도 합성에 관한 것이다. 예를 들면 여러분이 시속 360킬로미터로 달리는 기차를 타고 있을 경우, 기차 안에서 가만히 서 있더라도 지면을 기준으로 보면 여러분은 시속 360킬로미터 속도로 이동하는 것이 된다. 그리고 여러분이 만약 기차 안에서 시속 5킬로미터로 걷고 있다면, 지면을 기준으로 한 여러분의 속도는 기차의 진행 방향으로 걸을 때에는 시속 365킬로미터, 반대 방향으로 걸을 때에는 시속 355킬로미터가 될 것이다. 이처럼 간단한 계산을 고전역학에서는 속도 합성이라고 한다.

그리고 고전역학에 대해서 이야기할 때 이미 보았듯이, 모든 좌표계가 서로 동등하다면, 기차가 지면을 기준으로 시속 360킬로미터로 나아가고 있다는 말과 지면이 기차 아래로 시속 360킬로미터로 지나가고 있다는 말은 같은 가치를 가진다. 기차가 지면을 기준으로 시속 180킬로미터로 나아가는 동안 기차 아래 지면은 그 반대 방향으로 시속 180킬로미터로 지나간다는 말도 마찬가지이다.

그럼 이제 상황을 조금 바꾸어서, 여러분이 기차 안에서 레이저를 기차

---

* 62쪽 참조.

의 진행 방향으로 쏜다고 상상해보자. 그리고 진공에서 빛의 속도는 원래 초속 299,792,458미터이지만, 여기서는 설명을 간단히 하기 위해서(그리고 기차 안은 진공이 아니기 때문에) 초속 30만 킬로미터라고 하자. 참고로, 시속 360킬로미터로 달리는 기차의 속도를 같은 단위로 바꾸면 초속 0.1킬로미터, 즉 1초에 100미터를 이동하는 속도에 해당한다.

이 실험에는 지면상의 한 지점, 즉 기차 밖 철로 가까이에 서 있는 관찰자가 위치하는 지점이 필요하다. 이 지점을 **지면상의 원점**이라고 부르기로 하자. 이때 어떤 사건이 기차와 그 관찰자에 대해서 같은 순간에 동시에 일어났다고 인정되면, 우리는 기차와 관찰자 사이에 동시성을 이야기할 수 있다. 그리고 여러분이 기차 뒤쪽에 타고 있고, 여러분과 기차 밖 관찰자가 기차 뒤쪽이 지면상의 원점을 넘어서는 정확한 순간에 동시에 타이머를 누른다고 하자. 그 순간을 **시간상의 원점**이라고 한다면 우리는 이 순간에 지면상의 원점을 기차 뒤쪽과 일치시킬 수 있는데, 그런 의미에서 기차 뒤쪽을 **기차상의 원점**으로 놓을 수 있다.

그럼 이제 기차가 철로 위로 나아가면서 여러분이 지면상의 원점을 넘어서는 순간, 여러분과 기차 밖 지면의 관찰자가 타이머를 누르는 동시에 레이저를 기차의 진행 방향으로 쏜다고 하자. 고전역학에 따르면 이때 여러분 시점에서 본 레이저의 빛은 기차 안에서 초속 30만 킬로미터로 나아간다. 그러나 지면의 관찰자 시점에서는 그 속도에 기차의 속도를 더해야 하고, 따라서 지면의 관찰자가 보기에 여러분이 쏜 레이저의 빛은 기차 안에서 초속 300,000.1킬로미터의 속도를 가져야 한다. 그러나 아인슈타인에 따르면 이것은 불가능한 일이다. 빛의 속도는 언제나 일정하기 때문이다. 지면의 관찰자가 레이저를 쏘는 경우도 마찬가지이다. 고전역학에 따르면 이때 기차에 있는 여러분은 지면의 관찰자가 쏜 레이저의 빛이 기차 안에서보다는 약간 느리게, 즉 초속 299,999.9킬로미터로 나아가는 것을 보아야 한다. 아인슈타인에 따르면 이 역시 불가능하다.

아인슈타인은 바로 이 대목에서 **길이 수축**이라는 개념을 도입했다. 여기서 중요한 것은 이 길이 수축이 로런츠와 푸앵카레가 말했던 것과는 달리 길이의 "실제적인" 수축은 아니라는 점이다. 아인슈타인의 길이 수축은 달의 겉보기 크기가 관찰자의 시점에 따라서 달라지는 것처럼 운동하는 물체에 대한 관찰자의 시점과 관계가 있다. 예를 들면 여러분이 기차를 타고 있을 때, 기차 안에서의 1미터는 기차의 속도가 어떠하든 언제나 1미터이다. 그런데 아인슈타인에 따르면 여러분이 어떤 물체가 아주 빠른 속도로(빛에 가까운 속도로) 이동하는 것을 볼 경우, **여러분이 있는 곳의 시점에서** 여러분은 그 물체가 이동 방향으로 찌그러지는 현상을 보게 된다(이 현상은 정전기장과 함께 나타난다).

왜 그런 현상이 필요할까? 왜냐하면 빛이 1초라는 시간 동안 정확히 기차 길이만큼 지나간다고 할 때, 빛이 지나간 거리는 기차 안에 있는 여러분에게나 기차 밖에 있는 지면의 관찰자에게나 똑같아야 하기 때문이다(잠깐, 계속해서 "기차 밖 지면의 관찰자"라고 말하기는 번거로우니까 이름을 하나 정하는 것이 좋겠다. 특정 이름을 사용해도 되지만 간단히 "A"라고 부르기로 하자). 그런데 그 1초 동안 기차는 앞으로 나아간다. 물론 아주 조금이지만 나아간 것은 나아간 것이다. 그러나 A의 시점에서 기차가 길이 방향으로 조금 찌그러진 것처럼 보인다면, 이 길이 수축이 기차가 나아가면서 생긴 간격을 완벽하게 상쇄시키고, 그 결과 1초가 지났을 때 기차 안에서 레이저의 끝은 A가 보는 기차 길이와 정확히 일치하게 된다. 따라서 기차 안에서 레이저의 속도는 여러분에게나 A에게나 똑같아지는 것이다. 자, 여기까지는 아주 순조로워 보인다.

문제는 반대 방향으로도 같은 결과가 나와야 한다는 것이다. 다시 말해, 지면에 있는 A가 쏜 레이저도 A의 시점에서나 기차 안에 있는 여러분의 시점에서나 같은 속도로 나아가야 한다는 것이다. A의 시점에서는 간단하다. A가 보기에 자신이 쏜 레이저 빛은 초속 30만 킬로미터로 나아간다. 그러나 여러분의 시점에서는 조금 더 복잡하다. 여러분의 시점에서는 지면이 움직이는 것이 되고, 따라서 여러분에게는 지면이 수축하는 것처럼 보이기 때문이다. 그 결과 여러분이 보기에 지면은 뒤로 지나갈 뿐만 아니라 찌그러진 길이를 가지게 되고, 그래서 1초가 지났을 때 지면에서 레이저 빛은 기차 길이만큼보다 짧은 거리를 가게 된다. 여러분 시점에서 보면 지면에서 레이저가 가는 거리와 기차 안에서 레이저가 가는 거리는 벌어지기만 하는 것이다.*

그래서 아인슈타인은 **시간 지연**이라는 두 번째 현상을 개입시켰다. 아인슈타인에 따르면 공간과 시간은 역동적인 방식으로 서로 묶여 있으며, 따라서 길이의 수축은 시간의 지연과 관계가 있다. 그러나 시간 지연의 개념을 시간이 기차와 지면에서 다르게 흘러간다는 뜻으로 이해하면 안 된다. 기차 안의 관찰자인 여러분에게 1초는 여전히 1초로 흘러간다. 이번에도 문제는 시점이다. 만약 여러분과 기차 밖의 A가 손목에 시계를 차고 있고 여러분의 시력이 A가 찬 시계를 볼 수 있을 만큼 충분히 좋다면, 여러분은 A의 시계 초침이 여러분의 시계의 초침보다 느리게 돌아가는 것을 보게 된다. 그리고 마찬가지로, A는 여러분의 시계의 초침이 자기 시계의 초침보다 느리게 돌아가는 것으로 보게 된다. 그러니까 아인슈타인의 말은

* 읽어도 무슨 말인지 바로 이해가 되지 않는다면, 머릿속으로 상상을 해보기를 바란다. 서두를 것 없이 여유를 가지고 천천히 생각해보면 된다. 이 내용을 이해하는 것은 중요하다. 우리 우주가 이런 식으로 돌아가고 있기 때문이다.

여러분이 어떤 물체가 아주 빠른 속도로(빛에 가까운 속도로) 이동하는 것을 볼 경우, **여러분이 있는 곳의 시점에서** 여러분은 그 물체의 시간이 느리게 흐르는 현상을 보게 된다는 것이다.

그렇다면 길이 수축은 잠시 잊고 시간 지연에 대해서만 이야기해보자. 우리 실험에서 기준 시간을 1초로 잡는 대신, 기차 안의 레이저든 기차 밖의 레이저든 간에 레이저가 정확히 기차 길이만큼 지나갔을 때 실험을 멈춘다고 해보자. 이 실험은 앞에서 한 실험과 똑같은 것으로 보일 수도 있겠지만 사실은 그렇지 않다. 여러분이 원점을 넘어서는 순간 여러분과 A가 타이머를 누르는 동시에 레이저를 쏠 경우, 지면에서 보았을 때 지면의 레이저가 기차 길이만큼 지나간 순간에 기차의 레이저는 정확히 같은 속도로 나아갔음에도 불구하고 아직 기차 끝에 도달하지 못한 상태이다. 그 시간 동안 기차가 나아갔기 때문이다. 그러나 이 일은 문제가 되지 않는다. 왜냐하면 지면에서 보았을 때 기차 안에 있는 여러분의 타이머 역시 레이저가 기차 길이만큼 지나가는 데에 필요한 1초라는 시간에 아직 도달하지 못했기 때문이다. 기차 안의 타이머는 기차 안의 레이저가 기차 앞부분에 닿는 바로 그 순간 1초에 도달하는 것이다. 자, 이번에도 여기까지는 순조로워 보인다.

그리고 이번에도 문제는 반대 방향으로도, 즉 실험을 기차에서 보았을 때도 같은 결과가 나와야 한다는 것이다. 그런데 이번에도 그렇지 않다. 왜냐하면 기차가 나아가는 까닭에, 그리고 레이저는 똑같이 초속 30만 킬로미터 속도로 나아가는 까닭에 기차의 레이저가 기차 길이만큼 지나가기 전에 지면의 레이저는 기차 길이만큼 지나가기 때문이다. 게다가 기차 안에 있는 여러분의 시점에서 보았을 때 A의 타이머는 여러분 타이머보다 더 느리게 돌아가고, 그 결과 A가 쏜 레이저가 기차 길이만큼 지나가는 데에 걸리는 시간은 여러분이 쏜 레이저보다 적게 걸리게 된다. 분명히 무엇인가 제대로 돌아가지 않는 것이다. 그 제대로 돌아가지 않는 무엇인가를 이해하려면 우리가 아는 현상의 한 순간을 따로 떼어내서 빛에 가까운 속도에서는 현상이 다르게 전개된다는 사실을 고려할 필요가 있다.

우리의 실험을 다시 하되 시간상의 원점에서 멈춰보자. 기차를 멈춘다는 것이 아니라 시간의 흐름 자체를 그 순간에 머릿속으로 정지시키자는 것이다. 이때 여러분이 위치한 기차 뒤쪽은 A*가 위치한 지면상의 원점과 일치한다. 그렇다면 기차 앞부분은 어디에 있을까? 이 질문은 아인슈타인이 논문 서두에서 던진 두 번째 질문과 맞물려 있는데, 그 두 번째 질문을 제시한 이유가 바로 이제 나온다. 기차 뒤쪽에 어떤 동시성이 존재할 때 기차 앞부분에서도 그 동시성이 존재한다고 할 수 있을까?

지면에서 보았을 때 A는 길이 수축으로 기차가 수축하는 것을 보게 된다. 따라서 A의 시점에서 기차 앞부분은 지면상의 원점에서부터 정확히 기차 길이만큼에 위치한 기차 앞쪽의 마크에 미치지 못한다(기차가 평상시에 멈춰 있을 때 기차 앞부분이 정확히 위치하게 되는 그 마크). 이에 반해서 기차에 탄 여러분의 시점에서는 지면이 수축하는 것이 되고, 따라서 여러분에게 기차의 앞부분은 지면상의 원점에서부터 기차 길이만큼에 위치한 그 마크를 벌써 지나친 것처럼 보인다. 그런데 아인슈타인의 이론 안에서든 아니든, 기차의 앞부분은 같은 순간에 서로 다른 두 장소에 존재할 수 없다. **동시성의 소멸**(p. 382. 각주 참조)이 발생하기 때문이다. 기차가 달릴 때 그 앞부분은 어느 곳을 지난 뒤에 다른 곳을 지나가는 것이 당연하다.

이 문제를 어떻게 해석해야 할까? 아인슈타인은(자, 이 대목은 책을 읽

* 지금 계속해서 등장하는 "A"는 기차 밖 지면에 서 있는 관찰자를 말한다. 혹시 까먹었을까봐 하는 말이다.

으면서 하던 다른 딴짓을 멈추고 집중해서 읽기를 바란다) 물체가 공간에서 움직일 때 이 물체의 시간축이 "과거로 기울어진다"고 설명한다. 이상한 말처럼 보이겠지만 한번 생각해보자. 앞에서 말했듯이 기차를 원점에서 정지시켰을 때 지면의 시점에서 본 기차 앞부분은 기차 길이만큼에 아직 도달하지 못한 상태이다. 이때 각각 기차 앞쪽과 뒤쪽에 탄 두 관찰자가 서로 시간을 완벽하게 맞춘 시계를 가지고 있다면, 지면에서 보았을 때 기차 앞부분은 원점에서의 기차 길이만큼에 해당하는 지점을 아직 지나지 않았기 때문에 기차 앞쪽 관찰자의 시계는 기차 뒤쪽 관찰자의 시계보다 이전 시각을 가리킨다. 예를 들면 지면에서 보았을 때(이 조건이 중요하기 때문에 되풀이해서 말하는 것이다) 기차 뒤쪽 시간이 정각 12시가 되는 순간에 기차 앞쪽 시간은 11시 59분 54초이다. 따라서 여러분이 운동 중인 어떤 물체를 관찰하고 있고 그 물체가 상당히 긴 길이를 가졌다면, "물체의 뒤쪽은 물체의 앞쪽보다 먼저 미래에 도달한다"는 뜻이 될 것이다. 내가 여기서 "물체의 뒤쪽은 물체의 앞쪽보다 먼저 미래에 도달한다"는 말을 따옴표로 묶은 이유는 여러분이 이 말을 특수상대성 이론 전문가에게 서두도 없이 이야기할 경우 욕을 들을 수도 있기 때문이다. 이번에도 역시 중요한 것은 시점이다. 그리고 길이 수축을 설명해주는 것도 바로 시점이다. 지면에서 보았을 때 기차의 앞부분이 아직 과거 어딘가에 있다면, 지면의 관찰자는 기차 뒤쪽 관찰자보다 조금 더 빨리 기차 앞부분을 보게 된다. 지면에서 보았을 때 기차 앞부분은 기차 뒤쪽에 "실제"보다 더 가깝게 보이는 것이다(엄밀하게 말하자면 "실제"라는 용어도 잘못되었다. 왜냐하면 기차는 관찰자가 그것을 보는 장소에 따라서 다르게 보이기 때문에, 따라서 "실제"를 어느 한 가지 상태로 규정할 수 없기 때문이다).

"물체의 뒤쪽은 물체의 앞쪽보다 먼저 미래에 도달한다"는 말이 특별히

민코프스키 시공간(Minkowski space-time)

민코프스키 시공간은 1905년에 푸앵카레가 도입한 수학적 모형으로, 2년 뒤에 독일의 수학자이자 물리학자인 헤르만 민코프스키가 발표하면서 민코스프키 시공간이라고 불리게 되었다. 그러나 모형의 실질적인 고안자가 누구인지는 문제가 되지 않는다. 왜냐하면 푸앵카레에게 이 모형은 무엇보다도 수학적 도구였지만, 민코프스키에게는 에테르가 없는 현실에서 시공간의 이론적 모형을 세우는 도구였기 때문이다.

민코프스키 시공간, 혹은 간단히 민코프스키 공간은 4차원으로 이루어진 수학적 공간이다. 이 공간에서는 다양한 작용이 가능하며(다른 모든 수학적 공간에서와 마찬가지로), 특히 일부 변환을 이용해서 4개의 차원 가운데 하나 이상을 기울어지게 만들 수 있다.

우리의 주제와 관련해서 중요한 사실은, 민코프스키 시공간에서 시간축이 기울어지면 시간은 우리 눈에 보이지 않기 때문에 나머지 3개의 차원에서 우리가 지각할 수 있는 영향이 나타난다는 것이다. 지금 우리가 말하고 있는 기차 실험에서 나오는 결과들이 바로 그 영향과 관련이 있다.

의미하는 것은, 기차 앞쪽에 타이머를 설치해서 기차가 출발하는 순간 기차 뒤쪽의 타이머와 동시에 누를 경우에 기차가 움직이는 동안 기차 앞쪽 타이머가 기차 뒤쪽 타이머보다 아주 조금 늦게 간다는 것이다(물론 보통의 기차 속도로는 뚜렷한 차이가 나타나지 않는다). 동시성의 소멸을 설명해주는 이러한 현상을 시간축의 기울어짐이라고 말한다.

자, 그렇다면 이번에는 우리의 실험을 다시 하되 길이 수축과 시간 지연, 시간축의 기울어짐을 모두 고려해보자. 이 경우 타이머가 더 필요하고, 따라서 기차 뒤쪽에 타고 있는 여러분과 기차 밖 지면상의 원점에 있는 A 외에 관찰자도 더 필요하다. 지면에서 정확히 기차 길이만큼에 해당하는 지점에 있는 관찰자를 M, 기차 앞쪽에 타고 있는 관찰자를 J라고 해보자.* 그리고 매번 타이머를 누를 필요가 없도록 타이머 대신에 시계로 시간을 나타내보자. 물론 여기서 시간은 실제 시간이 아니라 이해를 돕기 위한 것이다.**

우선 실험을 시간상의 원점에서 멈춰보자. 이때 각각의 시계는 몇 시를 가리킬까? A의 시점에서 보았을 때, A 자신의 시계는 정확히 12시를 가리키며, 기차 뒤쪽에 있는 여러분의 시계도 마찬가지이다. 그러나 기차 앞쪽에 있는 J의 시계는 11시 59분 56초로 보인다. 대신 M의 시계는 역시 A의 시계와 마찬가지로 정확히 12시를 가리킨다. 그럼 이번에는 멈췄던 시간을 다시 가게 해보자. 그리고 기차가 다시 움직이는 순간 여러분과 A가 레이저를 쏜다고 해보자. A의 레이저가 M에게 닿았을 때,*** A의 시계는 정확히 12시 4초를 가리킨다. 이때 기차에서 여러분이 쏜 레이저는 A의 시점에서 보았을 때는 아직 기차 끝에 도달하지 못한 상태이다. 두 레이저가 정확히 같은 속도로 나아갔고 기차가 길이 방향으로 찌그러지기는 했지만 기차 역시 나아갔기 때문에, 그리고 J의 시계는 12시밖에 되지 않았기 때문이다. J의 시계는 레이저가 마침내 기차 앞부분에 도달했을 때 정확히 12시 4초가 된다. 지면에서 쏜 레이저가 기차 앞부분에 도달했을 때 M의 시계가 12시 4초를 가리키는 것과 마찬가지로 말이다. 자, 역시나 여기까지는 순조로워 보인다.

문제는 반대 방향으로도, 즉 실험을 기차에서 보았을 때에도 같은 결과가 나와야 한다는 것이다. 그럼 실험을 다시 시간상의 원점에서 멈춰보자. 이때 기차 뒤쪽에 있는 여러분의 시점에서 여러분의 시계는 12시를 가리키

---

* 마돈나와 제프 브리지스가 생각나서 M과 J라고 명명해봤다.
** 빛이 실제로 기차 한 대 길이를 지나가는 데에 걸리는 시간은 너무 짧으니까.
*** 이번 장은 뭔가 초현실적으로 보인다. 딱 내 취향이다.

며, 기차 앞쪽에 있지만 여러분과 같은 좌표계 안에 있고 여러분 기준에서는 움직이는 않는 상태인 J의 시계도 마찬가지이다. 그리고 여러분과 함께 원점 위치에 있는 A의 시계도 12시를 가리킨다. 그러나 M의 시계는 같은 시간을 가리키지 않는다. 여기서 유의할 점은 기차에서 본 지면은 지면에서 본 기차와 반대 방향으로 지나간다는 것이다. 따라서 이 경우 A의 시계가 M의 시계보다 늦게 가고, M의 시계는 A의 시계보다 빨리 간다. M의 시계는 벌써 12시 2초인 것이다. 그럼 멈추었던 시간을 다시 가게 하면서 레이저를 쏜다고 해보자. 지면이 레이저와 반대 방향으로 지나가는 동시에 길이 방향으로 수축하기 때문에 지면에서 쏜 레이저는 기차 앞부분에 아주 빨리 도달한다. 기차 안의 레이저와 같은 속도로 나아가지만 레이저가 지나가는 거리가 수축될 뿐만 아니라 뒤로 지나가고 있기 때문이다. 그리고 이때 M의 시계는 12시 4초가 된다. 한편, J*는 J대로 레이저가 기차 앞부분에 도달했을 때 자신의 시계가 12시 4초를 가리키는 것을 확인하게 된다. 요컨대 지면에서 보았을 때도 기차에서 보았을 때도 같은 결과가 나오는 것이다.

이 실험은 관찰자가 지면을 기준으로 기차보다 느리게 기차와 같은 방향으로나 반대 방향, 혹은 평행하지 않은 또다른 방향으로 움직이는 경우 그 관찰자의 시점에서도 해볼 수 있다. 아니, 수도 없이 다양한 방식으로도 할 수 있을 것이다. 민코프스키 공간 안에서 로런츠 변환은 그것이 가능하다고 수학적으로 보여주고 있기 때문이다. 이처럼 특수상대성 이론은 절대적이지 않으면서 서로 역동적으로 묶여 있는 공간과 시간을 이용하여 진공에서 빛의 속도는 어느 좌표계에서나 항상 일정하다는 모형을 세울 수 있게 해주었다.

* 혹시 헷갈릴까봐 다시 한번 말하는데, 여기서 J는 기차 앞쪽에 타고 있는 관찰자이다.

물론 아인슈타인의 이론에서 약간 거슬리는 부분도 있을 것이다. 아인슈타인이 빛의 속도는 언제나 일정하다는 가정을 임의로 내세운 뒤, 공간과 시간에 대한 익숙한 개념들을 사방으로 비틀어 모든 것이 "맞아떨어지게" 만든 것처럼 보일 수도 있을 테고 말이다. 그러나 사실은 그보다 더 복잡하다. 우선, 빛의 속도가 일정하다는 생각은 전자기학의 가설 및 마이컬슨–몰리의 실험(기억하는가? 에테르 어쩌고 했던 그 실험 말이다) 결과로부터 도출된 것이다. 그리고 여기서 나는 특수상대성 이론의 내용을 최대한 간단하게 설명했다는 점을 잊지 말기를 바란다. 실제로 아인슈타인은 추론의 매 단계마다 자신이 단언하는 내용에 대한 근거를 제시했다. 또한 아인슈타인이 제시한 틀, 즉 특수상대성 이론의 틀이 전자기학과 고전역학에 관계된 모든 현상에 유효함을 입증하는 증거는 매일같이 나오고 있다. 게다가 특수상대성은 현상의 속도가 빛의 속도에 가깝지 않을 경우에는 고전역학과 완벽하게 양립된다. 빛의 속도에 가까워지면 고전역학은 더 이상 통하지 않지만, 빛의 속도보다 느릴 때는 시간축의 기울어짐 효과를 완전히 무시해도 상관없으며, 따라서 현상에 대한 방정식이 크게 간단해지면서 뉴턴의 방정식에 이르기 때문이다. 특수상대성 이론은 그야말로 아름답고 우아하며 멋진 이론인 것이다.

그런데 특수상대성 이론에도 옥에 티는 있다. 바로 중력을 다루지 않았다는 것이다. 따라서 가속도운동을 하거나 축을 중심으로 회전운동을 하는 좌표계에는 특수상대성 이론을 적용할 수 없다. 아인슈타인은 자신의 이론에 그 같은 한계가 있는 것을 좋아하지 않았으며, 중력이 무엇인지 설명하지 못하는 것도 좋아하지 않았다. 그래서 이 문제를 해결하기 위해서 연구를 계속했고, 10년이 지난 1915년에 일반상대성 이론을 내놓았다.

일반상대성 이론

중력에 대해서 아무것도 몰랐다는 것을 알게 되다

79. 뉴턴의 중력

뉴턴에 따르면 중력은 질량을 가진 물체가 다른 물체에 행사하는 힘이다. 이 힘은 거리의 제한 없이 작용하며(거리가 멀어지면 세기가 빠르게 약해지지만), 즉각적으로 작용한다. 그리고 역시 뉴턴에 따르면, 만약 여러분이 태양과 지구를 완전히 텅 빈 공간에 가져다놓으면 태양과 지구가 서로에게 행사하는 힘이 즉각 발생한다. 그런데 1905년부터 아인슈타인은 그러한 개념에 의문을 제기했다.

특수상대성 이론이 막 확립되었을 당시 사람들이 알고 있는 대로의 중력은 아인슈타인이 보기에는 문제가 있었다. 예를 들면 태양이 갑자기 사라지면 어떤 일이 일어날지 생각해보자. 뉴턴이 가르쳐준 지식에 의하면 태양이 순식간에 사라질 경우 태양과 지구 사이에 작용하는 중력도 순식간에 사라질 것이고, 그럼 태양 주위를 돌 이유가 없어진 지구는 궤도를 따라 도는 것을 멈추고 직선 운동을 하게 될 것이다. 오케이, 그렇다고 치자. 그런데 문제는 그 말에 담긴 의미이다. 그 말은 태양의 인력이 소멸되었다는 정보가 태양과 지구 사이의 거리(약 1억5,000만 킬로미터)를 순식간에, 그러니까 빛보다 빠른 속도로 가로질렀음을 의미하기 때문이다. 그러나 이것은 특수상대성 이론에 따르면 불가능한 일이다. 아인슈타인은 특수상대성 이론을 통해서 순간성 혹은 동시성의 개념이 절대적 관점에서는 아무 의미가 없다는 것을 이미 증명한 입장이었기 때문에 그 같은 중력의 개념을 받아들일 수 없었다. 그래서 그 문제를 직접 연구해보기로 결심했다. 아마도 그는 뉴턴의 오류를 또다시 밝힐 수 있다는 생각에 조금은 흥분된 기분이었을 것이다. 한번 경험해보았으니까 말이다.

사실 뉴턴은 어떤 방식으로든 중력이 무엇인지 함부로 설명하려는 시도를 한 적은 없다. 그는 단지 중력의 작용을 수학적으로 설명하는 것에 그쳤기 때문이다. 내가 앞에서 뉴턴이 가설에 대해서 어떻게 생각했는지 이야기하면서 옮긴 인용문을 기억하는가?* 그때 나는 앞부분을 빼고 옮겼는데, 전체 내용은 다음과 같다.

나는 현상으로부터는 중력의 속성에 관한 원인을 발견하지 못했고, 따라서

---

* 67쪽 참조.

> **이에 대해서 어떤 가설도 세우지 않을 것이다.** 현상에서 추론되지 않은 모든 것은 가설이라고 불러야 한다. 그리고 가설은 형이상학적인 것이든 물리학적인 것이든 신비한 성질에 관한 것이든 역학적 성질에 관한 것이든 간에 실험 철학에서는 자리를 가질 수 없다.*

뉴턴의 말은 자신이 보기에 중력은 설명할 수 없는 신비한 성질을 가졌으며, 따라서 중력에 대해서 어떤 원인을 생각하는 일 자체를 거부하겠다는 것이다. 말이 나온 김에 인용문을 하나 더 살펴보기로 하자(뉴턴이 남긴 다른 유명한 말이 없어서 같은 인용문을 또 사용한 것처럼 보일 수도 있으니까). 다음은 뉴턴이 남긴 명언 중 하나로, 그가 자신의 말과는 달리 지적으로 얼마나 뛰어난 인물이었는지를 잘 보여준다.

> 내가 세상 사람들에게 어떻게 보였는지는 모르겠으나, 나 자신이 생각하기에 나는 해변에서 노는 어린아이에 불과했던 것 같다. 아직 탐험되지 않은 거대한 진리의 바다를 앞에 두고 가끔씩 발견되는 매끈한 조약돌이나 예쁜 조개껍데기에 기뻐했던 것이다.**

중력을 이해하기 힘든 이유는 그것이 다른 힘들과는 전혀 다른 힘이라는 사실에 있다. 중력은 아주 먼 거리에서도 작용하는 인력으로서 역학에서 가장 중요한 힘이지만, 이 중력이라는 인력에 반대되는 성질의 힘은 알려져 있지 않기 때문이다. 예를 들면 전자기학에서는 인력이 있으면 척력

---

* *Principes mathématiques de philosophie naturelle*, Issac Newton, III, 1687.

** *Memoirs of the Life, Writings, and Discoveries of Sir Isaac Newton*, David Brewster, 1855 (vol. II, ch. 27).

도 있는데 말이다. 게다가 중력은 그 힘이 미치는 범위가 무한하다. 또 전자기학과 비교하면, 양의 전하에 의해서 만들어지는 전기장도 크기가 무한하며 그 세기 역시 중력의 경우와 마찬가지로 거리가 멀어지면 약해진다. 그러나 전기력과 달리 중력은 차단할 수가 없다. 어떤 특수한 상자를 만들어 그 안에 중력의 힘을 가두어서 그 힘이 외부로 드러나지 않게 할 수 없다는 것이다. 그런 의미에서 중력은 불가항력적인 힘이라고 할 수 있을 것이다.

80. 지붕에서 떨어진 기와공

1907년 5월, 아인슈타인은 여전히 베른 특허청에서 일하고 있었다(그렇다, 1905년에 논문 네 편*을 발표한 뒤 과학계에서는 상당한 명성을 누리고 있었지만, 특허청에서 2급으로 승진하여 계속 일하고 있었다). 그리고 여느 때처럼 생각이 흐르는 대로 공상에 빠져 있던 어느 날, 창밖으로 보이는 가까운 건물 옥상에서 일하고 있는 기와공을 보게 된다. 그러자 그의 머릿속에서 한 가지 생각이 갑자기 떠올랐고, 그 생각을 시작으로 일련의 혁신적인 사고가 꼬리를 물고 이어졌다. 문제의 생각은 만약 기와공이 지붕에서 떨어진다면 어떤 일이 벌어질까 하는 것이었다. 이 경우 기와공은 떨어지는 동안에는 자신의 무게를 느끼지 못할 것이다. 기와공이 떨어지는 이유가 바로 자신의 무게 때문이라는 점을 생각하면 모순되는 말처럼 들릴 수도 있겠지만, 실제로 기와공은 자기 무게에 몸을 맡기는 순간

* 네 번째 논문은 질량–에너지 등가 원리에 관한 $E = mc^2$이라는 공식을 아는가? 이것에 대해서는 뒤에서 이야기할 것이다.

그 무게를 더 이상 느끼지 못한다. 물론 이 사실은 아이슈타인이 새롭게 발견한 것이 아니다. 그 모든 내용은 뉴턴의 방정식에 이미 표현되어 있을 뿐만 아니라, 갈릴레이가 낙하하는 물체의 보편성을 이야기하면서 벌써 알아낸 것이기 때문이다.*

그런데 아인슈타인은 기와공이 지붕에서 떨어지면서 기왓장을 몇 개 떨어뜨린다면 어떤 일이 일어날까 하는 문제도 생각했다. 이때 기왓장들은 기와공과 같은 속도로 떨어지게 된다. 기와공의 시점에서 보면 기왓장들이 기와공 자신의 옆에서 무중력 상태로 "떠 있게" 되는 것이다. 이후 아인슈타인이 자기 인생에서 "가장 행복한 생각"이었다고 표현한 그 생각을 떠올렸을 때, 그는 땀이 나고 가슴이 뛰기 시작했다. 무엇인가 알아냈음을 직감한 것이다. 이 일에 대해서 아인슈타인은 이렇게 말하기도 했다.

> 베른 특허청 사무실의 내 자리에 앉아 있는데 갑자기 이런 생각이 떠올랐다. "자유 낙하를 하는 사람은 자신의 무게를 느끼지 못할 것이다." 나는 순간적으로 멍해졌다. 그 생각에 스스로 놀란 것이다. 그리고 그 생각은 내가 새로운 중력 이론을 연구하게 만들었다.

당시 아인슈타인이 깨달은 것은 자유 낙하를 하면 중력의 효과가 어떤 일정한 방식으로 상쇄된다는 사실이었다. 특히 낙하하고 있는(그리고 갈릴레이 좌표계에 해당하는) 사람의 시점에서 보면 자유 낙하를 하는 동안에는 어떤 중력도 느껴지지 않는 것이다. 전하는 이야기에 따르면, 아인슈타인은 지붕에서 떨어진 적이 있는 기와공을 찾아가서 떨어지는 동안 자신의 무게를 느꼈는지 느끼지 못했는지 물어보았다고 한다. 기와공은 아

---

* 224쪽 참조.

마 이렇게 답했을 것이다. "선생, 내가 그럴 정신이 있었겠소?"

아인슈타인은 중력 효과를 상쇄시킬 수 있는 현상 자체를 이해하고 싶었다. 그렇게 해서 일단은 **등가 원리**(等價原理, principle of equivalence)에 도달했고, 1907년에 「상대성 원리와 이 원리에서부터 이끌어낸 결론」*이라는 제목의 논문으로 그 내용을 발표했다.

81. 등가 원리

여러분이 지구에서 창문이 없는 어느 방 안에 갇혀 있다고 상상해보자. 이 방은 충분히 넓어서 그 안에서 간단한 역학 실험을 할 수 있다. 경사면 위로 금속 공을 굴리거나, 구슬을 일정한 높이에서 낙하시키거나, 병에 담긴 물을 그 아래에 놓인 용기에 한 방울씩 떨어뜨리는 등의 실험 말이다. 그 방에서 하는 실험은 어떤 면에서는 갈릴레이가 배에서 한 실험, 즉 움직이고 움직이지 않고는 시점의 문제에 지나지 않는다는 결론을 이끌어낸 실험과 아주 유사하다.** 따라서 여러분은 실험에서 관찰된 사실이 뉴턴의 방정식으로 계산한 결과와 일치함을 확인할 수 있다.

그렇다면 이제 똑같은 방이 우주에 있다고 상상해보자. 질량을 가진 모든 물체와 멀리 떨어져 있어서 그 어떤 물체의 중력의 영향도 거의 느낄 수 없는 우주의 어느 장소에 말이다. 그리고 그 방을 위쪽으로(물론 우주에서는 위아래의 구분이 없지만) 가속도운동을 하게 만든다고 해보자. 단,

---

* "Relativitäts prinzip und die aus demselben gezogenen Folgerungen", Albert Einstein, in *Jahrbuch der Radioaktivität*.

** 240쪽 참조.

이때 가속도에 의해서 받게 되는 힘의 크기가 지구에서의 중력 크기와 같아질 만큼 충분히 빠르게 가속해야 한다. 이 조건에서 실험을 하면 모든 실험은 그 방이 지구에 있을 때와 똑같은 방식으로 진행되는데, 아인슈타인은 그 결과를 근거로 등가 원리라는 것을 내놓았다. 공간의 어느 한 지점에서 이루어지는 역학 실험에 대한 중력장(重力場, gravitational field)의 영향은 관찰자의 좌표계가 받는 가속도의 영향과 동일하다는 것이다.

등가 원리는 중력의 영향이 가속도의 영향과 동일하며, 따라서 가속도를 이용해서 중력 효과를 상쇄시킬 수도 있고 만들 수도 있음을 말한다. 그런데 이 원리는 혁신적인 이론의 시작일 뿐, 정말 혁신적이라고 할 수 있는 단계는 아직 아니다. 왜냐하면 한 가지 자료가 부족하기 때문에, 즉 중력장을 말하고는 있지만 중력 자체에 대한 설명은 없기 때문이다. 그 정보를 알아야(이 정보는 뉴턴의 중력에서 자연스럽게 도출된다) 중요한 단계 하나를 넘어갈 수 있다.

82. 중력의 기하학화

중력의 기하학화, 즉 중력을 기하학적으로 해석한다는 것은 말만 들으면 아주 복잡하고 전문적인 일처럼 보인다. 그러나 이제 곧 보겠지만 사실은 전혀(혹은 별로) 그렇지 않다. 갈릴레이에 대해서 이야기할 때 말했듯이 물체의 낙하운동은 낙하하는 물체의 질량과는 아무 상관이 없으며, 그래서 납으로 만든 공과 코르크로 만든 공은 같은 속도로 낙하한다. 앞에서 우리는 이 현상의 이유가 물체의 관성과 질량이 서로 비례하기 때문이라고 설명했다(질량과 관성의 개념을 어느 정도는 혼동해도 될 정도로). 그런데 여기서 한 가지 의문이 제기될 수 있다. 물체를 떨어지게 만드는 힘인 물체의 무게도 질량에 비례하기 때문이다. 따라서 물체의 무게가 질량에 비례한다면 물체의 낙하 속도도 질량에 비례할 것이라고 기대할 수 있다. 게다가 뉴턴이 표현한 대로의 중력이라는 힘은 낙하하는 물체의 질량을 현상에 개입시킨다. 수학적으로 나타내보면 쉽게 확인할 수 있다(간단한 공식이니까 겁먹지 마시길).

낙하하는 물체의 무게 W는 물체의 질량 $m_{물체}$에 지구에서의 "중력 값" g를 곱한 값으로 계산된다(사실 g를 "중력 값"이라고 표현하는 것은 잘못되었지만 일단 지금은 그렇게 부르는 것으로 충분하다). 식으로 나타내면 다음과 같다.

$$W = m_{물체} \cdot g$$

뉴턴이 표현한 대로의 중력에 따르면 낙하하는 물체의 무게 W는 현상에 개입된 질량 각각(낙하하는 물체의 질량 $m_{물체}$와 물체를 끌어당기는 지구의 질량 $m_{지구}$)에 비례하고 둘 사이의 거리 D의 제곱에 반비례한다.

$$W = \frac{m_{물체} \cdot m_{지구} \cdot G}{D^2}$$

G는 "중력 상수(重力常數, gravitational constant)"로, 뉴턴이 실험적으로 계산한 값이다. 위의 두 식에서 우리는 g가 두 개의 정보, 즉 지구의 질량 및 지구와의 거리에만 좌우된다는 결론을 끌어낼 수 있다(여기서 지구와의 거리는 지구의 중력 중심과의 거리를 말하는데, 지구의 중력 중심은 지구의 중심과 대체로 일치한다).

$$g = \frac{m_{지구} \cdot G}{D^2}$$

(물체의 질량 $m_{물체}$가 개입하지 않을 때)

자, 수학 공식은 이제 끝났다. 여러분이 기억해야 할 것은 공간의 어느 한 지점에서 g(**중력가속도**[gravitational acceleration]라고 부르자)의 값은 지구의 질량 및 그 지점과 지구 중심 사이의 거리에만 좌우된다는 것이다.

그래서 이것이 우리한테 무슨 쓸모가 있느냐고? 자, 이제 이야기할 것이다. 달은 지구가 달에 행사하는 중력의 힘 때문에 지구 주위를 돈다. 매 순간 달은 지구를 기준으로 공간의 어느 한 지점에 위치하고, 지구에 대해서 접선(接線) 방향으로 일정한 속도를 가진다. 그래서 지구 주위를 돌게 되는 것이다. 만약 여러분이 달을 치운 뒤 그 자리에 프랑스 정치인 앙투안 피네를 데려다놓고 그 사람에게 달이 사라지기 전에 가지고 있던 속도를 부여한다면, 앙투안 피네는 달이 그랬던 것과 똑같이 지구 주위를 돌게 된다. 놀라운 일이지만(달 대신에 지구 주위를 돌게 된 앙투안 피네 입장에서는 더 놀랍겠지만) 정말 그런 일이 일어난다.

그런 일이 일어난다는 것은 공간의 모든 지점에 대해서 어떤 물체가 만약 그곳에 자리할 경우(실제로 자리하지 않아도) 어느 정도의 중력가속도를 받게 되는지 정확히 밝힐 수 있음을 의미한다. 공간의 모든 지점에 대해서 중력가속도를 알 수 있다는 말이다. 그리고 공간의 모든 지점에서 측정된 일련의 중력가속도가 바로 **중력장**이라고 하는 것을 형성한다. 자기장이 공간에서 자기를 "띠는" 지점들을 결정짓는 것과 마찬가지로, 중력장은 공간에서 중력을 "띠는" 지점들을 결정짓는다. 따라서 질량을 가진 물체를 공간에 일단 위치시키면 그 물체가 주위에 행사하는 중력은 **공간의 속성**이 되는데, 중력을 이런 식으로 해석하는 것을 두고 **중력의 기하학화**라고 말한다.

아인슈타인은 중력이 질량을 가진 물체의 주위 공간*에 어떤 식으로 영

---

* 여기에서 "공간"이라는 용어들은 사실 모두 "시공간(時空間, space-time)"으로 이해해야

금 시세 연동 채권

제2차 세계대전이 끝난 후 프랑스 정부는 재정 상태가 최악으로 치닫고 있었다. 게다가 1948년 이후로는 대규모 공공투자 정책도 확실한 성과를 거두지 못하는 상태였다. 그래서 문제의 정책이 중단된 1952년, 뱅상 오리올 대통령 정부에서 재정경제부 장관을 맡았던 앙투안 피네는 국회 동의를 얻어 1,100억 프랑 규모의 예산을 절감하는 조치를 취했다. 그리고 시중의 돈을 회수하기 위해서 국채 발행을 추진했는데, 특히 이 국채는 금 시세 연동 및 세금 면제 혜택이라는 특징을 가지고 있었다. 이후 "피네 채권" 내지는 "피네 국채"라고 불리게 된 채권이다. 그런데 여기서 이 얘기를 왜 하냐고? 그러게, 왜 했을까?

향을 주는지 밝히고자 했는데, 바로 이 연구에서 그의 천재성이 진면목을 드러냈다.

83. 비유클리드 시공간

해당 연구에서 아인슈타인은 수학적으로 문제에 부딪히게 되었다(아인슈타인이 부딪힐 정도의 문제이므로 내가 자세히 이야기하지 않는 것을 여러분도 이해하리라 믿는다). 따라서 그는 유클리드 공간에서는 중력이 시공간에 미치는 영향을 수학적으로 나타낼 수 없다는 결론을 곧 내렸다.

그런데 아인슈타인은 비유클리드 공간의 수학에 관해서는 그렇게 전문가가 아니었다. 그래서 그는 수학 교수를 하는 옛 친구에게 연락을 취했고, 두 사람은 취리히에서 함께 새로운 이론을 연구했다. 마르셀 그로스

한다. 시간까지 더하지 않아도 충분히 복잡하기 때문에 간단히 "공간"이라고 한 것이다. 그러나 이 다음 내용에서부터는 그렇게 줄여서 말할 수 없다.

유클리드 공간

유클리드 공간은 유클리드 기하학이 성립하는 수학적 공간(정확히는 기하학적 공간)을 말한다. 여러분이 전문가가 아닌 이상(전문가라면 유클리드 공간이 무엇인지 아주 잘 알고 있을 테고), 살면서 접할 수 있는 모든 기하학은 유클리드 공간에 위치한다. 우리가 지각하는 대로의 세계가 유클리드 공간이기 때문이다. 이 공간에서는 평행한 두 직선은 절대 서로 만나지 않고, 삼각형의 내각의 합은 언제나 180도가 되는 등의 공리(公理)가 성립한다.

그런데 수학에는 공간을 이해하는 또다른 방법이 존재한다. 예를 들면 지구 같은 구의 표면도 공간이라고 부를 수 있는데, 대신 이 공간은 유클리드 공간과는 다른 성질을 띤다. 가령 지구 표면에 두 개의 자오선을 그으면 두 자오선은 평행한 두 직선이지만 양극에서 서로 만나기 때문이다. 그리고 적도의 한 점에서 출발하여 적도를 따라 지구를 4분의 1바퀴 돈 다음 북극으로 방향을 돌려 북극까지 선을 그었다가 다시 출발점으로 돌아오면, 3개의 직각을 가진(따라서 내각의 합이 270도가 되는) 정삼각형이 그려진다. 물론 그 같은 공간에 대해서도 기하학을 연구하고 기하학 법칙들을 이끌어낼 수 있다. 그러나 유클리드 기하학의 법칙은 더 이상 성립하지 않으며, 그래서 그러한 공간을 두고 비유클리드 공간이라고 부른다. 대체로 휘어진 공간이 비유클리드 공간에 해당한다.

만이 바로 그 주인공이다.

84. 1913년의 첫 번째 발표

1913년, 아인슈타인과 그로스만은 공동으로 논문을 발표함으로써 이후 일반상대성 이론(general theory of relativity)으로 발전하는 이론의 초석을 놓았다. 「일반상대성 이론과 중력 이론에 대한 이해(*Entwurf einer*

특수 vs 일반

특수상대성 이론과 일반상대성 이론은 언뜻 보기에는 용어가 잘못 붙은 것처럼 보일 수 있다. 실제로 그 내용을 보면 특수상대성 이론은 공간과 시간에 대한 보편적인 이론이고, 일반상대성 이론은 중력에 대한 이론이기 때문이다. 그렇다면 특수상대성 이론은 왜 "특수"라는 명칭을 가지게 되었을까? 그리고 일반상대성 이론은 특수한 사실을 말하는 것처럼 보이는데도 왜 상대성의 "일반" 이론이 되었을까?

이 문제는 아인슈타인이 중력을 바라보는 시각과 관계가 있다. 아인슈타인의 관점에서 중력은 가속도의 표현에 지나지 않으며, 등가 원리로 말하고자 한 것도 바로 그 내용이다. 특수상대성 이론이 "특수하다"고 규정된 것은 이 이론이 관성계, 다시 말해서 가속도운동을 하지 않는 좌표계에만 국한된 것이기 때문이다. 좌표계가 가속도운동을 하면 특수상대성 이론의 방정식은 더 이상 통하지 않는다. 그래서 특수상대성 이론의 단계에서는 중력이 등장하지 않는 것이다.

아인슈타인이 기와공과 기왓장이 지붕에서 함께 떨어지는 상황을 생각했을 때 보여준 천재성은 그러한 경우 기와공을 관성계에 있는 것으로 간주할 수 있음을 알았다는 데에 있다. 기와공이 자기 무게에 몸을 맡기면 그가 속한 좌표계 안에서는 어떤 힘도 그에게 작용되지 않고, 자기 옆에서 함께 떨어지는 기왓장은 정지해 있는 것처럼 보이기 때문이다. 아인슈타인은 그러한 생각에서부터 출발해서 중력을 관성계 안에서 설명하려고 했지만 유클리드 공간의 한계에 부딪혔고, 그래서 비유클리드 공간을 통해서 중력을 특수상대성 이론의 틀에 부합하도록 설명하는 방법을 찾아냄으로써 특수상대성 이론을 말 그대로 일반화했다. 바로 그런 이유로 일반상대성 이론이 "일반"이라는 이름을 가지게 된 것이다.

---

verallgemeinerten Relativitätstheorie und einer Theorie der Gravitation)」라는 제목의 논문으로, 변형이 가능하고 중력을 고려하는 비유클리드 시공간을 소개하는 이론이 담겨 있었다. 수학적 성격이 짙은 이 이론에는 방정식이 하나 포함되어 있다. 다른 보통의 방정식들처럼 좌변의 수학적 내용을

우변의 수학적 내용과 "등호(等號)"로 연결한 식인데, 중요한 것은 그 내용이다. 방정식에서 한쪽 변은 시공간이 그 안에 존재하는 질량의 밀도에 따라서 어떻게 변형될 수 있는지를 기술하고, 다른 한쪽 변은 물질이 그 시공간에서 어떻게 이동할 수 있는지를 기술하고 있기 때문이다. 1915년에 완성되는 일반상대성 이론에 아주 가까이 간 것이다.

이 이론이 설명하는 대로의 중력은 더 이상 뉴턴이 설명한 대로의 힘이 아니라 질량의 존재에 의해서 야기되는 시공간의 변형으로 해석된다. 중력이 시공간에 내재된 속성으로 간주되는 것이다. 앞에서 말했듯이 뉴턴에게 공간과 시간은 그 안에서 벌어지는 일과는 전적으로 무관한 절대적 차원으로 존재한다. 연극에서 무대가 그 위에서 공연되는 작품과는 무관하게 존재하는 것과 마찬가지이다. 그러나 아인슈타인은 공간과 시간이 서로 역동적으로 묶여 있을 뿐만 아니라(특수상대성 이론), 질량의 존재 여부에 따라 변화하는 속성을 가졌다고 보았다(일반상대성 이론).

아인슈타인의 생각은 그야말로 혁신이었다. 공간과 시간을 더 이상 물리법칙의 작품이 그려지는 배경으로 보지 않고 작품 자체의 구성요소로 간주했기 때문이다.

85. 1905년의 아인슈타인 : 네 번째 논문

지금쯤 여러분은 내가 1905년에 나온 아인슈타인의 네 번째 논문을 잊고 있다고 생각할 것이다. 물론 여러분이 그 논문의 존재를 잊지 않았다면……. 자, 이제 그 이야기를 해보자. 1905년에 아인슈타인은 믿을 수 없을 만큼 대단한 논문 4편을 내놓았는데, 그중 네 번째는 1905년 11월 21

일에 발표된 「물체의 관성은 그 에너지 함량에 달려 있는가?」*라는 제목의 논문이다. 이 논문에서 아인슈타인이 설명한 것은 다름 아닌 물리학에서 가장 유명한 방정식 $E = mc^2$이다. 이 식에 따르면 정지해 있는 입자는 그 질량에 정비례하는 에너지를 가진다. 여기서 c는 진공에서의 빛의 속도를 초당 미터 단위로 나타낸 상수인데(약 초속 3억 미터), 이 상수가 제곱이 됨에 따라서 입자는 질량이 아주 작아도 엄청난 에너지를 가지게 된다.

질량과 에너지 사이의 그 같은 불균형은 약간의 질량만으로도 많은 양의 복사 에너지, 다시 말해서 어마어마한 열과 빛을 낼 수 있음을 의미한다. 원자폭탄이 바로 그 같은 원리에 기초하여 만들어졌다.

아인슈타인은 그 논문에서 몇 가지 사실을 증명했다. 특히 그는 에너지를 내는 입자는 질량을 잃게 된다는 점을 지적했는데, 이것은 에너지 보존 법칙에도 부합하는 내용이다. 실제로 어떤 입자가 운동 에너지나 위치 에너지처럼 사람들이 알고 있던 대로의 에너지와는 성질이 다른 에너지를 자체적으로 가진다고 주장하려면, 그 입자가 에너지를 방출할 경우 문제의 에너지를 잃게 된다는 것을 보여주어야 한다. 아인슈타인은 질량-에너지 등가 원리(mass-energy equivalence principal)를 통해서 그 현상을 완벽하게 기술했다(정지해 있으면서 에너지 E를 방출하는 입자는 질량 E/c^2를 잃는다).

그런데 질량-에너지 등가 원리에서 도출되는 중요한 사실이자 이번 장에서 특히 중요한 내용은, 중력이 시공간에 존재하는 물체의 질량보다는 물체의 에너지에 더 영향을 받는다는 것이다. 이 사실이 중요한 이유는 질량보다 에너지에 주목하면 어떤 입자가 운동 에너지를 가지는 것만으로도, 즉 정지해 있지 않는 것만으로도 시공간에 영향을 미치는 동시에 중력

---

* *Ist die Trägheit eines Körpers von seinem Energieinhalt abhängig?*, Annalen der Physik, vol. 18, 21 Nov. 1905.

을 통해서 시공간의 영향을 받는다는 결론을 이끌어낼 수 있기 때문이다.
특히 빛은 질량이 0이고 언제나 빛의 속도로 이동하는 광자로 이루어져 있지만 질량을 가진 물체의 존재에 영향을 받는다. 빛은 질량이 전혀 없음에도 중력의 힘에 의해서 휘어질 수 있다는 것이다.

86. 수성이 내놓은 증거

앞에서 잠깐 이야기했듯이 수성의 궤도는 학자들 사이에서 하나의 문젯거리였다.* 수성은 케플러가 예측한 대로 움직이지 않았기 때문이다. 물론 케플러 이후 뉴턴이 등장하면서 사람들은 수성의 궤도에 영향을 미치는 다른 태양계 행성들의 존재(특히 아주 무거운 목성)를 고려해야 한다는 것을 알고 있었다. 그러나 다른 행성들을 고려해도 수성의 궤도, 혹은 더 정확히는 수성의 근일점 이동은 정확히 설명되지 않았다. 그래서 일부 천문학자들은 벌컨이라는 미지의 행성에서 원인을 찾으려고 했지만 소용없었다. 요컨대 수성의 궤도 문제는 행성의 운동을 설명한 거대한 벽화에 생긴 작은 얼룩 같은 것이었다. 거슬리지만 참을 수밖에 없는 그런 것 말이다.
아인슈타인은 그 문제가 자신의 이론의 타당성을 증명할 수 있는 기회라고 생각했다. 뉴턴 역학이 200년 넘게 해결하지 못한 그 현상을 일반상대성 이론으로 설명할 수 있으리라고 본 것이다.
그래서 1913년부터 아인슈타인은 절친한 친구인 스위스의 물리학자 미셸 베소와 함께 아직은 완성 전이던 일반상대성 이론을 이용해서 근일점 이동을 포함한 수성의 궤도 문제를 정확히 설명하기 위한 계산에 들어갔

* 145쪽 참조.

다. 당시 아인슈타인과 베소가 주고받은 서신의 내용을 따라가보면, 그 계산이 일련의 단계를 거쳐 이루어졌음을 알 수 있다.

1단계 : 두 사람은 처음에는 태양의 질량을 너무 무겁게 잡았고, 따라서 계산 결과는 완전히 틀리게 나왔다. 실패.
2단계 : 이번에는 태양의 부피를 잘못 잡았고, 따라서 계산 결과도 틀리게 나왔다. 또 실패.
3단계 : 이번에도 실수가 있었다. 수성이 자전한다는 사실을 고려하지 않았기 때문이다. 수성의 자전은 뉴턴 역학에서는 중요하게 다루지 않아도 괜찮았지만, 일반상대성 이론의 틀에 따른 역학에서는 그렇지 않았다. 따라서 이번에도 실패.

두 사람의 연구는 결국 실패로 돌아갔다.

그러나 여기서 중요한 사실은 아인슈타인이 그 계산으로 자신의 이론의 타당성을 결정적으로 증명할 수 있으리라고 보기는 했어도, 원하는 결과를 얻지 못했다고 해서 그 이론이 틀렸다는 생각은 한순간도 하지 않았다는 것이다. 그리고 아이슈타인의 생각은 옳았다. 자신의 이론으로 마침내 원하는 결과를 정확히 얻었기 때문이다. 자, 그 내용은 곧 설명할 것이다.

87. 일반상대성 이론

1915년, 아인슈타인은 「일반상대성 이론의 기초」*라는 제목의 논문을 썼

* *Grundlage der allgemeinen Relativitätstheorie*, Annaler der Physik, vol. 49, 1916.

다(발표는 1916년에 이루어졌다). 1913년 논문에서 윤곽을 잡은 내용을 완성해서 중력에 대한 말 그대로 실험적인 이론을 내놓은 것이다. 이 이론에 따르면 중력은 뉴턴이 설명한 것 같은 힘이 아니다. 중력은 한편으로는 에너지가 존재하면 시공간(space-time)이 변형된다는 사실의 표현이고, 다른 한편으로는 시공간이 측지선(測地線, geodesic line)이라고 하는 휘어진 직선(지구의 자오선처럼 수학적으로는 직선이지만 곡선으로 보일 수도 있는 것)을 따라 에너지의 이동을 제한한다는 사실의 표현이기 때문이다.

아인슈타인에 따르면 지구는 태양 주위를 도는 것이 아니라 등속직선운동을 하면서 똑바로 이동하고 있으며(중력이 힘이 아니라고 보면 지구는 어떤 힘도 받지 않으므로 관성운동을 하는 것이 맞다), 대신 태양이라는 질량의 존재로 인해서 변형된 시공간 안에서 휘어진 직선을 따라 이동하는 것으로 설명할 수 있다.

이 같은 아인슈타인의 이론을 전적으로 입증해주는 것처럼 보이는 사실은 그가 수성의 궤도를 아주 정확히 계산했고, 특히 수성의 근일점 이동도 정확히 설명했다는 것이다. 그렇다면 아인슈타인은 처음에는 실패했던 그 일을 어떻게 해낸 것일까? 이론을 그만큼 더 다듬었던 것일까? 독일 수학자 다비트 힐베르트가 아인슈타인에게 던진 질문이 이와 비슷하다. 아니, 아인슈타인이 그 문제를 해결하지 못했던 시간이 있었음을 그가 알았다면 꼭 그렇게 질문했을 것이다.

다비트 힐베르트는 앙리 푸앵카레와 동급으로 놓일 만큼 대단한 20세기 수학자 중의 한 사람이다. 그는 한동안 수성의 근일점 이동 문제에 관심을 기울이면서 그 계산에 빠져 살다시피 했다(1915년에 일반상대성 이론과 유사한 이론을 내놓기 직전까지 갔다). 그런데 그가 내놓은 계산은 말도 못하게 복잡했다. 그래서 아인슈타인이 일반상대성 이론을 발표하면서 수성의 문제를 해결했을 때, 힐베르트는 그에게 편지를 한 통 보냈다. 아인슈타인이 거둔 성과는 물론 축하할 일이지만, 그토록 어려운 문제(힐베르트에게 어려운 문제라면 나를 포함한 대부분의 사람들에게는 상상도 못할 만큼 어려운 문제라는 뜻이다)의 답을 어떻게 그리도 빨리 찾아냈는지 물어보지 않을 수가 없었기 때문이다.

알려진 바에 따르면 아인슈타인은 힐베르트의 편지에 아무 답도 하지 않았다고 한다. 그런데 아인슈타인이 어떻게 그 문제를 풀었는지 알려면 이 책에 나오는 내용들 중에서도 가장 추상적인 개념인 텐서(tensor)라는 것을 일단 언급해야 한다.

1913년에 그로스만은 문제의 계산을 위한 텐서를 알아내어 아인슈타인에게 넘겨주었다. 그러나 아인슈타인은 조금 연구를 해보다가 그만두었다. 그 텐서에는 균형과 우아함이 부족했기 때문이다. 한마디로 말해 보기 흉했던 것이다. 아인슈타인은 우주가 우아하지 못한 한 무더기의 규칙에 따라 돌아간다는 생각을 거부했다. 그래서 그는 자신만의 우아하고 균형적이고 세련된 텐서를 만들었다. 말하자면 텐서계의 톱 모델, 수학 도구계의 조지 클루니를 만든 것이다.* 그리고 그 텐서를 가지고 수성의 문제에 접근한다.

그런데 아인슈타인은 1915년에 발표한 논문에서는 그 텐서를 사용하지 않았다. 그로스만이 처음 내놓은 텐서, 즉 이후 에너지-운동량 텐서라고 불리게 되는 것이 더 낫다고 생각했기 때문이다. 그리고 자신이 2년 넘게 해온 계산에 그 텐서를 적용하면서 답을 찾아냈다. 따라서 알고 보면 아인슈타인이 힐베르트보다 정말 빠르게 문제를 푼 것은 아니었다. 계산을 거의 다 해둔 상태에서 텐서만 새로 추가한 것이기 때문이다. 물론 텐서만

* 아인슈타인의 텐서는 사실 신통치 않다. 보기에는 좋은지 모르겠지만.

텐서(tensor)란 무엇인가?

이처럼 어려운 개념은 재미있게 접근할 수가 없다. 텐서가 무엇인지 들어본 적이 있는 사람들은 텐서라는 단어가 나온 순간부터 골치가 아프기 시작했을 것이고, 텐서가 무엇인지 들어본 적이 없는 사람들은 설명이 끝나기도 전에 골치가 아파올 것이다. 그래서 나는 대략적인 설명만 하려고 한다. 그러니까 여러분은 그 점을 명심하고, 수학 선생님 앞에서 텐서가 무엇인지 안다고 허세를 부리는 일은 자제하기를 바란다.

여러분이 삼차원 공간에서 벌어지는 사건이나 현상을 특징지으려고 할 경우, 자신이 측정하고자 하는 것에 따라서 어떤 수치나 값을 얻을 수 있다. 예를 들면 어떤 방의 각 지점의 기압이나 온도를 측정하는 식으로 말이다. 이때 여러분은 **스칼라 양**(scalar quantity)을 측정한 것이다. 그리고 여러분은 수치 외에 방향을 가지는 어떤 것도 측정할 수 있다. 예를 들면 어떤 방의 각 지점의 자기장이나 중력장의 영향을 측정하는 식으로 말이다. 그러면 이때 여러분은 **벡터 양**(vector quantity)을 측정한 것이다. 그런데 세 번째 경우도 존재한다. 여러분이 손에 고무를 쥐고 그 고무를 비튼다고 해보자. 이때 고무의 각 면에는 힘이 가해지면서 문제의 고무를 변형시킨다. 그럼 이제 그처럼 비트는 힘이 공간에 가해진다고 상상해보자. 이때 공간의 각 지점에 가해지는 힘 전체를 일반화한 것이 바로 텐서에 해당한다.

쉽게 설명한다고는 했는데 이해가 되었는지 모르겠다. 더 쉽게 설명하지 못해 미안하다.

추가하는 일도 말처럼 간단한 것은 결코 아니지만 말이다.

그럼 요약을 해보자. 일반상대성 이론은 중력이 힘이 아니라 에너지 밀도*와 시공간 사이의 상호작용의 표현이라고 설명한다. 이 상호작용은 에너지 밀도에 따른 시공간의 변형으로도 표현되고, 시공간의 변형에 따른 에너지 밀도의 분포로도 표현된다. 그리고 이 같은 내용을 "탐미주의자"

* 처음에는 "질량 밀도"였지만 $E = mc^2$에 따라 "에너지 밀도"가 되었다.

아인슈타인이 자랑하는 우아한 방정식, 물리학에서 가장 아름다운 방정식이라고 하는 그 방정식은 다음과 같다(자세한 설명은 하지 않겠다).

$$R_{\mu\nu} - \frac{1}{2}g_{\mu\nu}R + \Lambda g_{\mu\nu} = KT_{\mu\nu}$$

지금 여러분은 이 식이 당최 무슨 뜻인지 하나도 모르겠다는 말을 하고 싶을 것이다. 나도 마찬가지이다. 그러나 구구절절 말로 설명하는 것보다 일단 간단해 보이는 것은 사실이지 않은가?

88. 시험의 결과

아인슈타인의 이론은 우주의 모든 운동을 지배하는 법칙이 우리가 직관적으로 생각할 수 있는 것과는 전혀 다른 방식으로 작동한다고 말하고 있다. 따라서 아인슈타인은 아주 대담한 사람이었음이 틀림없다. 행성들이 직선으로 운동하고 있으며 그 어떤 것도 다른 어떤 것의 주위를 돌고 있지 않다는 기이한 이론을 이해시키려면 사람들의 상식에 맞서 싸울 수밖에 없었을 테니까 말이다. 더구나 아인슈타인은 돌멩이를 앞으로 던졌을 때 돌멩이는 등속직선운동을 하면서 나아가지만 그것이 속한 좌표계(이 경우에는 지구)가 가속도운동을 하고 있어서 돌멩이가 땅에 떨어지는 것이라고 설명한다. 누가 보더라도 이상한 말이지 않은가? 실제로 일반상대성이론은 발표 이후 혹독한 시험을 치르게 되는데, 앞에서 말한 수성의 문제는 이론의 정당성을 증명하기 위한 긴 시험의 첫 단계에 지나지 않았다.

우선, 아인슈타인은 질량이 큰 물체에 의해서 빛이 휘어질 수 있다고 주장했다. 게다가 그는 자신의 이론에 워낙 자신감이 넘쳤기 때문에 그 현상을 실험적으로 입증할 수 있는 방법을 스스로 제시했다. 개기일식 때 태양 부근에서 볼 수 있는 별들을 관측해서 위치를 측정하면 그 결과가 보통 때와는 다르게 나올 것이라는 설명이었다. 영국의 천체물리학자 아서 에딩턴은 1919년 5월 29일에 문제의 관측을 시도했고, 별들이 밤에 보이는 것과는 다른 위치에, 즉 아인슈타인이 예측한 간격만큼 정확히 이동해 있는 것처럼 보인다는 사실을 확인한다. 이것은 별것 아닌 것 같아도 아주 대단한 사건이었으며, 여기에는 정치적인 의미도 포함되어 있었다. 제1차 세계대전 직후 영국인이 독일인의 이론을,* 그것도 우주에 대한 우리의 지각을 완전히 바꾸어놓는 혁신적인 이론을 확증했기 때문이다. 그래서 큰 주목을 받으며 전 세계 뉴스와 신문의 1면을 장식했다.**

아인슈타인이 자신의 이론이 옳다는 것을 입증할 증거로 내놓은 또다른 예측은 **중력 렌즈**(gravitational lens) 현상이다. 이 현상의 원리는 다음과 같다. 아주 멀리 있는 어떤 은하와 어떤 별과 지구가 일직선상에 줄지어 있다고 상상해보자. 별이 지구와 은하 사이에 위치하는 식으로 말이다. 이때 별의 질량이 충분히 클 경우 그 별은 은하로부터 지구까지 도달하는 빛을 중간에서 변형시킬 수 있다. 그 결과 빛은 렌즈를 만났을 때처럼 굴절을 일으키는데, 이 현상을 중력 렌즈라고 부른다.

아인슈타인은 어떤 별이 질량이 아주 크거나 질량이 갑자기 증가했을 때, 별 주위 시공간에 어떤 일이 일어날까를 질문했다. 아인슈타인의 이론에 따르면, 별의 질량이 어떤 선을 넘어서면 시공간이 아주 많이 변형되어 별에 지나치게 가까이 다가간 모든 것들이 그 별 주변에 갇히게 된다. 우

* 아인슈타인은 1919년부터 1933년까지 독일과 스위스 국적을 둘 다 가지고 있었다.

** 프랑스의 경우는 예외이다. 1919년 3월부터 6월까지 프랑스에서는 언론 파업을 포함한 일련의 파업이 벌어지고 있었다.

리가 이미 알고 있는 블랙홀(black hole) 이야기인데, 아인슈타인이 옳다면, 블랙홀은 일반상대성 이론에 따른 결과 중 하나이다. 물론 블랙홀과 관련해서 가장 큰 문제는 그것을 탐지하는 일이다. 블랙홀에서는 빛을 포함해서 그 어떤 것도 빠져나올 수 없는데, 그것이 존재하는지 대체 어떻게 안다는 말인가? 바로 중력 렌즈 현상을 이용하면 가능하다. 겉으로 보기에는 아무것도 없어 보이는데 빛의 진행이 그 주변에서 변형된다면 아무것도 없는 것 같은 그곳에 질량이 아주 큰 어떤 것, 즉 블랙홀이 있다는 증거이다.

일반상대성 이론을 입증하는 많은 사례들을 여기서 다 열거할 수는 없다. 이 이론과 관련해서 지금까지 진행된 모든 실험에서 이론이 예측한 계산에 일치하는 결과가 나왔기 때문이다. 오늘날 일반상대성 이론은 우주가 돌아가는 방식을 설명하는 가장 뛰어난 이론 중 하나로 여전히 자리해 있다. 2011년에는 간단하지만 비용이 많이 들었던 중력 탐사선 B 실험 덕분에 지구에 의해서 초래되는 시공간의 변형도 확인되었다.

시공간의 변형을 이야기할 때면 공간의 변형을 시각적으로 나타낼 때가 많은데, 시간의 변형도 잊어서는 안 된다. 일반상대성에 대한 이해가 없었다면 인공위성을 이용해서 지구상의 위치를 파악하는 GPS 기술은 존재하지 못했을 것이다. 실제로 지구 주위를 도는 위성들의 시계는 자동차 같은 지면의 물체에 적용되는 시간과 정확히 같은 속도로 돌아가지 않는다. 그 위성들의 시계를 주기적으로 다시 맞추어야 한다는 것을 이해하는 데에는 물론 일반상대성 이론이 필요했고 말이다.*

일반상대성 이론을 통해서 사람들은 우주가 정지 상태에 있는 것이 아니라 팽창하고 있을지 모른다는 가능성도 생각하기 시작했다(아인슈타인

* 자세하게 들어가면 상대성 이론에 대한 거부감이 더 느껴질 테니까 이 정도까지만 하자.

자신은 우주가 정지해 있다고 확신했지만). 그리고 우주가 실제로 팽창하고 있음이 밝혀지자, 이전의 모든 질문들보다 더 흥미로운 새로운 질문, 즉 우리 우주의 탄생을 둘러싼 질문이 제기되었다. 요컨대 일반상대성 이론은 빅뱅 이론의 출발점이기도 한 것이다.

89. 일반상대성 이론과 그밖의 것에 대한 문제

지금까지는 미루고 언급하지 않았지만, 더 이상은 피할 수 없는 중요한 문제가 하나 있다. 물리학이 크게 두 분야로 나뉜다는 사실, 즉 은하와 별, 우주처럼 지극히 큰 것에 관한 분야와 원자와 입자, 광자처럼 지극히 작은 것에 관한 분야로 나뉜다는 사실이다.

오늘날 우주를 연구하는 물리학자들은 일반상대성 이론과 상대론적 역학을 이용해서 현상을 예측, 관측, 측정, 설명하고 매일같이 새로운 가설을 내놓는다. 그리고 입자를 연구하는 물리학자들은 양자역학과 전자기학 분야의 지식을 특수상대성 이론에 따른 공간과 시간의 틀 안에서 이용한다. 그런데 바로 여기에서 문제가 발생한다. 결코 작지 않은 문제가 말이다.

우선, 입자의 차원에서는 일반상대성 이론이 성립하지 않는다. 그렇다면 일반상대성 이론은 불완전한 이론일까? 아니면 아예 틀린 것일까? 마찬가지로 은하의 차원에서는 양자역학이 의미가 없으며, 중력이 네 가지 기본 상호작용 중에서 가장 약한(그것도 매우 약한) 상호작용이라고는 하지만 은하의 차원에서는 엄청난 양의 질량 및 에너지와 관계되어 있는 까닭에 지배적인 위치를 차지한다. 그렇다면 양자역학의 이론도 그 타당성이 매일 실험적으로 확인되고 있음에도 불구하고, 어쩌면 불완전하거나 아예 틀린 지식일지도 모르는 것이다.

따라서 천체물리학자는 입자물리학자와는 다른 틀에서 다른 모형을 가지고 연구해야 한다. 그러나 몇몇 경우, 아주 좁은 공간에 아주 큰 질량이 갇혀 있는 현상을 만날 수 있다. 블랙홀이 여기에 해당하며, 팽창을 시작한 순간의 우주도 그렇다고 볼 수 있을 것이다. 이런 상황에서는 현상의 크기가 매우 작기 때문에 양자역학적인 효과를 무시할 수 없고, 현상에 개입되는 에너지가 몹시 크기 때문에 중력적인 효과도 무시할 수 없다. 게다가 근본적으로 일반상대성 이론과 양자역학은 수학적으로는 양립되지 않는다. 그러므로 우리의 여정은 아직 끝나지 않았다. 양자역학이 무엇인지, 물리적 물체의 질량이 어디에서 기인하는지, 우주는 왜 점점 더 빨리 커지는지, 우주의 질량은 어디에 숨겨져 있는지, 인류가 알고 있는 가장 타당한 이론들이지만 서로 양립하지 못하는 이 두 이론을 양립시키기 위해서 물리학자들이 어떤 해결책을 내놓았는지, 모든 것을 설명할 수 있는 이론은 존재하는지 등을 알아보아야 하기 때문이다. 이 모든 문제들에 대한 답은 이 책의 제2권에서 이야기할 것이다. 그러니까 제2권이 나올 때까지 호기심을 잃지 말기를 바란다. 이 문제들에 대해서 생각도 해보면서 말이다.

역자 후기

처음에는 평범한 대중 과학서이겠거니 했다. 우리 주변 현상들에 관계된 과학적 원리나 이론을 '대중적으로' 설명하는 책 말이다. 특히 저자가 과학 유튜브 채널을 운영하는 인기 '유튜버라기에', 그리고 이 책이 프랑스에서 대단한 베스트셀러가 되었다기에 비교적 얕고 가벼운 흥미 위주의 과학책을 예상했다. 그런데 막상 뚜껑을 열어보니 어라, 다루는 주제와 내용에서 무게감과 깊이감이 상당했다. 그래서 마음 한구석에서는 걱정이 살짝 들었다. 독자들이 과연 이 책을 선뜻 읽으려고 할까……. 하지만 마지막 페이지까지 옮기고 났을 때 나는 저자에게 고마운 마음이 들었다. 이 책을 통해서 처음으로 역자가 아닌 독자의 입장에서 상대성 이론에 관심을 가질 수 있었기 때문이다. 그렇다, 저자는 골치가 아플 것 같아 눈길도 안 주고 싶은 이런저런 이론들에 대해서 '한번쯤 생각을 해보자'고 독자의 손을 잡아끈다. 전기와 자기를 통합한 방정식에 대해서, 운동 법칙과 열역학 법칙에 대해서, 중력과 시공간에 대한 다양한 접근에 대해서……. 그렇다고 어렵고 복잡한 공식 같은 것을 알고 있으라고 강요하는 것은 아니다. 그냥 우리가 사는 세계가 어떤 방식으로 돌아가는지 알고 있자는 것이다. 상대성 이론을 정확히 이해하라는 것이 아니라 아인슈타인이 왜 천재인지를 알아보자는 것이다.

무엇보다 저자는 그 이론들이 쉽게 이해할 수 있는 거라는 식의 말을 하지 않는다. 어렵게 설명해놓고 "참 쉽죠?" 하면서 독자를 놀리거나 기죽이지도 않는다. 어려운 것이 당연하다고, 너무 어렵고 복잡한 부분은 몰라도 된다고, 그렇게 독자를 안심시킨다. 제목만 보고 지레 뒤로 물러설 독자에게 겁먹지 말라며 다독인다. 대신 어려울 수 있는 내용을 더 쉽게 더 재미있게 더 간단하게 설명하려는 데 최선을 다한다. '전문가들'한테서 정확하지 않은 설명이라며 한소리 들을 수도 있음을 알지만 "내 책이니까!"를 외치면서 독자의 이해를 우선시한다. 과학의 전문가로서가 아니라 과학을 좋아하는 '보통' 사람의 입장에서, 과학이 가진 그 무궁무진한 매력을 보다 많은 사람과 즐겁게 나누려는 것이다. 그래서 저자는 독자가 과학과 친해질 수 있는 시간을 가지게 하는 데 많은 노력을 기울인다. 과학사의 뒷이야기로 사이사이 쉬어갈 자리를 마련해주고, 일상 속의 사례들로 흥미를 끌어올리고……. 게다가 조금이라도 더 재미있게 읽을 수 있도록 다소 썰렁한 '아재 개그'를 구사하는 데도 열심이다. 아니, 저자의 유머가 늘 썰렁하기만 한 것은 아니다. 어느 인물이 겪은 연속된 불운을 이야기하면서 "4연속 콤보 성공!"을 외치는 대목에서는 진짜 웃음이 터져나왔다. 중고등학교 과학 선생님들 중에 저자와 같은 사람이 있었더라면 좋았을 텐데 싶다. 그랬으면 과학 시간이 '외울 것이 많은' 지루한 시간으로만 그치지는 않았을 텐데. 과학이라는 세계의 매력을 어쩌면 더 빨리 발견할 수도 있었을 텐데.

역자의 입장에서는 우리 독자의 이해와 관점을 우선시했다. 그래서 저자의 유머를 100퍼센트 살리지 못한 부분은 아쉽고 미안하게 생각한다. 미안한 마음에 저자의 방식으로 홍보 한마디. 여러분은 우리가 몇 가지 감각을 가졌는지 아는가? 다섯 가지라고? 시각, 청각, 촉각, 후각, 미각 이렇게 다섯? 그럼 우리 감각이 어떻게 그 다섯 가지로 정의되었는지 아는가? 모른다고? 자, 그렇다면 여러분은 이 책을 읽어야 할 이유가 충분하다. 우리가 알고 있는 것, 혹은 알고 있다고 생각하는 것에 대해서, 그리고 알고 싶은 것에 대해서 저자와 함께 생각을 좀 해보자.

역자 김성희

인명 색인

혹시 도움이 될까 해서 인명 색인을 만들면서 인물들의 간단한 정보를 정리했다(굵은 숫자는 삽입 글에 등장한다는 뜻이다).